Matthias Orbal

Lehrbuch der empirischen Psychologie

Matthias Orbal

Lehrbuch der empirischen Psychologie

ISBN/EAN: 9783744674515

Hergestellt in Europa, USA, Kanada, Australien, Japan

Cover: Foto ©berggeist007 / pixelio.de

Weitere Bücher finden Sie auf **www.hansebooks.com**

Lehrbuch
der
empirischen Psychologie.

Zum Unterrichte für höhere Lehranstalten

sowie

zur Selbstbelehrung

leichtfasslich dargestellt

von

Dr. **Matthias Drbal**

k. k. Landes-Schulinspector.

Vierte, verbesserte Auflage.

Wien 1885.

Wilhelm Braumüller

k. k. Hof- und Universitätsbuchhändler.

Motto:

Δύσκολον γὰρ γνῶναι ἑαυτόν.
                                                            Diogenes Laertius.

Welch ein Meisterwerk ist der Mensch! wie edel durch Vernunft! wie unbegrenzt an Fähigkeiten! in Gestalt und Bewegung wie bedeutend und wunderwürdig! im Handeln wie ähnlich einem Engel! im Begreifen wie ähnlich einem Gott! die Zierde der Welt! das Vorbild der Lebendigen.
                                                            Shakespeare.

Dem Einzelnen bleibe die Freiheit, sich mit dem zu beschäftigen, was ihn anzieht, was ihm Freude macht, was ihm nützlich däucht; aber das **eigentliche Studium der Menschheit ist der Mensch.**
                                                            Goethe.

Willst du dich selber erkennen, so sieh', wie die andern es treiben; willst du die andern versteh'n, blick' in dein eigenes Herz.
                                                            Schiller.

Die Psychologie ist eine Wissenschaft, die wir im Grunde immer, als ob wir sie schon besäßen, im stillen voraussetzen, wo wir **von uns** etwas fordern oder **für uns** etwas wünschen, wo wir mit unseren Kräften etwas unternehmen oder daran zweifelnd etwas aufgeben, wo wir im Wissen oder im Handeln oder im Genießen vorwärts streben oder rückwärts gleiten. **Uns selbst** schauen und denken wir in alles hinein, darum, weil wir mit **unseren Augen** sehen und mit **unserem Geiste** denken; in unseren eigenen Zuständen liegt das Glück und das Uebel, welches wir empfinden und dessen Vorstellungen wir auf andere übertragen; nach dem Standpunkte, auf welchem der Mensch steht, richtet sich sein Begriff von Gott und vom Teufel, sowie **von der Erde aus** und **mit irdischen Werkzeugen** wir in das Licht der Sonnen und in die Nebel der Kometen hineinblicken. Können wir nur das, was wir in unser Wissen und Meinen selbst hineintrugen, wieder abrechnen? Und bleibt alsdann noch ein wahrhaft objectives Wissen übrig? Oder ist die Abrechnung unmöglich, und ist die ganze Welt, die ganze Natur, bloß für uns und in uns? Oder sind wir selbst dergestalt in der Welt, daß in der Selbstanschauung der Welt auch die Geister der Menschen wie Theile im Ganzen enthalten sind? — Solche Fragen ohne alle Psychologie zu beantworten, wird wohl niemand versuchen.
                                                            Herbart.

Vorwort zur vierten Auflage.

Dieses Buch — seit dem Jahre 1868 im Gebrauche — ist in der vorliegenden Auflage von neuem durchgesehen und auch bezüglich der Diction verbessert worden.

Den Intentionen des neuen Lehrplanes vom 26. Mai 1884, Z. 10128, und der Instructionen für den Unterricht an den österreichischen Gymnasien konnten meine beiden Lehrbücher „Logik" und „Psychologie" dermalen nicht vollkommen gerecht werden, da diese Instructionen erst angefangen haben zu einer Zeit zu erscheinen, als der Druck der genannten Bücher bereits in Angriff genommen war.

Meine Überzeugung, zu der ich mich hier offen bekenne, geht noch immer dahin, dass die Psychologie ebensogut wie die Logik für die Gymnasialstudien von bildendem Wert ist und daher unentbehrlich erscheint, theils als angemessener Abschluss der intellectuellen Bildung, theils noch insbesondere als eine unabweisbare Ergänzung des deutschen Unterrichtes. Durch die Wahl der Beispiele und Erläuterungen, die vornehmlich der Geschichte und der poetischen und prosaischen Lectüre entnommen sind, strebt diese Psychologie der für jeden Gymnasialgegenstand geltenden Forderung nachzukommen, dass derselbe mit den übrigen Lehrfächern in einem wechselseitig unterstützenden Zusammenhange stehen müsse*).

Die Orthographie richtet sich auch in diesem Buche nach dem vom k. k. Schulbücherverlage herausgegebenen „Regeln- und Wörterverzeichnis" für die deutsche Rechtschreibung. Vierte Auflage. Wien 1882.

---

*) Prof. Dr. Konrad Jarz sucht in seiner Programm-Abhandlung (Znaim 1882) „Über die philosophische Propädeutik als geeignetste Disciplin für die Concentration des gymnasialen Unterrichtes" — den Nachweis zu liefern, dass die philos. Propädeutik unter allen Gymnasiallehrfächern die geeignetste Wissenschaft für die Concentration des Unterrichtes sei.

Bei der Durchsicht der Correcturbogen wurde ich von dem hiesigen k. k. Gymnasialprofessor, Herrn Christoph Würfl, auf das freundlichste und zuvorkommendste unterstützt, weshalb ich demselben dafür und für manche von ihm in Vorschlag gebrachte stilistische Änderungen mit dankbarer Anerkennung eingedenk bleibe.

Möge auch dieser neuen Auflage die Zustimmung zutheil werden, welche sich das Buch im Laufe der Jahre in den verschiedenen Kreisen erworben hat.

$'Αγαθῇ\ τύχη!$

Brünn, den 2. December 1884.

Der Verfasser.

Inhaltsverzeichnis.

Einleitung in die Psychologie.

§ 1. Begriff und Aufgabe der Psychologie. § 2. Principien und Methode der Psychologie. § 3. Quellen der Psychologie. § 4. Hilfsquellen der Psychologie.

Begriff der Seele und deren Verhältnis zum Leibe.

Erstes Capitel.
Von der Seele.

§ 5. Die Seele ist eine Substanz. § 6. Die Seele ist nicht ein Inbegriff aller den Leib bildenden Substanzen. § 7. Das Gehirn ist nicht mit der Seele identisch. § 8. Einerleiheit der Seele. § 9. Einwürfe des Materialismus gegen die Einerleiheit der Seele. § 10. Einfachheit der Seele. § 11. Einwendungen des Materialismus gegen die Einfachheit der Seele. § 12. Folgerungen aus dem Vorigen.

Zweites Capitel.
Von der Seele und dem Leibe.

§ 13. Thatsache der Wechselwirkung zwischen Leib und Seele. a) Der Leib wirkt auf die Seele. § 14. b) Die Seele wirkt auf den Leib. § 15. Auffassung der Wechselwirkung zwischen Seele und Leib vom empirischen Standpunkte aus. Empfindung und Bewegung. § 16. Das Nervensystem steht in der nächsten Beziehung zur Seele. § 17. Das Nervensystem und dessen Eintheilung. § 18. Sensible und motorische Nerven; Selbständigkeit der Nervenfasern und Isolation der Leitung.

Drittes Capitel.
Von den Empfindungen und Bewegungen.

§ 19. Begriff der Empfindung. § 20. Inhalt, Stärke und Ton der Empfindungen. § 21. Arten der Empfindung (Gemeingefühl). § 22. Begriff der Sinne, Zahl, Eintheilung und Verhältnis der Sinne beim Menschen. § 23. Bedingungen des Zustandekommens der Empfindungen. § 24. Das Gesicht; die Farben; die Farbenblindheit; das Organ des Sehens. § 25. Das Gehör (Ton, Klang und Geräusch); das Organ des Hörens. § 26. Vergleichung des Gesichts- und Gehörsinnes. § 27. Der Tastsinn (Orts-, Druck-, Gewichts- und Muskelempfindungen, Temperatur- und Schmerzempfindungen). § 28. Der Geschmackssinn. § 29. Der Geruchssinn. § 30. Das Sinnesvicariat. § 31. Arten der Bewegungen. § 32. Reflexbewegungen. § 33. Instinctbewegungen. (Ansichten über den Begriff des Instinctes.) § 34. Willkürliche Bewegungen. § 35. Rückblick. § 36. Vorläufige Übersicht der hauptsächlichsten psychischen Erscheinungen nebst der Aufzählung der Theile der Psychologie.

Erster Abschnitt.
Die Lehre vom Geiste.
Erstes Capitel.
Von der Wechselwirkung der Vorstellungen.

§ 37. Von den Vorstellungen. § 38. Einheit des Bewußtseins; Aufmerksamkeit; Enge des Bewußtseins. § 39. Unwillkürliche und willkürliche Aufmerksamkeit. § 40. Vergleichung der Vorstellungen rücksichtlich ihres Inhaltes. § 41. Gleiche Vorstellungen vereinigen sich in eine einzige. § 42. Disparate Vorstellungen complicieren sich. § 43. Entgegengesetzte Vorstellungen hemmen sich gegenseitig. § 44. Von den Vorstellungen als Kräften. § 45. Streben vorzustellen. § 46. Größe der Hemmung. § 47. Gleichgewicht unter sich hemmenden Vorstellungen. § 48. Begriff und Arten der Reproduction. § 49. Unmittelbare Reproduction. § 50. Mittelbare Reproduction (Ideenassociation). § 51. Gesetze der unmittelbaren Reproduction. § 52. Gesetz der Ähnlichkeit. § 53. Gesetz des Widerstreites. § 54. Gesetz der Coexistenz. § 55. Gesetz der Succession. § 56. Fortsetzung. § 57. Schluß. § 58. Einander kreuzende Reihen (Pedantismus). § 59. Hemmungen und Förderungen des Vorstellungsablaufes. § 60. Gedächtnis. § 61. Arten des Gedächtnisses. § 62. a) Mechanisches Gedächtnis. § 63. b) Ingeniöses Gedächtnis; Mnemonik. § 64. c) Judiciöses Gedächtnis (Gedächtnis als Talent); Abhängigkeit des Gedächtnisses vom Nervensystem; Vorstellungsvorrath als Maß für die Stufe der geistigen Cultur eines Menschen. § 65. Fertigkeit und Geschicklichkeit; Virtuosität und körperliche Tournure. § 66. Erinnerung und Wiedererkennung; Entsinnungen und Besinnungen. § 67. Das Vergessen und dessen Grade; absolutes und relatives, willkürliches und unwillkürliches Vergessen; die Vergeßlichkeit; habituelle Zerstreuung und Geistesabwesenheit: „Don Quijote". § 68. Einbildungsvorstellungen und Phantasie; ihr Vorzug, ihre Einseitigkeit; das Phantasieren. § 69. Arten der Einbildung: abstrahierende, determinierende und combinierende Einbildung (Ritter John Falstaff). § 70. Wachen, Schlaf und Traum. § 71. Unterschied des Schlafes vom Wachen, Schläfrigkeit, Einschlafen, tiefer Schlaf und Schlaf mit Träumen; Fortgang der leiblichen Processe während des Schlafes. § 72. Das Erwachen aus dem Schlafe, Schlafschlummer und Wachschlummer; der Traum und die Eigenthümlichkeiten der Träume. § 73. Bestandtheile der Träume; phantastische Gesichtserscheinungen oder Schlummerbilder.

Zweites Capitel.
Von der Bildung der Zeit- und Raumvorstellungen.

§ 74. Zeit und Raum; Stoff und Form der Empfindungen; Zeit und Raum sind nicht angeborene Vorstellungen. § 75. Zeitreihe; Dimension der Zeit. § 76. Leere Zeit, Ewigkeit. § 77. Subjective Schätzung und objective Messung der Zeit; Vergangenheit und Zukunft. § 78. Vorstellen des Räumlichen; die gerade Linie. § 79. Räumliche Auffassung durch den Gesichtssinn. § 80. Das Aufrechtsehen. § 81. Das Einfach- und Doppeltsehen. § 82. Das Auffassen der Gestalten durch das Gesicht (Vorstellung der Grenze, Lage der Linien, Neigung, Winkel, geschlossene Gestalt). § 83. Auffassung der Tiefendimension durch den Gesichtssinn. § 84. Beurtheilung der Größe und Ent-

fernung der Gegenstände durch das Gesicht. § 85. Bewegung und Ruhe der Gesichts=
objecte. § 86. Räumliche Auffassung durch den Tastsinn. § 87. Auffassung der Fläche
durch den Tastsinn; Flächenmessen; Vorstellung der Tiefendimensionen durch den Tast=
sinn. § 88. Localisation der Empfindungen. § 89. Projection der Empfindungen. § 90.
Bildung der Complicationen; äußere Dinge mit vielen Merkmalen; Vorstellung
einer Mehrheit von selbständigen Außendingen. § 91. Anschauung und Wahrnehmung
§ 92. Von den Sinnestäuschungen (Illusionen und Hallucinationen).

Drittes Capitel.
Von der Intelligenz.

§ 93. Das Denken; der Verstand und die Vernunft. § 94. Die Bildung der
Begriffe und die Abstraction. § 95. Die Entstehung der Urtheile. § 96. Arten der
Urtheile (bejahende und verneinende). § 97. Entstehung des Schlusses und Arten der
Schlüsse. § 98. Begriff der Apperception (Aneignung). § 99. Intellectuelle und will=
kürliche Aufmerksamkeit (Zerstreuung, Interesse und Erwartung). § 100. Innere
Wahrnehmung (innerer Sinn; Selbstbeobachtung. § 101. Die Vorstellungsgruppe
des Ich, beruhend auf der Vorstellung des eigenen Leibes. § 102. Das Ich als vor=
stellendes Wesen und als thätiges Princip. § 103. Das Ich als Ergebnis der Lebens=
geschichte. § 104. Das empirische und das reine Ich, das Wir. § 105. Der innere
Sinn und das Selbstbewußtsein.

Zweiter Abschnitt.
Die Lehre vom Gemüthe.
Erstes Capitel.
Die Lehre von den Gefühlen und Affecten.
Das Gefühlsleben im allgemeinen.

§. 106. Begriff und Entstehung des Gefühls. § 107. Unterschied der Gefühle
von den Empfindungen. § 108. Eintheilung der Gefühle in Betreff des Tones und
nach den Bedingungen ihres Ursprunges. § 109. Verhältnis der Gefühle zu den
übrigen Phänomenen des Bewußtseins (Gemüthsstimmung).

Das Gefühlsleben im besonderen.
A. Die formellen Gefühle. (Formalgefühle.)

§ 110. Die Erwartung und Ungeduld. § 111. Die Hoffnung, Besorgnis,
Überraschung, Zweifel und Verzweiflung. § 112. Langweile. § 113. Unterhaltung,
Erholung und Arbeit.

B. Die qualitativen Gefühle.

§ 114. Begriff und Eintheilung der qualitativen Gefühle. § 115. Die intellectuellen
Gefühle (das Wahrheits= und Wahrscheinlichkeitsgefühl). § 116. Die ästhetischen Gefühle
(das Gefühl des Schönen und Häßlichen insbesondere). § 117. Unterschied des

Sittlichen vom Schönen. § 118. Entstehung des sittlichen Gefühls. § 119. Arten der sittlichen Gefühle (Selbstgefühl und Ehrgefühl). § 120. Ruhm, Bescheidenheit und Anmaßung; Hochmuth und Demuth; Eitelkeit und Stolz. § 121. Das Rechtsgefühl. § 122. Die sympathetischen Gefühle oder das Mitgefühl (Mitfreude, Mitleid); die antipathischen Gefühle (Neid und Schadenfreude); das Wohlwollen; die Gefühle der Sympathie und Antipathie; Idiosynkrasie. § 123. Religiöse Gefühle. § 124. Das Gemüth und seine Formen. § 125. Begriff der Affecte; Eintheilung derselben.

Zweites Capitel.
Von dem Begehren und der Freiheit.

§ 126. Begriff und Bedingungen des Begehrens. (Vergleichung des Begehrens und Verabscheuens.) § 127. Folgerungen aus dem Begriff der Begehrung. § 128. Eintheilung der Begehrungen.

A. Sinnliche Begehrungen.

§ 129. Der Trieb. (Unterschied des Triebes von der Begierde.) § 130. Neigung, Naturanlage, Gewohnheit und Hang. § 131. Die Leidenschaft im allgemeinen; ihr Unterschied vom Affecte. § 132. Ursprung der Leidenschaften. § 133. Die Hauptphänomene der Leidenschaften. § 134. Schädliche Wirkungen der Leidenschaften und Beherrschung derselben.

B. Geistige Begehrungen.

§ 135. Begriff und Entstehung des Wollens. § 136. Wirkung des Wollens nach außen; Handlung und That. § 137. Wirkung des Wollens nach innen; willkürliche Aufmerksamkeit und Reflexion. § 138. Allgemeines Wollen; Maximen und praktische Vorsätze. § 139. Überzeugung, Besonnenheit und Selbstbeherrschung. § 140. Freiheit des Willens. § 141. Begriff der Zurechnung. § 142. Charakter.

Dritter Abschnitt.
Von den natürlichen Anlagen des Menschen.

§ 143. Naturell, Temperamente, Geschlechter, Lebensalter.

Einleitung in die Psychologie.

§ 1. Begriff und Aufgabe der Psychologie.

Der Begriff der Psychologie setzt den der Anthropologie voraus. Unter Anthropologie (περὶ τοῦ ἀνθρώπου) versteht man die Wissenschaft von dem Menschen, sofern dieser Object innerer oder äußerer Erfahrung ist. Die Anthropologie zerfällt, zufolge der gewöhnlichen Theilung des Menschen nach Leib und Seele, in zwei Haupttheile: 1. in die Somatologie (Leibeslehre), als Lehre vom Menschen, sofern derselbe Gegenstand der äußeren Wahrnehmung ist, und 2. in die Psychologie, als Wissenschaft vom Menschen, sofern derselbe Gegenstand der inneren Wahrnehmung ist.

1. Die unbefangene Beobachtung unterscheidet am Menschen ein zweifaches, Leib und Seele (körperliches [organisches, physisches] und geistiges [psychisches] Leben). Insoweit der Mensch raumerfüllender Körper ist, gehört er der Körper- oder Sinnenwelt an und untersteht als solcher (als bloße Masse), wie die übrige Materie, den allgemeinen Gesetzen der Körper (Schwere, Cohäsion, Trägheit, Druck, Stoß u. a. m.). Sofern der Mensch sich als denkendes, fühlendes und wollendes Wesen weiß, gehört er einer geistigen Welt an und ist als Geisteswesen den psychischen Gesetzen unterworfen. Leib und Seele (das körperliche und geistige Leben) stehen nach dem Zeugnisse der Erfahrung in fortwährender Wechselwirkung und machen zusammengenommen den Menschen aus (daher die allgemein bekannte Definition: „der Mensch ist ein sinnlich-vernünftiges Wesen"), und die Lehre von demselben im weitesten Umfang, seinen Zuständen, Erscheinungen und Gesetzen, als ein Ganzes betrachtet, ist die Anthropologie (Menschenkunde).

2. Der Ausdruck, daß der Mensch aus Leib und Seele bestehe, ist kein Erfahrungssatz, falls man sich unter „Seele" ein selbständiges einfaches Wesen vorstellt. Durch Erfahrung, mag diese nun eine äußere oder innere sein, sind weder Körper noch Geister

unmittelbar und ursprünglich gegeben, sondern das Einzige, was ursprünglich gegeben ist, sind die inneren Zustände der Seele, d. i. die Vorstellungen von den Körpern und Geistern. Erst von diesen Vorstellungen, die wir von Körpern und Geistern haben, schließen wir auf das wirkliche Dasein von Körpern und Geistern.

A. Die Somatologie, als Lehre vom menschlichen Leibe, zerfällt wieder in zwei ihr untergeordneten Disciplinen, 1. in die Anatomie und 2. in die Physiologie. Erstere, als Lehre von den Bestandtheilen des menschlichen Körpers, macht uns bekannt mit der Structur und Textur jedes Organes: der Knochen, Bänder, Muskeln, Nerven, Eingeweide und Gefäße, mit der räumlichen Verbindung der Organe und ihrer Zusammensetzung zum ganzen Organismus. („Sucht aus dem Todten zu erlernen, was der Lebendige war" [Hyrtl, Lehrbuch der Anatomie des Menschen. Wien 1866, W. Braumüller. IX. Auflage] § 4). Letztere (die Physiologie), als Wissenschaft von den Gesetzen der Verrichtungen des menschlichen Organismus, hat zur Aufgabe, die Leistungen der einzelnen Organe (des Nervensystems, der Muskeln, der Eingeweide und Gefäße) festzustellen und sie aus den elementaren Bedingungen der Organe mit Nothwendigkeit herzuleiten.

B. Die Psychologie — als der andere Theil der Anthropologie — ist die Wissenschaft von der menschlichen Seele, als der realen Grundlage des geistigen Lebens. Sie hat die Aufgabe, die einzelnen in der Seele vor sich gehenden Erscheinungen (die „inneren Zustände" und „Veränderungen", die „psychischen Phänomene", die „Thatsachen des Bewußtseins") möglichst vollständig zu sammeln, zu ordnen und zu beschreiben (Psychographie), die psychischen Gesetze, nach welchen sich jene Phänomene richten, aufzufinden und darzustellen (Psychonomie) und auf diese Weise (als Theorie des Seelenlebens) über das Wesen der Seele selbst Aufschluß zu geben (Psychosophie).

1. Der gemeine Sprachgebrauch beschränkt die Psychologie auf die menschliche Seele, und dies mit Recht, da wir von dem psychischen Leben des Thieres bei dem Mangel aller eigentlichen Grundlage (Selbstbeobachtung) nur eine sehr ungenügende Kenntnis besitzen.

2. Das Wort „Psychologie" (Seelenlehre) gehört der neueren Zeit an. Die Griechen, insbesondere Aristoteles (384—322 v. Chr.), überschrieben ihre psychologischen Werke bloß mit: $\pi\varepsilon\varrho\grave{\iota}\ \tau\tilde{\eta}\varsigma\ \psi\upsilon\chi\tilde{\eta}\varsigma$; die Lateiner oder Römer: de anima. Andere Namen: Psychische Anthropologie, Seelenlehre, Naturlehre der menschlichen Seele, Lehre von den Thatsachen des Bewußtseins, Phänomenologie des Geistes, Wissenschaft des inneren Menschen, menschliche Subjectivitätslehre, Philosophie des Menschen 2c. 2c.

3. F. Exner (die Psychologie der Hegel'schen Schule, Leipzig 1842. S. 3 f.) spricht sich über die Aufgabe der Psychologie so aus: „Wie die sogenannte Naturlehre die Veränderungen der Außenwelt, so soll die Psychologie uns jene inneren Veränderungen kennen lernen, welche man Seelenzustände nennt. Sie muß also die Ursachen und Gesetze dieser Veränderungen aufzeigen. Bedingung aber ist, daß sie jeden Seelenzustand, den sie erklären will, genau beschreibe; denn wie sollten wir wissen, wovon sie spricht, wenn sie es nicht deutlich sagte? Vielleicht ist sie genöthigt, weit auszuholen und vielfach auf andere Theile der Philosophie sich zu beziehen; vielleicht fühlt sie sich aufgelegt, uns nicht bloß über die Zustände des Geistes, sondern über den Geist selbst Aufschlüsse zu geben; aber was immer sie geben und wie hoch oder tief sie beginnen möge, enden muß sie damit, daß sie uns die Seelenzustände genau beschreibt und aus ihren Ursachen und nach ihren Gesetzen erklärt. Dies ist das wenigste, was sie zu leisten hat. Oder sollte unsere Kenntnis der menschlichen Seele sich mit weniger begnügen, als die Kenntnis der Körperwelt? Dann entspräche die Anstrengung unseres Denkens schlecht dem Werte seiner Gegenstände! Vielleicht aber lassen die stets wechselnden Zustände unseres Innern sich gar nicht in feste Begriffe fassen nicht genau beschreiben? Wer dies glaubt, muß auf Erkenntnis derselben verzichten. — — Doch wissen wir alle, daß es nicht so schlimm steht. Die tägliche Erfahrung hat uns gelehrt, daß unsere Gedanken etwas anderes sind als unsere Empfindungen: ein aufsteigender Wunsch etwas anderes, als das Recitieren eines eingelernten Gedichtes; die Psychologen haben längst manche Seelenzustände sehr treffend geschildert und mehr oder weniger gelungene Classificationen derselben gemacht; es ist kein Grund da, an dem Unternehmen, wie schwierig es auch sei, zu verzweifeln. Ist es auch nicht möglich, daß die Beschreibung allen Verwandlungen der Seele folge, so kann man es vielleicht machen, wie die Mathematiker, welche, wenn sie eine Linie suchen, häufig zuerst nur einzelne ausgezeichnete Punkte derselben, etwa die Wende- oder Durchschnittspunkte bestimmen. Aber Gesetze der Seelenzustände, gibt es auch solche? Man kann es leugnen, wenn man dasselbe auch für die Erscheinungen der Außenwelt thut; sonst gilt jeder Grund, der hier spricht, auch dort. Man hat zu wählen zwischen Ursachen und Gesetzen ihres Wirkens, oder dem blinden Zufalle. Daß Menschen erzogen werden können, dies allein würde schon genügen, uns für die ersten zu entscheiden; daß es keine Wissenschaft eines rein Zufälligen gäbe, also im zweiten Falle wieder keine Psychologie, daß nur die Einsicht in die Gesetze jener Veränderungen zu praktisch brauchbaren Resultaten führen könne, mag nebenbei bemerkt werden."

§ 2. Principien und Methode der Psychologie.

Unter Principien einer Wissenschaft versteht man die Punkte, von denen die Wissenschaft ausgeht. Die empirische Psychologie ruht auf empirischen Principien, d. h. auf solchen Thatsachen des Bewußtseins, aus welchen die Gesetze dessen, was in uns geschieht, erkannt werden können.

Die Art und Weise, wie die Psychologie den Weg von jenen Principien zu der ihr eigenthümlichen Aufgabe zurücklegt, ist die Methode derselben, welche eine genetische oder entwickelnde ist. Dieser Methode liegt es ob, der naturgemäßen Entwickelung des menschlichen Seelenlebens zu folgen; sie beginnt daher mit den ursprünglichen Seelenzuständen (nämlich mit den Empfindungen) und erhebt sich von da durch die Apperception der Vorstellungen zur vernünftigen Einsicht, Selbstbeherrschung, Freiheit des Willens und zum Begriff des Charakters; solches Aufsteigen heißt aber in der Pädagogik das genetische oder entwickelnde Unterrichtsverfahren. Die pädagogische Methode, die hier beschrieben wurde, ist jedoch mit der logischen Methode nicht zu verwechseln. Die Logik unterscheidet eine analytische und synthetische, oder eine inductive und deductive Methode, und läßt die erstere von der Beschreibung der besonderen Erscheinung durch Abstraction zu dem Gesetze derselben (dem allgemeinen) emporsteigen und von der Beschaffenheit der also gefundenen Gesetze auf die eigentliche Natur der Seele schließen, während die letztere von den allgemeinen Principien (von dem Begriff der Seele) ausgehen und aus demselben die Gesetze des Seelenlebens herleiten und von da auf den Weg hinweisen soll, welcher betreten werden muß, um durch nähere Bestimmungen des Allgemeinen zu dem concreten Seelenzustande herabzugelangen. Die Pädagogik gebraucht die Worte „analytisch" und „synthetisch" nicht im logischen Sinne, nämlich nicht in Bezug auf den Inhalt der Wissenschaft, sondern in Bezug auf den Gedankenkreis des Zöglings.

Die Unterrichtsmethode, welche von der Didaktik als analytische angesehen wird, soll den Gedankenkreis des Zöglings zergliedern, berichtigen und verdeutlichen, während die Unterrichtsmethode, welche die Didaktik als die synthetische bezeichnet, den Gedankenkreis des Zöglings durch das Neue, was sie mittheilt (respective in dem Zöglinge entstehen läßt), erweitert und entwickelt.

§ 3. Quellen der Psychologie (Selbstbeobachtung und Beobachtung anderer).

Die Hauptquelle der Psychologie ist die Selbstbeobachtung (innere Erfahrung, Auffassung der Thatsachen des eigenen Bewußtseins), sodann die (auf Analogie gebaute) Beobachtung anderer (namentlich) für solche Zustände, wobei eigene Beobachtung nicht stattfinden kann.

I. Die unmittelbarste Kenntnis der psychischen Erscheinungen erhalten wir durch die Beobachtung unser selbst. Ohne Selbstbeobachtung keine Selbsterkenntnis (γνῶθι σεαυτὸν). Doch hat die Selbstbeobachtung ihre Schwierigkeiten. 1. Wollte und sollte das Ich sich selbst als Gegenstand beobachten, so müßte es sich selbst scheiden in einen beobachtenden und beobachteten Theil, dann könnte es sich wohl mit der nämlichen Deutlichkeit anschauen, wie die von ihm verschiedene Außenwelt. Bis auf einen gewissen Grad ist das nun allerdings bei der Selbstbeobachtung der Fall; es findet eine gewisse Theilung des Bewußtseins statt. Denn einmal muß das Ich, wenn es sich in irgend einem Zustande (z. B. in einer Vorstellung, einem Gefühl u. s. w.) beobachten will, den von ihm beobachteten Zustand fix erhalten, sonst wäre ja nichts zu beobachten; sodann muß es aber (gleichsam) einen andern Theil des Bewußtseins zur Beobachtung des ersteren verwenden. Allein es kostet a) große Anstrengung und Mühe, diese Trennung aufrecht zu erhalten, und b) gelingt sie dessenungeachtet nicht ganz vollständig, sonst würde uns das innerlich Beobachtete gleich einem Gegenstande der Außenwelt gegenübertreten, was im gesunden Zustande nie geschieht. (Vgl. Kant, Anthropologie in pragmatischer Hinsicht. § 4.)

In Hinsicht der Beobachtungen steht die Psychologie hinter den Naturwissenschaften zurück. Wenn der Physiker das Licht durch ein Glasprisma fallen läßt, um die Brechung und Farbenzerstreuung zu beobachten, so ist dies eine Erscheinung, welche ganz außer ihm verläuft, und an der er durch seine Beobachtung durchaus nichts verändert. Der Anatom, der von dem Ursprung, dem Verlauf und der ganzen Beschaffenheit eines Nerven eine genaue Kenntnis erlangen will, braucht ihn nur bloßzulegen und von den ihn umgebenden Hüllen zu befreien, die seine wahre Beschaffenheit verdecken, so daß er in seiner Blöße erscheint. Der Psychologie aber liegt kein solcher Stoff zugrunde, der sich klar vor Augen legen und genau beobachten ließe.

2. Eine andere Schwierigkeit der Selbstbeobachtung ist die **Flüchtigkeit** und der **Wechsel** der inneren Erscheinungen, so daß sie, wenn wir sie beobachten wollen, meist schon verschwunden sind. Es ist nämlich ein psychologisches Gesetz, daß die geistigen Operationen um so besser vonstatten gehen, je weniger sie in ihrer Entwicklung durch absichtliche Selbstbeobachtung gestört werden, und daß sie eine Stockung, beziehungsweise Abänderung erfahren, je schärfer man sie in ihrem Verlaufe beobachten will. Man kann dieses Gesetz kurz auch so ausdrücken: Die Energie der Selbstbeobachtung steht mit der Energie des eben vorgehenden geistigen Phänomens in umgekehrtem Verhältnisse.

Versucht es z. B. jemand, sich mitten im Geschäft, in der Leidenschaft, während des Sprechens mit andern zu belauschen, so geräth das Geschäft dadurch ins Stocken;

die Leidenschaft mäßigt sich; das Zuhören bei der eigenen Rede hemmt ihr rasches Fortströmen. Will sich jemand im Momente des Einschlafens beobachten, so ist die nächste Folge davon die, daß er gar nicht einschläft. Erfolgt aber der Schlaf doch, so ist der Uebergang in ihn eben das Aufhören der bewußten Reflexion ec.

3. Es gibt nur sehr wenige Menschen, die imstande sind, sich selbst zu beobachten. Der gewöhnliche Mensch, der Ungebildete, hat weder Neigung, noch Geschick dazu; die äußere Natur, die er früh als die Quelle seiner Leiden und Freuden kennen lernt, hält seinen Blick befangen. Hiezu kommt noch, daß die meisten eine heilige (oder vielmehr unheilige) Scheu haben vor der Erforschung ihres eigenen Innern, weil sie sich bewußt sind, daß sie keine schlechtere Bekanntschaft machen können, als — ihre eigene.

4. Es ist ferner unmöglich, die Selbstbeobachtung lange fortzusetzen; die Spannung und Anstrengung, die mit der Selbstbeobachtung verbunden ist, läßt sich nicht lange aushalten. „Eine Stunde lang, wohl gar einen Tag lang unablässig und streng sich selbst beobachten, um in jedem Augenblick den eben vorhandenen inneren Zustand unmittelbar wahrzunehmen; dies könnte als eine der stärksten Selbstpeinigungen denen empfohlen werden, die darin ein Verdienst suchen." (Herbart, Psychol. I. Bd. § 2.)

5. Endlich wird die Selbstbeobachtung sehr erschwert durch die Eigenliebe, Eitelkeit, Stolz und Hochmuth und Sucht nach Seltsamkeiten. Denn es fehlt viel, daß wir am besten wüßten, was wir selber sind; im Gegentheil ist es nur zu wahr, daß der Mensch das, was er ist, am allerwenigsten weiß. Mit außerordentlich seltener Ausnahme hält sich jeder für besser, als er ist. Unendlich scharfsichtig in der Entdeckung der Fehler an andern, ist er blind gegen seine eigenen, so daß er getrost an andern tadelt, was er selber begeht.

> „Verständiger sind alle, fremde Schickungen
> Zu richten, als ihr eig'nes Ungemach daheim."
> (Euripides.)

So scheint denn Selbstbeobachtung im strengen Sinne praktisch etwas Unmögliches zu sein; allein das zu Beobachtende verschwindet nicht gänzlich, sondern es lebt in der Erinnerung unverändert fort, kann daher wieder erneuert und dabei als ein ehemals gegenwärtiger Zustand aufgefaßt werden. Je öfter nun die Erinnerung an das einmal Dagewesene hervorgerufen und beobachtet wird, je mehr sie der ursprünglichen Wahr=

nehmung an Form und Inhalt gleicht, desto mehr vermindern sich die Schwierigkeiten der Selbstbeobachtung. (In manchen Fällen, besonders in Fällen der heftigeren Zustände, kann auch ein Schluß von den Folgen und Wirkungen des Zustandes auf seine Beschaffenheit stattfinden.)

Die Schwierigkeit, welche darin liegt, daß die Seelenzustände zu schnell vorübereilen und rasch wechseln, und welche dadurch wächst, daß sie nur in der Form der Zeit, nicht als räumliche, erscheinen, läßt sich nicht gänzlich aufheben, sondern nur durch Uebung in der Beobachtung bekämpfen.

Daß nur wenige Menschen die Kunst des Selbstbeobachtens auszuüben vermögen, ist wohl richtig; aber es gibt überhaupt in jeder anderen Wissenschaft eben auch nur wenige, die sich auf scharfe und getreue Erfassung des Wahrgenommenen verstehen.

Da fast die meisten Irrthümer aus dem Einflusse, den Selbstliebe, Eitelkeit, Neigungen, Leidenschaften u. s. w. auf das Erkennen ausüben, hervorgehen, so muß jede solche Einwirkung, welche jene Motive auf die Selbstbeobachtung haben und ihr eine schiefe Richtung geben, sorgfältig vermieden oder doch unschädlich gemacht werden. Dies geschieht am wirksamsten durch **Selbstverleugnung** und **Wahrheitsliebe**.

II. Die Selbstbeobachtung erhält ihre Ergänzung theils durch **überlieferte Erfahrungen anderer**, theils durch **eigene Beobachtungen ihrer inneren Zustände**.

Was die Ueberlieferung fremder Selbsterlebnisse betrifft, so kommt, abgesehen von der Frage der Glaubwürdigkeit solcher Mittheilungen, dabei alles darauf an, wieviel und wie genau jene anderen von sich selbst auffassen, und wie richtig wir ihre Berichte verstehen und deuten. Mit ihren eigenen Auffassungen nun sind jene eben in der Lage, wie wir mit den unsrigen. Um aber ihre Beschreibungen zu verstehen, können wir nur unsere eigenen inneren Wahrnehmungen zu Hilfe rufen.

Was die Beobachtung fremder Seelenzustände betrifft, so ist es nicht möglich, dieselben **unmittelbar** zu erkennen, sondern wir können sie nur erschließen aus gewissen Äußerungen (entweder der Worte oder Mienen), wodurch der betreffende innere Zustand sich kundgibt. Hier ist aber zu bemerken: 1. daß es sowohl auf eine richtige Erfassung als auch auf richtiges Verständnis jener Äußerungen ankommt, und 2. daß eine richtige Beurtheilung anderer Menschen von eigener richtiger Selbsterkenntnis abhängt.

„Willst du dich selber erkennen, so sieh', wie die andern es treiben;
Willst du die andern versteh'n, blick' in dein eigenes Herz."
(Schiller.)

So erscheint demnach die Beobachtung anderer nur als ein secundäres Mittel zur Auffindung psychologischer Thatsachen, weil wir alles Fremde, selbst die leblose Natur, nur nach Analogie mit unserem eigenen Selbst beurtheilen können, obwohl eingeräumt werden muss, dass uns unser eigenes Erlebte oft erst durch das Anschauen und Auffassen des Fremden zur Deutlichkeit kommt. (Namentlich gilt dies von solchen Zuständen, die wir wegen ihrer Stärke oder Schwäche nicht an uns selbst beobachten können, z. B. von Affecten, Leidenschaften, Zuständen der Ohnmacht u. s. w.)

Hieher gehören folgende treffende Bemerkungen Kants: „Der Mensch, sobald er bemerkt, dass man ihn beobachtet und zu erforschen sucht, wird entweder leicht verlegen (geniert) erscheinen, und da kann er sich nicht zeigen, wie er ist, oder er verstellt sich, und da will er nicht gekannt sein, wie er ist." (Anthropologie in pragmatischer Hinsicht, her. v. Hartenstein VIII. Th. Vorr.) — Besonders bei civilisierten Nationen ist die Verstellung als ganz allgemeine Sitte eingeführt.

„Die Menschen sind insgesammt, je civilisierter, desto mehr Schauspieler: sie nehmen den Schein der Zuneigung, der Achtung vor andern, der Sittsamkeit, der Uneigennützigkeit an, ohne irgend jemanden dadurch zu betrügen, weil ein jeder andere, dass es hiemit eben nicht herzlich gemeint sei, dabei einverständigt ist, und es ist auch sehr gut, dass es so in der Welt zugeht. Denn dadurch, dass Menschen diese Rolle spielen, werden zuletzt die Tugenden, deren Schein sie eine geraume Zeit hindurch nur gekünstelt haben, nach und nach wohl wirklich erweckt und gehen in die Gesinnung über." — — „Alle menschliche Tugend im Verkehr ist Scheidemünze; ein Kind ist der, welcher sie für echtes Gold nimmt. — Es ist doch aber besser Scheidemünze, als gar kein solches Mittel im Umlauf zu haben, und endlich kann es doch, wenngleich mit ansehnlichem Verlust, in bares Geld umgewandelt werden." (Anthrop. § 13.) [Vgl. hiezu die Parallelstelle: Kritik d. r. Vern. Methodenlehre I. Abschnitt II.]

§ 4. Hilfsquellen der Psychologie.

Als Hilfsquellen der Psychologie kommen (außer dem Studium der philosophischen Werke aller Art, insbesondere aber der metaphysischen und psychologischen) noch ferner in Betracht: die Physiologie und Anatomie, die Geschichte (die der Menschheit, ferner die der Völker und Staaten, besonders die der Cultur, der Wissenschaften und Künste, die Religions-, Rechts- und Sittengeschichte), die **Anthropologie der Naturvölker, Völkerpsychologie** und **Linguistik,** die **Biographik** (besonders die Autobiographik, die Memoiren-Literatur, ferner die Sammlungen merkwürdiger Rechtsfälle, z. B. **Pitaval, Klein, Meister, Feuerbach, Hitzig** u. a., die Briefsammlungen ic.), endlich die **classischen Werke der Rede- und Dichtkunst** (**Homer, Nibelungen, Dante, Tasso, Klopstock; Aeschylos, Sophokles, Euripides, Shakespeare, Calderon, Corneille, Racine, Alfieri, Lessing, Schiller, Goethe** u. a. m.).

1. Die Physiologie hat einen nicht unbedeutenden Wert als Hilfsquelle für die Psychologie. Da nämlich die menschliche Seele, wenigstens in der Erfahrung, nirgends ohne Leib existiert, sondern nur in der Vereinigung mit demselben angetroffen wird und ihr Wirken und Thun (wenigstens theilweise) von den Zuständen des Leibes abhängig ist, so kann ihr Leben ohne Rücksichtnahme auf die leiblichen Veränderungen gar nicht begriffen werden. Denn um gleich das Wichtigste anzuführen, sind die Sinneswahrnehmungen an gewisse Organe, welche wir die Sinnesorgane nennen, gebunden und ohne dieselben nicht möglich. Ohne Auge und Ohr ic. fehlen die physiologischen Bedingungen des Sehens und Hörens. Der Blinde und der Taube haben keine Empfindungen von Farben und Tönen. — Es ist ferner Thatsache, daß durch krankhafte Affection des Nervensystems oder auch durch bloßen Druck auf das Gehirn die Reproduction der Wahrnehmungen ganz oder theilweise aufgehoben wird. Auch weiß man aus der Erfahrung, dass krankhafte Affectionen des Gehirnes (z. B. eine dahin zurückgetretene Gicht, ein Geschwür ic.) wenigstens theilweise die Worte aus dem Gedächtnisse verschwinden machten, so dass zuweilen, trotz unverletzter Sprachorgane, die Gesichtsvorstellung der Worte, aber nicht die Gehörsvorstellung vorhanden war. (Fr. Fischer, Lehrb. d. Pf. Basel 1838, S. 75 f.) Dies und vieles Andere, dessen Herzählung dem Späteren vorbehalten bleiben muss, beweist, dass Psychisches und Physisches von einander abhängig (aber keineswegs identisch) ist. Insofern hängt also auch Psychologie von Physiologie ab. Doch wäre es gefehlt, wollte man alle psychologischen Vorgänge auf physiologische zurückführen.

Ueber das Unternehmen, die Psychologie zu einem untergeordneten Zweige der Physiologie zu machen, vgl. Herbart, Pf. Bd. II. S. 62 (Hartenstein'sche Ausg.), Jean Paul, Selina I. 14 f.; Scheidler, Prop. 2. Ausg. S. 198 f.; Lotze, Med. Pf. § 3; A. W. Volkmann in Wagner's H. W. B. d. Physiolog. Bd. II. S. 627; W. Fr. Volkmann, Pf. S. 11 und S. 89. — Die ausgezeichnetsten Physiologen (darunter C. Ludwig, Lehrb. d. Physiol. d. Menschen. 2. Aufl. 1857, I. S. 146) gestehen ausdrücklich ein, dass die psychischen Erscheinungen physiologisch unerklärbar seien.

2. Die **Anthropologie der Naturvölker** (Ethnographik) ist höchst wichtig für die Psychologie. Wer zu einem richtigen Begriff vom Menschen gelangen will, darf diesen nicht ausschließlich als Einzelwesen auffassen: denn der Mensch ist nach dem bekannten treffenden Ausdrucke des Aristoteles nothwendig ein gesellschaftliches Wesen;

als Einzelwesen kann er nicht vollständig verstanden werden. Dürfen deshalb Anatomie und Physiologie nicht den Anspruch erheben, das Wesen des Menschen für sich allein zu bestimmen, so vermögen sie dies auch im Bunde mit der Psychologie nicht zu leisten, welche, vorzüglich auf die Selbstbeobachtung des eigenen Inneren gegründet, mit ihrer Erkenntnis nur wenige Schritte über den Menschen als Einzelwesen hinausführt. Die Psychologie bedarf, um das Wesen des Menschen richtig zu erkennen, der Ethnographie. Die Frage, ob die Individuen, die wir als Menschen zu bezeichnen gewohnt sind, alle einer Art angehören, oder ob es specifische Verschiedenheiten in der physischen oder psychischen Begabung der einzelnen Menschenstämme gäbe (so daß die Geschichte berechtigt wäre, einige der letzteren entweder von ihrer Betrachtung ganz auszuschließen und sie der Zoologie zu überliefern, oder doch ihrer Benützung als bloßer Hans- und Lastthiere von Seiten der höher organisierten und eigentlichen Menschen das Wort zu reden) — ist für alle Wissenschaften, insbesondere aber für diejenigen von Wichtigkeit, welche das Gebiet des Geistes behandeln. Die Psychologie entlehnt daher der Anthropologie die Sätze, daß alle Menschen einer Art angehören, daß alle derselben intellectuellen, moralischen und religiösen Entwickelung fähig seien.

Ueber Anthropologie sind (außer den bekannten älteren Schriften von Blumenbach, Prichard u. a.) der größten Beobachtung wert: Th. Waitz, Anthrop. der Naturvölker. Leipzig bei Fleischer 1.—5. Bd.; Max Perty, Grundzüge der Ethnographie. Leipzig und Heidelberg 1859, und desselben: Anthropolog. Vorträge 1863; L. Dieffenbach, Vorschule der Völkerkunde und der Bildungsgeschichte. Frankf. 1864; Lazarus und Steinthal, Zeitschrift für Völkerpsychologie und Sprachwissenschaft: „Einleitende Gedanken über Völkerpsychologie" in dem 1. Bd. und: „Einige synthetische Gedanken zur Völkerpsychologie" im 3. Bd. derf. Ztschrft.

Dieser vorzüglichen Zeitschrift liegt ein Gedanke Herbarts zugrunde, daß die Psychologie immer einseitig bleibe, so lange sie den Menschen als alleinstehend betrachte. Der Mensch ist seinem Wesen nach zum gesellschaftlichen Leben bestimmt. Die menschliche Gesellschaft ist in psychologischer Beziehung ein Ganzes, das, ähnlich wie das Individuum, von einheitlichen psychologischen Gesetzen regiert wird, die mit den Gesetzen der individuellen Psychologie zwar im wesentlichen übereinstimmen, aber doch wieder in anderer Weise zur Äußerung kommen. (Herbart, Lehrb. d. Ps. § 240, Ps. als Wiss. II. Bd. Einl. A u. B und die Abhdl. „über einige Beziehungen zwischen Ps. u. Staatswiss." Ges. W. Bd. IV. H. A.)

Begriff der Seele und deren Verhältnis zum Leibe.

Erstes Capitel.
Von der Seele.

5. Die Seele ist eine Substanz.

Die Psychologie stützt sich auf die Annahme eines vom Leibe verschiedenen Wesens — Seele genannt. Es entsteht somit gleich eingangs die Frage, was die Seele sei, ob Substanz oder Abhärenz, ob einfach oder zusammengesetzt, ob einerlei oder zu verschiedenen Zeiten bald diese, bald eine andere?

Alles, was ist, d. h. wirklich ist, besteht entweder an etwas anderem oder es besteht für sich. Das Wirkliche der ersten Art pflegt man gewöhnlich Beschaffenheit, Abhärenz (Zustand, Erscheinung, Inhärenz), das der letzten Substanz (Wesen, Reales ꝛc.) zu nennen.

So sind Farbe, Geruch, Gewicht, Geschmack und Ton eines Körpers wohl etwas Wirkliches, aber ein solches, das seinen Bestand nicht in sich hat, sondern nur an etwas Anderem, Selbständigem, zu dessen Beschaffenheit es gehört. Die Stoffe (Atome, Moleküle) aber, aus welchen jener (Körper) besteht, gehören in die Classen jenes Wirklichen, das wir oben Substanz nannten.

Gibt es nun irgend wirkliche Zustände (Abhärenzen), so muss es auch eine oder einige Substanzen geben, an welchen wir uns jene Zustände als haftend vorstellen. Da wir nun in unserem Bewusstsein eine Mannigfaltigkeit geistiger Zustände wahrnehmen, so ist offenbar, dass diese Ereignisse unseres Innern nicht bestehen können, ohne dass jemand, in dessen Innerem sie vorgehen, da sei. Demnach muss es also eine (ob mehrere?) Substanz geben, auf welche unsere geistigen Zustände als auf ihr Selbständiges hinweisen. Dieses selbständige Substrat nun ist es, welches wir unsere Seele oder unseren Geist, auch unser Ich nennen.

Die Seele ist also keine Abhärenz, sondern nur eines von beiden, entweder eine einzige oder ein Inbegriff mehrerer Substanzen.

Die Bestimmung des Begriffes „Substanz" beschäftigte die Philosophie von Cartesius bis auf die neueste Zeit. Die Auffassung dieses Begriffes bestimmte den Standpunkt und die Entwickelung der jedesmaligen Philosophie. Substanz war nach Cartesius das, was so existiert, dass es zu seiner Existenz keines anderen Dinges bedarf. Diese Substanz war ihm die letzte Ursache, Gott; aber er unterschied von ihr auch noch andere Substanzen, welche zu ihrer Existenz keines andern Dinges, als Gottes, der unendlichen Substanz, bedürfen. Nach Spinoza hingegen gibt es nur eine Substanz, ein Seiendes in sich und durch sich, das zu seiner Existenz keines andern bedarf; alles andere ist nicht Substanz, sondern nur eine bestimmte Art, wie die eine Substanz existiert. Auch der Materialismus kennt nur eine Substanz — die Materie. Der Geist ist nur eine bestimmte Gestaltung oder Bewegung der Materie.

§ 6. Die Seele ist nicht ein Inbegriff aller den Leib bildenden Substanzen.

Die Erfahrung zeigt, daß die Seele keineswegs der Inbegriff all derjenigen Substanzen (Atome) ist, aus denen unser Leib besteht. Der Leib ist ein organisches Gebilde während seiner Vereinigung mit der Seele (nach dem Tode oder nach der Trennung von der Seele sinkt er nach und nach in unorganische Masse zurück); er wechselt beständig seine Bestandtheile, indem er neuen Stoff aufnimmt und den alten verlebten dafür ausscheidet; wo ihm, in längerer oder kürzerer Zeit, keine Gelegenheit zu dieser Selbsterneuerung geboten wird, geht er unfehlbar zugrunde; ganze Glieder (Arme, Beine, Sinneswerkzeuge ꝛc.) können allmählich oder auf einmal durch Zufall oder Krankheit verloren gehen. Wäre nun unsere Seele ein Inbegriff all derjenigen Substanzen, aus denen der Leib besteht, so müßte sie jederzeit an all den beschriebenen Metamorphosen des Leibes theilnehmen. Allein die körperlichen Stoffe kommen und gehen, ohne daß die Seele aufhörte, dieselbe zu sein; ganze Glieder des Leibes gehen verloren, während sie sich doch in ihrer Thätigkeit ganz unverletzt benimmt. Hieraus folgt, daß nicht der ganze Leib der Sitz der Seele, d. h. daß die Seele nicht mit dem ganzen Leibe identisch ist.

§ 7. Das Gehirn ist nicht mit der Seele identisch.

Aber nicht einmal das Gehirn mit seinen Theilen und Thätigkeiten ist als mit der Seele identisch zu betrachten. Wäre das Gehirn die Seele selbst, so müßte zwischen Hirnbildung und Seelenleben der vollkommenste Parallelismus herrschen. Dem aber widersprechen Erfahrungsthatsachen der Physiologie, wie auch der Psychologie (§ 8).

Die Physiologie lehrt, daß zwischen der Hirnbildung bei Thieren sowohl als Menschen und ihrer Capacität keine Harmonie besteht. Gewisse Thiere mit verhältnismäßig vollkommener ausgebildetem Gehirne stehen rücksichtlich ihrer Capacität nicht höher als gewisse andere, bei denen das Gehirn unvollkommener entwickelt ist. So z. B. kann das Gehirn der Mollusken kaum unvollkommener genannt werden als das der Insecten und doch stehen letztere in Beziehung auf ihre Fähigkeiten viel höher; sie stehen dem Anscheine nach sogar höher als die Fische und viele Amphibien, obgleich der Hirnbau dieser dem des Menschen weit näher kommt. Vergleicht man ferner die Vögel mit den Säugern, so ist im allgemeinen kaum zu sagen, bei welchen das sogenannte analogon rationis mehr entwickelt sei, und doch ist das Gehirn der Säuger viel ausgebildeter. Bei weitem das menschenähnlichste Gehirn hat der Affe und doch stehen Elephant, Hund und Pferd in Bezug auf ihre Fähigkeiten gewiß nicht unter ihm. Äußerst entwickelt ist das Gehirn des Delphins, bei welchem große Gaben kaum vorausgesetzt werden dürfen, und höchst unentwickelt ist das Gehirn des Bibers, welcher nicht nur durch seine Kunsttriebe, sondern auch durch seine Zähmbarkeit sich auszeichnet. Vergleicht man endlich den Hirnbau zweier Pachydermen, wie Elephant und Schwein, so ist ein Vorrang des einen kaum nachweisbar, und doch ist die Präponderanz des Elephanten eine enorme. (A. W. Volkmann, Artikel: „Gehirn" in Wagners H. W. der Physiologie 4. Lieferung 1842, Seite 568 f.) Schon hieraus folgt, daß sich nach der Structur und Größe des Gehirns die Capacität keineswegs richtet, folglich zwischen beiden kein Parallelismus bestehen kann.

Gehen wir von der Thierwelt zur Menschenwelt über. **Ungleich weniger richtet sich hier der Geist des Menschen nach der Structur, Größe, nach der Desorganisation des Gehirnes.**

Denn 1. ist es Erfahrung, daß das Gehirn bei Cretins bisweilen nicht allein von beträchtlicher Größe ist, sondern auch **so zahlreiche und wohlgebildete Windungen** zeigt, wie man sie nur bei hochbegabten Menschen zu finden erwartet. (Longet, Anatomie et Physiologie du système nerveux. Paris 1842; Waitz, Grundlegung der Psychologie 1846, Seite 22). Magendie (bei Pierquin, Traité de la folie des animaux. Paris 1839, I. pag. 225, not. Waitz ebend.) ließ das Gehirn eines Blödsinnigen mit dem eines berühmten Mathematikers vergleichen; aber alle, die es sahen, hielten das erstere für das ausgebildetere. Home (Philos. Transact. 1814, pag. 469 bei A. W. Volkmann, Seite 569) betrachtete einen dermaßen entwickelten Wasserkopf, daß das Sonnenlicht durch den Schädel wahrnehmbar war, und dennoch war das Kind am Leben, und es entwickelten sich die geistigen Kräfte zwar schwach, aber doch über Erwartung.

2. Auch lehrt die Erfahrung, daß Menschen bald diesen, bald jenen Theil des Gehirnes durch Zufall oder Krankheit verloren, ohne daß die Integrität des Denkens darunter gelitten hätte. So erzählt Longet (a. a. O. bei Waitz) von einem 29jährigen Mann, dessen geistige Kräfte keine merkliche Abweichung darboten, obgleich ihm die ganze rechte Hemisphäre des großen Gehirnes mit Ausnahme der Basaltheile fehlte. Und A. W. Volkmann (a. a. O.) berichtet von einem jungen Menschen, der sich zwei Kugeln in den Kopf schoß, sogleich ein paar Tassen Hirnsubstanz, abgesehen von der später eintretenden beträchtlichen Eiterung, verlor und dennoch am Leben blieb. Er war blind geworden, befand sich aber übrigens besser als je; er war früher düster, wenig mittheilend und von schwerfälligem Verstande gewesen und zeigte sich nach der Genesung nicht nur heiterer und gesprächiger, sondern auch intelligenter.

3. Endlich lehrt die Erfahrung, daß weder die absolute, noch relative Größe und Schwere des Gehirnes als Maßstab für die geistigen Fähigkeiten anzusehen ist, da der Mensch, obwohl unzweifelhaft das geistig am höchsten stehende Erdengeschöpf, weder das absolut, noch relativ schwerste Gehirn besitzt. So wiegt z. B. nach Sömmering das menschliche Gehirn gewöhnlich gegen 3 Pfund, ausnahmsweise sogar gegen 4 Pfund. Bei den größten Stieren und Pferden wiegt das Gehirn noch nicht 2 Pfund. Indes wog ein Walfischgehirn nach Rudolphi $5\frac{1}{3}$ Pfund, ein Elephantengehirn nach Perault sogar 9 Pfund; Gewichte, welche die Masse des menschlichen Gehirnes übertreffen. Ebensowenig als die absolute, ist die relative Größe des Gehirnes geeignet, dem Menschen vor den Thieren in dieser Hinsicht den Vorzug zu geben. Das menschliche Gehirn bildet ungefähr $1/35$ bis $1/60$ der Körpermasse, während es bei vielen Affen und Vögeln größer ist, nach Cuvier z. B. bei Simia sciurea $1/22$, S. capucina $1/25$, S. faunus $1/24$ und nach demselben bei der Elster und dem Buchfink $1/27$, beim Sperling sogar $1/25$. Daß die relative Größe des Gehirnes zu der Begabung der Thiere in gar keiner Beziehung stehe, läßt sich schon daraus schließen, daß alle sehr kleinen und jungen Thiere ein relativ größeres Gehirn haben, als alle großen und alten. — Auch Sömmerings Angabe, daß der Mensch im Verhältnis zum Rückenmark und zu den Nerven das größte Gehirn habe, kann die enorme geistige Präponderanz des Menschen vor den Thieren nicht im mindesten verständlich machen. Wollte man sich bei dieser Art zu vergleichen an die Massen halten, so würde der Vergleich

an der Unmöglichkeit scheitern, die Nerven zu wägen; hält man sich dagegen an die Durchmesser, so hat der Delphin ein größeres Gehirn als der Mensch. Im Menschen verhält sich der Querdurchmesser des Gehirnes zu dem des verlängerten Markes wie 7 : 1, im Delphin dagegen wie $7^{11}/_{12} : 1$ nach Tiedemann, oder selbst wie 13 : 1 nach Cuvier.

§ 8. Einerleiheit der Seele.

Was am meisten gegen die Identität oder Einerleiheit des Gehirnes und der Seele (§ 7) spricht, sind die beiden Thatsachen der Einerleiheit und der Einheit des Bewußtseins.

Jeder von uns weiß wohl, daß er in jedem Augenblicke seines Lebens derselbe bleibt; dies wäre aber nicht möglich, wenn Leib (Gehirn) und Seele identisch wären. Es ist nämlich durch Versuche der Physiologen (namentlich des Sanctorius) erwiesen, daß die Bestandtheile unseres Leibes, mithin auch des Gehirnes und Nervensystems einem beständigen Wechsel und Austausch ihrer stofflichen Elemente unterworfen sind, so daß der menschliche Organismus im Verlaufe eines bestimmten Zeitraumes, und zwar mehrmals während einer gewöhnlichen Lebensdauer, sich völlig erneuert. Wäre nun der Leib oder das Gehirn wirklich mit der Seele identisch, so müßte die Seele (mithin auch das Bewußtsein) mit dem Leibe stets sich erneuern und endlich eine völlig andere werden. Nehmen wir nun an, die Erneuerung des Körpers, mithin auch der Seele, gehe in vier, den vier Menschenaltern entsprechenden Zeiträumen vor sich; alsdann hätte jedes Individuum in der Kindheit ein Kindesich, im Jünglingsalter ein Jünglingsich, im Mannesalter ein Mannesich und ein Ich in der Greisenzeit. Das aber wären vier verschiedene Seelen, von denen keine von der anderen etwas wüßte. Die Jünglingsseele würde keine Erinnerung haben an die Erlebnisse der Kindesseele u. s. f. Die Erfahrung zeigt nun aber das Gegentheil von diesem allen. Der Greis weiß von sich, daß er, soweit sein Bewußtsein reicht, von jeher immer Ein und Derselbe geblieben ist, obgleich Veränderungen in den Lebenszuständen mit ihm vorgegangen sind. Wir alle, Jüngling, Mann und Greis, wissen um uns als einer seit unserer Kindheit identisch gebliebenen Person. Jeder weiß das auch nicht allein von sich, sondern hält dasselbe ebenso von allen andern. Dies könnte nicht sein, wenn in der Grundlage der psychischen Thätigkeiten ein ebensolcher immerwährender Austausch der Stoffe vor sich gienge, wie er im Leibe vor sich geht, oder wenn dieses Substrat der

Leib selbst wäre. Die Substanz der psychischen Erscheinungen muß demnach eine andere sein, als die Grundlage des körperlichen Lebens; sie muß mit einem Worte: eine u n w a n d e l b a r e, b e h a r r l i c h e, keine wandelbare und wechselnde sein. Daß wir wirklich von Kindesbeinen an dieselben geblieben sind, wissen wir mit solcher Zweifellosigkeit, daß wir nicht einmal imstande sind, etwas anderes auch nur mit annähernder Evidenz zu denken. Wir sind von der Existenz und Identität unserer Seele als eines vom Leibe verschiedenen Wesens so sehr überzeugt, daß es uns zur höchsten Bekräftigungsformel wird: „bei meiner Seele!"

§ 9. Einwürfe des Materialismus gegen das Vorhergehende.

Aus dem im vorigen § Gesagten ist wohl im hohen Grade wahrscheinlich, daß das mit sich selbst und mit seiner ganzen Lebensgeschichte identische Ich zugleich etwas durchaus Unkörperliches, Theilloses und Einfaches sei; aber strenge erwiesen ist es noch nicht; ja man könnte sogar die Thatsache der Gleichheit (oder Einerleiheit) bezweifeln und sagen: „Der Kreislauf des Lebens hat eine beständige Richtung; in dem Wechsel des Stoffes ist ein immer Bleibendes, die G e s t a l t. Die Stoffe verlassen ihre Stelle und nehmen sie wieder ein; aber immer in der gleichen Ordnung, in den gleichen Beziehungen. So bleiben ungeachtet des Wechsels der Theile die Gesichtszüge beinahe immer dieselben; die Narbe bleibt immer, wenn auch die verwundeten Molecüle schon lange verschwunden sind. So besitzt der lebende Körper eine in irgend einer Art abstracte, aus dem Beharrenden der Verhältnisse hervorgehende Individualität und diese ist der Grund der Gleichheit des Ichs." Eine solche Gleichheit aber liegt entweder in den Bestandtheilen, in den Molecülen selbst, oder sie liegt in der Beziehung der Bestandtheile. In dem ersten Falle hat man (laut der Annahme) dieses: die Bestandtheile verschwinden, folglich ist es nicht möglich, daß sich die eintretenden neuen Bestandtheile an die abgehenden alten erinnern. Im anderen Falle ist eine sich selbst denkende, sich an sich erinnernde und verantwortliche Beziehung ein Unding. In beiden Fällen gibt es nur eine äußere, eine discrete Gleichheit, aber keine innere, singuläre, d. h. keine Einerleiheit der Substanz.

Ein zweiter Einwurf lautet: „Je nachdem die Molecüle in den Körper, z. B. in das Hirn treten, kommen sie dahin, wo die früheren Molecüle waren; sie stehen also mit den angrenzenden Atomen in einem gleichen Verhältnisse, sie werden von derselben Kreisbewegung fortgezogen wie die Molecüle, deren Stelle sie einnehmen. Wenn nun der Gedanke eine Schwingung der Hirnfasern ist, so wird jedes neue Molecül von seiner Seite sich genau ebenso schwingend bewegen, wie das ihm vorangehende; es wird dieselbe Note angeben und man wird denselben Ton zu hören glauben; es wird also auch, wie zu jener Zeit, derselbe Gedanke sein, wenn auch das Molecül gewechselt hat. Bei der Gleichheit der Gedanken wird der Mensch das gleiche Individuum sein." — Aber die Erfahrung lehrt, dass die Einerleiheit des Bewusstseins nicht von der Gleichheit der Gedanken abhängt; im Gegentheil, ich kann zwischen den verschiedensten und widersprechendsten Gedanken hin und hergetrieben werden, ohne dass ich ein Ich zu sein aufhöre. Nicht darin besteht also die Einerleiheit, dass ich selbst zu verschiedener Zeit dieselben Gedanken habe, sondern darin, dass ich mir dieselben jederzeit als einem und demselben Subjecte zuschreibe. Zudem wird durch die Annahme, dass das geistige Leben ein Bewegungsprocess der Hirnfibern sei, die Einerleiheit des Bewusstseins schlechterdings unbegreiflich; denn was hat eine Faserbewegung für eine Aehnlichkeit mit einem Gedanken? Wie will man abstracte Begriffe, Urtheile, Schlüsse, moralische Gesetze aus Hirnfaserbewegungen erklären? Wären alle geistigen Erscheinungen als blosse Bewegungszustände aufzufassen, so liesse sich nicht absehen, warum nicht jedem schwingenden und bewegten Dinge, z. B. der schwingenden Saite, geistige Zustände zukommen.

- Ein dritter Einwurf lautet: „Nicht alles im lebenden Körper verändere sich, etwas Unveränderliches bleibe, und dieses Etwas sei auch der Grund dieses Einzelwesens und seiner Einerleiheit." Wir fragen hier: Welcher Art ist dieser unbewegliche, im Hintergrund der beweglichen und sichtbaren Materie verborgene, das einzelne und sich gleiche Wesen bildende Stoff? Ist er organisch oder nicht? Wenn er das erstere ist, so entgeht er nicht den Gesetzen der organischen Materie, unter welchen das Grundgesetz die Ernährung, d. h. der Austausch der Theile, also wieder Bewegung ist. Ist er aber unorganisch, so fragen wir, wo ist die Erfahrung, die lehrt, dass die unorganische Materie denken könnte? So würde also diese denkende Materie weder der unorganischen, noch der organischen Materie gleichen; sie würde also ein der Erfahrung entgehender Stoff, also eine immaterielle Substanz sein. (Vgl. zu dem Ganzen: P. Janet, der Materialismus unserer Zeit in Deutschland ꝛc. Paris und Leipzig 1866 p. 125 f.)

§ 10. Einfachheit der Seele.

Es ist ferner Thatsache, dass die durch die verschiedenen Sinnes=organe bewegten geistigen Zustände, welche gleichzeitig oder nacheinander in uns auftreten, sich in **einem Bewusstsein** zusammengefasst finden. Nehmen wir z. B. einen Körper wahr, der mehrere Merkmale hat, so übt derselbe auf alle oder mehrere Sinne eine Einwirkung aus, derzufolge in uns bestimmte innere Zustände (Empfindungen oder Vorstellungen) entstehen. Diese inneren Zustände (Empfindungen) zeigt nun die Erfahrung beisammen, d. h. sie befinden sich streng einheitlich zusammengefasst in **einer** Anschauung dergestalt, dass **alle** sinnlichen Merkmale, welche den Körper charakterisieren, in **einem Bewusstsein** vereinigt sind. Hieraus müssen wir schliessen, dass **alle** die inneren Zustände (Empfindungen), welche diesen sinnlichen Merkmalen entsprechen, in **einem Wesen** vereinigt sind. Wollte man dagegen annehmen, dass jeder Sinn einen besondern Träger seiner Empfindungen hätte, so hätte das Auge einen andern Träger als das Ohr und dieses einen andern als der Geschmack, und doch müsste der eine von dem andern nichts. Es könnte der Träger der Gesichtsempfindungen offenbar nichts wissen von den Zuständen im Träger der Gehörsempfindungen, der Träger der letzteren Erscheinungen nichts von den Zuständen im Träger der Geschmacksempfindungen u. s. f. Es wäre dies nichts anderes, als wenn man sich verschiedene Menschen denken wollte; der eine hätte nur Farben=, der andere nur Ton=, der dritte nur Geschmacksempfindungen u. s. f. Keiner könnte wissen von den Empfin=dungen des andern; **keiner könnte einem und demselben Dinge zugleich verschiedene Merkmale**, z. B. Farbe, Klang, Geschmack etc. beilegen. Die Zusammenfassung eines Mannigfaltigen zur Einheit des Bewusstseins kann also nicht aus einer Mehrheit von Trägern (nach Analogie des Parallelogramms der Kräfte) entspringen, sondern sie ist die **ungetheilte Thätigkeit eines und desselben untheil=baren (einfachen) Wesens**. Es ist somit erwiesen, dass die Seele nicht bloss eine zu aller Zeit mit sich **identische, beharrliche**, sondern dass sie auch eine **theillose, einfache Substanz** ist. (Vgl. Otto Flügel, der Materialismus etc. Leipzig 1865 S. 17; Herbart, Lehr=buch der Psychologie §§ 163 und 164.)

§ 11. Einwendungen des Materialismus.

Gegen das im vorigen Paragraphen Vorgebrachte lässt sich Einiges, obwohl nichts Stichhaltiges, einwenden. Zuerst könnte man bemerken:

„Die Thatsachen vergessener und dann wieder erinnerter, oder die der scheinbar in verschiedenen Höhen im Bewußtsein schwebenden Vorstellungen selbst scheinen darauf hinzudeuten, daß das Bewußtsein nicht für allen seinen Inhalt eine gleich strenge Einheit darbietet, wie für den, der gerade auf dem Höhepunkte seiner Entfaltung in ihm steht." — Es ist leicht zu sehen, daß es sich hier nur um verschiedene Zustände eines und desselben Trägers handelt, und daß eine Vorstellung, die dem Bewußtsein entschwunden ist, nicht als Vorstellung einem andern Subjecte sich zugewendet hat, sondern an demselben Subjecte verbleibend sich aus einer Vorstellung in einen andern Zustand desselben (in ein Streben vorzustellen) umgewandelt hat. Die Einheit besteht aber nicht darin, daß alle inneren Zustände beständig in gleicher Strenge und Engigkeit der Verknüpfung gehalten werden, sondern darin, daß es dem Bewußtsein überhaupt m ö g l i c h ist, auch nur wenige Zustände zu jener Einheit zusammenzufassen.

Man könnte ferner einwenden, und dieser Einwurf ist schon oft gemacht worden: „Das Parallelogramm der Kräfte lehre, daß zwei Bewegungen eine dritte nicht minder einfache erzeugen, als sie selbst waren. Warum sollen also nicht die vielen Thätigkeiten der Hirnfasern zuletzt eine resultierende Thätigkeit hervorbringen, die, so lange ihre componierenden Elementarkräfte nur aushalten, immer in derselben Weise regeneriert wird und uns so den Schein eines untheilbar einen Princips geben kann, von dem sie abhienge?" Der Satz vom Parallelogramm der Kräfte, genauer ausgedrückt, bedeutet nur: w e n n a u f e i n e n u n d d e n s e l b e n P u n k t zwei Bewegungen einwirken, ertheilen sie d i e s e m P u n k t e eine resultierende, an sich aber einfache Bewegung. Von der Einheit dieses Punktes schweigt jener Einwurf; denn nicht irgend einem sich gleichbleibenden, außerhalb des Geflechtes der Hirnfasern für sich bestehenden Punkte, nicht einer einfachen psychischen Substanz läßt er die Hirnfasern ihre Bewegungen mittheilen, sondern ohne Voraussetzung eines solchen Punktes sollen die Thätigkeiten derselben überhaupt nur Resultanten bilden. Da nun Bewegungen nicht an sich existieren können, sondern nur Bewegtes, so muß man sich doch nach e i n e m S u b j e c t e umsehen, das diese Resultanten an sich trägt. D i e s e s S u b j e c t, was kann es nach §§ 9 und 10 anderes sein? — a l s e i n t h e i l l o s e s e i n f a c h e s W e s e n. (Vgl. Lotze: Mikrokosmos. I. Band. Leipzig 1856. Seite 155 f.)

1. Hieher gehört die sehr beherzigenswerte Stelle bei Herbart: „Wollte man dem Menschen mehrere Seelen in einem Leibe beilegen, so müßte man erstlich sich hüten,

unter ihnen die geistigen Thätigkeiten vertheilt zu denken, vielmehr würden dieselben in jeder Seele ganz sein müssen; zweitens wäre alsdann die genaueste Harmonie unter diesen Seelen vorauszusetzen, so daſs sie für völlig gleiche Exemplare einer Art gelten können: dies aber ist im allerhöchsten Grade unwahrscheinlich und deshalb der ganze Gedanke verwerflich." (Lehrb. z. Pf. § 153 Anm. 2.)

2. Kein Materialist kann die Einheit des Bewuſstseins erklären. Der Einzige, der wenigstens einen Versuch gemacht hat, die Einheit des Bewuſstseins auf rein physiologische Vorgänge im Organismus zurückzuführen, ist H. Czolbe. (Neue Darstellung des Sensualismus. Leipzig 1855, S. 26 f., und desselben: Entstehung des Selbstbewuſstseins. Leipzig 1855, S. 75 f.) Doch ist dieser Versuch gänzlich miſsglückt. Czolbe hat zu der allgemeinen theoretischen Ansicht des Materialismus, daſs Empfindung und Vorstellung nichts anders, als räumliche Bewegung von Gehirntheilen sei, noch den neuen Gedanken hinzugebracht, daſs eine gewisse Form der Bewegung zur Hervorbringung des Bewuſstseins erforderlich sei. Er läſst nämlich in den äuſsern Reizen der Sinnesorgane die sinnliche Qualität der Empfindung schon vollständig vorhanden sein, so daſs sich also von einem rothglänzenden Körper eine fertige Röthe, von einem tönenden eine Melodie ablöse, um durch die Sinnesorgane in uns einzudringen. (Vgl. § 15.) Doch sollen diese Reize oder Sinnesqualitäten wiederum nichts anders, als Bewegungen von gewissen Geschwindigkeiten und Formen sein, die als solche in Nerven und Gehirn fortgepflanzt werden — Behauptungen, die weder untereinander, noch mit den jetzigen naturwissenschaftlichen Lehren stimmen. Czolbe nimmt dann weiter an, daſs das Gehirn sich dazu eigne, diesen zu ihm fortgepflanzten Bewegungen eine in sich zurücklaufende Richtung zu geben, und eben diese rückläufige kreisende Form der Bewegung mache das Bewuſstsein aus. Er erklärt nämlich das Eigene der geistigen Thätigkeit (die Bewuſstheit) durch Identität des Subjects und Objects, und diese Einheit des Zweierlei findet er nur in einer Thätigkeit, deren Anfangs- und Endpunkt überall zusammenfalle, d. h. Bewuſstsein ist eine in sich zurücklaufende Bewegung. Kreisen eine Menge solcher Bewegungen nebeneinander im Gehirn, so soll dies die Einheit des Bewuſstseins ausmachen. „Das Gehirn ist ein complicierter Apparat, der jedenfalls geeignet ist, gewissen in ihn durch die Sinne sich fortpflanzenden Bewegungen eine in sich zurücklaufende Richtung zu geben, was wohl nur als Leitung in einer kreisförmigen Linie oder als Rotation denkbar ist. Ob dies durch einen kreisförmigen Faserlauf, durch die kugelförmigen Ganglienzellen, durch den in den Nerven stattfindenden elektrischen Strom (welcher nach Faradays Entdeckung unter Umständen eine Drehung des Lichtstrahls bewirkt), oder sonst in einer physikalischen Weise geschieht, darüber läſst sich natürlich a priori nichts sagen" (und a posteriori wenigstens bis dato ebenfalls nichts!). „Es folgt aber, daſs das Bewuſstsein durch die Construction des Gehirnes bedingt sein kann." (Entstehung des Selbstbewuſstseins S. 75 f.)

Nach dieser Auffassung müſste allen kreisenden Dingen, z. B. der Bewegung des Blutes und der Erde, Bewuſstsein zukommen; aber nirgends kann eine in sich zurückkehrende Bewegung an sich allein schon das Bewuſstsein ausmachen, sondern nur, wo sie einem Subjecte zustöſst, dessen Fähigkeit, Bewuſstsein zu erzeugen anderweitig gegeben ist. Jede einfache Vergleichung zweier oder mehrerer Vorstellungen setzt Einheit des Bewuſstseins, Einfachheit der Seele voraus. Sehen wir hier ein schwächeres Licht a, dort ein stärkeres c, so setzen sich die Thätigkeiten, von denen diese Empfindungen abhängen, worin sie auch bestehen mögen, nicht in eine Resultante zusammen, der etwa die Vorstellung eines Lichtes von mittlerer Stärke b entspräche; und entstände eine solche Resultante, so würde sie eben nicht eine Vergleichung von a und c, nicht das Bewußtsein eines zwischen beiden stattfindenden Verhältnisses, sondern nur eine neue Vorstellung sein, die lediglich das vergleichbare Material für eine Seele, die zu vergleichen verstände, vermehrte. Die wirkliche Vergleichung dagegen setzt voraus, daß die beiden zu vergleichenden Glieder (a und c) ungeschmälert und unverschmolzen fort existieren, und daß die Weite der Distanz oder die Größe der Bewegung vorgestellt werde, die von einem zum andern überführt. Das Subject aber, welches diese Vorstellung des Ueberganges hat, ist entweder a und c selbst, und dies gibt den Fall, daß zwei vorstellende Wesen sich miteinander vergleichen, oder wenn a und c selbst nur Affectionen sind, so bedürfen wir außer ihnen ein Subject, das in der Einheit seines Bewußtseins nicht nur die beiden Vergleichungselemente vereinigt und doch auseinanderhält, sondern sich auch der Art und Größe seiner eigenen Bewegung bei dem Uebergange von einem zum andern bewußt wird. Das Denken besteht nun nicht in einer bloßen Bilderjagd, nicht in einer Succession von Vorstellungen, die sich nur anschaulich aneinanderknüpfen, oder voneinandertrennten: kein Begriff wird ausgesprochen ohne die Voraussetzung innerer Zusammengehörigkeit seiner Merkmale, diese ist nie ohne die Vorstellung mannigfaltiger Beziehungen denkbar, in deren jeder wiederum diese zusammenfassende Thätigkeit des einen Bewußtseins liegt. Kein Urtheil besteht in der bloßen Nebeneinanderstellung von Subject und Prädicat; die Copula hat überall den Sinn eines innerlichen, durchaus unanschaulichen Nexus, der ihre Verbindung rechtfertigt; im Schlusse endlich ist der medius terminus gar nicht ein so äußerlicher Kitt, der deswegen, weil einerseits S, andererseits P an ihm haftete, auch beide mit einander verknüpft; denn die Bedeutung des Schlusses liegt nicht in der Thatsache des Zusammenseins von S und P, sondern in dem Gedanken eines Gesetzes, welches diese Thatsache nothwendig macht. (H. Lotze: „über Czolbes neue Darstellung des Sensualismus" Gött. gel. Anz. 1855. Stück 153, 154 und 155.)

§ 12. Folgerungen aus dem Vorigen.

Aus den §§ 8—11 ergibt sich als Folgerung der Satz: **Die Seele ist eine beharrliche, einfache Substanz**. Sie ist eine beharrliche Substanz in dem Sinne, daß sie bei allem Stoffwechsel des Leibes fortwährend eine und dieselbe verbleibt; sie ist **einfach** in dem Sinne, daß sie weder aus wirklichen, noch aus unterscheidbaren Theilen besteht; sie ist weder ein Compositum, noch ein Continuum: sie ist ein **unräumliches (immaterielles) Wesen** in jedem Sinne des Wortes.

Ebenso ist die Seele **zeitlos**, d. h. ewig; denn das Sein ist keine Eigenschaft des Wesens, die ihm zu- oder abgesprochen werden könnte, sondern die allseitig unbedingte Setzung desselben selbst. Obwohl die Seele immateriell (unräumlich) ist, so muß sie doch einen bestimmten, wenngleich mathematischen Punkt einnehmen; denn an sich raumlos, steht sie doch zu anderen Wesen in räumlichem Verhältnisse. Und ebenso fällt die Seele mit ihren Erscheinungen für unsere Auffassung, welche das Schema der Zeitlinie bereits mit sich bringt, in dieses Schema hinein, und zwar wird sie, ihrer unbegrenzten Fortdauer wegen, in die unendliche Zeitlinie selbst hineinverlegt, während ihren Erscheinungen bestimmte Punkte auf derselben angewiesen werden.

Zweites Capitel.

Von der Seele und dem Leibe.

§ 13. Thatsache der Wechselwirkung zwischen Leib und Seele.

a) Der Leib wirkt auf die Seele.

Die Erfahrung lehrt, daß Leib und Seele aufeinander wirken, und zwar wirkt a) der Leib auf die Seele und b) die Seele auf den Leib ein. Die Seele hängt von dem Körper ab; denn sie ist mit ihm munter und matt, schwach und stark, wach und schläfrig, nüchtern oder trunken; bei gesundem Körper ist es der Seele leicht, gesund zu sein, bei krankem Körper hingegen leidet sie mehr oder weniger mit. Die geringste Verletzung an unserem Leibe, ein einziger Tropfen Blutes, der am unrechten Orte austritt, kann das ganze Geschäft unseres Denkens in Unordnung bringen und den weisesten Mann in einen Thoren oder Wahnsinnigen verwandeln. Mit den Veränderungen des Leibes, die auf den verschiedenen Altersstufen erfolgen, gehen die Veränderungen der Seele parallel. Die Seele wächst und altert mit dem Körper, sie ist kindisch in dem Kinde, spielend in dem Knaben, feurig in dem Jüngling, besonnen in dem Mann, wenige glückliche Ausnahmen abgerechnet, schwach und matt in dem hinfälligen Greise. Endlich ist die niederschlagende Erfahrung nicht so selten, daß der reinste und vollendetste Geist am Ende seiner Tage in Blödsinn und Kindheit zurücksinkt. — Ist der Magen zu sehr überfüllt, dann werden wir mürrisch; ist er zu leer, dann sind wir niedergeschlagen, matt. Manche fallen sogar aus Heißhunger in Ohnmacht. Eine geringe Dosis hitziger Getränke macht die meisten munter und fröhlich; ein übermäßiger Genuß derselben bringt oft ein gänzliches Aufhören des Bewußtseins hervor. Ein etwas schnelleres Gehen, besonders im Freien, verscheucht traurige Gedanken und bringt überhaupt den Ideengang in schnelleren Fluß. Fast alle unsere Vorstellungen erwerben wir uns durch Vermittlung der Sinnesorgane; und wo eines dieser Organe mangelt, da fehlt auch der an dasselbe geknüpfte Anschauungskreis.

§ 14. b) Die Seele wirkt auf den Leib.

Die Abhängigkeit des Körpers von der Seele spricht sich in einer Menge von Thatsachen aus. Viele Bewegungen der Glieder des Leibes sind Folgen eines Seelenzustandes, des Willens. In Blick, Stimme, Sprache u. dgl. drückt sich die Seele am unmittelbarsten aus. In dem Blicke brennt die Begierde, schmachtet das Verlangen, glänzt die Begeisterung, leuchtet der Muth, trübt sich die Traurigkeit, verdüstert sich der Aerger, droht der Zorn, verfinstert sich der Haß u. s. f. Der Stimme gibt die Seele unendlich mannigfaltige Modulationen; sie läßt sie bald stark und voll ertönen, bald fein und weich erklingen; bald fährt sie polternd, rauh und schreiend daher, wie im Sturmwind; bald verräth sie ihre Unaufgelegtheit, ihre Schläfrigkeit, ihr Phlegma durch gedehnte, halblaute Articulation. In der Sprache vollends spiegelt sich der Geist des Menschen am reinsten ab. Darum wird mit Recht der Mensch so sehr nach seiner Sprache beurtheilt. „Damit ich dich sehe, so rede etwas" — sagte Sokrates zum Charmides. — Welch eine Mannigfaltigkeit vielsagender Bewegungen verleiht die Seele den Gliedern ihres Leibes! Fast jeder Seelenzustand erhält in denselben seinen adäquaten Ausdruck. Der Erstaunte schlägt die Hände über den Kopf zusammen; der Geängstete ringt sie; der Drohende ballt sie; der Zornige stampft mit den Füßen u. s. w. Kopfnicken bejaht; Kopfschütteln verneint! Kopfaufwerfen trotzt; Kopfwackeln ist ein Zeichen der Verwunderung, Stirnrunzeln des Verdrusses; glatte Stirn drückt Heiterkeit oder Ruhe der Seele aus; Haarsträuben ist Zeichen des Entsetzens, Nasenrümpfen der Selbstgefälligkeit. — Was fördernd oder hemmend auf die Seele einwirkt, wirkt in gleicher Art auf den Leib zurück. Die Freude ist ein angenehmes Gefühl; daher die muntere Miene, die freiere und schnellere Bewegung des Herzens und des Pulses, das Hüpfen endlich und das Singen, als Ausbrüche des erhöhten leiblichen Wohlbefindens; Traurigkeit dagegen ist ein unangenehmes Gefühl; daher die triste Miene, die gehemmte Bewegung des Blutes und der Säfte, die Verminderung des Pulses und der Verdauung, die Kraftlosigkeit der Bewegungen; lauter Ausdrücke des leiblichen Uebelbefindens. Eine zu große und schnelle Freude aber hat dagegen, wie große Betrübnis, Erschlaffung und einen plötzlichen Tod zur Folge.

Der Schluß der Materialisten, daß das Geistige, weil es von dem Körper mehr oder minder abhängig ist, bloß eine besondere Modification des Körperlichen sei, ist um so übereilter, da nach dem Gesagten in Wahrheit Wechselwirkung stattfindet; aber keine Einerleiheit. „Wer schließt," sagt Reimarus (Vernunftlehre § 319, S. 398, 4. Aufl.), „die Seele muß materiell sein, weil sie vom Körper abhängt, setzt den Obersatz voraus: Was von einander abhängt, das muß von einer Art sein. Hingegen wende ich folgende unleugbare Instanz ein: Das Feuer, welches von einem Brennspiegel aus Eise entsteht, hängt von dem Eise ab. Folgt nun wohl: Also ist das Feuer einer Art mit dem Eise? Nein! So muß denn, da in der Form dieses Schlusses kein Fehler liegt, die Falschheit des Hintersatzes in der Materie der Vordersätze an sich (Grund haben. Nun ist der Untersatz (jene Instanz) unleugbar, also muß der Obersatz falsch sein; mithin ist es auch der erstgenannte Schluß." (Vgl. §§ 11, 12.)

§ 15. Auffassung der Wechselwirkung zwischen Seele und Leib vom empirischen Standpunkte aus. Empfindung und Bewegung.

Die angeführten Thatsachen zeigten deutlich, daß das geistige Leben mit dem leiblichen verbunden ist. Man hat über diese Verbindung zwischen Leib und Seele eine Menge von Hypothesen aufgestellt, deren Auseinandersetzung und Beurtheilung jedoch nicht hieher gehört.

Für uns hat die Frage nach der Wechselwirkung zwischen Leib und Seele nur ein empirisches Interesse. Wir wollen nicht darstellen, wie und auf welche Art diese Einwirkung geschieht und wodurch sie in letztem Grunde zustande kommt; uns genügt es, das nächste, unmittelbarste Ergebnis der Wechselwirkung zwischen Leib und Seele kennen zu lernen.

Auf unserem Standpunkte, nämlich dem erfahrungsmäßigen oder empirischen, hat diese Frage nach der Verbindung zwischen Leib und Seele die nachstehende Bedeutung.

Der Leib wirkt auf die Seele ein, indem er eine leitende Nervenfaser in Erregung versetzt, welche sich einer Nervenzelle mittheilt; die Seele wirkt auf den Leib umgekehrt in gleicher Weise ein. Dieses heißt nichts anders, als: ein äußerer Reiz tritt an das peripherische Ende eines sensiblen Nerven, versetzt denselben in Erregungszustand, diese Erregung wird fortgepflanzt bis zu dem Centralorgane (Gehirn) und erweckt in der Seele einen geistigen Vorgang, welchen man Empfindung nennt. Gleich darauf, und infolgedessen, wird einer Nervenzelle in den Centralorganen eine Erregung zutheil, die diese einem Bewegungsnerven übermitteln, und dieser wieder einem Muskel mittheilt. Es geschieht z. B. ein Stich in die Haut des Armes und es erfolgt ein sofortiges schnelles Zurückziehen desselben. Wir haben somit zuerst eine Empfindung, dann sogleich den Trieb zur Bewegung, dem diese alsdann unmittelbar auf dem Fuße folgt.

In dem Vorgange der Empfindung haben wir also die Einwirkung des Leibes auf die Seele, in dem Vorgange der Bewegung die Einwirkung der Seele auf den Leib. Die Seele nimmt von außen her Bewegungen auf und veranlaßt nach außen hin Bewegungen. Die Wechselwirkung zwischen Leib und Seele kommt also darauf hinaus, daß die Seele die Bewegungen des Leibes (und vermittels desselben auch die der Außenwelt) in Empfindungen umsetzt, der Leib hingegen die Vorgänge der Seele durch Bewegungen seiner Glieder (und vermittels der letzteren durch Veränderungen in der Außenwelt) ausdrückt.

Allein genau genommen sind nur die Empfindungen ursprünglich, die Bewegungen dagegen abgeleitet; denn diese sind (bis auf die Reflexbewegungen) sämmtlich Auslösungen, also Reflexe von Empfindungen.

Demnach sind Empfindungen das nächste und unmittelbarste Ergebnis der Verbindung zwischen Seele und Leib.

Da aber die Verbindung des Leibes mit der Seele so lange besteht, als das irdische Leben dauert (und wir einen Geist ohne Körper wahrzunehmen nicht vermögen), so ergibt sich aus der steten Wechselwirkung von Leib und Seele eine allgemeine Correspondenz der leiblichen und seelischen Zustände, d. h. zu bestimmten Empfindungen in der Seele gehören immer bestimmte Bewegungen im Leibe, namentlich im Nervensystem, und umgekehrt.

Und weil die Seele ein einfaches Wesen ist in dem Sinne, daß sie weder aus wirklichen, noch aus unterscheidbaren Theilen besteht (§ 12), so kann sich von ihr weder etwas ablösen, noch in sie von außen her etwas eindringen. Daher kann sie auch zu ihren Empfindungen nichts von außen her aufnehmen, sondern diese sind ihre eigenen Thätigkeiten. Ebendeshalb können auch die aus den Empfindungen hervorgehenden Vorstellungen der Dinge nicht einmal ähnliche Abbilder dieser letzteren sein. Allein da die meisten Empfindungen nur auf Grund äußerer Reize entstehen und ihre Beschaffenheit von der Beschaffenheit des Äußeren im Verhältnis zu der Beschaffenheit der Sinnesorgane und der Seele gesetzmäßig abhängt, so liegen in ihnen dennoch sichere Hindeutungen auf das Äußere, und sie stehen zu ihm in ganz bestimmten Beziehungen. Lediglich in diesem Sinne wird durch unsere Wahrnehmungen und Vorstellungen die Außenwelt repräsentiert. Und da die Seele überhaupt keine ursachlose, absolute Thätigkeit ist, so sind die Empfindungen ihre ersten Thätigkeiten und das erste Material zu aller geistigen Bildung.

§ 16. Das Nervensystem steht in der nächsten Beziehung zur Seele.

Sind aber Empfindungen das nächste und unmittelbarste Ergebnis der Verbindung zwischen Seele und Leib, so ist es klar, daß es gewisse Bedingungen geben müsse, unter welchen jene entstehen. Wenngleich alle Theile des Leibes in Wechselwirkung mit der Seele stehen, so ist doch jenes Verhältnis nicht bei allen Theilen des Leibes dasselbe. Vielmehr lehrt die Erfahrung, daß ein großer Theil der Verrichtungen des organischen Lebens ununterbrochen vor sich geht, ohne daß die Seele (wenigstens so lange der Leib und dessen Organe im gesunden Zustande sich befinden) Eindrücke davon empfienge. (Der Blutumlauf, Ernährungs- und Athmungsproceß wird von der Seele nur mittelbar durch eingetretene Störung in demselben empfunden.) In der nächsten und innigsten Verbindung mit der Seele steht das Nervensystem, weil dieses sowohl die Empfindungen (Vorstellungen ꝛc.), die durch die Außenwelt angeregt werden, als auch die willkürlichen Bewegungen (Rückwirkungen der Seele auf die Außenwelt) durch das (von dem Nerven abhängige) Muskelsystem vermittelt. Das Nervensystem ist also eigentlich zum Dienste der Seele bestimmt, und man hat es daher nicht mit Unrecht **Organ der Seele** genannt.

1. Im allgemeinen kann man sagen, daß alle Theile des Leibes, die in ihrer Zusammensetzung ohne Nervenmark sind (z. B. das Zellengewebe, die Häute, Knochen, Knorpel, Flechsen, Gelenkbänder u. s. w.), keine Empfindung und willkürliche Bewegung haben. Die Empfindung, welche man in Häuten, Knochen u. s. w. bemerkt haben will, rührt von den Nerven her, welche jene Theile entweder von außen berühren, oder innerlich durchkreuzen, ohne doch zu ihrer Grundzusammensetzung zu gehören. Auch viele innere Theile unseres Körpers sind für gewöhnlich für die Seele wenig oder gar nicht empfindlich. Die Bewegungen unseres Herzens, der Augen und des Zwerchfells

beim Athmen, der verschluckte Bissen, sobald er die Halsenge passiert hat, werden nicht empfunden. Die Knochen ertragen die gewaltigsten Eingriffe des Chirurgen mit Säge und Meißel ohne eine Spur von Schmerz, ja sogar das Muskelfleisch ist sehr wenig empfindlich gegen Verletzungen, wie man nicht bloß bei Operationen erfährt, sondern auch aus der bekannten kleinen Standhaftigkeitsprobe, eine Nadel in das starke Fleisch der Beugemuskeln des Armes zu stoßen. Unzählige Beobachtungen lehren, daß, wo keine Nerven sind, auch keine Empfindung und willkürliche Bewegung vorhanden ist. Das Nervensystem bedingt also die ersten Rudimente psychischer Thätigkeit.

2. Der menschliche Körper besteht aus einer Menge heterogener Theile. Man unterscheidet in demselben Systeme und Apparate. Zu jenen gehören das Knochen-, Bänder-, Muskel-, Gefäß- und Nervensystem, zu diesen die Eingeweide (Verdauungs-, Respirations- und Geschlechtsorgane) und die Sinneswerkzeuge. Die für das Leben wichtigsten Leibessysteme sind das Gefäß-, das Nerven und Muskelsystem. Das Gefäßsystem dient vorzugsweise der Ernährung (Vegetation, plastischer Thätigkeit) des Leibes, indem es in den Gefäßen oder häutigen Röhren (Adern) die Nahrungssäfte führt. Sein Mittelpunkt ist das Herz, dem alles Blut (aus welchem sich die ganze Masse des Körpers, mit Ausnahme der Nägel, Oberhaut und des Schmelzes der Zähne erzeugt und erhält) in den Venen (Blutadern) dunkelroth zuströmt, um in den Lungen durch Einfluß der atmosphärischen Luft durchquickt die Ernährungsfähigkeit zu erhalten, und aus welchem es in den Arterien (Schlagoder Pulsadern) dem übrigen Körper hellroth zufließt. Das Nervensystem dient dem psychischen Leben. Das Muskelsystem dient vornehmlich der Bewegungsfähigkeit und es bedingt alle leibliche Kraftäußerung, alles Wirken auf die Außenwelt: die Muskeln selbst unterscheiden sich darin, daß wir die einen (5—600) willkürlich bewegen können (Muskeln des animalischen Lebens), andere nicht (Muskeln des vegetativen Lebens). Den Muskeln dienen die Knochen als Stütz- und Ansatzpunkte, an die sie vermittels der Sehnen, die in die Substanz der Knochen ein- und übergehen, befestigt sind; für sich bilden die Knochen (213 an der Zahl) die feste Grundlage der Leibesgestalt, indem sie durch die Beinhaut zu einem zusammenhängenden Ganzen verbunden sind, welches das Knochengerüste (Skelet) heißt, den ganzen Körper trägt und in einer bestimmten Form erhält.

§ 17. Nervensystem; Eintheilung des Nervensystems.

Das Nervensystem wird gewöhnlich eingetheilt a) in ein animales und b) vegetatives. Das animale Nervensystem besteht aus dem Gehirn- und Rückenmarksystem und den Nerven beider, wird deshalb auch Cerebrospinalsystem genannt. Es ist das Werkzeug des seelischen Lebens und vermittelt die mit Bewußtsein verbundenen Erscheinungen der Empfindung und Bewegung. Das vegetative oder sympathische System steht vorzugsweise den ohne Einfluß des Bewußtseins waltenden vegetativen Thätigkeiten der Ernährung, Absonderung und den damit verbundenen unwillkürlichen Bewegungen vor. Beide Systeme greifen vielfach in einander, verbinden sich häufig durch Faseraustausch und sind insofern von einander abhängig, als das vegetative Nervensystem einen großen Theil seiner Elemente aus dem animalen bezieht und bei niederen Wirbelthieren ganz und gar durch das animale Nervensystem vertreten werden kann.

Man unterscheidet an beiden Systemen einen centralen und peripherischen Theil. Der Centraltheil des animalen Nervensystems ist das Gehirn- und Rückenmark, der peripherische Theil sind die Nervenstränge und Nervengeflechte, welche sich durch den ganzen Körper des Menschen verbreiten und die verschiedenen Organe mit dem Centrum des Nervensystems in Verbindung bringen.

Der centrale Theil des vegetativen Nervensystems ist nicht so einfach, wie jener des animalen. Er erscheint in viele untergeordnete Sammel- und Ausgangspunkte von peripherischen Nerven getheilt, welche als graue, mehr oder weniger gerundete, isolierte und an vielen, aber bestimmten Orten, zerstreute Massen — Nervenknoten, Ganglien — vorkommen. Die größte Anhäufung dieser Ganglien enthält das sog. Sonnengeflecht (plexus solaris) in der Gegend der Magengrube. (Vgl. Hyrtl, Lehrb. d. Anatomie des Menschen. § 52 f.)

Die Nerven sind feine weiche Fädchen, so zart, daß sie nur durch besondere Hilfsmittel und sehr starke Vergrößerung vermitteĺs des Mikroskops aufgefunden werden können. Die stärksten messen nur ungefähr $1/100$ Linie, die feinsten nicht mehr als $1/2000$ Linie im Durchmesser; ja ihre letzten Enden werden meistens so dünn, daß sie sich jeder Beobachtung entziehen. Jeder einzelne Nervenfaden steht ununterbrochen mit größeren Anhäufungen von Nervenmassen, den sog. Centralorganen des Nervensystems in Verbindung. Es legen sich nämlich viele feinste Nervenfasern aneinander, werden von einer gemeinschaftlichen zarten Hülle umschlossen und ziehen so als weiße Fäden oder Stränge von sehr verschiedener Dicke, die sich in ihrem Verlaufe oft noch mit andern vereinigen, nach dem Gehirn- und Rückenmark zu. So kann man von Nervenstämmen und Nervenzweigen sprechen, deren jeder auch Nerv genannt wird, aber stets ein Bündel zahlreicher feiner Fasern ist, welche Primitivfasern genannt werden. Die Primitivfasern bestehen aus einer Scheide oder Hülle und einem Inhalt, der im frischen Zustande ganz gleichartig und durchsichtig erscheint, in Wirklichkeit jedoch aus einem in der Mitte liegenden rundlichen Faden von der Festigkeit des geronnenen Eiweiß, der Achsenfaser, besteht, die meistens von einer zähen Flüssigkeit, dem sog. Nervenmark umgeben ist.

Alle Nervenfasern begeben sich (wie gesagt) zu den Centralorganen des Nervensystems, von denen wir hier nur Gehirn- und Rückenmark berücksichtigen wollen. Das Gehirn ist die in der Schädelhöhle eingeschlossene Hauptmasse des Nervensystems, das Rückenmark die strangförmige Verlängerung derselben in den Rückgratscanal. Das Gehirn wird in das große und kleine Gehirn eingetheilt, und es werden an jedem derselben zwei seitliche Hälften oder Halbkugeln (Hemisphären) und ein mittlerer Theil unterschieden. Die Fortsetzung des Rückenmarkes wird als verlängertes Mark (medulla oblongata) noch zum Gehirn gerechnet. Das Gehirn besteht hauptsächlich aus zwei Gruppen von Substanzen, aus einer grauen Substanz, die bald mehr ins Schwärzliche oder Gelbliche spielt, und aus einer weißen. Die graue Substanz, womit die gesammte Oberfläche des Gehirns in einer ziemlich dicken Schicht überzogen ist, besteht aus Hirnfasern und einer großen Anzahl von sog. Ganglienkugeln oder Ganglienzellen. Diese sind runde, ovale oder birnförmige Körperchen, meistens etwas plattgedrückt, führen körnigen Inhalt und in der Regel einen, seltener zwei länglichen Kerne mit Kernkörperchen. Zu den Fasern stehen sie in diesem Verhältniß, daß dieselben entweder in ihnen anfangen, oder endigen, oder durch sie hindurchtreten, daß sie sich an sie anlagern. Sie finden sich aber nicht bloß in der obern Gehirnschichte, sondern auch in allen andern Partien des Gehirns, des Rückenmarkes und in der Bahn mancher peripherischer Nerven. (Letzteres ist von Belang; denn es beweist, daß Ganglienzellen auch da vorkommen, wo an die Seele gar nicht gedacht werden kann.)

Betrachtet man Gehirn- und Rückenmark in gröberem Sinne als ein Ganzes, so bildet ersteres eine rundliche Anschwellung, aus deren unterer Fläche, mehr nach hinten, das Rückenmark als zopfartiger Strang hervorkommt und sich bis auf die Lenden und in viele Theile getheilt (Roßschweif) bis auf die Endwirbel des Rückgrates hinunter erstreckt. Aus der untern Fläche des Gehirns treten zu beiden Seiten einer von vorn nach hinten gezogenen Mittellinie die zwölf Paar Hirnnerven hervor, welche sich in allen Theilen des Kopfes, an einzelnen Theilen des Halses, der Athmungsorgane, am Herzen und Magen verbreiten; außer ihnen gibt das Gehirn keine Nerven ab. Sie sind der Reihe nach folgende: 1. Riechnerv, 2. Sehnerv, 3. Augenmuskelnerv, 4. Augenrollnerv, 5. Schmecknerv, 6. Augenabziehnerv, 7. Antlitznerv, 8. Hörnerv, 9. Schlundkopfnerv, 10. Stimmnerv, 11. Beinerv, 12. Zungenfleischnerv. Vom Rückenmark entspringen 31 Nervenpaare (die Rückenmarks- oder Spinalnerven), welche sich symmetrisch an den Hinterkopf und zu allen übrigen Theilen des Körpers begeben. (Nur selten finden sich 32 Paare.) Sie werden in 8 Halsnerven, 12 Brustnerven, 5 Lendennerven, 5 Kreuzbeinnerven und 1 oder 2 Steißbeinnerven eingetheilt.

§ 18. Sensible und motorische Nerven; Selbständigkeit der Nervenfasern und Isolation der Leitung.

Jeder Nerventhätigkeit geht ein Reiz voraus. Unter Reiz versteht man alles, was eine Veränderung oder einen Zustand in irgend einem Objecte bewirken kann. Die Reize sind entweder äußere oder innere. Zu jenen gehören mechanische Einwirkungen, als Druck, Schlag, Stoß u. s. w., die Wärme, das Licht, die Electricität und eine große Anzahl von chemischen Stoffen; zu den inneren Reizen gehören Vorgänge im Organismus selbst (der Kreislauf des Blutes), insbesondere aber die geistigen Vorgänge in der Seele.

Jene Nerven, welche äußere Reize von der Peripherie gegen die Centralorgane leiten, heißen **sensitive** oder **Empfindungsnerven**, auch **centripetale**; jene hingegen, welche die inneren Reize von den Centralorganen gegen die Peripherie leiten, **motorische** oder **Bewegungsnerven**, auch **centrifugale**. Die hintern Wurzeln der **Rückenmarksnerven** dienen ausschließlich der Empfindung, die vorderen ausschließlich der Bewegung. Beide Arten von Nerven sind nur durch ihre eigenthümliche Leitung von einander unterschieden, sonst sind sie anatomisch gleichartig, sie gehen aber keineswegs in einander über. Jede einzelne Nervenfaser (sensitive oder motorische) bleibt vielmehr für sich bestehen und zieht sich in gesondertem Verlaufe zum Centralorgane hin, in welchem sie sich als in ihrem gemeinschaftlichen Medium kreuzen. Der Zweck dieser **Isolation** ist folgender: Jede Nervenfaser leitet ihre Erregung isoliert und auf der oft sehr langen Bahn communiciert sie ihre Erregung nie an eine andere, wenn auch noch so nahe liegende (Lex isolationis). Daher gilt der Satz: **Jeder Reiz, der im Verlaufe eines Nerven angebracht wird, veranlaßt, wenn der Nerv ein Empfindungsnerv ist, Empfindungen, aber niemals Bewegung, und wenn er ein Bewegungsnerv ist, Contractionen in den Muskeln, zu welchen er hinführt, aber niemals Empfindung.** (Schmerz, als eine Art der Empfindung, kann nie durch motorische Nerven vermittelt werden.) (Vgl. zu dem Ganzen: Volkmann A. W. Art.: „Nervenphysiologie" 10. Liefg. S. 561; Hyrtl, Anatomie § 57; C. Ludwig, Physiologie 2. Aufl. I. 156 f.)

1. Berührt man die Spitze des Fingers mit einer Nadelspitze, so kommt die Empfindung folgenderweise zustande: die Spitze der Nadel erregt das daliegende peripherische Ende einer Nervenfaser; sofort oscillirt die ganze Faser bis zu ihrem centralen Ende und nun erst antwortet die Seele der nur leitenden Thätigkeit der Nervenfaser mit Empfindung. — Bringen wir zwei Nadelspitzen an das Fingerende, so können wir sie als zwei Spitzen nur dann empfinden, wenn zwei Nervenfasern von den Spitzen getroffen wurden; sonst hätte unser Ich nur die Empfindung **einer Spitze**. Beweis: Wenn wir auf der Rückenhaut die geeigneten Hautstellen aussuchen, so können wir gut ein Dutzend Nadelspitzen und mehr daran bringen, und wir haben doch nur die Empfindung **einer Spitze**, weil am Rücken die Nervenfasern weiter auseinanderliegen. — Wir wollen die Hand bewegen; sofort geht dieser psychische Reiz auf das centrale Ende einer bestimmten motorischen Nervenfaser über und es erfolgt mit meßbarer Geschwindigkeit die Zusammenziehung des Muskels, in welchem die Nervenfaser ihr peripherisches Ende hat.

2. Empfindung und Bewegung vollziehen sich mit großer, jedoch keineswegs unmeßbarer Geschwindigkeit. Vielmehr hat Helmholtz mit voller Sicherheit

das Maß derselben festgestellt und nachgewiesen, daß beide Erscheinungen beim Menschen 200 Fuß in der Secunde betragen (so daß also z. B. die durch Quetschung oder Verletzung der Fingerspitze entstehende Nervenreizung ungefähr den sechzigsten Theil einer Secunde braucht, um zum Gehirn zu gelangen, und ebensoviel Zeit verfließt, ehe die Erregung des motorischen Nerven durch den Willensact vom Gehirn aus den Finger erreicht). Helmholtz hat aber auch nachgewiesen, daß die Nervenreizung, nachdem sie im Gehirn angelangt ist, keineswegs unmittelbar zur bewußten Empfindung wird. Denn selbst wenn wir mit der gespanntesten Aufmerksamkeit auf einen Ton lauschen oder die Wirkung eines Nadelstiches, eines elektrischen Schlages auf unsere Fingerspitzen beobachten, vergeht ein Zeitintervall von $1/10$—$1/20$ einer Secunde zwischen dem Momente, in welchem die Reizung des betreffenden sensiblen Nerven im Gehirn angelangt ist, und dem Augenblick, in welchem wir die Reizung als bestimmte Empfindung percipieren. Die Bewegung dieses Ueberganges ist also noch langsamer als die Fortpflanzung des Reizes eines peripherischen Nerven in das Hirn. (Helmholtz: Nachweisungen über den zeitlichen Verlauf der Nervenerregung ꝛc. in Johann Müllers Archiv für Anatomie und Physiologie 1850, S. 276 f.)

Diese Nachweisungen sind von großer psychologischer Bedeutung. Denn sie zeigen einerseits mit voller Evidenz, daß die Empfindung nicht im gereizten peripherischen Nerven und dem ihm angehörigen Körpertheile zustande kommt, und anderseits, daß die Nervenreizung, nachdem sie im Gehirn angelangt ist, keineswegs unmittelbar zur bewußten Empfindung wird, sondern daß vielmehr stets noch eine bestimmte meßbare Zeitgröße verfließt, bevor die Nervenerregung des Gehirns von der Seele in eine Empfindung umgesetzt oder als Empfindung zum Bewußtsein gebracht wird.

Drittes Capitel.

Von den Empfindungen und Bewegungen.

§ 19. Begriff der Empfindung.

Die Empfindung entsteht durch Uebertragung des Reizes auf die Seele. Sie steht dem Reize gegenüber und ist dessen Perception, dessen Aufnahme in das Bewußtsein. Sie ist rein psychischer Beschaffenheit und hat ihren Namen von „Innenfinden", weil sie das unmittelbar in uns Vorgefundene ist und das Erste, ursprünglich Gegebene ausmacht. Da nun die Seele ein einfaches, immaterielles Wesen ist, so ist auch die Empfindung, als Act der Seele, ein schlechthin einfacher, immaterieller, nicht weiter zerlegbarer Vorgang (§ 15).

Daß die Empfindung physiologisch nicht erklärbar sei, gestehen die ausgezeichnetsten Physiologen (Joh. Müller, Rud. Wagner, Th. Bischoff, A. W. Vollmann, Helmholtz, Fick u. a.) ausdrücklich ein. Wir citieren hier nur die Worte des letzteren (A. Fick): „Mag man vom Zusammenhange des Leiblichen und Geistigen glauben, was man will, die Empfindung oder Wahrnehmung als solche betrachtet, ist und bleibt ein **immaterieller Hergang**. Wenn etwa ein Vertreter der sog. materialistischen Anschauungsweise sagen wollte, eine Empfindung sei nichts anders, als eine bestimmt gestaltete Molecularbewegung im Hirn, so könnte er doch nichts anders damit meinen, als daß jede bestimmte Empfindung mit Nothwendigkeit an eine bestimmte materielle Bewegung im Hirn geknüpft sei — oder daß allemal im Reiche geistigen Geschehens eine bestimmte Empfindung eines bewußten Subjects dann ist, wenn im Reiche materiellen Geschehens eine bestimmte Bewegung in so und so gelagerten Nervenelementen ist. Mögen auch diese beiden Acte so unzertrennlich von einander sein, wie — nach einem Gleichnis Fechners — die convexe und concave Seite einer Kreislinie, immer bleiben sie doch **verschiedene Seiten** derselben Sache, die nie gleichzeitig für denselben Standpunkt erscheinen, wie die Kreislinie nur concav erscheint, wenn sie von innen, convex, wenn sie von außen gesehen wird. Es ist nun klar, daß die Naturforschung oder, schärfer bezeichnet, die mechanische Forschung auf unserem Gebiete niemals weiter vordringen kann, als bis zu jenen Molecularbewegungen in den Centraltheilen des Nervensystems — wir wollen sie mit Fechner die psychophysischen nennen — welche nach einer Anschauungsweise die andere Seite des Empfindens und Wahrnehmens selbst sind, oder nach einer anderen Anschauungsweise **unmittelbar Ursachen sind für ein Geschehen in einem für sich bestehenden immateriellen Wesen, der Seele**. Sobald wir die bezeichnete Grenze überschreiten, so stehen wir auf einem andern, dem **psychologischen** Gebiete. Von einem darauf genommenen Standpunkte erscheint nun die Empfindung nicht mehr, wie die ihr zur Grundlage dienende psychophysische Bewegung, als ein der Erklärung **bedürftiges und fähiges**, höchst compliciertes Phänomen, sondern vielmehr als eine **elementare Thatsache**, als ein Urphänomen, das als **unmittelbar Gegebenes, Einfaches** für fernere psychische Erscheinungen zum Erklärungsmittel wird, wie etwa die Wechselwirkung der materiellen Atome in der mechanischen Sphäre unerklärbares Erklärungsmittel ist." (A. Fick, Lehrb. der Anatomie und Physiol. der Sinnesorgane, Lahr 1864. S. 1 f.)

§ 20. Inhalt, Stärke und Ton der Empfindungen.

An jeder einzelnen Empfindung unterscheiden wir ein Dreifaches, nämlich: den **Inhalt (Qualität)**, die **Stärke (Intensität)** und den **Ton** derselben. Der **Inhalt** ist die qualitative Bestimmtheit der Empfindung mit Bezug auf die Natur des sie erzeugenden Reizes. Der Inhalt der Empfindungen hängt ab von der Verschiedenheit der Reize und von den specifischen Energien, mit denen verschiedene Empfindungsnerven auf die äußeren Reize reagiren. Dieser Inhalt ist so mannigfaltig, daß eine Eintheilung der einzelnen Empfindungen kaum möglich ist. Doch können die Empfindungen in Gruppen gebracht werden, die unter sich Ungleichartiges (Heterogenes), in sich nur Gleichartiges (Homogenes) enthalten, und ist es offenbar, daß es solcher Gruppen mehr als Sinnesorgane geben werde. (Man erinnere sich beispielsweise der Farben- und der Beleuchtungsgrade, der Widerstands- [Tast-] und der Wärmeempfindungen, der Töne, Vocale, Klänge und Geräusche.) — Die **Stärke** der Empfindung ist die quantitative Bestimmtheit der Empfindung mit Bezug auf die Größe des sie verursachenden Reizes.

Daß die Stärke oder Intensität der Vorstellungen untereinander eine verschiedene sei, darf nach den Versuchen und wirklichen Messungen von E. H. Weber (Art. Tastsinn ꝛc.) und Fechner (Elemente der Psychophysik. 2 Bde. Lpz. 1860) als eine unbestreitbare Thatsache gelten. Im allgemeinen erhöht sich die Intensität unserer Sinnesempfindungen (wie unserer Schmerzempfindungen) bis auf einen gewissen Grad in gleichem Verhältnis mit der Verstärkung des äußeren Reizes, den unsere Nerven erfahren, und scheinbar auch mit der Dauer des Reizes, obwohl mit letzterer keineswegs in gleicher Proportion. Die Empfindung der Helligkeit, des Klingens, des Drucks wächst (so lange, bis Blendung und Schmerz eintritt) mit dem Anwachsen der Licht-, Schall- und Druckstärke. Die wenigen Ausnahmen, die es von dieser Regel gibt (daß z. B. ein schwacher, aber sehr hoher Ton uns stärker erscheint, als ein kräftiger, tiefer, und daß die leise Berührung des Kitzelns viel empfindlicher wirkt, als ein entschiedener Druck), bestätigen insoferne die Regel, als ihre Zahl nur eine sehr geringe ist. Genaue Beobachtungen und Messungen haben gezeigt, daß der äußere Reiz ein bestimmtes Maß der Stärke erreicht haben und bis zu welchem Grade er anwachsen muß, um eine bewußte Empfindung hervorzurufen. An der Stirne, den Schläfen, den Augenlidern, dem Handrücken empfinden wir schon bei einem Gewichte von $1-2/500$ Gramm einen leisen, aber merklichen Druck; bei anderen Theilen der Haut muß das Gewicht erheblich (bis zu $1/80$ Gramm) erhöht werden, wenn die Druckempfindung hervortreten soll. (Fechner, Psychophysik 1. Th. S. 264 und S. 138.) Im Gebiete der Gehörsempfindungen hat sich ergeben, daß der Schall eines 1 Milligramm schweren Korkkügelchens, welches aus einer Höhe von nur 1 Millimeter auf eine Glasplatte herabfällt, noch eben hörbar ist, wenn das Ohr vom Mittelpunkte der Schallplatte in horizontaler Richtung 55, in verticaler 74, in geradliniger 91 Millimeter entfernt ist. Was die Tonhöhe anbelangt, so besteht (nach der Annahme von Helmholtz) die Hörbarkeit der Töne zwischen 20 und 38.000 Schwingungen in der Secunde. Im Gebiete der Lichtempfindung kann zwar der directe Nachweis, daß es einer gewissen Stärke des Lichtreizes bedürfe, um Empfindung zu erwecken, in directer Weise nicht geführt werden, weil das Auge, wahrscheinlich in Folge innerer (durch den Blutumlauf ꝛc. bewirkter) Reize, stets Lichtempfindungen erzeugt, die allerdings sehr schwach sind und daher gemeinhin nicht bemerkt werden, doch aber nachgewiesen werden können, und zu denen der äußere Lichtreiz nur einen „Zuschuß" gibt. Da aber jeder äußere Lichtreiz um circa $1/100$ seiner ursprünglichen Stärke erhöht werden muß, wenn seine Zunahme percipiert werden soll, so läßt sich annehmen, daß der äußere „Zuschuß" zu dem inneren

Lichtreiz ebenfalls $1/100$ der Stärke des letzteren wird betragen müssen, um empfunden zu werden. Was die Farben betrifft, so haben bekanntlich die rothen Strahlen die langsamsten Schwingungen, entsprechen also den tiefsten, noch hörbaren Tönen, und die Unfähigkeit, ultrarothe Strahlen durch das Gesicht wahrzunehmen, scheint „auf nichts anderes geschrieben werden zu können, als daß deren Schwingungen zu langsam sind". Hingegen sind die sog. ultravioletten, für gewöhnlich unsichtbaren Strahlen, auf deren Dasein man früher nur aus ihren chemischen Wirkungen schloß, neuerdings (durch die von Stokes entdeckte Fluorescenz) sichtbar gemacht worden und damit hat sich ergeben, daß auch die Stärke der Lichtstrahlen oder die Weite der Schwingungen eine gewisse Grenze übersteigen muß, wenn eine Farbenperception entstehen soll. Die violetten Strahlen, welche das andere Ende des Spectrums bilden, sind bekanntlich die geschwindesten oder brechbarsten und entsprechen eben deswegen den höchsten noch hörbaren Tönen.

Doch muß hier bemerkt werden, daß von der Stärke des Reizes nicht die Empfindung als solche, sondern nur der Klarheitsgrad derselben abhängt. (Beispiele bei Fechner a. a. O. S. 242.) Eine quantitative Vergleichung der Empfindungen und Vorstellungen und ein Gesetz, nach welchem diese Vergleichung möglich ist, gibt es also, wie Weber und Fechner nachgewiesen haben. Der allgemeinste Ausdruck des Weber'schen Gesetzes lautet: „Innerhalb gewisser Grenzen ist auf allen Sinnesgebieten, auf welchen bis jetzt quantitative Bestimmungen möglich waren, der kleine Zuwachs" (Vermehrung des Klarheitsgrades), „den eine durch irgend welchen Reiz verursachte Empfindung nimmt, wenn der Reiz einen kleinen Zuwachs erhält, diesem letzteren Zuwachs direct und der ganzen Reizgröße verkehrt proportional." Haben wir also z. B. irgend eine Druckempfindung und wollen sie durch Erhöhung des Drucks merklich verstärken, so geschieht dies nicht durch irgend ein bestimmtes, für alle Fälle identisches Gewicht, durch dessen Hinzufügung die Erhöhung des Drucks bemerkbar würde, sondern je schwächer die gegebene Druckempfindung, oder je geringer der bereits vorhandene Druck ist, eine desto geringere Verstärkung derselben (ein desto kleineres Zusatzgewicht) genügt, um die Verstärkung bemerklich zu machen, je größer der vorhandene Druck, desto größer muß das Zusatzgewicht sein, wenn die Vermehrung des Druckes bemerkt werden soll. Es ist sogar gelungen, das durchschnittlich bestehende relative Maß des Unterschieds zu ermitteln, das zur Perception der verschiedenen Stärke zweier gleichartiger Sinneseindrücke erforderlich ist. Bei den Gesichtsempfindungen hat sich ergeben, daß jeder Lichtreiz um etwa $1/100$ seiner gegebenen Intensität erhöht werden muß, wenn die Zunahme der Intensität der Lichtempfindung bemerkt werden soll. Schallstärken können dagegen nur noch sicher unterschieden werden, wenn sie sich wie 3:4 verhalten; ein Schall muß also um circa $1/3$ seiner Stärke wachsen, wenn die Verstärkung empfunden werden soll. Bei Druckempfindungen ist der Unterschied der Schwere erst bemerklich, wenn ein Gewicht von 32 Unzen auf der Hand um 10·88 Unzen vermindert wird, d. h. die Verminderung und resp. Vermehrung des Drucks wird bemerkbar, wenn das hinweggenommene oder hinzugesetzte Gewicht ebenfalls circa $1/3$ des ursprünglichen Gewichtes beträgt. Viel feiner und gleichmäßiger erscheint die Unterscheidbarkeit der Muskelempfindungen bei den meisten Menschen. Unter 10 Personen, welche 2 Gewichte, das eine von 78, das andere von 80 Unzen, durch Aufhebung derselben verglichen, konnten nur zwei das schwerere Gewicht von dem leichteren nicht unterscheiden; hier also genügt ein Zusatzgewicht von circa $^1/_{40}$ des ursprünglichen Gewichtes, um den Unterschied der Schwere bemerklich zu machen. Was endlich die Temperaturempfindungen betrifft, so kann man nach Weber durch abwechselndes Eintauchen der ganzen Hand in Gefäße mit ungleich warmem Wasser bei großer Aufmerksamkeit noch den Unterschied zweier Temperaturen entdecken, der nur $^1/_5 - ^1/_6$° R. beträgt. (Vgl. Fechner 1. Bd. S. 149; S. 175, 255, 257 über die Empfindungsschärfe für Druckunterschiede; für das Heben von Gewichten und für Temperaturunterschiede s. Weber a. a. O. S. 559, 545 f.; 549; 571 f.; Fechner I. S. 182 und 201; 265 f.; 267; Fick, Anatomie und Physiologie der Sinne S. 334 f.; 49 f. und 56 f.; Wundt, Menschen und Thier. I. Bd. VII., VIII. und IX. Vorles. S. 82—138. Außerdem vgl. Cornelius, über Wechselwirkung zwischen Leib und Seele in Allihns Zeitschrift, Bd. IV. H. 2. S. 122 f. Anm.)

Diese Zahlen haben noch lange nicht das wünschenswerte Maß der Genauigkeit erreicht; aber sie machen wenigstens im allgemeinen eine Vergleichung der Empfindlichkeit der verschiedenen Sinne möglich. Die mathematische Ableitung des Weber'schen Gesetzes findet sich bei Fechner a. a. O. II. Th. S. 33 f.; Fick a. a. O. S. 344 f.: Wundt a. a. O. S. 477; Cornelius a. a. O.

Unter Ton der Empfindung versteht man die Annehmlichkeit oder Unannehmlichkeit derselben, durch welche sich das Maß der Uebereinstimmung oder des Streites zwischen dem Empfindungsreize und den Bedingungen des Lebens, d. h. ihr Störungswert für die Gesammtheit des Lebensprocesses unserem Bewußtsein ankündigt. Die Empfindung ist entweder angenehm oder unangenehm, eine Lust- oder Unlustempfindung, je nachdem die functionelle Störung, die der Reiz hervorruft, eine, wenn auch nur momentane und theilweise Förderung oder Hemmung des leiblichen Lebens verursacht. (Ein Spaziergang an einem Sommerabend, zumal nach einem Gewitter, in einer von Duft durchwürzten Atmosphäre, ist für das ganze leibliche Leben erfrischend und labend. Ein cariöser Zahn verursacht bei der geringsten Berührung Schmerz, der sich immer weiter verbreitet.)

Wichtig ist, daß man sich darüber klar sei, daß Inhalt, Stärke und Ton der Empfindungen nicht objective Unterschiede derselben, sondern nur subjective Gesichtspunkte sind, unter denen wir die eine untheilbare Empfindung betrachten. Daß die Empfindungen nichts von den objectiven Reizen und nichts von der Beschaffenheit der Nerven an sich haben, wurde schon im § 15 mit Nachdruck hervorgehoben.

Helmholtz sagt hierüber Folgendes: Eigentliche Bilder von den Gegenständen geben uns die Sinnesorgane zwar nicht, aber sie geben uns Zeichen für dieselben, die allerdings mit den Gegenständen außer der Gleichzeitigkeit nichts gemein haben. So oft nun dasselbe Zeichen erscheint, schließen wir auf die Gegenwart desselben Gegenstandes oder Vorganges. Diese Zeichensprache haben wir durch Uebung und Erfahrung mühsam erlernen müssen. (Volkmann § 25, 26; Nahlowsky, Gefühlsleben, S. 14; Wundt, Physiolog. Psychol., Cap. VIII und IX.)

§ 21. Arten der Empfindung (Gemeingefühl).

Die Empfindungen theilen sich — ungeachtet ihrer großen Mannigfaltigkeit — nach der Art der Quellen und der davon abhängigen Beschaffenheit des Inhaltes, in die beiden Hauptclassen der **Innen**- oder **Leibesempfindungen** und der **Außen**- oder **Sinnesempfindungen**. Die ersteren haben das Eigenthümliche, daſs sie 1. durch die allgemeinen, im ganzen Leibe verbreiteten, ihre feinen Fäden in alle organischen Gebilde einlagernden Rückenmarksnerven vermittelt werden, die man schlechtweg „sensitive" nennen kann; 2. daſs vermöge ihrer die Seele ausschließlich von den mannigfaltigen Processen, die sich innerhalb des eigenen Organismus ereignen und das leibliche Leben (sei es in einer Theil-, sei es in einer Gesammtfunction) betreffen, Kenntnis erlangt. Die letzteren werden dagegen vermittelt: 1. durch Nerven anderen Ursprungs, viel kürzeren Verlaufes und ganz specifischer Bestimmung. Die Sinnesnerven gehören nämlich jenen zwölf Paaren von Nerven an, welche im Gehirne selbst entspringen. (§ 17.) Sie reichen auch nicht weiter, als von ihrem Centralpunkte in das betreffende Organ, und scheinen endlich specifisch, jeder eben nur für eine bestimmte Classe von Eindrücken organisirt zu sein. Man nennt sie eben deswegen sensorielle Nerven. 2. Der Gegenstand, von dem sie der Seele Kunde bringen, ist zwar nicht immer, aber doch in der Regel eine Veränderung der Außenwelt. Die Empfindungen, die von daher die Seele empfängt, betreffen daher zumeist Vorgänge der Außenwelt.

Aber bei der Innen- oder Körperempfindung ist wieder zu unterscheiden, ob die Reizung sich auf einzelne Fasern beschränkt oder sich über „ganze Provinzen" des Nervensystems erstreckt, ja sich vielleicht gar über das ganze Gebiet des organischen Lebens ausbreitet. Die relativ vereinzelten, bis zu den betreffenden Centralpunkten fortgeleiteten Reize (die wir allmählich, ohne zu wissen, wie wir dies vollziehen, also rein instinctartig auf die peripherischen Erregungsstellen zurückbeziehen lernen) ergeben klare Perceptionen, und diese heißen organische oder Localempfindungen. (Man denke hier nur an das eigenthümliche Brennen in einer nesselkranken Hautstelle, das Zerren, Ziehen, Drücken, Stechen, Bohren, Rieseln, Krabbeln, Jucken, Prickeln u. s. w. in sonst krankhaft afficierten Organen.)

Dagegen gestatten die unzähligen, von ganzen Provinzen des Nervensystems oder gar vom gesammten Nervengeflecht her zu den Centralorganen gleichzeitig andrängenden Reize von Seite der Seele keine gesonderte, sondern nur eine dunkle Totalauffassung (Perception des gesammten Erregungszustandes des Nervensystems, soweit es eben in Mitleidenschaft gezogen wurde), welche wir „G e m e i n g e f ü h l" nennen. (Hierher gehören die Empfindungen körperlicher Frische oder Mattigkeit, des gehobenen leiblichen Lebens oder der Abgeschlagenheit, der Gesundheit oder Krankheit.)

Mit dem Gemeingefühle, welches jedoch kein besonderes Organ, keinen besonderen Sinn erfordert, beginnt des Menschen Leben im Mutterleibe und mit ihm schließt es zugleich ab; auch den Unglücklichen, dem ein oder selbst zwei Sinne ganz fehlen, begleitet dieses Gefühl das ganze Leben hindurch. Mit vollem Recht kann es als „B a r o m e t e r" (Drobisch) unserer leiblichen Lebensäußerung angesehen werden.

§ 22. Begriff der Sinne, Zahl, Eintheilung und Verhältnis der Sinne beim Menschen.

Unter einem Sinnesorgan (Sinneswerkzeug) versteht man einen Theil des Leibes, der gewissen Einwirkungen (Reizen) ausgesetzt ist, und, wenn er gereizt wird, Empfindungen in der Seele herbeiführt. Man hat die Sinne sehr häufig mit Oeffnungen eines Hauses verglichen. Wie durch diese das Licht in das Haus, so zieht durch die Sinne die Außenwelt ein in unser Inneres.

Man unterscheidet gewöhnlich f ü n f Sinne, nämlich: das G e s i c h t, das G e h ö r, den T a s t s i n n, den G e s c h m a c k und den G e r u c h. Diese fünf Sinne vermitteln uns die Empfindung äußerer Gegenstände, wozu auch unser eigener Leib als a l l e r n ä c h s t e r Gegenstand gehört, während das G e m e i n g e f ü h l nicht als ein besonderer Sinn angesehen werden kann, da es nicht, wie die erwähnten besonderen Sinne, ein besonderes Organ hat. (Vgl. § 21.)

Man theilt die Sinneswerkzeuge in e i n f a c h e und z u s a m m e n g e s e t z t e ein. Zu jenen gehören das G e t a s t, der G e r u c h und der

Geschmack, zu diesen das Gesicht und Gehör. Bei den ersteren trifft der Reiz die sensitive Nervenausbreitung **unmittelbar**; bei dem letzteren kann er nur durch **Vermittelung besonderer Vorrichtungen** (oder Veranstaltungen), die ihn leiten, dämpfen oder verstärken, auf die sensitive Nervenausbreitung wirken. Alle Sinneswerkzeuge nehmen — mit Ausnahme des Tastsinnes, dessen Organe — außer der Zunge — Hände und Fingerspitzen, im Dunkeln auch die Füße und die Ellbogen sind — die am Gesichtstheile des Kopfes für sie bereiteten Höhlen ein. Sie bilden gewissermaßen das Band, welches den Geist des Menschen an die Außenwelt knüpft, und sie geben den ersten Anstoß zu seiner geistigen Ausbildung.

Alle Sinne sind **Erkenntnissinne**; sie alle haben das Gemeinsame, daß ihre Empfindungen auf äußere Gegenstände bezogen werden; so legen wir denn auch Geschmäcke und Gerüche nicht unseren Organen, sondern den Dingen außer uns bei. Man darf aber nicht vergessen, daß auch die objectivsten Empfindungen immer noch eine (wenn auch noch so schwache) Betonung haben.

Am meisten objectiv und am fruchtbarsten für die Erweiterung der Erkenntnis von den Dingen sind die Gesichtsempfindungen; vielleicht fallen neun Zehntel aller Sinneswahrnehmungen auf diesen Sinn, wogegen ein Zehntel auf die übrigen Sinne vertheilt sein mag. Gewiß gibt es wenig Wahrnehmungen, an denen das Gesicht nicht betheiligt wäre. Auf den ersten Blick könnte es scheinen, als ob die Gesichtsempfindungen lediglich objectiv theoretisch und von Betonung ganz frei wären; allein dem ist nicht so. Abgesehen von jenen höheren Gefühlen, welche aus Gesichtseindrücken nur ihren Anlaß entnehmen, wie das ästhetische Wohlgefallen bei einem Gemälde oder der Schreck beim Anblick eines auf uns gezückten Dolches, empfinden wir unzweifelhaft bei zu starkem und grellem Lichte Schmerz, mäßiges, namentlich reflectiertes Licht ist uns dagegen angenehm. Aber gewiß ist es, daß diese betonten Empfindungen, so wenig ihr Vorhandensein bezweifelt werden kann, einen äußerst geringen Raum einnehmen neben den objectiven (unbetonten) Gesichtsempfindungen, namentlich beim Erwachsenen. Schon ungleich mehr tritt die Betonung beim Gehör hervor. Töne ergreifen uns in der Regel weit stärker als Farben. — Beim Tastsinn müssen wir unterscheiden zwischen Druck-Sinn und Temperatur-Sinn. Ersterer ist bei weitem der objectivere. Bei Berührungen z. B. empfinden wir zugleich die Anwesenheit des fremden Körpers und die Affection des unsrigen. Diese ist fast niemals gleichgiltig, sondern angenehm oder unangenehm. Was die Empfindung der Temperatur anlangt, so werden die von der Temperatur der berührenden Oberfläche nicht sehr verschiedenen Wärmegrade objectiv percipiert. Es folgen dann nach beiden Richtungen hin Temperaturgrade (heiß und kühl), bei denen die Empfindung unmerkliche Betonung hat. Größere Hitze- und Kältegrade werden unangenehm empfunden, bis schließlich excessive Hitze und Kälte in dem einen unterschiedslosen Gemeingefühl des Schmerzes zusammentreffen. — Geschmack und Geruch) endlich sind entschieden die subjectivsten Sinne. Zwar werden auch ihre Empfindungen immer auf Gegenstände bezogen, jedoch ist die Betonung dabei meist durchaus überwiegend, und die wahrnehmende Thätigkeit des eigentlichen Kostens und Spürens geschieht mehr bei schwächeren Geschmäcken und Gerüchen und hauptsächlich mit geübten Organen. Bekannt sind die Thatsachen, daß beide Empfindungsarten sich sehr bald abstumpfen, indem die Organe zu ermüden scheinen, und ferner, daß Personen, welche häufig sich der Geruchs- und Geschmacksorgane zum Zwecke der Wahrnehmung bedienen, gleichgiltig gegen die Betonung beider Sinne sich verhalten. So kann der Chemiker die widerwärtigsten Substanzen mit der Zunge kosten, ohne davon so un angenehm afficiert zu werden als ein anderer. (Horwicz, Psychol. Analysen auf psychologischer Grundlage. I. Th. Halle 1872. S. 335 und 343.)

Die fünf Sinne bilden so eine auf- und absteigende Reihe: Auge, Ohr, Getast, Geschmack und Geruch. Von rechts nach links werden die Wahrnehmungen immer objectiver, für die Erkenntnis der Dinge wichtiger; und zugleich die Empfindungen immer schwächer betont, mehr und mehr gleichgiltig. Man kann demnach den Satz aussprechen: Je objectiver eine Empfindung, desto unbetonter ist dieselbe und umgekehrt: je betonter eine Empfindung, desto weniger ist sie objectiv, desto weniger dient sie der Erkenntnis.

Aus den gleichzeitigen verschiedenartigen Empfindungen setzen sich Vorstellungsgruppen zusammen, durch welche wir uns die Dinge der Außenwelt vorstellen. Bei normaler Ausbildung überwiegen in denselben die Gesichtsempfindungen, welche gleichsam der gemeinsame Nenner aller unserer Empfindungen sind; an die Gesichtsempfindungen schließen sich alle übrigen Empfindungen an und werden durch sie in deutlicher Erinnerung behalten. Das Gehör steht dabei gleichsam am Vorposten, der Tastsinn übt seine Controle, Leibesempfindungen geben dem Bilde Innigkeit und Beziehung auf den Leib. Das Gesicht erkennt am schnellsten, das Gehör bezeichnet am leichtesten, der Geruch merkt am längsten. Das Ueberwiegen eines Sinnes bestimmt die psychische Eigenthümlichkeit des Individuums oder Volkes; daher bezeichnete man die Griechen als Gesichtsmenschen. (Volkmann, Ps. § 35.)

§ 23. Bedingungen des Zustandekommens der Empfindungen.

Die Bedingungen, unter welchen Empfindungen, insbesondere Sinnesempfindungen zustande kommen, sind:

1. **Die Erscheinung, welche den Nerven reizt.** Diese ist irgend ein Bewegungszustand, als z. B. Licht, Glanz, Schall, Duft (Geruch), Wärme, Elektricität oder ein chemischer Proceß, Druck, Stoß, Schlag, und kann ihre Quelle außerhalb oder innerhalb des Leibes haben.

2. **Die Umsetzung dieser Erscheinung in eine Nervenerregung.** Gelangen nämlich die Bewegungen (des Lichtes, Schalles, der Wärme) durch ihnen entsprechende Mittel (z. B. durchsichtige oder elastische Körper, Mundspeichel, Nasenschleim) bis zur sensiblen Nerven-

faser, so erzeugen sie in dieser einen Erregungszustand, welcher sich durch eine negative Schwankung des im Nerven kreisenden elettrischen Stromes und durch chemische Veränderungen kenntlich macht und mit einer meßbaren Geschwindigkeit bis zu den Centraltheilen des Nervensystems fortpflanzt. (§ 18, 2.)

3. **Das Uebergewicht einer bestimmten organischen Anregung und Rückwirkung über jede andere gleichzeitige, wodurch die Aufmerksamkeit auf den anregenden Gegenstand gerichtet wird.** (Bekannt ist es, daß zu schwache Reize gar nicht percipirt werden, aber auch stärkere Reize werden nicht empfunden, wenn die Aufmerksamkeit anderen Vorstellungen zugewandt ist.)

§ 24. Das Gesicht.

Gesichtsempfindungen entstehen in der Seele durch Einwirkung äußerer Reize auf die Sehnerven unter Vermittelung des Lichtes. Die äußere Bedingung des Sehens sind die von jenem Punkte eines selbstleuchtenden oder erleuchteten Körpers nach allen Richtungen geradlinig mit der größten uns bekannten Geschwindigkeit (42.000 Meilen in einer Secunde) sich verbreitenden Lichtstrahlen, von denen ein Theil auf die vordere Fläche des Augapfels fällt und durch die Pupille (Hornhaut, wässerige Feuchtigkeit, Linse, Glaskörper) zu der Netzhaut gelangt, in welche sich der Sehnerv ausbreitet, und auf welcher durch diese Lichtstrahlen ein umgekehrtes Bild des äußeren Objectes sich erzeugt. (Daß sich wirklich ein solches Bildchen auf der Netzhaut bilde, davon überzeugt man sich am herausgenommenen Auge von weißen Kaninchen, oder bei anderen Augen nach Ablösung eines Stückchens der äußeren, undurchsichtigen Häute, wo man, besonders vermittels eines Vergrößerungsglases, von hinten her das Bild sehen kann; ferner auch bei Kindern mit wenig gefärbten Augen, deren Häute noch sehr durchscheinend sind; bei Erwachsenen vermittels des sog. Augenspiegels.) Durch den Gesichtssinn nehmen wir unmittelbar nur das Licht wahr in seiner verschiedenen Färbung und Helligkeit. Flächen, Gestalten, Lage, Größe, Entfernung, Richtung, Ruhe und Bewegung werden nicht unmittelbar gesehen, sondern nur mittelbar beurtheilt und geschätzt. Letzteres beweisen die Aussagen geheilter Blindgeborner.

1. Einer derselben, von dem englischen Arzte W. Cheselden von angeborner Blindheit glücklich geheilt, wusste so wenig, als er zuerst sah, die Entfernung zu beurtheilen, dass er sich einbildete, alle Gegenstände, die er sähe, berührten sein Auge, wie das, was er durch den Tastsinn wahrnahm, seine Haut. Einige Gegenstände erschienen seinem Gesicht so angenehm, wie die weichen, glatten und regelmäßig geformten Objecte seiner Hand. Gleichwohl wusste er anfänglich nicht, welche Gestalt sie hatten, noch was es war, das ihm an ihnen gefiel; er vermochte anfänglich keine Gestalt zu erkennen, noch eine von der anderen zu unterscheiden. Gemälde, die man ihm zeigte, hielt er längere Zeit für gefärbte Flächen. Obwohl er wusste, dass das Zimmer, in welchem er sich befand, nur einen Theil des ganzen Hauses bildete, so vermochte er doch anfänglich nicht wahrzunehmen, dass das Haus größer sei als das Zimmer. Er empfand mithin anfänglich weder die Entfernung, noch die Gestalt (Form), noch die Größe der Dinge. Wohl aber erschienen ihm längere Zeit alle Objecte ungemein groß im Verhältnis zu der Größenvorstellung, die er mittels des Tastsinnes von ihnen sich gebildet hatte. Dieselbe Erscheinung wiederholte sich, als ihm später das zweite Auge operiert wurde; und wenn er nun einen Gegenstand mit beiden Augen ansah, erschien er ihm doppelt so groß, wie früher, als er ihn mit dem einen operierten Auge erblickte; aber er sah ihn nicht doppelt, wie man hätte vermuthen sollen.

Ein anderer, der von Dr. Franz (einem sehr wissenschaftlichen deutschen Arzte) glücklich operierte Blindgeborne sah beim ersten Öffnen des operierten Auges (das zweite war unheilbar verloren) nur ein ausgedehntes Lichtfeld, in welchem alles matt und stumpf, verwirrt und in Bewegung erschien, und hatte dabei eine entschiedene Schmerzempfindung. Beim zweiten Öffnen (zwei Tage später) erblickte er eine Anzahl wässeriger Kreise, die den Stellungen des Auges folgten, mit ihm sich bewegten, mit ihm stilleftanden und dann theilweise sich deckten. Diese sphärischen Gebilde wurden später (bei wiederholtem Öffnen des Auges, das inzwischen immer wieder verbunden wurde) allmählich weniger dunkel und damit etwas durchsichtig, ihre Bewegungen erschienen stetiger, und zugleich gestatteten sie ihm, mehr und mehr die ihn wirklich umgebenden Gegenstände zu sehen, bis sie zuletzt (nach zwei Wochen) ganz verschwanden. Als er so die Fähigkeit zu sehen erlangt hatte, erschienen ihm anfänglich alle Gegenstände so nahe, dass er sich fürchtete, mit ihnen zusammenzustoßen, obwohl sie in Wirklichkeit weit von ihm entfernt waren. Er sah jedes Ding viel größer, als er nach der Vorstellung, die er von ihm durch den

Tastsinn sich gebildet hatte, erwartete. Von der Perspective bei Gemälden hatte er keine Idee. Alle Gegenstände erschienen ihm völlig flach, das Gesicht eines Menschen völlig eben; eine Kugel hielt er für eine bloße Scheibe, die Seite einer Pyramide für ein ebenes Dreieck, und als sie mit den scharfen Kanten in etwas schräger Stellung nach ihm hin gerichtet wurde, wußte er gar nicht zu sagen, was er sah. (Drobisch, Emp. Pf. § 42; Cornelius, Theorie des Sehens und räumlichen Vorstellens, Halle 1861, § 404; Th. Waitz, Pf. § 27; Lotze, Med. Pf. 425.)

Ähnlich wie diesen Blinden mag es den neugebornen Kindern ergehen, woraus folgt, daß das Sehen, nämlich das Auffassen bestimmter Gestalten im Raume, die Beurtheilung der Größen und Entfernungen, die gegenseitige Lage der Gesichtsobjecte sich nicht von selbst macht in dem Kinde, sondern daß es erst, wenn auch in verhältnismäßig kurzer Zeit, wirklich erlernt werden muß. Man kann es demnach als Gesetz aussprechen, daß die Farbe allein das ist, was ursprünglich gesehen wird, und daß das Sehen von Flächen, Gestalten, Größen ıc., wie überhaupt von allem, was nicht selbst Farbe ist, Folge einer langgeübten Thätigkeit der Seele ist, und daher einer besonderen Erklärung bedarf, welche aber erst später gegeben werden kann.

2. Die Farben. — Läßt man durch ein farbloses Glasprisma Sonnenlicht auf eine weiße Wand fallen, so zeigen sich hier die sogenannten sieben Regenbogenfarben: Violett, Indigo, Blau, Grün, Gelb, Orange und Roth. Das Violett befindet sich unten und das Roth oben, wenn der brechende Winkel des Prisma nach oben gerichtet ist; dagegen erscheint die umgekehrte Farbenfolge, falls der brechende Winkel nach unten gekehrt ist.

Aller Unterschied der Farben beruht auf der verschiedenen Geschwindigkeit, mit welcher die Atome des Lichtäthers oscillieren. Im rothen Lichte (äußersten Roth) beträgt die Anzahl dieser Oscillationen 476 (im mittleren Roth 496 und in der Grenze zwischen Roth und Orange 515), im violetten (äußersten Violett) 755 (im mittleren Violett 727 und in der Grenze zwischen Indigo und Violett 700) Billionen in einer Secunde. Alle übrigen Farben liegen zwischen beiden in der Mitte. [(Mittleres) Orange 527 (Grenze zwischen Orange und Gelb 538); (mittleres) Gelb 558 (Grenze zwischen Gelb und Grün 578); (mittleres) Grün 600 (Grenze zwischen Grün und Blau 624); (mittleres) Blau 647 (Grenze zwischen Blau und Indigo 669); (mittleres) Indigo 684 Billionen Schwingungen in einer Secunde.] Nun gibt es bekanntlich noch Strahlen, die schwächer als Roth, und wiederum andere, die stärker gebrochen werden, als Violett; aber weder die einen noch die andern werden von uns als Licht empfunden. Jene äußern sich als Wärme, diese als chemische Wirkung. Es scheint demnach — und diese Folgerung wurde von Thomas Young gezogen und von Maxwell und Helmholtz weiter ausgebildet — daß Licht und Farben nicht außer uns als Licht und Farben existieren, sondern nur als Schwingungen des Aethers. Eine gewisse (auf die im Gesagten ausschließlich beschränkte) Zahl dieser Aetherschwingungen hat die Eigenschaft, auf unsere Netzhaut und durch dieselbe auf die Seele so ein zuwirken, daß die letztere zu Empfindungen veranlaßt wird.

Nun gibt es nach der Hypothese von Young für unser Sehorgan nur drei bestimmte Formen des Empfindens und nicht mehr, nämlich Roth, Grün und Violett, und es lassen sich aus der Mischung (Wechselwirkung) dieser drei Grundempfindungen (Grundfarben) alle Licht= und Farbenempfindungen (außer Roth, Grün und Violett) er= zeugen. Durch Mischung von Roth und Grün erhält man, wenn Roth überwiegt, Orange, wenn Grün überwiegt, Gelb; durch Mischung von Grün und Violett, falls Grün überwiegt, Blau, und wenn Violett überwiegt, Indigo. Was man Weiß nennt, ist nicht die Gesammtheit der Aetherschwingungen, die im Sonnenlicht vor= kommen, sondern die Gesammtheit der drei Empfindungen, die durch Reizung der Netzhautelemente in unserer Seele ungeschieden vorkommen. — Thomas Young und Helmholtz haben sogar wahrscheinlich gemacht, daß für jede der drei Hauptfarben des Spectrums (Roth, Grün und Violett) besondere Nervenfasern vorhanden sind und in der Retina enden, deren jede nur durch bestimmte Reize in Erregung versetzt wird. Unter den wirklich in der Natur vorkommenden Licht= und Farbenerregungen reizt jede gleichzeitig jede der drei Arten von Endorganen, nur im ver= schiedenen quantitativen Verhältnisse.

Das rothe Licht reizt vorwiegend die Nervenfasern, die der (subjec= tiven) Grundfarbe Roth, das grüne Licht vorwiegend diejenigen, die der (subjectiven) Grundfarbe Grün, und das Violette vorwiegend diejenigen, die der (subjectiven) Grundfarbe Violett entsprechen.

Homogenes objectives Licht erregt zwar stets jede der drei Faser= gattungen, aber je nach seiner Brechbarkeit oder Wellenlänge in verschie= denem Maße. Die rothempfindenden Fasern werden am stärksten erregt von den Strahlen der kleinsten Brechbarkeit, aber größten Wellen=

länge, die grünempfindenden von den Strahlen der mittleren Brech=
barkeit und mittleren Wellenlänge, die violettempfindenden von den
Strahlen der größten Brechbarkeit, aber kleinsten Wellenlänge.

Die rothen Strahlen des Spectrums erregen sehr stark die roth=
empfindenden Fasern, sehr schwach die beiden anderen Faserarten; daher
eine Empfindung von bedeutender Sättigung — Roth. Die gelben Strahlen
erregen mäßig stark die roth= und grünempfindenden, schwach die violetten
u. s. w. Jede Mischfarbe erregt die verschiedenen Fasern nach Maßgabe
ihrer Zusammensetzung; Weiß erregt alle drei in ziemlich gleicher Stärke.

3. **Farbenblindheit.** Die mächtigste Stütze der Young'schen
Theorie der Farbenempfindung gibt der nicht seltene Zustand der **Farben=
blindheit** (Achromatopsia, Achrupsia). Bekanntlich verwechseln
die meisten Farbenblinden die Farbentöne am weniger brechbaren Ende
des Spectrums, insbesondere Roth und Grün. Diese Erscheinungen
erklären sich aus der Young'schen Theorie höchst einfach, wenn man
annimmt, daß die gewöhnliche Farbenblindheit **Lähmung der roth=
empfindenden Nervenelemente** sei. Individuen, bei denen dieser
Zustand vollkommen entwickelt ist, sehen im Spectrum nur zwei Farben,
Blau und Gelb. Zum letzteren rechnen sie das ganze Roth, Orange,
Gelb und Grün. Die grünblauen Töne nennen sie grau, den Rest blau.
Das äußerste Roth, wenn es lichtschwach ist, sehen sie gar nicht; wohl
aber, wenn es intensiv ist. Sie zeigen deshalb die rothe Grenze des
Spectrums gewöhnlich an einer Stelle an, wo die normalen Augen noch
deutlich schwaches Roth sehen. Unter den Körperfarben verwechseln sie stets
Roth mit Braun und Grün; Goldgelb unterscheiden sie nicht von
Gelb, Rosaroth nicht von Blau (z. B. der Chemiker J. Dalton). Ge=
wöhnlich bemerkt man die Farbenblindheit erst dann, wenn Jemand ent=
schieden ungleiche Farben für gleiche hält. Der Farbenblinde weiß meistens
gar nichts von seinem Uebel. (Helmholtz, Physiol. Optik S. 291 f.);
Wundt, Vorles. über Menschen= und Thiers. Lpz. 1863, S. 139—159;
Fick, Anatomie und Physiologie der Sinnesorgane. Lahr 1864, S. 291 f.)

Das Organ des Sehens ist das Auge, dessen Sitz die Augenhöhle
(orbita), eine durch verschiedene Knochen des Schädels und Gesichtes gebildete und
reichlich mit Fett und Zellgewebe versehene Vertiefung ist. Die Schutzmittel gegen Licht,
Staub und Insecten sind die Augenlider, Augenwimpern und Augenbrauen.
Die Augenlider sind zwei bewegliche und durch Knorpel gestützte Deckel, welche sich
vor dem Auge nähern und entfernen, das Auge gewissermaßen abstreifen und dadurch
zufällige Hindernisse des Sehens wegfegen, aber auch die für den Glanz und die Durch=

sichtigkeit des Auges nothwendige Feuchtigkeit gleichmäßig über den Augapfel verbreiten. Jedes Augenlid ist auf der Innenseite mit einer Schleimhaut überzogen. Am Rande der Augenlider sitzen, gleichsam als feine Tastwerkzeuge, die **Augenwimpern**. Die **Augenbrauen**, welche die Grenze zwischen Stirn und Augengegend bilden, leiten den Stirnschweiß ab, der durch seine Schärfe den Augen schaden würde.

Beim Auge selbst kommt zunächst in Betracht der **Augapfel** (bulbus oculi). Er hat die Gestalt eines Ellipsoïds, an dessen vorderer Seite ein kleineres Kugelsegment angesetzt ist, und besteht aus concentrisch in einander geschachtelten Häuten (sclerotica, chorioidea, retina), welche mit den durchsichtigen Medien des Auges den Augapfel erfüllen und von außen nach innen an Dicke abnehmen. Die Häute, welche die vordere, der Außenwelt zugekehrte Seite des Augapfels einnehmen, sind entweder **durchsichtig** (cornea) oder **durchbrochen** (iris), um dem Lichte Zutritt zu gestatten.

Die äußere, dicke, zähe Haut nennt man die **harte Haut** (sclerotica); sie ist **undurchsichtig**, weiß und bildet das Weiße im Auge. Vorn ist sie kreisrund ausgeschnitten, um die etwas erhabene **durchsichtige Hornhaut** (cornea) wie ein Uhrglas hervortreten zu lassen. Die harte Haut ist ausgekleidet mit der **Aderhaut** (chorioidea), welche ein schwarzes oder braunes Pigment absondert. Wie an die harte Haut die Hornhaut, schließt sich an die chorioidea die **Iris oder Regenbogenhaut** an. Dies ist das von außen sichtbare kreisförmige Häutchen, welches den sogenannten Augenstern bildet, wie das Zifferblatt einer Uhr, hinter der Hornhaut liegt und dem Auge die Farbe gibt. Die Iris ist in der Mitte durchbohrt, daher sie sich, ähnlich wie die Lippen oder Augenlider, öffnet. Diese Oeffnung, durch welche die Lichtstrahlen in das Innere des Auges kommen, heißt das **Sehloch, Lichtloch** (pupilla). Die Iris hat die Eigenschaft, sich zu erweitern und zusammenzuziehen, wodurch die Pupille sich verkleinert und vergrößert; bei schwachem Licht erweitert sich die Pupille, bei starkem verengt sie sich. Die dritte Haut des Auges ist die **Netzhaut** (retina), sie folgt auf die chorioidea. Sie ist ein feines, äußerst zartes, im Leben durchsichtiges, im todten Auge undurchsichtiges, weißliches Häutchen und besteht außer sehr feinen Blutgefäßen ganz aus nervösen Theilen. Der Sehnerv ragt, nachdem er die sclerotica (weiße Faserhaut) und die chorioidea (Aderhaut) durchbohrt hat, als ein 0·3''' hoher Markhügel über letztere vor und entfaltet sich hierauf zur becherförmigen Retina. Eine Retinastelle von besonderer physiologischer Wichtigkeit ist der sogenannte **gelbe Fleck** (macula lutea retinae), der Mitte der Hornhaut und der Pupille gegenüber, von goldgelber Farbe und nahezu elliptischer Gestalt. Durch diese Stelle geht auch die **Augen- oder Sehachse** (optische Achse des Auges), nämlich eine gerade Linie, die durch den Scheitel der Hornhaut nach der Mitte des gelben Fleckes gezogen ist. Der gelbe Fleck ist der scharfsichtigste Theil der ganzen Retina.

Die lichtbrechenden Mittel im Auge. — Der Kern des Auges, um welchen sich die Häute wie die Schalen einer Zwiebel herumlegen, besteht aus dem **Glaskörper** (corpus vitreum) und der **Krystall-Linse** (lens crystallina). Der Glaskörper füllt die becherförmige Höhlung der Retina aus und ist eine Kugel wasserklarer, ziemlich dichter, fast gallertartiger Masse, welche in einer vollkommen durchsichtigen, zarten Haut, **Glashaut** (hyaloidea), eingeschlossen ist. Die Krystall-Linse, von einer vollkommen durchsichtigen, häutigen Kapsel eingeschlossen, liegt in der tellerförmigen Grube des Glaskörpers, mit dessen Glashaut sie verwachsen ist. Die Linse selbst, das stärkste Brechungsmittel des Auges, hat eine vordere, elliptische, und eine hintere, viel stärker gekrümmte, parabolische Fläche. Der ganze Raum vor der Linse, zwischen ihr und der Hornhaut ist mit einer vollkommenen Flüssigkeit angefüllt, der wässerigen Feuchtigkeit (humor aqueus). Er besteht aus Wasser, Eiweiß und Salzen.

Die Nerven des Auges sind der Sehnerv (nervus opticus) und die Gefühls- und Bewegungsnerven. Im Hintergrunde des Auges durchbohrt der Sehnerv (das zweite Hirnnervenpaar) die harte Haut und die Aderhaut und breitet sich auf der letzteren zum Netze (retina) aus. Sehnerven beider Augen treten nun auf ihrem Wege aus dem Gehirn, bevor sie in den Augapfel bringen, an der sogenannten Kreuzungsstelle (chiasma nervorum opticorum) zusammen. Hier geht von den Fasern eines jeden Nervenstammes ein Theil nach dem entsprechenden Auge, ein anderer aber in den Stamm des anderen Auges.

Das Auge besitzt sechs bewegende Muskel, die ihm seine große Beweglichkeit nach allen Richtungen hin, seine Lenkbarkeit nach unseren Absichten, die Verschließbarkeit desselben, wenn wir uns seiner nicht zu bedienen wünschen, verleihen. — Die Hauptverrichtung beim Sehen haben das Sehloch und die brechenden Medien des Auges, namentlich die Hornhaut, die Linse, die Retina mit dem gelben Fleck. Die lichtempfindliche Schichte in der Netzhaut des Auges besteht aus zwei Elementen: den Stäbchen und den Zapfen; die ersteren sind sehr schmal, ungefähr $1/100'''$ lang und $1/1000'''$ breit, die zweiten haben bei gleicher Länge eine beträchtliche Breite, von $1/500-1/250'''$. Beide Elemente sind in den einzelnen Partien der Netzhaut in verschiedener Menge gemischt, gegen das Centrum derselben wiegen die Zapfen vor, während an den seitlichen Theilen die Stäbchen zahlreicher werden. — Ueber den Gang der Lichtstrahlen im Auge vgl. ein jedes Lehrbuch der Physik, besonders Cornelius a. a. O. S. 70 f. und 247: A. W. Volkmann a. a. O. S. 281 f. — Ueber „Aufrechtsehen", „Einfachsehen" ꝛc. die späteren §§ unseres Buches; über „Nachtbilder" vgl. besonders Cornelius a. a. O. S. 476, 484, 487 und 624 f.; Goethe, Nachträge zur Farbenlehre. Bd. 30. Sttg. 1858. S. 16; Lotze Med. Psi. 226 f. — Wichtigkeit des Gesichtssinnes für das praktische Leben, sowie für Wissenschaft und schöne Kunst, W. Fr. Volkmann a. a. O. § 29.

Ueber ästhet. Wirkung der Farben vgl. Goethe Farbenlehre, sämmtl. W. Bd. 28; Menzels Aesth. der Farben. Morgenblatt 1828, S. 1226; W. J. Volkmann. Psi. S. 64. A.; Cornelius a. a. O. S. 444 f., und Physikal. Lexikon, beg. von Marbach, fortg. von Cornelius Bd. V. S. 935 f. Zur Wichtigkeit des Gesichtssinnes vgl. die herrliche Stelle in Schillers „Wilhelm Tell" I. A. Sc. 4. — Ob Blinde durch den Tastsinn die Farben als solche empfinden? (Hagen, Art. Pj. a. a. O. S. 714 f.)

§ 25. Das Gehör.

Schallschwingungen bilden den eigentlichen adäquaten Reiz des Gehörsinnes. Man weiß aus der Physik, daß Schallschwingungen kleine, hin- und hergehende Bewegungen der Lufttheilchen sind, die sich in wellenartiger Ausbreitung im Raume fortpflanzen, dem offenen Ohre von allen Seiten zuströmen und durch ihr Anschlagen an den Gehörnerven in der Seele diejenige Empfindung veranlassen, welche **Gehörsempfindung** oder **Hören** heißt. (Die Geschwindigkeit der Fortpflanzung des Schalls beträgt etwa 1050 Pariser Fuß in der Secunde, die des Lichtes 42.000 Meilen in der nämlichen Zeit.)

Das Gehör ist überaus reich an unterscheidbaren Empfindungen, von denen mit den Namen: **Ton, Klang** und **Geräusch**, nur die drei Hauptformen bezeichnet sind. Töne sind **einfache**, Klänge und Geräusche **zusammengesetzte** Empfindungen. Die Empfindung, wie sie durch pendelartiges Schwingen hervorgebracht wird, heißt **Ton**. Die Empfindung eines **Klanges** entsteht, wenn die erregende Ursache eine regelmäßig periodisch wiederkehrende Oscillationsbewegung ist. Die Empfindung eines **Geräusches** wird hervorgebracht durch unregelmäßige Bewegungen. Ein geübtes Ohr erkennt in der That häufig Geräusche geradezu als zusammengesetzt aus verschiedenen Tönen, unter denen selbst wieder Klänge sein können.

An jedem Klange unterscheidet man: a) seine **Stärke** oder **Intensität**, b) seine **Höhe** und c) seine **Klangfarbe**. Die **Stärke** der Klänge hängt ab von der Weite (Breite, Amplitude) der Schwingungen des tönenden Körpers, d. h. von der Größe des Raumes, den die Bewegung der Lufttheilchen durchläuft. Je größer dieser Raum, desto stärker im allgemeinen der Ton. Die **Höhe** hängt ab von der Dauer der Oscillationen, oder, was dasselbe sagt, von der Anzahl der Oscillationen, die während einer Secunde stattfinden. Je größer die Schwingungszahl ist (je weniger Zeit also jede einzelne Oscillation beansprucht), desto höher erscheint der Klang. (Die geringste Zahl von Luftschwingungen, die man noch als Ton wahrnehmen kann, beträgt ungefähr 20 in einer Secunde. Ist die Zahl der Schwingungen in einer Secunde auf 38.000 gestiegen, so hört man keinen Ton mehr, sondern es wird nur noch **zischendes Geräusch** vernommen.) Die **Klangfarbe** (Klangeigenthümlichkeit, timbra) eines Klanges hängt ab von der Form oder Figur der Luftwellen innerhalb jeder einzelnen Schwingungsperiode. Jeder Klang, selbst wenn er mittels musikalischer Instrumente derselben Gattung und Construction erzeugt wird, hat neben seiner bestimmten Höhe und Stärke, d. h. neben sich als Klang noch seine eigenthümliche Klangfarbe. (Schlägt man z. B. eine Taste auf dem Clavier an und spielt man dieselbe Note mit gleicher Stärke auf der Violine, so erscheinen die beiden Klänge doch sehr verschieden.) Daß den **höheren** Tönen mehr Luftschwingungen entsprechen, als den tieferen, wissen wir ursprünglich ebensowenig, als wir wissen, dass das Violett aus mehr Schwingungen besteht, als das Roth. Auch sind wir nicht imstande, die einzelnen Luftstöße selbst bei den tiefsten Tönen zu zählen (dazu ist die Geschwindigkeit derselben immer noch zu groß). Wenn nacheinander zwei Töne in unser Ohr dringen, von denen der eine doppelt so viel Schwingungen macht als der andere, so werden wir dieses einfache Zahlenverhältnis vielleicht erkennen, auch ohne von der absoluten Zahl der Schwingungen eine Kenntnis zu haben. Wir nennen aber den Ton, der die doppelte Zahl der Schwingungen in gleicher Zeit macht, die Octave des anderen*).

Wenn es dem Ohr, und resp. der Seele, auch ursprünglich schwierig wird, die Einzeltöne eines Klanges oder Geräusches gesondert vorzustellen, so ist sie, nach längerer Uebung und erhöhter Aufmerksamkeit, doch imstande, jeden Partialton eines Klanges vereinzelt vorzustellen. Musikalisch geübten Ohren erscheinen Töne als deutlich verschieden, die ein ungeübtes Ohr noch als völlig gleich auffaßt. Einem Musiker sind, wenn er die Töne nacheinander anstimmt und vergleicht, Unterschiede der Tonhöhe wahrnehmbar, die einem Verhältnis der Schwingungszahlen von 1149:1145 entsprechen. Und doch liegen die Töne, die für unser Ohr vernehmbar sind, zwischen 20 und 38.000 Schwingungen in einer Secunde! Die musikalisch brauchbaren Töne liegen freilich nur zwischen 40 und 4000 Schwingungen in einer Secunde, also im Bereich von sieben Octaven.

---

*) Zwischen Grundton und Octave finden folgende Schwingungs- und Tonintervalle statt:

Grundton — Secunde — Terz — Quarte
  1   9/8   5/4   4/3
Quinte — Sexte — Septime — Octave.
  3/2   5/3   15/8   2

Die Secunde hat 9 Luftstöße auf 8 des Grundtons,
die Terz   „ 5   „   „ 4 „   „
die Quarte   „ 4   „   „ 3 „   „
die Quinte   „ 3   „   „ 2 „   „
die Sexte   „ 5   „   „ 3 „   „
die Septime   „ 15   „   „ 8 „   „
die Octave die doppelte Anzahl Schwingungen des Grundtons.

Durch die einfachen Zahlenverhältnisse sind sämmtliche harmonischen Intervalle bestimmt und bedingt. Alle übrigen gleichzeitig gehörten Töne, deren Schwingungszahlen außerhalb jener 5 (oder wenn man will 7) Grundverhältnisse liegen, klingen disharmonisch. (Helmholtz, die Lehre von den Tonempfindungen. 1863. S. 25 f.)

Das Gehör gibt uns nur vom **Nacheinander** der Tonerscheinungen Kunde. Die **Zeitvorstellung**, **die Vorstellung von Größe, Richtung, Entfernung der Gegenstände, sowie auch das Hören von Rhythmen, Pausen und Harmonien sind nicht unmittelbar mit der Gehörsempfindung gegeben, sondern Product eines vermittelten psychischen Processes.** (Vgl. die späteren §§.) In Sprache und Musik zeigt sich die eigentliche Bedeutung des Gehörsinnes.

1. Organ des Gehörsinnes ist das **Ohr**, ein ebenso complicierter, ja vielleicht noch complicierterer Apparat, als das Auge. (Beschreibung des Ohrs.) Die Reizung des Gehörnerven geschieht nicht unmittelbar durch die Schallwellen selbst, sondern vermittels einer Anzahl von feinen, verschieden gestalteten Knöchelchen, Membranen, Plättchen ꝛc., welche die Luftschwingungen den Nerven mittheilen. Nach der Hypothese von **Helmholtz** ist jede einzelne Faser des Gehörnerven für die Empfindung einer besonderen Tonhöhe bestimmt. Diese Fasern enden entweder in der Schnecke, als eigenthümliche mikroskopische Gebilde, welche nach ihrem Entdecker das Corti'sche Organ (die „Corti'schen Fasern") heißen, oder sie verlaufen in die Fasern der Ampullen und des Vorhofes. Die Corti'schen Fasern (circa 3000 an der Zahl) vermitteln wahrscheinlich die Wahrnehmung der musikalischen Klänge in folgender Weise: Gelangen die einfachen, pendelartigen Schwingungen eines **einfachen** Tones bis zu dem Corti'schen Organ in der Ohrschnecke, so geräth (ähnlich wie bei der Resonanz tönender Körper) nur diejenige Corti'sche Faser in Vibration, welche mit ihm gänzlich oder nahezu gleichgestimmt ist. Bei zusammenwirkenden harmonischen Tönen oder musikalischen Klängen gerathen alle jene Corti'schen Fasern ins Mitschwingen, deren Eigentöne mit den Partialtönen des Klanges nahezu dieselbe Stimmung haben. Bei angestrengter Aufmerksamkeit und anhaltender Uebung kann es gelingen, diese Einzelempfindungen der Partialtöne auszusondern. (Vgl. dagegen die Bemerkung Lotzes in der Med. Ps. a. a. O. und **Cornelius** ebenfalls a. a. O.) Gewöhnlich fließen aber diese Empfindungen in eine Gesammtempfindung zusammen, und hiernach erkennen wir die mit einander auftretenden Partialtöne als bestimmte Klangfarbe einer Violine, einer Clarinette, der menschlichen Stimme u. s. w. Demzufolge kommen also mittels der Corti'schen Gebilde die gleichgestimmten Fasern des Hörnerven in ähnlicher Weise ins Mitschwingen, wie die gleichgestimmten Saiten eines offenen Claviers, in welches man einen gewissen Klang, z. B. einen Vocal o, u. dgl., hineintönen läßt. Für die **nicht musikalischen** Töne oder Geräusche sind vielleicht (nach Helmholtz) die Fasern der Ampullen und des Vorhofes entsprechend gestimmt und regen die zugehörigen Nervenfasern an.

2. Die eben dargestellte Hypothese von **Helmholtz** über die Empfindung der Töne und Klangfarben steht in Übereinstimmung mit seiner Theorie der Gesichtsempfindungen. Wie es sonach im Auge dreierlei Nervenfasern geben soll (§ 24), denen verschiedene Art der Empfindung zukommt, so gibt es auch im Ohre verschiedene Nervenfasern, welche alle Verschiedenheiten der Qualität des Tones, der Tonhöhe und Klangfarbe vermitteln. (Helmholtz a. a. O. S. 220 f.) Beide Hypothesen sollen **Joh. Müllers** Lehre von den specifischen Sinnes-Energien zur Bestätigung dienen, d. h. zur

Bestätigung des Satzes, dass der Unterschied der Empfindungen nicht abhängig sei von der Art der äußeren Einwirkungen, welche die Empfindung erregen, sondern von den verschiedenen Nervenapparaten, welche sie aufnehmen. Wie der Sehnerv auf die verschiedenartigsten Reizungen durch Licht, Druck, Zerrung, Elektricität stets nur mit einer Lichtempfindung antwortet, die Tastnerven dagegen immer nur Tast- und Wärmeempfindungen, nie Licht- oder Gehör- oder Geschmacksempfindungen hervorbringen, wie demgemäß dieselben Sonnenstrahlen im Auge als Licht, in der Hand als Wärme, dieselben Erschütterungen in der Hand als Schwirren, im Ohr als Ton empfunden werden, so sind es dieselben Schallwellen, welche das Auge mittels des Vibrationsmikroskops als verschiedene Schwingungsformen, das Ohr als verschiedene Klänge percipirt. — Dessenungeachtet bleibt es immer noch völlig unerklärlich, wie die einzelnen Fasern des Gesichts- und resp. Gehörsnerven, obwohl vollkommen gleich und schlechthin ununterscheidbar, dennoch qualitativ so verschiedene Empfindungen veranlassen können.

§ 26. Vergleichung des Gesichts- und Gehörsinnes.

Während die Farben als ein festes unbewegtes Nebeneinander von Erscheinungen sich uns darstellen, empfinden wir bei vielen Klängen und Geräuschen ein abwechselndes Stärker- und Schwächerwerden, ein Steigen und Sinken, und damit eine Aufeinanderfolge der Erscheinungen. Das Gehör bringt uns mittels der Empfindung zuerst und am deutlichsten von dem Nacheinander, das Gesicht aber von dem Nebeneinander der Erscheinungen Kunde; jenes steht somit zur Bildung der Zeit-, dieses der Raumvorstellung in unmittelbarer Beziehung. Gleichwohl gewinnen wir auch die Zeitvorstellung keineswegs unmittelbar in und mit der bloßen Gehörsempfindung. Auch die Gehörsempfindungen versetzen wir gleich den Gesichtsempfindungen unwillkürlich in den Raum außer uns; selbst die sog. Binnentöne, d. h. Klänge und Geräusche, die nur im Ohre selbst, durch Verstopfung des Gehörganges, durch Congestionen etc. erzeugt werden, erscheinen uns wie ein von außen kommender Schall, sobald sie von einer Schwingung des Trommelfelles begleitet sind. Doch versetzen wir die Gesichtserscheinungen stets und sämmtlich nach außen; die schallerregende Ursache dagegen suchen wir nur so lange außerhalb unseres Leibes, als das Trommelfell zu Schwingungen befähigt ist; wie letzteres aber zu schwinden verhindert ist, versetzen wir sogar denjenigen Schall, der in Wirklichkeit außerhalb unseres Kopfes erzeugt ist, in diesen selbst, fassen also die Empfindung als eine bloß subjective. Mittels des Gehöres sind wir ebensowenig wie mittels des Gesichtes imstande, Richtung und Entfernung der tönenden Gegenstände anzugeben, obwohl nicht zu übersehen ist, dass das Gehör durch ein seitwärts oder hinter uns wahrgenommenes Geräusch häufig das Auge suppliert und der Taube durch Entbehrung dieses Vortheils nicht selten in Lebensgefahr geräth.

Der Gesichtssinn hält die Reizung, die er erfahren, noch einige Zeit fest, nachdem sie verschwunden ist, und dadurch entstehen die sog. Nachbilder; beim Gehör zeigt sich nichts dergleichen. Dagegen ist die deutliche und sichere Empfindung der Harmonie und Disharmonie zusammenklingender Töne eine Eigenthümlichkeit des Ohres, welche die Grundlage und Bedingung der Musik bildet. Helmholtz hat bewiesen, dass die Consonanz der Tonempfindungen auf der Coincidenz gewisser Obertöne, die mit dem Grundton zugleich von der Seele percipiert werden, sowie auf deren gänzlichem oder überwiegendem Nichtzusammenfallen (den Schwebungen) die Dissonanz der Töne beruhe. Zwar wird auch von einer Harmonie der Farben, der Linien und Contouren ꝛc. geredet; allein während jedes einigermaßen geübte Ohr mit voller Sicherheit die Consonanz zweier Töne von der Dissonanz zweier anderer unterscheidet und es daher allgemein anerkannt ist, dass z. B. die Secunde zu den dissonirenden, die Terz dagegen, die Quinte, die Octave, zu den consonirenden Intervallen gehört, herrscht über die rechte Harmonie der Farben, der Linien ꝛc. noch immer Streit.

Jeder einzelne Schall, sei er Ton, Klang oder Geräusch, ruft weit bestimmter und ausdrücklicher eine angenehme oder unangenehme Empfindung hervor, als die einzelne Farbe. Knirschende, kreischende, dumpfe, hohle, gellende Töne verletzen jedes Ohr und gelten allgemein für unangenehm. Die Wirkung einer Schlachtmusik übertrifft weit die eines Schlachtgemäldes. Der Gehörsinn gewährt weit mehr Überzeugungskraft, als das Auge. Hinsichtlich des letzteren sind wir eher geneigt, Ungenauigkeiten, Irrthümer, Illusionen einzuräumen; was wir gehört haben, lassen wir uns schwer hinwegdisputiren. Eine ausführliche Vergleichung von Gesichts- und Gehörsinn gibt G. Fechner: Psychophysik, II. Bd. S. 267—281.

§ 27. Der Tastsinn.

Die Empfindungen des Tastsinnes zerfallen: 1. in **Ortsempfindungen**, 2. in **Druck-, Gewichts- und Muskelempfindungen**, 3. in **Temperaturempfindungen** und 4. in **Schmerzempfindungen**.

1. Der **Ortssinn** der Haut besteht in der Fähigkeit, die Lage der gereizten Hautstelle ohne Beihilfe anderer Sinne zu erkennen, und zwei gesonderte Reize als räumlich getrennte wahrzunehmen. Hievon kann man sich durch folgende Versuche auf einfache Weise überzeugen.

Zwei abgestumpfte Zirkelspitzen werden gleichzeitig mit gelindem Drucke auf die Haut dessen aufgesetzt, an welchem man die Feinheit der Tastempfindungen prüfen will, und dann entfernt man (nachdem dem Betreffenden die Augen verbunden worden sind) die Spitzen von einander oder nähert sie. Auf allen Hautstellen werden die **beiden Zirkelspitzen als eine einzige empfunden**, wenn sie soweit aneinander genähert sind, dass nur eine geringe Anzahl unter ihnen liegender Tastkörperchen ihren Druck erfährt; entfernt man sie soweit von einander, dass die beiden Eindrücke, welche sie auf die Haut machen, eine größere Anzahl Tastkörperchen zwischen sich lassen, so vermag man deutlich zwei verschiedene

Stellen zu empfinden, an denen der Druck ausgeübt wird. (Desgleichen ann man auch die beiden Zirkelspitzen nicht bloß gleichzeitig, sondern ebensogut nacheinander aufsetzen und niederdrücken, oder kann die eine der Spitzen mäßig erwärmen.)

Prüft man auf diese Art die Feinheit der Tastempfindung, so findet man, daß der geringste Abstand, welchen zwei gleichzeitig aufgesetzte Zirkelspitzen haben müssen, um als zwei empfunden werden zu können, an der Zungenspitze $½'''$ ($= ¹⁄_{24}''$), an den Fingerspitzen $2'''$, an den Lippen $4'''$, am Rücken 30 Pariser Linien (etwas über zwei Zoll) beträgt. Diese Entfernung der Zirkelspitzen gibt unmittelbar einen Maßstab für die Feinheit des Orts- oder Raumsinnes der Haut; die Zungenspitze hat also die feinste Unterscheidungsfähigkeit, also z. B. einen 60mal feineren Raumsinn, als der Rücken.

Die Feinheit des Ortssinnes bei einem und demselben Menschen ist nicht zu allen Zeiten und unter allen Umständen dieselbe; sie ist bei Kindern und bei kleinen, zartgebauten Frauen größer, als bei Erwachsenen, bei großen Männern und Frauen, und sie nimmt in einem gegebenen Hautstück ab, wenn dasselbe künstlich oder natürlich eine Dehnung erleidet. Prof. Czermak weist nach, daß 2 Zirkelspitzen viel weniger von einander entfernt zu sein brauchen, um als 2 empfunden zu werden, wenn sie nacheinander die Haut berühren. Auch ist der Ortssinn der bewegten Hauttheile sicherer, feiner und zuverlässiger, als der der ruhenden Haut. Wenn wir eine beschränkte, aber nervenreiche Fläche der Haut, z. B. die Fingerspitze, über einen Gegenstand hin- und herbewegen, so erkennen wir nicht nur die Beschaffenheit (Glätte oder Rauhigkeit) seiner Oberfläche, sondern auch seine Form viel bestimmter und sicherer, als durch einen Druck desselben auf einen ruhenden Körpertheil. Doch gelangen wir nicht unmittelbar, mittels des Ortssinnes der Haut, zur Kenntnis der räumlichen Verhältnisse der Körper, ihrer Gestalt, Größe, Entfernung u. s. w., sondern mittelbar, durch Urtheil.

Zur Erklärung dieser überraschenden Thatsachen ging der ausgezeichnete Naturforscher E. H. Weber von der Annahme aus, daß die Haut in kleine Empfindungskreise getheilt sei, d. h. in kleine Abtheilungen, von welchen jede ihre Empfindlichkeit einem einfachen Nervenfaden verdanke. Diese Empfindungskreise seien in den mit einem feineren Tastsinne versehenen Theilen kleiner, in den mit einem unvollkommenen Tastsinn ausgestatteten Theilen dagegen größer. Um aber 2 gleichzeitig auf die Haut gemachte Eindrücke örtlich als 2 in einem gewissen Abstande liegende auffassen zu können, stellte Weber die Ansicht auf, daß die Eindrücke nicht nur auf 2 verschiedene Empfindungskreise gemacht werden, sondern auch, daß zwischen diesen noch ein Empfindungskreis oder höchst wahrscheinlich mehrere liegen müssen, auf welche kein Eindruck gemacht wird. Die Gestalt dieser Kreise soll an den Armen und Beinen eine längliche sein und mit ihrem Längendurchmesser in der Längsrichtung dieser Glieder liegen; denn um beide Spitzen des Zirkels als 2 zu unterscheiden, müssen sie in der Längsrichtung weiter von einander entfernt werden, als wenn sie quer auf dieselbe das Glied berühren. An vielen anderen Theilen des Körpers zeigt sich kein solcher Unterschied, woraus gefolgert wird, daß daselbst die Empfindungskreise eine der runden Form sich annähernde Gestalt haben. Das Ortsgefühl kann uns Täuschungen bereiten, nicht nur bei Reizung eines Nerven in seinem Verlaufe, die uns dann scheinbar am Ende der Fäden fühlbar wird, sondern auch bei gleichzeitiger Erregung zweier Stellen durch einen und denselben Gegenstand, welche für gewöhnlich nur durch 2 verschiedene Gegenstände gleichzeitig berührt werden. Wenn wir z. B. den Mittelfinger über den Zeigefinger schlagen und zwischen beiden ein Kügelchen hin- und widerrollen, so wird das Kügelchen gleichzeitig vom Daumenrande des Zeigefingers und dem Kleinfingerrande des Mittelfingers berührt, welche für gewöhnlich auseinanderliegen; der Gewöhnung gemäß deuten wir daher die zu einander gehörenden Flächen der Kügelchen als von 2 verschiedenen, auseinander gelegenen Kügelchen herrührend, und glauben nicht 1, sondern 2 Kügelchen zu fühlen.

2. **Druck-, Gewichts- und Muskelempfindungen.** Die Seele bekommt mit dem Tasteindruck auch eine bestimmte Empfindung von dem **Grade der Erregung**, welche ihn veranlaßt, und somit von der Stärke der äußeren Ursache, welche die Erregung des Tastnerven und somit die Empfindung bewirkt hat. **Hierauf beruht die Fähigkeit, die Größe eines Druckes auf die Haut oder eines Zuges an den Haaren zu beurtheilen.** Legt man z. B. Gewichte auf die Haut eines ruhenden, gut unterstützten Körpertheiles, so ist man ohne besondere Uebung imstande, Gewichte zu unterscheiden, die sich zu einander verhalten, wie 29 : 30. Die verschiedenen Hauttheile erscheinen in dieser Beziehung fast gleich empfindlich. Läßt man dagegen den Beobachter ein zusammengeschlagenes Tuch, in welchem das Gewicht hängt, mit der Hand halten und mit dem Arm heben, so daß hiebei eine Muskelbewegung stattfindet, so beruht sein Urtheil über den Druckunterschied nicht auf der Empfindung des Druckes, sondern auf der **Muskelempfindung**. Es zeigt sich nun, daß wir durch die Muskelempfindung noch Gewichtsunterschiede abzumessen imstande sind, die zu einander wie 39 : 40 stehen, während es durch die Empfindung des Druckes der Haut kaum gelingt, Gewichte, die sich wie 29 : 30 verhalten, zu unterscheiden.

Die Muskelempfindungen sind solche Empfindungen, welche mit der Beugung und Streckung der Gliedmaßen in der Seele entstehen. Die Muskelempfindung ist das Mittelglied zwischen der Sinnesempfindung, die auf den äußeren Reiz erfolgt, und der Bewegung des Muskels, die auf Anstoß der Seele geschieht. Eine weitere Bedeutung erhält die Muskelempfindung noch dadurch, daß sie die Seele von der unternommenen Bewegung eines Leibesgliedes in Kenntnis setzt. Durch häufige Wiederholung werden beide Empfindungen in einen festen Zusammenhang gebracht, so daß sie sich wechselseitig hervorrufen. Die Muskelempfindungen begleiten also unsere Sinnesempfindungen (besonders Tast-, Gesichts- und Gehörsempfindungen) und durch sie lernt der Mensch seine Sinneswerkzeuge in bestimmter Richtung gebrauchen, so dass aus dem Sehen ein Schauen, aus dem Hören ein Horchen, aus dem Tasten ein Betasten wird; durch die Muskelempfindung geschieht es hauptsächlich, dass wir beim Gehen und bei anderen Körperbewegungen das Gleichgewicht erhalten, und durch richtige Vorausbestimmung der zu einer Bewegung erforderlichen Muskelanstrengung werden viele Bewegungen von Geübten, z. B. von Handarbeitern in ihrem Fache, von Turnern, mit geringerer Mühe ausgeführt, als von Ungeübten, welche, trotz grösserer Kräfte, häufig in ihren Leistungen weit hinter jenen zurückbleiben. Hierin beruht zum Theil das, was man mit Leichtigkeit und Anmuth der Haltung und Bewegung bezeichnet, nämlich das Vermeiden unnöthigen Kraftaufwandes, neben Sicherheit und Festigkeit in der Ausführung gewollter Bewegungen.

3. **Temperaturempfindungen.** — Der sog. "Temperatursinn", d. h. die Fähigkeit, mittels bestimmter Hautempfindungen die Erhöhung oder Erniedrigung der Temperatur (der Luft und anderer Körper) zu empfinden, ist mehr für das leibliche Wohl, als für die geistige Ausbildung des Menschen von Wichtigkeit. Die Temperaturempfindungen zerfallen in **Wärme- und Kälteempfindungen.** Eine Wärmeempfindung haben wir dann, wenn die Temperatur der Haut **steigt**; eine Kälteempfindung, wenn sie **sinkt.** Der Temperatursinn bewegt sich in engen Grenzen zwischen 10 bis 11° Kälte und 46 bis 47° Wärme nach Celsius. Wir haben also Wärme- und Kälteempfindungen nur, wenn die Abkühlung unserer Haut nicht weiter als 10° Celsius (= 8° Réaumur) herabgeht, oder die Wärme bis 46° Celsius (40° Réaumur) steigt. Sinkt oder steigt die Temperatur über diese Grenzen hinaus, so geht die Empfindung in die des Schmerzes über. — Wenn Druck und Wärmeentziehung gleichzeitig auf unsere Haut einwirken, so wird dadurch das Gefühl des Druckes gesteigert, so dass ein kaltes Gewicht uns schwerer dünkt als ein warmes. (Hieraus entsprang vermuthlich der Aberglaube, dass der menschliche Körper als Leiche schwerer sei wie im Leben.)

4. **Schmerzempfindung.** Diese wird hervorgerufen durch Electricität von bestimmter Stärke, durch chemische Stoffe (Säuren, Alkalien, Salze, Alkohol) in unverdünntem Zustande, durch mechanische Einwirkungen (Druck, Zug, Knipp, Stich, Schnitt), welche um so schmerzhafter sind, je langsamer sie vor sich gehen, und endlich durch Wärmeunterschiede, welche letztere bereits bei einer Steigerung der Hautwärme bis zu 46° Celsius (= 40° Réaumur) und einer Erniedrigung bis auf 11° Celsius (= 9° Réaumur) Schmerzen erregen können. Der Schmerz wächst mit der Summe der gleichzeitig erregten Nervenröhren und mit der **Stärke** ihrer Reizung;

er steigt, auch bei unverändert geringen Graden der Erregung, mit der
bloßen Länge der Zeitdauer. Doch vermindert er sich wiederum, wenn
die Dauer über einen gewissen Punkt hinausgeht. Ueberhaupt erscheint
der Schmerz an einen bestimmten Höhegrad gebunden, welcher, über=
schritten, Ohnmacht und damit Empfindungslosigkeit hervorruft —
offenbar ein wohlgewähltes Mittel, um das leibliche Leiden nicht bis zur
Verzweiflung der Seele sich steigern zu lassen.

Den Sitz der Schmerzempfindung verlegen wir unwillkürlich jedesmal
in einen Theil des Leibes, und nie fällt es uns ein, die Schmerzempfindung, selbst
wenn sie durch äußere Ursache hervorgerufen ist, auf Gegenstände außer uns zu über=
tragen. Wir betrachten das Feuer freilich als Ursache unserer Brandschmerzen; aber es
fällt uns nie ein, ihm die Schmerzempfindung selber beizulegen, in ähnlicher Art, wie
wir ihm die Gesichtsempfindung des Hellen, Gelblichen, oder die Gehörsempfindung
des Knisterns u. s. w. als Qualität beimessen. Kopfschmerzen, Zahnschmerzen, Seiten=
stiche u. s. f. leiten wir nicht einmal von äußeren Ursachen her, sondern betrachten sie
stets nur als Zustände unseres eigenen Leibes. Der Grund davon scheint darin zu
liegen, daß wir bei den Sinnesempfindungen den Inhalt derselben, z. B. das Blau
der einen und das Roth der andern Erscheinung, von dem Empfindungsacte des Sehens,
Hörens u. s. w. selbst zu unterscheiden vermögen, der Schmerz dagegen mit der
Schmerzempfindung eine unlösbare und ununterscheidbare Einheit bildet.

Den Sitz der Schmerzempfindung verlegen wir jedesmal und stets an die
Enden der Nervenfasern und damit an die Außenseite des Körpers, auch wenn der
Sitz und Ursprung des Schmerzes ganz wo anders liegt. Dies geschieht sogar selbst
dann, wenn infolge einer Amputation (künstlichen Gliedablösung) die Ausgangs=
enden der Nerven fehlen. Ueberall, wo in solchen Fällen die mit dem Hirn in Ver=
bindung stehenden Stümpfe derjenigen Nerven, welche zu dem abgeschnittenen Körper=
theile gehören, schmerzhaft erregt werden (durch Anschwellungen in den Rändern der
Knochenöffnungen), erscheint der Schmerz in den fehlenden Theilen mit solcher Leb=
haftigkeit, daß die Kranken den Verlust der Glieder vergessen. Aber nicht bloß die
Schmerzempfindungen, sondern auch alle Gemeingefühlsempfindungen (z. B.
Kitzel, Wollustgefühl, Stechen, Brennen, Kneipen u. s. w.) versetzen wir aus der Seele
heraus in bestimmte Gegenden des Leibes, der auf diese Weise sofort aufhört, todt und
interesselos zu erscheinen. Dagegen versetzen wir sowohl die Druck= als auch die Tast=
empfindungen nicht in Theile des Leibes, sondern wir verlegen sie nach außen, aus
dem Leibe weg, und suchen die Ursache, durch welche jene Empfindungen veranlaßt
wurden, nur selten im Leibe, meistentheils außer dem Leibe. Das „Nachaußen=
setzen" der Tastempfindungen bleibt bisweilen nicht an der Hautoberfläche
stehen, sondern es wird von dieser weg an die Enden von mit unserem Leibe in Ver=
bindung gebrachten Gegenständen versetzt, wobei in uns der Schein entsteht, als ob wir
2 Empfindungen an 2 durch den Gegenstand von einander getrennten Orten hätten.
Wenn man z. B. ein bewegliches Stäbchen in der Hand hält und sein anderes Ende
an einen festen Körper andrückt, so glaubt man 2 Empfindungen zu haben; die Ursache
der einen Empfindung sucht man an der Berührungsstelle des Stäbchens mit den

Fingern, die Ursache der anderen Empfindung am anderen Ende des Stabes. Die letztere verschwindet sofort, sowie man den Stab und den fremden festen Körper unbeweglich mit einander verbindet. — In ähnlicher Weise, wie ein Stäbchen oder eine Sonde, wirken auch beim Tasten unsere Zähne, die Nägel und die Haare. So lange die Zähne feststehen, glaubt man immer einen Körper, der sie berührt, an ihrer Oberfläche, wo die Berührung stattfand, zu empfinden. Wird dagegen ein Zahn wackelig, so empfindet man seine Berührung, die ihn nunmehr auch im Zahnfache verschiebt, in diesem letzteren; aber gleichzeitig kann man auch noch eine Empfindung an der Spitze des Zahnes zu haben glauben, ganz wie in dem obigen Falle des locker in der Hand gehaltenen Stäbchens. — Bewegliche Tasthaare dienen vielen Thieren gleichsam als Ersatzmittel der tastenden Hand. Ein Kaninchen, welchem man die Augen so verbindet, dass es weder Schmerz fühlt, noch in den Bewegungen seines Körpers und seiner Lippen gehindert ist, kann sich in einem engen, gewundenen Gange (den man aus Büchern hergestellt hat) nach einiger Zeit gut zurechtfinden. Schneidet man aber dem Thiere die Tasthaare ab, so vermag es nicht mehr in dem Gange hin- und wieder zu gehen; es stößt an die Bücher an und bleibt ängstlich sitzen. Aus gleichem Grunde fangen Katzen, denen die Barthaare abgeschnitten sind, nicht mehr Mäuse; es fehlt ihnen im Dunkeln der tastende Fühler.

Wenn man den Finger oder eine Sonde über einen Gegenstand gleichmäßig hinbewegt, so kann man sich durch die nach einander folgenden Tastempfindungen eine Vorstellung von der Gestalt des Gegenstandes machen, dessen Umrisse man durch diese Tastbewegung umfahren hat. Hier wirken offenbar mehrere Thätigkeiten zusammen: 1. Tastempfindung, 2. die Nachempfindung des Tastens, 3. die Erinnerung an vergangene Tastempfindungen, sowie 4. die Erinnerung an die Muskelbewegungen, welche man unter ähnlichen Verhältnissen gemacht hat, und deren Größe man abschätzt, um dadurch ein Urtheil über die Größe des betasteten Gegenstandes zu erhalten.

Auf diesem Zusammenwirken beruht die Thatsache, dass es Blinden möglich ist, Vorstellungen über den sie umgebenden Raum, über die Menschen und die Gegenstände, welche ihnen nahe sind, zu gewinnen. Sie übertreffen mittels ihrer durch Uebung gestärkten Tastempfindungen zuweilen die Wahrnehmungen der Sehenden. So vermochte Saunderson, welcher im zweiten Lebensjahre erblindete und der als Professor der Mathematik in Edinburg sein Leben beschloss, die Krystalle genau zu unterscheiden und bei künstlich nachgeahmten durch das Tastgefühl jede Unrichtigkeit in den Winkeln der zu einander geneigten Flächen schneller und genauer zu bestimmen, als es Sehende vermochten.

§ 28. Der Geschmackssinn.

Die specifische Empfindung des Geschmackssinns ist nicht so scharf abgegrenzt, als die des Gesichtes und Gehöres. Die Ursache dieser mangelhaften Begrenztheit der specifischen Geschmacksempfindung liegt wahrscheinlich in äußeren Verhältnissen. Denn fast jedesmal, wenn Fasern von Geschmacksnerven durch äußere Reize afficiert werden, treffen diese

Reize in unmittelbarer Nachbarschaft auch Tastnerven. Ist doch die Zunge, das wichtigste Organ des Geschmackes, zugleich mit der feinsten Tastempfindlichkeit ausgestattet (§ 27)! Sehr häufig wirken die Stoffe, welche Geschmacksnerven erregen, gleichzeitig auch auf die Geruchsnerven ein. Es wird daher in der Regel eine Geschmacksempfindung sich mit anderen Sinnesempfindungen associieren. Diese gewöhnliche Associationsweise macht die Trennung im Bewußtsein schwierig. Daher kommt es, daß der Sprach= gebrauch vielen Geschmacksempfindungen Prädicate beilegt, die nicht ihnen, sondern jenen Empfindungen zukommen, welche mit Geschmäcken associiert sind (insbesondere Tastempfindungen). Man sagt z. B. von manchen Stoffen, sie schmecken „zusammenziehend" bitter, während offenbar das Wort: „zusammenziehend" ausdrückt, daß — wie es in Wirklichkeit auch der Fall ist — der Stoff eine zusammenziehende Wirkung auf die Schleimhaut äußert, welche von ihren Tastnerven empfunden wird. Man spricht im gleichen Sinne auch von kühlenden, brennenden, stechenden, aromatischen u. s. w. Geschmäcken. (Die sog. aromatischen Geschmäcke sind reine Geruchsempfindungen, wovon man sich leicht überzeugt, wenn man beim Genießen aromatischer Stoffe, z. B. des Zimmets, der Vanille, des Knoblauchs ꝛc. die Nasenlöcher verschließt. Augenblicklich gibt es keinen aromatischen Geschmack mehr, der aber zurückkehrt, sobald die Nase der Luftströmung wieder geöffnet ist.)

Die eigentlich adäquaten Reize des Geschmackes sind chemische Reize gewisser Körper. (Ein sehr dunkler Gegenstand sind elektrische Reize. Fick a. a. O.; Du Bois=Reymond, Unters. über thier. Elec tricität Bd. I, S. 287, Anm. S. 339 f.) Sicher ist, daß nur das Flüssige den Geschmack zu erregen imstande ist; das Feste wird erst schmeckbar, wenn es im Speichel löslich ist. (Metalle, Silicate und andere im Wasser oder im Speichel absolut unlösliche Stoffe haben daher keinen Geschmack.)

Die Geschmacksempfindung als solche und die chemische Beschaffen= heit der Stoffe sind heterogener Natur. Es ist bemerkenswert, daß Stoffe, die den Geschmack gar nicht erregen oder in sehr ähnlicher Weise, von ganz verschiedener chemischer Beschaffenheit sind; und ebenso haben um= gekehrt chemisch nahverwandte Stoffe einen sehr verschiedenen Geschmack. So schmecken z. B. Essigsäure und Schwefelsäure, trotz ihrer gänzlich ver= schiedenen Zusammensetzung, beide sauer; die verschiedenen Zuckerarten des Pflanzen= und Thierreichs einer=, und anderseits das essigsaure Bleioxyd, schmecken süß; chemisch liegen sie weit auseinander. Hingegen gibt es Zuckerarten, die chemisch kaum von unserem Rohrzucker zu unterscheiden sind und dennoch wenig oder gar nicht süß schmecken. Für die allgemeinen Unterschiede, durch die wir den Geschmack bezeichnen: sauer, süß, bitter, salzig, finden sich also keine allgemein entsprechenden Unterschiede in der chemischen Beschaffenheit. Der Geschmack theilt anders ein, als die Chemie. Doch decken sich einige Gruppen von Stoffen, welche der Geschmackssinn zusammengestellt hat, mit einigen, welche die Chemie nach ihren Gesichtspunkten unterschieden hat*).

Die Intensität der Geschmacksempfindungen richtet sich zunächst nach der Erregbarkeit der Nerven und der Menge der gleichzeitig erregten Nervenfasern, nach der Zeitdauer der Einwirkung, die indes sehr rasch völlige Abstumpfung des Nerven herbeiführt, nach den Zuständen der absondernden Drüsen der Mundhöhle und ihrer Säfte, ja sogar nach dem Contrast, in welchem verschiedene Geschmäcke zu einander stehen, und welcher die Intensität der Empfindung steigert, wenn die Stoffe in rascher Folge die Geschmacksnerven treffen. Es genügt zwar bei einigen Stoffen eine äußerst geringe Quantität (z. B. bei Schwefelsäure, Aloe-Extract, basisch schwefelsaurem Chinin nach Valentin nur $\frac{1}{50}$ Milligramm), um eine Geschmacksempfindung hervorzurufen, von anderen Stoffen und von den gewöhnlichen Nahrungsmitteln bedarf es ziemlich großer Mengen, wenn sie deutlich geschmeckt werden sollen.

Die meisten schmeckbaren Stoffe lassen einen starken Nachgeschmack zurück, namentlich die Stoffe mit bitterem Geschmack.

Der Geschmack ist am nächsten mit dem Geruchsinne verwandt; er wird aber auch sehr durch den Gesichtssinn unterstützt. (So z. B. kann man bei verbundenen Augen rothen und weißen Wein zwar wohl anfangs, aber nach mehrfacher Abwechslung kaum oder gar nicht unterscheiden.)

---

*) So gehören alle sauer schmeckenden Stoffe zu den Säuren im chemischen Sinne des Wortes, und umgekehrt entbehrt wohl kaum irgend eine stärkere mineralische oder organische Säure des sauren Geschmackes. Es scheint also der saure Geschmack in naher Beziehung zu der Eigenschaft eines Körpers zu stehen, welche die Chemie als saure Reaction bezeichnet. Ähnlich besitzen die meisten Stoffe mit stark alkalischer Reaction einen gemeinsamen Charakter im Geschmacke, den man alkalischen oder laugenhaften G. nennt. Auch viele Salze der schweren Metalle haben einige Ähnlichkeit im Geschmacke, ebenso die meisten Neutralsalze der Alkalien. Das Gemeinsame im Geschmacke der letzteren nennt man den salzigen, das Gemeinsame im Geschmacke der ersteren den metallischen Geschmack. (Fick a. a. O., S. 81 f.)

Die Geschmacksempfindungen sind lebhafter und inniger mit Lust- und Unlustempfindungen verknüpft, als irgendwelche andere Sinnesvorstellungen; aber alle Versuche, diese Lust- und Unlustempfindungen mit den übrigen Eigenschaften der schmeckbaren Stoffe in Beziehung zu bringen, sind bisher an der Mannigfaltigkeit und scheinbaren Regellosigkeit der, wenn auch noch so gesetzmäßig in Organisationsverhältnissen begründeten persönlichen Geschmacksverschiedenheiten gescheitert. (De gustibus non est disputandum.) — Geschmacksträume sind selten; viel häufiger nehmen nur die Tastnerven des Mundes an den Traumbildern theil, und es erscheint uns im Traume geschmacklos, was mit dem besten Appetit in den Mund gesteckt wurde. Manche Menschen sollen auch in Folge bloßer Vorstellungen Geschmacksempfindungen haben.

Der Antheil des Geschmackssinnes an unserer geistigen Ausbildung ist im Vergleich mit den höheren Sinnen gewiß nur von höchst untergeordneter Bedeutung; um so wichtiger ist sein Einfluß auf die vegetative Seite des animalischen Lebens. So weit der Instinct bei der Wahl der Nahrungsmittel concurrirt, hat er sicherlich in dem Geschmacksorgane seinen Sitz. Was uns übel schmeckt, pflegt auch gewöhnlich unserm Körper schlecht zu bekommen und umgekehrt. (Bidder, Art. „Schmecken" in Wagners H. W. B. 13. Lief. S. 11.) Daher nannte ihn Drobisch (Empirische Pf. S. 46) den „Nahrungssinn".

1. Über das Geschmacksorgan selbst ist unsere Kenntnis noch unsicher. Wir wissen nicht, welche Organe, die wir an den Geschmacksflächen der Zunge finden, für die Geschmacksempfindung von Wichtigkeit sind, und noch viel weniger, warum sie dies sind. Der Schleimhautüberzug, welcher die Zunge bekleidet und mit dem Boden der Mundhöhle, der Halsenge u. s. w. verbindet, ist nämlich vor allen übrigen Schleimhäuten ausgezeichnet durch die eigenthümlich gestalteten Wärzchen, welche die Spitze, Ränder und den ganzen Rücken der Zunge bedecken. Unter ihnen haben besonders die umwallten Wärzchen (papillae vallatae), 6—12 an der Zahl, die weit nach hinten an der Rachenenge in Gestalt eines V nach hinten gerichteter Spitze stehen, die feinste Geschmacksempfindung. Manche Gegenstände erregen an verschiedenen Stellen der Zunge verschiedene Geschmacksempfindungen, daher man die Vermuthung ausgesprochen hat, daß die verschiedenen Zungenwärzchen zur Hervorbringung verschiedener Geschmacksempfindungen eingerichtet seien. So sollen nach Horn (über die Geschmacksempfindung des Menschen, Heidelb. 1825, S. 96) die umwallten Wärzchen besonders den Geschmack des Bittern, die keulenförmigen (papillae fungiformes) den des Salzigen und die fadenförmigen Wärzchen (papillae filiformes) die Empfindungen des Sauren vermitteln.

§ 29. Der Geruchssinn.

Der Riechnerv ist durch seine Lage so sehr gegen äußere Einwirkungen geschützt, daß er wahrscheinlich durch keine anderen Reize, als durch die sogenannten Riechstoffe in den Zustand der Erregung versetzt werden kann. Zwar behauptet Valentin die Möglichkeit mechanischer Reizung des Riechnerven, z. B. durch Schlag; allein diese Behauptung ist noch von keinem andern Forscher bestätigt worden. Elektrische Ströme rufen zwar auch eine Geruchsempfindung hervor; sehr zweifelhaft aber bleibt es, ob durch directe Wirkung auf den Nerven oder durch Entwicklung des Ozons, das sie dem Sauerstoff der Luft mittheilen. Daß Temperaturveränderungen von beträchtlichem Umfange keine Geruchsempfindungen hervorbringen, ist durch Versuche erwiesen*). Auch durch innere Ursachen (z. B. Blutcongestion ꝛc.) scheint der Geruchsnerv wenig oder gar nicht afficierbar zu sein.

Es sind daher nur die chemischen Wirkungen gasförmiger Körper, welche die Peripherie des nervus olfactorius in Erregung versetzen; doch rufen sie die Geruchsempfindung nur dann hervor, wenn sie auf bestimmte Art in unmittelbare Berührung mit der riechenden Fläche kommen.

Die Geruchsempfindungen sind undeutlicher und minder bildungsfähig, als die des Geschmacks. Darauf deuten die Benennungen der Gerüche, die theils (wie sauer und süß) von den Geschmäcken hergenommen, theils (wie Zimmet-, Moschus-, Rosen-, Vanille-, Thongeruch) von den Gegenständen, durch die sie verursacht werden, theils (wie faulig, moderig) von den Processen, welche sie hervorbringen, theils endlich (wie stechend, prickelnd) von den Tastempfindungen, die sie erregen, benannt sind, ohne daß der Sprachgeist sich herbeigelassen hätte, Wörter zu bilden, durch welche unmittelbar die Eigenthümlichkeit ihrer Qualität bezeichnet würde. Um eine Geruchsempfindung klar zu haben, bedarf es (nach Bidder a. a. O., S. 925) einer längeren Zeit, als bei anderen Sinnesempfindungen.

---

*) Weber füllte die Nasenhöhle mit Wasser und hatte dabei keine Geruchsempfindung, mochte die Wasser-Temperatur 0^0 oder 50^0 C. sein. Ja er bemerkte, daß dadurch sogar die Riechfähigkeit für etwa 1 Minute aufgehoben war. Erst nach $2^1/_2$ Minuten kehrte sie zu ihrer vollen Stärke zurück.

Die **Intensität** der Geruchsempfindung hängt zunächst ab von der **Größe** der afficierten Schleimhautstelle, also der Zahl der Nervenfasern, die von dem Riechstoff gleichzeitig getroffen wurden. (So riechen wir besser bei Eröffnung beider Nasenlöcher. Erwachsene, bei denen die Nasenhöhle geräumiger ist, haben einen feineren Geruchssinn, als Kinder. Wie viel Übung thut, sehen wir täglich an unzähligen Beispielen.) So wird der Apotheker nahverwandte medicamentöse Gerüche, die anderen, hierin Ungeübten ganz identisch zu sein scheinen, sehr wohl unterscheiden; so erkennen manche Aerzte gewisse Krankheiten (z. B. Masern, Scharlach) ꝛc.) durch den specifischen Geruch der Ausdünstungsmaterie des Patienten; so werden die nordamerikanischen Wilden nicht selten durch den Geruchssinn beim Aufspüren der Fährte ihrer Feinde geleitet.

Für gewisse Stoffe ist die Feinheit des Geruchssinnes sehr groß. So genügt vom **Moschus** $1/200000$ Milligramm seines Weinsteinauszugs, um eine Geruchsempfindung zu erzeugen, von Rosenöl $1/20000$, von Schwefelwasserstoff $1/3000$, von Bromdampf $1/600$ Milligramm. Doch haben nur wenige Stoffe eine solche Stärke der Erregungsfähigkeit des Geruchsnerven. (Fick a. a. O. 102.) Die Stärke einer Geruchsempfindung nimmt anfangs mit der Dauer des Reizes zu, hernach wieder ab, bis durch Abstumpfung des Nerven völlige Empfindungslosigkeit eintritt. Geruchsempfindungen verbinden sich leicht mit anderen Empfindungen. So verbinden sich Gerüche und Geschmäcke*); aber auch Tastempfindungen und Gerüche (die zugleich in der Nase erregt werden) zu **einer** zusammengesetzten Empfindung, welche oft fälschlich einfach für Geruch gehalten wird**). Dagegen vereinigen sich, wenn in jedes Nasenloch ein anderer Riechstoff einströmt, die beiden so entstandenen Geruchsempfindungen nicht zu einer mittleren Empfindung, sondern es entsteht ein **wechselndes Hervortreten** bald des einen, bald des anderen Geruchs. Die Geruchs-

---

*) Die Verbindung zwischen Geruch und Geschmack drückt auch die Sprache aus, indem z. B. schmecken und riechen in mehreren Gegenden Deutschlands synonym sind. Beim Genuß eines starken Bieres oder Senfs ist die Entscheidung darüber, was dem Geschmack ausschließlich angehört, nur vermittels der Schließung des Geruchsorgans oder durch Aufhalten des Athems möglich.

**) Manche flüchtige Stoffe erregen auf der Schleimhaut der Nase prickelnde, stechende, beizende Empfindungen, die nichts mit dem Geruch zu thun haben. So z. B. Essigsäure, Salmiakgeist, Senf, Meerrettig u. s. f. Diese Tastempfindungen der Nase sind es besonders, welche die bekannten Reflexbewegungen, Thränenfluß, Niesen, auslösen.

empfindung unterscheidet sich von anderen Sinneswahrnehmungen dadurch, daß sie „in der Regel" von einem ganzen Nervenpaare in seiner Totalität (nicht blos von einzelnen Nervenfasern) vermittelt wird. Heftige Gerüche können Bewußtlosigkeit und Ohnmacht erzeugen, aber eben deshalb auch bei allgemeiner Reizlosigkeit als **Belebungsmittel** (Salmiakgeist 2c.) angewendet werden.

Daß manche Gerüche untereinander in Einklang oder Widerstreit stehen, wie Farben, Töne und viele Geschmäcke, ist nicht wissenschaftlich erforscht, doch wahrscheinlich. Auch über Nachempfindungen im Geruchssinn ist wenig Sicheres bekannt; ein kräftiger Geruch kann nach Entfernung des Riechstoffes längere Zeit anhalten und sogar später durch die Erinnerung wiederkehren; ein **Abklingen** aber in andere Gerüche, wie etwa beim Gesichtssinn, scheint nicht stattzufinden. — Auch über **räumliche Verhältnisse** gibt die Geruchsempfindung allein nur wenig Aufschluß. Auf die **Richtung**, in welcher die riechbare Luft uns erreicht, schließen wir nur aus Bewegungen des Kopfes und den entsprechenden Muskelempfindungen. Indem wir uns der Riechquelle zu- oder von ihr abwenden, steigt oder fällt die Intensität der Empfindung. Aus dieser Intensität des Geruches beurtheilen wir auch die **Entfernung** des riechenden Stoffes selbst, wenn die Qualität der Empfindung uns schon bekannt ist. Auch bei diesem Sinne empfinden wir nicht **unmittelbar** den **Ort** der Reizung, ohne darum die Ursache der Empfindungen in uns selbst zu verlegen. Am unvollständigsten ist das Urtheil über den **Umfang** des Riechbaren, da dasselbe von einem beschränkten Punkte aus nach allen Seiten sich ausbreiten kann.

So wenig daher der Geruchssinn zur Erkenntnis der uns umgebenden Verhältnisse und dadurch zu unserer intellectuellen Ausbildung beiträgt, um so bedeutsamer wirkt er auf das körperliche Leben durch seine unmittelbare Verknüpfung mit Gemeingefühlen, ja sogar mit Strebungen und Leidenschaften. Auf dieser nahen Beziehung zu dem Gemeingefühle beruht denn auch die **Relativität** der Geruchsempfindungen bei Thieren und Menschen. Ein und derselbe Gegenstand riecht nicht selten dem Einen angenehm, dem Andern widerlich, dem Dritten gleichgiltig; der Speisegeruch ist dem Hungrigen angenehm, und unmittelbar darauf nach erfolgter Sättigung ekelerregend. Am Eingang zu den Respirationsorganen gelegen, ist er gleichsam der Wächter derselben; denn was unangenehm riecht, ist in der Regel für die Schleimhäute des Respirationsapparats, ja für den ganzen Körper nachtheilig. Auch für Nahrungsmittel und

Getränke bildet der Geruch, den Geschmackssinn unterstützend, gleichsam einen Prüfstein, an welchem die günstige oder nachtheilige Einwirkung derselben abgemessen wird. Er ist der Hauptvermittler des Instincts und spielt daher in der Ökonomie der Thiere eine große Rolle; er ist in der Thierwelt das leitende Organ zum Aufsuchen passender Nahrung und zur Erkennung des Befreundeten und Feindlichen.

1. Organ des Geruches in engerer Bedeutung ist ein Theil der Nasenschleimhaut, in weiterer aber die ganze Nase, da deren Einrichtung, dem Ein- und Ausathmungsluftstrome seine besonderen Bahnen anweisend, auf die Zuführung der adäquaten Reize zum Nerven Einfluss hat. (Das Anatomische des Geruchsorgans, s. Fick S. 88; Hyrtl ꝛc.) Besonders hervorzuheben ist die Beträchtlichkeit des Riechnerven, dessen feine Verbreitung über die Schleimhaut, die nahe Beziehung zum vorderen Theil des Gehirnes, der eigenthümliche Einfluss der Muscheln auf die Entstehung der Geruchsempfindung. (Bidder S. 921.) — Ueber den Gang der riechbaren Luft durch die Nase vgl. Bidder a. a. O., S. 920; Fick S. 98 f. — Der Mensch steht in Beziehung auf die Entwicklung seines Geruchssinnes auf weit niedrigerer Stufe, als die meisten Säugethiere; ja es wird z. B. behauptet, dass ein Reh 300 Schritte weit wittere, und eine Hundsnase $1/2593005000000$ eines Grans rieche, eine Menschennase aber nur $1/2263760000$. (Treviranus, Biologie, Th. VI. 252.) Doch besitzt der Mensch dafür mehr Empfänglichkeit für mannigfaltige Gerüche. — Das Riechbare ist nicht ein besonderer Stoff; es besteht vielmehr aus — in der atmosphärischen Luft aufs feinste — vertheilten und abgelösten Partikelchen gewisser Körper. Den besten Beweis dafür liefert der Kampfer. — Merkwürdige Beispiele eines außerordentlichen Geruchssinnes bei Menschen s. Lessings Schriften 1826. Bd. XVI. S. 122, vergl. auch 120 (und Daumers Mittheilungen über Kaspar Hauser I. 14, 69; und Feuerbach üb. K. Hauser S. 108).

2. „Welcher Organsinn," frägt Kant, „ist der undankbarste und scheint auch der entbehrlichste zu sein?" und er antwortet: „Der des Geruches. Denn es belohne nicht, ihn zu cultivieren, oder wohl gar zu verfeinern, um zu genießen; denn es gebe mehr Gegenstände des Ekels (vornehmlich in volkreichen Örtern), als der Annehmlichkeit, die er verschaffen kann, und der Genuss durch diesen Sinn kann immer auch nur flüchtig und vorübergehend sein, wenn er vergnügen soll." — In Bezug auf den Geruch gilt ein wahres Sprichwort: „Am besten riecht, was gar nicht riecht", und in Bezug auf das Parfumieren gilt Martials Wort: „Non bene olet, qui bene semper olet (lib. VI. epigr. 15).

§ 30. Das Sinnesvicariat.

Da jeder Sinn sein specielles Sinnesorgan besitzt (auch nicht den Tastsinn ausgenommen, da man die Tastwärzchen als ein solches Organ ansehen muss), ein eigenthümliches Object percipiert (z. B. Licht, Schall u. s. f.) und (den Tastsinn ausgenommen) eines eigenthümlichen Zwischenkörpers bedarf (§ 23, 2), so folgt hieraus, daß die Sinnesorgane überhaupt für einander nicht vicarieren können, obwohl es gewiß ist, daß die erhöhte und ausgebreitete Thätigkeit des einen Sinnes den Antheil des anderen an der psychischen Ausbildung des Menschen in gewisser Beziehung ersetzen kann. (Wer wüßte dies nicht von den Blinden, welche durch Betastung Größe und Form der Gegenstände kennen lernen, und denen schließlich der Tastsinn in weit höherem Grade die Wahrnehmungen des Gesichtes ersetzt, als dies der gesunde Vollsinnige je für möglich halten wird? — Hieher gehört das Beispiel: Der blinde Büchsenschütz bei Reclam, der Leib des Menschen, 1870, S. 180). Doch ist diese Thatsache keine Stellvertretung des Sinnes durch einen anderen, kein Sinnesvicariat, sondern ein Sinnessurrogat zu nennen.

§ 31. Arten der Bewegungen.

Mit Empfindungen verbinden sich Bewegungen, und umgekehrt entspringen aus Bewegungen Empfindungen (§ 15). Je nachdem nämlich die Bewegung ihren Grund in einem bestimmten Acte des Willens hat, oder des Grundes eines Willensentschlusses entbehrt, unterscheidet man zweierlei Arten von Bewegungen: willkürliche und unwillkürliche. Die willkürliche Bewegung heißt Handlung, die unwillkürliche ist entweder Reflexbewegung, wenn gar keine Seelenthätigkeit zu ihrer Entstehung erforderlich ist, oder Instinctbewegung, wenn zwar kein Wollen, aber doch irgend eine andere Thätigkeit ihre Entstehung herbeiführt. (Vgl. die späteren §§.)

§ 32. Reflexbewegungen.

Die Reflexbewegungen kommen dadurch zustande, daß ein Centralorgan (Gehirn, Rückenmark, Ganglien) den Reiz, welchen centripetale (sensible) Nerven ihm zugeführt haben, auf centrifugale (motorische) Nerven überträgt und hiemit auf contractile Gebilde (Muskeln) reflectiert. Als Centralorgane reflectorischer Bewegungen dienen nicht bloß das Rückenmark, die medulla oblongata, sondern auch das Gehirn (wie Johann Müller) und die Ganglien (wie A. W. Volkmann, Art. „Nervenphysiologie", in Wagners H. W. B. d. Physiolog. a. a. O., S. 544, behauptet).

Bei der Reflexbewegung trifft der excitierende Reiz **unmittelbar** weder ein contractiles Gewebe noch einen motorischen Nerven, sondern **zunächst** einen sensiblen, der seinen Erregungszustand einem Centralorgane mittheilt, ohne in der Seele **nothwendig** eine Empfindung zu erzeugen, worauf durch Vermittlung des Centralorganes der Reiz auf motorische Nerven überspringt und nun erst durch Muskelbewegungen sich geltend macht. Der Gang des Reizes beschreibt also einen Bogen, indem die Leitung anfänglich nach innen vor sich geht (centripetal) und erst später nach außen (centrifugal) überschlägt. Die Reflexbewegung ist daher bloß **physischer** Art. (Zu den Reflexbewegungen gehören z. B. der Athmungsproceß, das Schlingen infolge der Berührung der hinteren Theile der Zunge, das Erbrechen infolge eines ekelhaften Geschmackes, das Husten beim Eintreten eines fremden Körpers in die Luftröhre, das Niesen bei starker Reizung der Nasenschleimhaut u. s. f. Die Reflexbewegung kommt auch an Pflanzen, Leichen, an abgetrennten Gliedern vor.) Der Wille kann die Reflexbewegungen häufig beschränken oder gar aufheben (z. B. willkürliche Unterdrückung des Gähnens und Lachens; — indische Gaukler sollen, wie es heißt, sogar willkürlich den Herzschlag zum stehen bringen können). Ebendeswegen treten die Reflexbewegungen besonders dann am häufigsten ein, wenn der Wille in seiner Wirksamkeit irgendwie gehindert ist (z. B. im Zustande der Schläfrigkeit, in einzelnen Affecten u. s. f.).

<small>Die Reflexbewegungen sind die Grundlage aller übrigen Bewegungen; sie dienen der Erhaltung und dem Schutz des Organismus und finden auch bei entwickelter Willkür und Absicht statt. Daher sagt Lotze (Art. „Instinct" in Wagners H. W. B. 8. Lieferung, S. 194) sehr treffend: „Hätten die Physiologen nicht empirisch die Reflexbewegungen aufgefunden, so würde man sie psychologisch haben postulieren müssen." — Und in der Med. Pf. (S. 292): „Mißtrauisch gegen den Erfindungsgeist der Seele, hat vielmehr die Natur dem Körper diese Bewegungen als mechanisch vollkommen bedingte Wirkungen der Reize mitgegeben." (Vgl. Lotze Mikrokosm. S. 365 f.)</small>

§ 33. Instinctbewegungen.

Instinctbewegungen und Reflexe dürfen nicht mit einander verwechselt werden, obwohl es in einzelnen Fällen sehr schwer, ja unmöglich ist, beide auseinanderzuhalten. Die Reflexbewegungen erfolgen ohne irgend ein Dazwischentreten einer Seelenthätigkeit. Die Instinctbewegungen dagegen werden zwar durch vorhergegangene Empfindungen von der Seele aus, jedoch ohne besonderen Willensact, bedingt (obwohl sie häufig später durch den Willen herbeigeführt werden können. (Greift z. B. das unmündige Kind nach dem Spielzeug, das es zuvor gesehen hat, so ist das eine Instinctbewegung. Das Greifen kann später durch einen besonderen Willensact erfolgen unter mehr oder weniger deutlicher Vorstellung des Zweckes, d. h. es kann überhaupt, also auch beim Kinde, nur vermittels des Einflusses einer Seelenthätigkeit auf die Bewegungswerkzeuge erfolgen. Dem Hungrigen wässert der Mund beim Anblick einer Speise u. s. w.)

(Lachen und Weinen können sowohl durch rein äußerliche Veranlassungen, wie Kitzel und körperlichen Schmerz, als durch innerliche, wie der Anblick einer komischen Begebenheit, oder die Erregung eines Seelenleidens, erzeugt werden. Schamröthe begleitet die Empfindung der Scham.)

1. Viele Instinctbewegungen ereignen sich in Folge einer Lust- oder Schmerzempfindung und scheinen eine Art von Ausgleichung des empfundenen Eindruckes bewirken zu sollen. Die bloße Vorstellung eines Angenehmen, z. B. einer Lieblingsspeise, pflegt die präludierenden Bewegungen des Kauens, die einer Speise von ekelerregendem Geschmacke die Bewegungen des Erbrechens zu erzeugen, und kann unter Umständen sogar die wirkliche Vomiturition hervorbringen. Hieher gehören u. a. die Bewegungen des Lachens und des Weinens, des Erröthens u. s. w.

2. Schützende und erhaltende Bewegungen treten dann ein, wenn eine Gefahr für den Körper oder einen Theil desselben als vorhanden wahrgenommen wird. So schließen wir unser Auge, wenn wir aus der Ferne etwas sich gegen dasselbe bewegen sehen; wir beugen uns vor einem fallenden Körper u. s. w., aber nicht bloß bei einer eigenen persönlichen Gefahr, sondern bei der Vorstellung einer solchen für irgend einen Gegenstand machen wir unwillkürliche Bewegungen zu seinem Schutze; wir strecken nach jedem fallenden Dinge die Hand aus.

3. Es gibt auch viele Fälle, wo Vorstellungen von Bewegungen in Bewegungen selbst übergehen, ohne daß ein bewußter Einfluß des individuellen Willens bemerkbar wäre. Man nennt sie nachahmende Bewegungen. Wenn wir einen andern gähnen sehen, so müssen wir oft selbst mitgähnen; nervenschwache Personen, welche Convulsionen an anderen sehen, bekommen oft selbst Convulsionen. Zuschauer beim Kegelschieben begleiten mit leisen Bewegungen des Armes den Wurf der Kugel, mit ausführlichen Gesticulationen der ungebildete Erzähler seine Erzählung u. s. w.

4. Zu den Instinctbewegungen gehören auch die Mitbewegungen, d. h. solche Bewegungen der Muskeln (also der motorischen Nerven),

welche keine andere äußere oder innere Veranlassung haben, als weil ein anderer Muskel (oder eine andere Muskelgruppe) ebenfalls in Bewegung ist.

Hieher gehören die meisten Bewegungen der zweigetheilten oder paarigen Organe, welche stets paarweise erfolgen, wenn auch nur der eine Theil ursächlich zur Bewegung gereizt wird, z. B. die Gleichbewegung der Lungenflügel, die gleiche Einstellung der Augen u. s. w. Nur wenige Menschen können alle Finger einzeln bewegen und die Virtuosität des Clavierspielers beruht auf einer willkürlichen Überwindung der unwillkürlichen Mitbewegungen. — Besonders erwähnenswert ist noch das bedeutende „sympathische" Verhältnis der Stimmwerkzeuge zu den Bewegungen der Extremitäten. Wenn wir eifrig sprechen, so gesticulieren wir auch gern mit den Händen. Einige Drosselarten, besonders die Spottdrossel und die Orpheusdrossel, begleiten ihren Gesang mit mimischen, tanzenden Bewegungen, welche das Steigen, Fallen, Schweben der Töne ausdrücken. Auch der Star bewegt nach dem Takte des Gesanges die Flügel. Wir werden aber zu Bewegungen der Stimmwerkzeuge nicht nur dann aufgeregt, wenn wir selbst Töne bilden, sondern auch dann, wenn wir welche hören, wie beim Tanze. Die Mitbewegungen (diejenigen nämlich, welche überhaupt in willkürlichen Muskeln vorkommen) sind kein bloß physischer, sondern ein psychischer Act, und ihr Zustandekommen wird durch die Mitbewegungen correspondierender (anverwandter) Nerven nur vorbereitet und bedingt. Wie könnten wir uns sonst auch so viele derselben abgewöhnen? — Gehirn und Rückenmark sind in den meisten Fällen die nachweislichen Vermittler der sympathischen Bewegungen, aber auch in einigen Fällen der Sympathicus.

5. Endlich ist hier auch noch der Associationsbewegungen zu gedenken. Eine Bewegung a ruft eine andere b, mit welcher sie öfter zugleich oder in schneller Folge vorhanden war, wieder hervor oder erleichtert die Wiederkehr derselben durch den Willen. Wenn mehrere Bewegungen gleichzeitig ausgeführt werden, so entsteht eine Gruppe, folgen sie sich in einer bestimmten Reihe, so kann man dies einen „Zug" nennen.

Das Tanzen, Gehen, Sprechen, Fechten, Schwimmen u. s. w. besteht aus solchen Gruppen und Zügen associierter Muskelbewegungen, welche harmonisch zu einem Ganzen zusammenwirken. Waren solche Bewegungen auch anfänglich durch Einfluss des Willens und Anstrengung erlernt, so machen sie sich doch nach und nach durch öftere Wiederholung von der Herrschaft desselben los und folgen bloß noch der Association. Wem man ansieht, dass er noch große Willensintention zu ihrer gehörigen Ausführung und Gruppierung nöthig hat, der macht uns den unangenehmen Eindruck der Unfertigkeit, der noch nicht errungenen Herrschaft über seine Glieder, der Gezwungenheit, und — im Gesellschaftlichen — der Steifheit, des Mangels an körperlicher Tournure. Das Gegentheil gibt den Eindruck der Freiheit, Natürlichkeit und Abrundung. Viele Züge der associierten Muskelbewegungen erwecken sich desto leichter, je weniger sich der Wille mit hineinmischt. Der Stotternde stottert am meisten, je mehr er es vermeiden will. — Auf der Associationsbewegung (in Verbindung mit der Reflexbewegung überhaupt) beruht alles das, was wir Geschicklichkeit nennen, welche Übung und Gewöhnung voraussetzt. „Die Aufgabe der Erziehung ist es," sagt Lotze, „gute mechanische Gewohnheiten durch Übung hervorzubringen; Gedächtnis, praktische Rechnungsregeln werden möglichst maschinenmäßig ausgebildet, damit sie recht massenhaft die niederen Bedürfnisse des geistigen Lebens durch eine bloß mechanische Administration abthun, und zu der überlegenden Entscheidung des Geistes nur das gelange, was um seiner Wichtigkeit willen eine Beschlußnahme der Freiheit oder des individuellen Willens verlangt. So beruht endlich aller Takt, alle Gemessenheit und Anmuth des Benehmens darin, daß alle gewöhnlichen Handlungen jede Spur von Absichtlichkeit und Willensimpuls verloren haben, und nun, wie die Ergebnisse einer schönen Natur, sich aus sich selbst zu entwickeln scheinen. Beobachten wir uns selbst, so werden wir finden, daß von allen unsern Handlungen nur der allergeringste Theil wirklich expreß gewollt worden ist, daß vielmehr die allermeisten aus einem durchaus willenlosen psychologischen Mechanismus hervorgehen. Wir haben allen Grund anzunehmen, daß die Thiere überhaupt nur unter dem Einflusse dieses Mechanismus handeln; ihr Verhältnis zu ihren Thaten wird daher immer ein willenloses sein, und die Instincthandlungen der Thiere unterscheiden sich von allen übrigen Bewegungen bloß durch die unveränderliche Constanz, mit der gewisse Vorstellungen als Anfangspunkte derselben in allen Exemplaren einer Gattung erregt werden.

Aus dem Gesagten ergibt sich die Definition des Instincts: er sei in derjenigen eigenthümlichen Einrichtung des Organismus begründet, vermöge welcher er auf die von der Seele empfundenen (äußeren oder inneren) Reize des normalen Lebenslaufes nach den (im § dargelegten organischen) Gesetzen antwortet mit solchen Bewegungen, welche die nothwendigen Folgen jener Reize und welche für die Erhaltung des Lebens und der Gattung zumeist die zweckmäßigsten sind.

Die Ansichten über den Begriff des Instinctes sind sehr widersprechend. Den einen ist der Instinct Product einer plastischen Naturkraft (Cudworth, Buffon u. a.), ein blinder Naturtrieb, ein Wirkungsgesetz der physischen Organisation, andern gilt er als Darstellung geometrischer, im Gehirn präformierter Figuren (Winkler und Treviranus), noch andere halten ihn für einen unmittelbaren und beständigen Antrieb der Gottheit (Addisson; — was jedoch schon durch die Thatsache widerlegt wird, daß die Thiere in ihrem Instinct bisweilen irren und Mißgriffe machen), wieder anderen gilt er als Resultat der Erfahrung, Überlegung, des Unterrichtes (Darwin, Flemming; — was schon durch die einzige Thatsache widerlegt wird, daß eine Biene sogleich nach ihrem Ausschlüpfen aus der Puppe und wenn ihr Leib trocken und ihre Flügel ausgebreitet sind, und bevor sie irgend einen Unterricht hat erhalten können, sich von selbst anschickt, Honig zu sammeln und eine Zelle zu bauen, was sie ebenso geschickt, als der älteste Einwohner des Stockes macht, und noch schlagender durch die Thatsache, daß die Larve des sog. Hirschschröters das Loch im Holze, wo sie ihre Verwandlung bestehen will, wegen der künftigen Hörner, die sie als männlicher Käfer haben wird, noch einmal so groß beißt, als wenn sie ein weiblicher Käfer werden soll; vgl. Reimarus, Kunsttriebe der Thiere, S. 93), oder als Äußerung angeborner dunkler Vorstellungen, die von einer ursprünglichen schöpferischen Kraft in die Wesen gelegt sind (diese Annahme von angebornen Vorstellungen macht es ungemein leicht, der Erklärung des Instinctes aus dem Wege zu gehen), oder als Einwirkung der productiven Einbildungskraft auf den erwachenden Trieb, deren Bilder den poetischen Idealen vergleichbar sind (allein diese Vergleichung ist insofern unpassend, als auch die productive Einbildungskraft keineswegs von der Erfahrung unabhängig ist, vielmehr eine bedeutende Uebung im sinnlichen Anschauen voraussetzt, während die Thiere gleich nach ihrer Geburt ihre Instincte und Kunsttriebe äußern), endlich Cuviers Ausdruck: angeborne Idee, die traumartig zu gewissen Bewegungen treibt (allein dieser Ausdruck erklärt nichts!). — Manche möchten den Instinct auf das Thierreich beschränken und den wesentlichen Unterschied von Mensch und Thier darin erkennen, daß jener bloße Vernunft und dieses bloßen Instinct besitze. Viele sind geneigt, den Thieren neben dem Instinct noch einen gewissen Grad von Intelligenz zuzugestehen, wenige nur geben zu, daß auch beim Menschen der Instinct eine Rolle spiele, die sie aber immerhin als eine sehr beschränkte betrachten. (Über den „Instinct" überhaupt ist zu vergleichen: Autenrieth: Ansichten über Natur- und Seelenleben, Stuttgart 1836, S. 169 und 257; Burdach, Blicke ins Leben, Lpz. 1842. I. S. 116 f.; Hensinger [Art.: „Instinct" in d. Encyklop. von Ersch und Gruber] S. 117 f.)

§ 34. Willkürliche Bewegungen.

In den Reflexbewegungen war eine Mitwirkung der Seele überhaupt nicht nothwendig (obgleich sie nebenbei häufig stattfand, indem nicht nur der veranlassende Reiz empfunden, sondern auch die von selbst entstehende Bewegung noch außerdem gewollt werden konnte), in den Instinctbewegungen gieng der Impuls von einer Vorstellung aus; die **willkürlichen Bewegungen** aber entspringen aus einem festen Willensact. Dort gieng der Reiz von den sensiblen Nerven zum Centralorgan und von diesem **ohne** oder **unter** Mitwirkung der Seelenthätigkeit (mit Ausschluß des Wollens) auf die motorischen Nerven über; hier geht der Reiz (nachdem er bis zum Sitze der Seele vorgedrungen) von der Seele aus auf das Centralorgan und von diesem mittelbar auf die motorischen Organe über. **Das Charakteristische der willkürlichen Bewegung ist, daß die Reizung der motorischen Fasern von dem Willen der Seele ausgeht.** Dies setzt voraus, daß die centralen Enden der motorischen Fasern im Gehirn repräsentiert sind und der Seele stets zur Disposition stehen. Doch erregt die Seele unsere willkürlichen Bewegungen niemals in der Art, daß sie die einzelnen Muskeln zur Ausführung einer gewollten Bewegung aussucht und sie zur Contraction auffordert; sie weiß vielmehr von diesen Muskeln gar nichts; und gesetzt, sie hätte sie einmal gelernt, so würde sie doch rathlos stehen, wie sie diesen körperlichen

Werkzeugen aus ihrer rein geistigen Natur die hinlängliche Größe eines Anstoßes zukommen lassen sollte, um sie in eine von ihr beabsichtigte Bewegung zu versetzen. Es ist daher bei dem Zusammenwirken der Seele und des Leibes im willkürlichen Handeln ein **Zwischenglied** erforderlich, welches die Übereinstimmung zwischen dem Willen in der Seele und seinem Effect in der Außenwelt vermittelt. Dieses Mittelglied ist in den **Muskelempfindungen** gegeben, die mit der Beugung und Streckung der Gliedmaßen in der Seele entstehen, indem mit der Thätigkeit der Muskeln auch Veränderungen in den betreffenden sensitiven Nerven verknüpft sind. (§ 27, 2.) Diesen Veränderungen müssen wieder bestimmte innere Zustände in der Seele, nämlich die „Muskelempfindungen", entsprechen. (Die nähere Ausführung später.)

1. Jede **ursprünglich willkürliche** Bewegung kann wieder durch häufige Übung und Wiederholung **unwillkürliche oder Instinctbewegung** werden. Wir gehen und sprechen, rauchen beim Lesen und Schreiben, ohne bei jeder einzelnen dazugehörigen Bewegung wieder besonders zu wollen, ja gleichsam ohne daran zu denken. Erst wenn wieder eine Änderung eintreten soll, z. B. Stehenbleiben, tritt wieder förmlicher Willenseinfluß ein. (Viele Leute sitzen schlafend, wie die Kutscher auf dem Bocke, ja manche gehen sogar schlafend [z. B. Postboten, Soldaten bei angestrengten, Tag und Nacht dauernden Märschen].) — So führen wir überhaupt jede, auch die vermitteltste Bewegung, sobald sie nur einmal fest eingeübt ist, ganz und gar instinctiv aus. Ist nur der erste Willensimpuls geschehen, so wirkt derselbe auf eine ganze Reihe von Handlungen nach; aber die einzelne Handlung geschieht ohne Wissen und Wollen. Die einmal eingeleitete und eingeübte Bewegung wird mit demselben unbewußten Zwang ausgeführt, wie die Reflexbewegungen. (Der angehende Clavierspieler muß bei jeder Note seinen Willen anstrengen; der geübte Spieler setzt von selbst seine Noten in die richtigen Bewegungen um. Das Kind, welches schreiben lernt, malt mit Mühe jeden einzelnen Federzug nach; der fertige Schreiber braucht nur ein gewisses Wort schreiben zu wollen, so steht das Wort schon auf dem Papier.)

2. Umgekehrt kann aber jede Bewegung, die **ursprünglich unwillkürliche oder Instinctbewegung** war, eine **willkürliche** werden, wenn die Muskelempfindung so bestimmt worden ist, daß sie willkürlich reproduciert werden kann. So vermag der Schauspieler Bewegungen willkürlich hervorbringen, die andere nur im Zustande heftigen Affectes wider ihren Willen zu erzeugen imstande sind. So können wir

sogar willkürlich weinen, wenn wir jene eigenthümliche Empfindung zu reproducieren vermögen, welche in dem Gebiete des Nervus trigeminus dieser Secretion voranzugehen pflegt; selbst willkürlich zu schwitzen gelingt Manchem durch lebhafte Erinnerung an die eigenthümlichen Hautgefühle und die willkürliche Reproduction einer nicht wohl zu beschreibenden Ab=spannung, die den Schweiß gewöhnlich einleitet; bekannt endlich ist es, wie leicht durch Erinnerung an Geschmacksreize die Secretion der Speichel= drüsen erregt wird.

Die körperlichen Mittel, woran die Seele in der Äußerung ihres Willens mehr minder gebunden ist, reducieren sich auf Bewegung der sehr zweckmäßig angelagerten, auf das Knochengerüste gestützten Muskeln. Das feste Knochensystem bildet ein durch die Wirbelsäule in verticaler, durch die Schulterblätter oben, und durch das Becken unten in horizontaler Richtung begrenztes Gerüste, an dessen obere und untere ent= gegengesetzte Enden die Extremitäten, am oberen Ende der verlängerten und aufrechten Stützsäule das Haupt, durch Bänder und Sehnen verbunden und nach statischen Gesetzen beweglich angebracht sind. An den Knochen finden diejenigen Weichtheile ihre Befestigung, denen bei der Bewegung des Körpers und seiner einzelnen Theile die Last der Arbeit vorzugsweise zufällt. Dies sind die Muskeln. (Allgemeine Beschaffen=heit der Muskeln. Hyrtl, Anatomie § 25; Lotze, Mikrokosmos I. Th. S. 110 f.) Die Muskeln bedingen die leibliche Kraftäußerung und insbesondere alles Wirken des Menschen auf die Außenwelt. Jede Bewegung der Muskeln besteht in einer Zusammen=ziehung (Contraction) derselben, wodurch sie sich verkürzen, indem sie in der Mitte theils anschwellen, theils sich verdichten. Hat der Reiz oder der Einfluß des Willens aufgehört, so dehnen sie sich von selbst wieder zu ihrer natürlichen Form und Länge aus (Expansion, Zustand der Ruhe und Erholung). Die Bewegung der Muskeln und mittels dieser der Glieder, an denen sie sich befinden, ist entweder eine Beugung oder Streckung, je nachdem der Muskel innerhalb oder außerhalb des Knochen gelenkes verläuft. (Ein Muskel, der mit wechselnder Contraction und Expansion arbeitet, kann viel längere Zeit thätig sein, ohne zu ermüden, als ein anderer, der in einer permanenten Zusammenziehung beharrt. Gehen ermüdet deshalb weniger, als Stehen, und ein Mann, der mit seinen Armen einen Tag lang die schwerste Arbeit zu verrichten vermag, wird nicht imstande sein, das leichteste Werkzeug mit ausgestreckter Hand zehn Minuten lang ruhig zu halten.)

Es ist unrichtig, daß der Wille die Fähigkeit hat, jeden Muskel in und außer Thätigkeit zu setzen; viele derselben sind seiner Herrschaft gänzlich entzogen. Man hat demnach die sämmtlichen Muskeln in willkürlich= und unwillkürlich=thätige eingetheilt. Zu den willkürlichen rechnet man alle Haut= und Skeletmuskeln; die Muskeln der Zunge, des Gaumens, Rachens und Kehlkopfes, das Zwerchfell u. a. Zu den unwillkürlichen Muskeln rechnet man das Herz, die sämmtlichen Muskeln des Verdauungscanals, der Harn= und Gallenblase, die Muskelfasern der Ausführungs=gänge, der Drüsen und der Iris.

Der Wille setzt aber die Muskeln nicht durch unmittelbare Einwirkung, sondern mittels der Nerven in Bewegung. Alle willkürlich=thätigen Muskeln sind daher mit zahllosen Nervenfäden, welche vom Gehirn und Rückenmarke zu denselben hinlaufen, durchwebt, und der Zusammenhang dieser Nerven mit dem Gehirne und Rückenmarke ist nothwendig, wenn der Wille auf jene Muskeln soll einwirken können. Wird dieser Nervenzusammenhang der Muskeln mit dem Centralorgane des Nervensystems unterbrochen, durchschneidet man z. B. den Nerven eines Muskels in irgend einem Punkte seines Verlaufes, so kann der Muskel nicht weiter bewegt werden, weil der Einfluß des Willens auf den Muskel dadurch unterbrochen ist. Die Nerven erscheinen demnach hiebei nur als Leiter der Bewegungen, die vom Centralorgane ausgehen, und welche dort durch den Einfluß des Willens auf eine unerklärbare Weise entstehen. Auch die unwillkürlichen Bewegungen der Muskeln werden, wie die willkürlichen, durch die Nerven veranlaßt, mit dem Unterschiede, daß die fortgepflanzte Bewegung derselben nicht von der Seele aus, sondern von irgend einer Stelle des Leitungsapparates, sei es im Rückenmarke oder an den Bewegungsnerven selbst, ihren Anfang nimmt.

§ 35. Rückblick.

Blicken wir zurück auf das, was hier über die Wechselwirkung zwischen Leib und Seele gesagt worden ist, so ergibt sich, daß die Seele des leiblichen Organismus bedarf, namentlich aber des Gehirnnervensystems, wenn es in ihr überhaupt zu einem geistigen Leben kommen soll und daß sie nur mittels eines solchen Organismus auf die sie umgebende Welt einwirken kann; umgekehrt aber gilt, daß der Organismus ohne die Seele in sich selbst keinen Bestand hätte.

Es ergibt sich ferner, daß die Physiologie die Empfindung, das Bewußtsein und die Bewegung nicht aus organischen Vorgängen zu erklären vermag, sondern daß sie sich genöthigt sieht, ein Etwas als mitwirkenden Factor anzunehmen, das ihrer Forschung sich gänzlich entzieht, also ein Etwas von nicht physiologischer, nicht organischer Natur, also eine einfache geistige Substanz (Seele).

Die Thatsache, daß jede Nervenreizung, auch nachdem sie von den peripherischen Theilen des Leibes zum Gehirn gelangt ist, nicht unmittelbar, sondern erst nach Verlauf einer, wenn auch noch so kurzen Zeit empfunden wird, beweist, daß die Nervenreizung durch einen besonderen Act der Seele erst zu einer merkbaren Empfindung umgesetzt wird.

§ 36. Vorläufige Übersicht der hauptsächlichsten psychischen Erscheinungen nebst der Aufzählung der Theile der Psychologie.

Das geistige Leben des Menschen beginnt mit den Empfindungen, und der stete Fluß, als den wir es wahrnehmen, tritt in den Bewegungs=

organen wieder nach außen. Dem Übergange der senfitiven Erregung auf die motorische liegt das Schema der Reflexaction, mit oder ohne Empfindung, zugrunde. Zwischen diese beiden Acte des psychischen Lebens aber schiebt sich, von der Empfindung angeregt, immer etwas Drittes ein, das durch die Empfindung bedingt ist, von ihr unmittelbar abhängt, aber nicht mehr sie selbst ist. Dieses Dritte ist die **Vorstellung**. Alle geistige Ausbildung beruht auf Vorstellungen, und alle die verschiedenen geistigen Thatsachen, die man früher zum Theil als verschiedene Vermögen bezeichnet hat (Gedächtnis, Einbildungskraft, Gefühls- und Begehrungsvermögen u. s. w.), sind nur verschiedene Beziehungen des Vorstellens auf die Empfindung und Bewegung oder Resultate von Conflicten der Vorstellungen unter sich selbst.

Die Vorstellungen und Empfindungen können indessen nicht unbestimmte Zeit lang ganz in derselben Weise andauern; es ist vielmehr ein **gewisser Wechsel** der Empfindungen und Vorstellungen, resp. der Empfindungsreize, nothwendig, falls nicht gänzliche Ermüdung und Abspannung platzgreifen soll. Und es ist eine allbekannte Beobachtung, daß eine unveränderte Einwirkung auf unsere Sinne, wenn sie lange dauert, denselben Einfluß hat, wie gar keine Einwirkung. (Wir sind uns beispielshalber des Druckes der Atmosphäre nicht bewußt u. s. f.*).

Mit andern Worten: das Kommen, Verschwinden und Wiederkommen der Vorstellungen gehört zu den allgemeinsten Thatsachen der Beobachtung. Die verschwundene Vorstellung kommt wieder zum Vorschein, wenn die hemmende Ursache verdrängt ist. Das Verschwinden der hemmenden Ursache und die gegenseitige Einwirkung der gebildeten Vorstellungsreihen bewirkt die verschiedene Art der Reproduction und das ganze eigenthümliche Getriebe der Bewegung der Vorstellungen, sowie der Vorstellungsverbindungen, aus deren gegenseitigem nach bestimmten Gesetzen normierten Aufeinanderwirken der im jedesmaligen Falle gegenwärtige Inhalt des Bewußtseins resultiert. Räumliches und zeitliches Vorstellen, so gut wie logisches Denken und unlogisches Phantasieren,

---

*) Richtig sagt Hobbes, es sei für einen Menschen fast einerlei, ob er immer einen und denselben Gegenstand empfindet oder gar nichts. Shakespeare spricht von dem Elend, das nur selten auf seine Schätze blickt, aus Furcht, die „feine Spitze des seltenen Vergnügens abzustumpfen", und läßt den gewandten Prinzen Hamlet sagen:

„Bestünd' das ganze Jahr aus Feiertagen,
„Das Spiel wär' uns so lästig wie die Arbeit."

beruhen auf der Verwebung, auf Evolution und Involution der Vor=
stellungsreihen, unter Mitwirkung der Reproduction und Hemmung.

Auf anderweitigen, complicierteren Verhältnissen jener Kräfte be=
ruhen ferner Gefühl, Begehren und Wollen, die ihrerseits wieder
als mitbestimmende Momente in die Bewegung jener eingreifen.

Die Gefühle sind das Innewerden der Hemmung oder Förderung
unter den eben im Bewußtsein vorhandenen Vorstellungen. Sie unter=
scheiden sich von den Empfindungen dadurch, daß sie nicht unmittelbares
Product von Nervenreizen, sondern vielmehr Resultat gleichzeitig im
Bewußtsein zusammentreffender Vorstellungen sind, und von den Vor=
stellungen dadurch, daß sie mehr das Gepräge des Leidens an sich tragen
und recht eigentlich Zustände sind, während in den Vorstellungen weder
vorzugsweise ein Thun, noch ein Leiden zu bemerken ist.

Die Begehrungen hängen von Vorstellungen und Gefühlen ab, und
sind daher ebenfalls, wie die Gefühle, keine ursprünglichen, sondern abge=
leitete Zustände. Das Begehrte wird zugleich auch vorgestellt und gefühlt.
Die Begehrungen gehen auf Verwirklichung (Erhaltung) oder Hin=
wegschaffung (Abhaltung) eines Vorgestellten oder Gefühlten aus. Ein
Beispiel. Daß $10 \times 10 = 100$ ist, ist eine Wahrheit, die ich mir
vorstelle, ohne daß ich bei dieser Vorstellung irgend etwas fühlte oder
begehrte. Ich stelle sie mir einfach vor und bleibe ganz gleichgiltig. Allein
ganz ein anderer Zustand entsteht in mir, wenn ich 100 fl. verloren habe.
Dann nämlich stellt sich mit der Vorstellung des Verlustes ein bitteres
Gefühl ein. Ganz anders auch ist es, wenn ich 100 fl. wünsche, um
meinen Verlust zu ersetzen. Im letzteren Falle handelt es sich nicht um
Gegenwärtiges, da ich die verlorenen 100 fl. noch nicht habe, sondern
es handelt sich dabei um einen noch künftigen Zustand. Bei dem
Gefühl des Verlustes der 100 fl. bin ich leidend; bei dem Wunsche, die
100 fl. herbeizuschaffen, um meinen Verlust zu decken, strebend und thätig.

Innerhalb des weiten Bereiches der Begehrungen zeichnet sich be=
sonders der Wille aus, welcher ein bewußtes Begehren ist unter Vor=
aussetzung der Erlangung des Gewollten. Der Wollende ist sich der Macht
seines Könnens bewußt, sei es infolge bereits gemachter Erfahrungen,
oder sonstwie, etwa auf Grund innerer Zuversicht. Kann man Jemanden,
der etwas Bestimmtes will, überzeugen, daß sein Können dazu nicht aus=
reichen werde, so wird sein Wollen zu einem bloßen Begehren oder zu
einem bloßen frommen Wunsche herabsinken, falls nicht die gewonnene
bessere Überzeugung auch diesen unterdrückt.

Vorstellen (Erkennen), Fühlen und Wollen hängen aufs engste zusammen. Im allgemeinen kann man das Vorstellen, zumal wenn man auf das verständige Verbinden und Trennen der Vorstellungen nach Beschaffenheit des Vorgestellten reflectiert, als objectiven Seelenzustand bezeichnen; das Fühlen dagegen läßt sich insofern als subjectiver Seelenzustand ansehen, als es bei demselben in den meisten Fällen weniger auf das Objective, den Inhalt dessen, was da vorgestellt wird, als vielmehr darauf ankommt, wie die im Bewußtsein gleichzeitig zusammentreffenden Vorstellungen auf den momentanen Gesammtzustand des vorstellenden Subjectes zurückwirken. Im Begehren begegnen sich beide Momente, das objective und subjective; man kann es demnach als subjectiv-objectiven Seelenzustand bezeichnen. Kein Begehren nämlich ohne Vorstellung eines bestimmten Gegenstandes, der angestrebt wird; keines, das nicht zugleich mit irgend welchen subjectiven Zuständen (Gefühlen, mitunter auch Affecten) verbunden wäre. In den Vorstellungen verhält sich die Seele weder ganz activ, noch auch ganz passiv; die Gefühle tragen mehr das Gepräge der Passivität an sich und sind im eigentlichen Sinne des Wortes „Zustände"; die Begehrungen zeichnen sich immer durch eine hervorragende Activität aus, die auf Abwendung oder Erreichung eines Angestrebten gerichtet ist.

Der gemeine Sprachgebrauch schreibt das Erkennen, insbesondere aber das verständige und vernünftige Vorstellen, dem Geiste (sinnliches Bild: Kopf; Lehnwort Intelligenz) zu; dieser Geist erscheint auf seiner höchsten Stufe als Intelligenz); der intelligente Geist heißt auch Person. Das Fühlen, Begehren und Wollen wird dem Gemüthe (von Muth; sinnliches Bild: Herz, Brust) zugeschrieben. Das Gemüth aber hat seinen Sitz im Geiste, oder Fühlen und Begehren sind — wie schon erwähnt wurde — zunächst Zustände der Vorstellungen. Das Gemüth ist das innere Sonderleben des Individuums, wie sich dasselbe in der Verfassung seiner Gefühle sowohl, als in der Grundrichtung seiner Strebungen ausspricht; es ist der Sammelplatz aller Gefühle des Menschen und zugleich der Quellpunkt seines Strebens und der Grund seiner Gesinnung.

Die empirische Psychologie wird häufig in zwei Theile eingetheilt, nämlich in die Lehre vom Geiste und in die Lehre vom Gemüthe.

Die Folge der Behandlung der Psychologie in diesem Buche ist die nachstehende:

Erster Abschnitt: Die Lehre vom Geiste.

Erstes Capitel: Von der Wechselwirkung der Vorstellungen.

Zweites Capitel: Von der Bildung der Zeit und Raumvorstellungen.

Drittes Capitel: Von der Intelligenz.

Zweiter Abschnitt: Die Lehre vom Gemüthe.

Erstes Capitel: Von den Gefühlen und Affecten.

Zweites Capitel: Von den Begehrungen und der Freiheit.

Dritter Abschnitt: Von den natürlichen Anlagen des Menschen.

Vierter Abschnitt: Von den Störungen des Seelenlebens und von geistiger Gesundheit.

Erster Abschnitt.
Die Lehre vom Geiste.
Erstes Capitel.
Von der Wechselwirkung der Vorstellungen.

§ 37. Von den Vorstellungen.

Wir haben bisher von den Bedingungen geredet, die den Eintritt aller Empfindungen ermöglichen; jetzt wenden wir uns zu den Bedingungen, infolge deren sich die entstandenen Empfindungen in der Seele mit einander verbinden zu jenem dramatischen Schauspiele, welches wir geistiges Leben, Wirken und Schaffen zu nennen pflegen.

Es ist eine bekannte Thatsache, daß wir Empfindungen nicht nur in dem Augenblicke haben, wo ein Reiz auf uns einwirkt und Empfindung in uns veranlaßt, sondern daß die Empfindungen, auch wenn der Reiz auf den Nerven zu wirken aufgehört hat und nicht mehr vorhanden ist, oft noch als N a c h e m p f i n d u n g e n (beim Gesichtssinn insbesondere als „Nachbild", beim Geschmackssinn als „Nachgeschmack") einen kurzen Bestand haben, bis sie allmählich schwächer und dunkler werden und zuletzt ganz aus dem Bewußtsein (aber nicht aus der Seele) verschwinden. Aber auch dann, wenn der Reiz aufhört und die Empfindung verschwunden ist, bleibt ein g e i s t i g e s B i l d von der gehabten Empfindung und von dem abwesenden Reize — ein „E r i n n e r u n g s b i l d" — in der Seele zurück, welches wir mit dem Namen „V o r s t e l l u n g" bezeichnen.

Der Umstand, daß bei der „Vorstellung" der die Empfindung veranlassende Reiz, nämlich der Nervenreiz, fehlt, erleichtert es uns auch, die Vorstellung von der Empfindung zu unterscheiden, die ihr ursprünglich zugrunde liegt.

Die Vorstellungen unterscheiden sich daher von den Empfindungen:
1. durch die S t ä r k e; denn sie erscheinen gewöhnlich dunkler, abgeblaßter,

als die Empfindungen, und 2. dadurch, daß die nächste Veranlassung zu ihrem Auftreten im Bewußtsein von äußeren Reizen unabhängig ist. So z. B. weiß Jedermann, daß mehr Stärke und Gegenständlichkeit da ist, wenn er einen Menschen vor sich sieht und betastet, als wenn ihm dessen bloßes Erinnerungsbild erscheint, d. h. wenn er sich denselben bloß vorstellt. — Die Vorstellung des heftigsten Schmerzes hat nicht entfernt die einschneidende Wirklichkeit des geringsten vorhandenen; die Vorstellung einer Musik, mag sie noch so genau die Weise und die Harmonie umfassen, ist klanglos; das vorgestellte Gemälde ist ohne Glanz und Wirklichkeit der Farbe. Mit dem Verklingen des Tones, mit dem Erlöschen des Lichtes geht die Empfindung in eine laut- und lichtlose Vorstellung der Töne und Farben über. — Was den zweiten Punkt betrifft, so tauchten oft Vorstellungen durch ihre eigene Kraft in unserem Bewußtsein auf, ohne durch äußere Reize wiedergeweckt zu sein. So stehen uns z. B. unsere täglichen Beschäftigungen gleich beim Erwachen aus dem Schlafe vor Augen.

Man kann demnach sagen: Unter Vorstellungen versteht man das, was von der Empfindung in der Seele zurückbleibt, nachdem der die Empfindung veranlassende Reiz zu wirken aufgehört hat. Aristoteles (de an. III. 8) sagt: Die Vorstellungen sind wie Empfindungen, nur ohne Materie.

§ 38. Einheit des Bewußtseins; Aufmerksamkeit; Enge des Bewußtseins.

Wenn mehrere und verschiedene äußere Reize auf einen Sinn oder auf mehrere Sinne gleichzeitig oder schnell nacheinander einwirken, so zeigen sich auch mehrere und verschiedene bewußte Zustände gleichzeitig oder nahezu gleichzeitig, welche zum Theile Empfindungen sind, zum Theile auch Vorstellungen sein können. Allein sie sind nicht jede von jeder anderen getrennt und für sich ein Bewußtes, sondern sie sind alle zusammen und gemeinschaftlich bewußt; sie bilden nur ein Bewußtsein. Die Einheit und Einfachheit der Seele erklärt das genügend. Denn in allen ihren Vorstellungen ist die Seele das eine Thätige; dadurch sind alle vereinigt. Vom Kinde müssen daher anfänglich alle gleichzeitig gegenwärtigen Empfindungen und Vorstellungen als ein ungetheiltes Ganze aufgefaßt werden, welches sich jedoch alsbald theilt infolge der Bewegungen sowohl der Dinge, als des Kindes. (So z. B. mag dem Kinde der Baum mit seinen Blüten, Blättern, Zweigen, mit seinem Stamm u. s. f. als ungetheiltes Eine erscheinen; ebenso der Accord in der Musik u. s. w.) In Rücksicht auf diese Thatsache kann man demnach den Satz aussprechen (und zwar als allgemeines Gesetz): „**Gleichzeitige Empfindungen und Vorstellungen vereinigen sich in der Seele zu einer Gesammtvorstellung.**"

Es fragt sich nun: **Wie viel können wir auf einmal empfinden oder vorstellen?** — Jeder macht an sich selbst die Erfahrung, dass viele Lichtreize auf seine Gesichtsnerven wirken, während er nur die wenigen empfindet, auf die er seine „**Aufmerksamkeit**" richtet, und dass, während er eifrig beschäftigt ist, so mancher Empfindungsreiz in seine Sinne dringt, ohne dass er sich desselben bewusst wird. Zwar scheint es, dass man zu gleicher Zeit verschiedene Empfindungen sich klar vorstellen könne; aber dem ist nicht so. Denn wir vermögen nicht einmal zwei Empfindungen verschiedener Sinne **gleichzeitig mit völlig gleicher Klarheit** vorzustellen (wir können z. B., wie der Astronom **Bessel** gezeigt hat, der gesehenen Bewegung eines Sternes und des gehörten Pendelschlages einer Uhr genau in demselben Augenblick nicht klar bewusst werden; ebensowenig können wir zugleich den Herzschlag hören und den Pulsschlag fühlen), weil wir nicht auf beide zugleich unsere Aufmerksamkeit mit gleicher Stärke zu richten imstande sind. Dasselbe gilt von zwei Empfindungen desselben Sinnes. (Dies weist **Weber** nach in Bezug auf zwei Gehörsempfindungen, nämlich in Bezug auf das gleichzeitige Hören des Pickens zweier Taschenuhren.) Nicht anders verhält es sich mit den Gedanken; auch diese setzen wir, wenn wir sie klar festhalten wollen, nur nacheinander ins Bewusstsein.

Hieraus folgt: **dass der Inhalt unseres Bewusstseins in jedem Augenblicke nur ein sehr beschränkter ist, dass wir in jedem Augenblicke nur sehr wenige Vorstellungen klar und bewusst aufzufassen vermögen.**

Diese Eigenschaft des Bewusstseins nennt man seit **Locke** die „**Enge des Bewusstseins**". Die Seele gleicht in dieser Beziehung einem Auge, das eine äußerst enge Pupille hat, dabei aber die größte Beweglichkeit besitzt. (Vgl. **Herbart**, Lehrb. d. Psych. § 127; **Volkmann** a. a. O. § 45; **Drobisch**, emp. Psych. § 29; **Steinthal**, Abriss der Sprachwissenschaft, I. Th. 1871, S. 134 f.)

§ 39. **Unwillkürliche und willkürliche Aufmerksamkeit.**

Eine der Bedingungen, von denen die Klarheit und das Beharren der Vorstellungen abhängt, ist die **Aufmerksamkeit***). Unter Aufmerksamkeit im weiteren Sinne versteht man gemeiniglich die Richtung des Bewußtseins auf und die Vertiefung in eine bereits vorhandene oder zu erwartende Sinnesempfindung oder Vorstellung. Sie kann entweder eine von der Vorstellung **erzwungene** (**unwillkürliche**) oder eine von uns **gewollte** (**willkürliche**) sein. Die willkürliche hängt vom Willen ab und **muß gelernt** werden, die unwillkürliche macht sich für gewisse Gegenstände (Reize, Empfindungen und Vorstellungen), obwohl natürlich für verschiedene Gegenstände bei verschiedenen Menschen und Bildungsgraden und mit verschiedener Ausdauer, **ganz von selbst**. Die **ursprüngliche** oder **unwillkürliche** Aufmerksamkeit hängt zuerst ab von der **Stärke**, der **Dauer** und der **Menge** der Reize (Empfindungen) und zweitens von der **Seltenheit**, **Neuheit** und **Unerwartetheit** der Reize (Empfindungen oder Vorstellungen). So wird die Aufmerksamkeit durch eine Menschenmenge, ein auffallend glänzendes Schimmern, ein starkes Geräusch (Knall, Donner), lautes Sprechen, einen penetranten Geruch oder Geschmack, einen bei der Abenddämmerung oft wiederkehrenden unbekannten Bettler, oder durch einen Kometen, eine neue Mode, einen längst für todt gehaltenen Menschen leicht geweckt.

Allein man darf hieraus nicht schließen, daß die **stärksten** Reize immer auch die **intensivsten** Empfindungen zur Folge haben; denn starke Reize stumpfen bekanntlich die Empfänglichkeit schnell ab. So hat z. B. übermäßiges Licht die Blendung, übermäßiger Schall Betäubung zur Folge. Aber auch durch lange **Fortdauer** von einerlei Wahrnehmung wird der Auffassende bald ermüdet und gelangweilt (z. B. durch das Anhören eines Leierkastens), während Mannigfaltigkeit und Wechsel der Wahrnehmungen in gewissen Grenzen für die Stärke des Vorstellens vortheilhaft erscheint. Je stärker aber eine Vorstellung schon ist, desto geringer wird ihre fernere Verstärkung, und es bedarf nur einer mäßigen Zeit, über welche hinaus verlängert der sinnliche Eindruck keine bemerkbare Steigerung der Klarheit der Vorstellung mehr bewirkt. — Auch bei **schwachen** Eindrücken kann eine eben so starke Vorstellung sich erzeugen;

---

*) Die Aufmerksamkeit ist die subjective Bedingung; zu den objectiven Bedingungen der sinnlichen Wahrnehmung gehören die Reize der Außenwelt (z. B. die Schall- oder Lichtwellen ꝛc.).

nur bedarf es erstens dazu einer längeren Zeit, als bei stärkeren Eindrücken, und zweitens muß ihnen die Verfassung unseres Bewußtseins in der Form des **Interesse** entgegenkommen. Im lebhaften Gespräche begriffen, kann mich ein leises Geflüster auf der Straße in nächster Nähe vom Gesprächsstoff ablenken und mich die Antwort meines Freundes überhören lassen. Schaue ich durch ein Fernrohr mitten in den Mond, so kann ein am Rande des Gesichtsfeldes vorüberstreifender Vogel momentan meine Aufmerksamkeit auf sich ziehen.

Ebenso kann auch das **Gewöhnliche**, das **Bekannte**, das **Alltägliche** durch die **Form**, in welcher es erscheint, auf die Aufmerksamkeit reizend wirken. So kann z. B. ein Vortrag über das Bekannteste durch Natürlichkeit, Einfachheit, Klarheit und Bestimmtheit für die Aufmerksamkeit gerade um so reizender werden, je bekannter der Gegenstand desselben ist. Daher interessiert uns ein Mensch oder ein Buch dann am meisten, „wenn wir uns", wie Goethe sagt, „in ihm selbst wiederfinden".

Hauptsächlich erregen solche Gegenstände unsere Aufmerksamkeit, die uns **zum Theile bekannt, zum Theile unbekannt** oder neu sind; denn diese wirken durch den Gegenstand besonders anregend. Bei dem Gespräche über seltene Pflanzenformen empfindet der gewöhnliche Landmann nur Langeweile; kommt aber die Rede auf Pflanzenarten, die gewisse Ähnlichkeit mit den ihm bekannten zeigen, indem sie sich von ihnen nur in einzelnen Merkmalen, z. B. in der Größe, unterscheiden (z. B. beim amerikanischen Weizen), so wird seine ganze Aufmerksamkeit rege.

Die Aufmerksamkeit „**verengt**" das Bewußtsein und concentriert dessen Licht auf eine Wahrnehmung oder Vorstellung. Diese „**Verengung**" hat keinen anderen Sinn, als daß sich das Vorstellen allmählich auf die **Eine** Vorstellung richte, in ihr sich sammle und summiere, die sodann durch ihre Klarheit den Inhalt des Bewußtseins ausfüllt. Durch eine zu große Menge oder einen zu schnellen Wechsel der Reize wird sie **getheilt**, zerstreut, geschwächt und ermüdet. — Drängen sich uns zu viele Gegenstände auf, dann sehen wir sie nicht, sondern wir stieren sie bloß an; in die Tiefe hinabschauend, werden wir, weil das Bewußtsein die Gegenstände auf einmal nicht in sich aufnehmen kann, schwindlig und sehen alles schwarz vor den Augen; der plötzlichen Überfüllung desselben folgt nicht selten Ohnmacht, ja selbst der Tod.

Es gilt daher als Regel: „**Gleichzeitige sinnliche Wahrnehmungen verdunkeln (verdrängen) einander umsomehr,** in je größerer Anzahl sie vorhanden sind. Der Grund hievon liegt in der strengen Einheit der Seele, welche der Netzhaut des Auges gleicht, um deren einzige scharfempfindliche Stelle (den sogenannten „gelben Fleck") eine größere Ausdehnung von symmetrisch abnehmender Reizbarkeit sich erstreckt.

Die willkürliche Aufmerksamkeit ist von einem Wissen und Wollen begleitet. Bei der unwillkürlichen ist der Mensch l e i d e n d, weil sie eine durch den Gegenstand erzwungene ist, bei der willkürlichen Aufmerksamkeit ist der Mensch hingegen t h ä t i g, insoferne er nämlich eine gewisse Vorstellung festzuhalten sucht; jene ist die frühere, die ursprüngliche, diese die spätere, sie wird ohne eigenen Kraftaufwand nie, jedenfalls aber immer erst allmählich errungen. Die willkürliche Aufmerksamkeit muß durchaus erst gelernt werden; die Concentration derselben läßt sich selbst durch ernstes Wollen vom Kinde auf längere Zeit nicht hervorbringen. (Kinder vermögen bekanntlich nicht, einen, wenn auch sinnlichen Eindruck durch längere Zeit festzuhalten.) (Von der willkürlichen Aufmerksamkeit später.)

§ 40. Vergleichung der Vorstellungen rücksichtlich ihres Inhalts.

Vergleicht man die einzelnen Vorstellungen ihrem Inhalte nach miteinander, so sind sie entweder g l e i c h e oder u n g l e i c h e; im letzteren Falle entweder u n v e r g l e i c h b a r oder v e r g l e i c h b a r, d. h. sie haben entweder gar nichts oder doch einen Theil ihres Inhalts miteinander gemein. Jene heißen d i s p a r a t e, diese c o n t r ä r e. G l e i c h sind Vorstellungen, die sich nicht durch ihre Qualität, sondern nur hinsichtlich der Quantität ihres Vorstellens unterscheiden lassen. D i s p a r a t sind Vorstellungen, deren Inhalt nicht nur ungleich, sondern unvergleichbar ist; c o n t r ä r, deren Qualitäten zum Theile gleich, zum Theile zwar ungleich, aber doch vergleichbar sind. Der Gegensatz der Vorstellungen läßt verschiedene Abstufungen zu, je nachdem in dem Inhalte der Vorstellungen das Gleiche über das Ungleiche oder Entgegengesetzte, oder umgekehrt das Ungleiche über das Gleiche das Übergewicht hat, oder endlich des Gleichen ebensoviel als des Entgegengesetzten in den vergleichbaren Vorstellungen gefunden wird.

So sind z. B. die Empfindungen verschiedener Sinne disparat, wie Farbe und Geruch, Ton und Geschmack. Wir sehen die weiße Farbe des Zuckers, fühlen seine Härte, schmecken den süßen Geschmack desselben

u. s. f. — Gleich sind die Empfindungen, die sich durch den Inhalt von einander nicht unterscheiden lassen, wohl aber durch die Stärke, durch die Zeit, z. B. meine heutige schwache Empfindung eines bestimmten Grün und meine gestrige stärkere Empfindung desselben Grün. — An die Gleichheit schließt sich der niedrigste Grad des Gegensatzes als kaum wahrnehmbarer Unterschied an, wie zwischen Braun und lichtschwachem Gelb, Rothbraun und lichtschwachem Roth, Grau und lichtschwachem Weiß. Dieser Gegensatz, z. B. zwischen Grau und lichtschwachem Weiß, steigert sich stetig fort bis zum Weiß und Schwarz, nie aber bis zum Weiß und Nichtweiß 2c. Ein Nichtweiß, Nichtroth 2c. wird nie gesehen, ein Nicht c, eine Pause, nie gehört. Rein negative Empfindungen gibt es nicht. Daher kann hier der contradictorische Gegensatz gar nicht in Betracht kommen.

§ 41. Gleiche Vorstellungen vereinigen sich in eine einzige.

Zwei oder mehrere qualitativ ganz gleiche Vorstellungen gehen im Falle der Gleichzeitigkeit in eine einzige Vorstellung über, da sie die gleiche Thätigkeit einer und derselben einfachen Seele sind. Die oftmaligen Vorstellungen, die wir von unserer Wohnstube gehabt haben, wie auch von unseren Geräthschaften, unserem Arbeitstisch, unserem Handwörterbuch u. s. f., verschmelzen für je eines dieser angeschauten Dinge zu einer Vorstellung, wobei eine Verstärkung derselben stattfindet, so daß die resultierende Vorstellung stärker (intensiver) ist, als jede einzelne von denen, die zu ihrer Verstärkung beitrugen.

§ 42. Disparate Vorstellungen complicieren sich.

Sind die mehreren Vorstellungen rein verschiedene, disparate, wie die Vorstellungen eines Tones, einer Farbe, eines Geschmackes, Geruches u. s. f., so können sie, wenn sie in der Seele gleichzeitig zusammentreffen, freilich nicht in eine gleichartige Summe zusammengehen; sie bleiben vor und nach der Vereinigung verschieden. Und weil zwischen ihnen weder Gegensatz, noch Einerleiheit stattfindet, so können sie einander weder schwächen, noch verstärken. Doch können sie, da sie in der einfachen Seele zusammen sind, nicht ohne Wechselbeziehung nebeneinander bleiben; sie müssen also zu einem Totalact der Seele, zu einer Gesammt-

Vorstellung zusammengehen, unbeschadet ihrer Quantität und Qualität. In der That ergibt sich in vielen Fällen aus solchen Vorstellungen eine so innig zusammengesetzte einige Vorstellung, dass die vollkommen klar bewusste Unterscheidung ihres verschiedenen Inhaltes zuweilen nicht leicht, die Abtrennung des Verschiedenen von einander auch nur im abstrahierenden Denken stets sehr schwer fällt und fast zu einer Unmöglichkeit geworden ist. Man denke nur an die Gruppen der mehreren disparaten Merkmale, die wir unbedenklich und durchweg als je ein Ding auffassen, an die Schwierigkeit, Wort und Gedanken zu trennen, an die Gewohnheit, in vielen Sphären die Verschiedenheit des Zeichens von der bezeichneten Sache gar nicht mehr zu beachten, sondern das erstere so zu nehmen und zu bieten, als wäre es die Sache selbst. Dergleichen Verbindungen disparater Vorstellungen nennt man Complicationen oder Complexionen.

§ 43. Entgegengesetzte Vorstellungen hemmen sich gegenseitig.

Wenn zwei oder mehrere entgegengesetzte Vorstellungen, z. B. die Töne c und h aus einer Octave, zugleich vorgestellt werden sollen, so verlangt die Einfachheit der Seele, dass die beiden Vorstellungen vollständig in einem Totalact zusammengefasst und vereinigt werden; der Gegensatz in ihrem Inhalte läst dieses aber nicht ohne weiteres zu. Die Vorstellungen werden deshalb der Vereinigung widerstreben. Dennoch können sie sich dem endlichen Eintritt der Vereinigung nicht entziehen, weil sie gleichzeitige Thätigkeiten eines und desselben einfachen Wesens sind. Folglich muss das Hindernis überwunden werden; es muss eine gewisse Modification der entgegengesetzten Vorstellungen eintreten, nach welcher eine Verbindung der widerstrebenden Vorstellungen möglich ist. Nun lehrt die Erfahrung, dass diese Modification weder eine Veränderung des Inhaltes der Vorstellungen ist, noch eine Aufhebung ihres Daseins. Ferner lehrt die Erfahrung, dass eine Verdunkelung unter entgegengesetzten, gleichzeitigen Vorstellungen, wenn auch nur an unbestimmt vielen, erfolgt. Das Quantum des Gegensätzlichen besteht allerdings nur in der Summe des Ungleichen, welches den in Widerstreit befindlichen Vorstellungen innewohnt, und es würde zum Zwecke der Vereinigung genügen, wenn lediglich dieses gebunden wäre. Nachdem aber das Ungleiche von dem Gleichen, welches den betreffenden Vorstellungen gemein ist, nur in der Abstraction unterschieden, nicht in Wirklichkeit gelöst und getrennt werden kann, so muss mit dem Ungleichen zweier Vorstellungen zugleich das Gleiche gebunden werden. Dieses heißt so viel als: jede von den beiden Vorstellungen, ganz und ungetheilt, wie sie ist, wird insoweit gebunden, als es zu ihrer Vereinigung nöthig ist. Die Folge davon ist nämlich die, dass die Klarheit derselben im Bewusstsein geringer erscheint. Es kommt nun auf eins heraus, zu sagen: die Seele bewirkt die in Rede stehende Modification, oder die Vorstellungen modificieren sich gegenseitig. Die Seele wirkt nur durch ihre Thätigkeiten, und diese sind ihre Vorstellungen. Wie diese einander entgegengesetzt sind, so sind sie, bei Gleichzeitigkeit, auch w i d e r e i n a n d e r thätig, sie wirken gegeneinander, die eine hindert die andere, jede leidet von der anderen; jede bindet die andere bis zu einem gewissen Grade. Herbart nennt dies: h e m m e n, H e m m u n g. Mit dem Worte: H e m m u n g bezeichnet man das W i d e r = e i n a n d e r w i r k e n e n t g e g e n g e s e t z t e r V o r s t e l l u n g e n s a m m t s e i n e m E r f o l g e, i h r e r t h e i l w e i s e n o d e r g ä n z l i c h e n V e r = w a n d l u n g i n b e w u s s t l o s e Z u s t ä n d e d e r S e e l e. Demnach ist die Hemmung keineswegs gleichbedeutend mit der Vernichtung der Vor= stellung, sondern die Vorstellung bleibt, und nur das V o r s t e l l e n hört auf. Die Hemmung der Vorstellungen ist gegenseitig, weil der Gegensatz gegenseitig ist.

Durch die Hemmung wird nicht bloß die Verminderung der Klar= heit der Vorstellungen herbeigeführt, sondern es wird zugleich auch das Hindernis ihrer Vereinigung hinweggeräumt, s o d a s s e n t g e g e n g e s e t z t e V o r s t e l l u n g e n n a c h e i n g e t r e t e n e r t h e i l w e i s e r H e m m u n g s i c h v e r e i n i g e n, natürlich nur insoweit, als sie eben nicht gehemmt sind; denn nur dieser Theil der Vorstellungen steht noch frei zur Dispo= sition. Es vereinigen sich also nur die nach der Hemmung noch frei und klar gebliebenen Theile oder Reste der Vorstellungen zu z u s a m m e n = g e s e t z t e n. Dergleichen Vereinigungen entgegengesetzter Vorstellungen nach ihren ungehemmten Resten nennt man (seit H e r b a r t) V e r s c h m e l = z u n g e n, und zwar u n v o l l k o m m e n e, während die totalen Vereini= gungen von gänzlich ungehemmten Vorstellungen v o l l k o m m e n e V e r = s c h m e l z u n g e n (Complicationen) heißen. (Vgl. Herbart, Pſ. I. Th. § 29 und § 36; Lehrb. § 10; S c h i l l i n g, Pſ. 23.)

44. Von den Vorstellungen als Kräften.

Soferne eine Thätigkeit Hindernisse findet und diese theilweise oder ganz überwindet oder überwinden kann (insoferne sie also eine Veränderung hervorbringt oder hervorbringen kann), nennt man sie **Kraft**. Da nun jede Vorstellung durch entgegengesetzte Widerstand findet, den sie zu überwinden strebt, da also jede Vorstellung Hemmung erleiden **kann**, so sieht man die Vorstellungen insoferne als **Kräfte**, als **geistige Kräfte** (Seelenkräfte) an, und durch ihr Spiel wird die Mannigfaltigkeit des Bewußtseins und sein Wechsel bewirkt.

§ 45. Streben vorzustellen.

Die Beobachtung lehrt ferner, daß gänzlich oder auch nur theilweise verdunkelte Vorstellungen häufig selbst ohne Erneuerung der Bedingungen ihrer Entstehung ihre frühere Klarheit wiedergewinnen, d. h. die gehemmten Vorstellungen können wieder in den Stand von ungehemmten, freien zurückkehren, von welchem die Klarheit im Bewußtsein unzertrennlich ist. Selbstverständlich ist die Hemmung ein gewaltsamer, nur durch die Wirksamkeit entgegengesetzter Kräfte herbeigeführter Zustand, dem jede davon betroffene Vorstellung mit ihrer eigenen Macht entgegenwirkt oder widerstrebt. Die Anspannung ihrer Kraft zur Ab- und Gegenwehr ist um so größer, je stärker der Angriff ist. Somit ist die gehemmte Vorstellung in der Seele vorhanden nicht lediglich als Vorstellungsthätigkeit ohne Bewußtsein, sondern zugleich als eine der Hemmung widerstrebende Thätigkeit, die zur Klarheit, ihrem natürlichen und ursprünglichen Zustande, zurückstrebt, also **ein Zurückstreben zum Vorstellen mit Bewußtsein**. Wird nun der hemmende Einfluß der entgegengesetzten Vorstellungen beseitigt, und dies kann dadurch geschehen, daß ihre Kraft anderweit in Anspruch genommen wird, so erlangt die gehemmte Vorstellung durch eigene Kraft ihre Freiheit und ihre Klarheit wieder, gleichwie eine niedergedrückte Sprungfeder, wenn das drückende Gewicht entfernt wird, durch ihre eigene Spannkraft in ihre frühere Lage und Höhe zurückschnellt.

Zur Beseitigung von Mißverständnissen einiger oben gebrauchter Ausdrucksweisen diene Folgendes: Es war von Theilen einer Vorstellung die Rede, einem gehemmten Theile und einem ungehemmten, oder von den „Resten nach der Hemmung",

d. h. von dem Reste der Vorstellung, der nach der Hemmung klar geblieben. Wirkliche extensive Theile, abschneidbare Stücke, haben die Vorstellungen nicht. Sie sind vielmehr als Thätigkeiten oder Zustände der Seele Intensitäten (Untheilbares) und jede Vorstellung kann darum nur als Ganzes gehemmt werden.

§ 46. Größe der Hemmung.

Da der Gegensatz unter den Vorstellungen ein gegenseitiger (§ 43) ist, so ist ebenso ihre Hemmung wechselseitig; dieser Hemmung kann sich keine der im Widerstreite befindlichen Vorstellungen gänzlich entziehen, und wäre sie auch noch so stark. Offenbar ist es, daß die stärkeren Vorstellungen einer Hemmung (Verdunkelung) verhältnismäßig stärkeren Widerstand leisten, also weniger Verdunkelung erleiden werden, als die schwächeren, welche sich einer verhältnismäßig größeren Hemmung nicht werden erwehren können. Diese letzteren werden also mehr verdunkelt werden, und da sie ursprünglich (schon beim Eintritt ins Bewußtsein) eine verhältnismäßig geringe Klarheit besitzen, so wird es nun leicht geschehen können, daß ihrer viele durch wenige stärkere gänzlich verdunkelt werden. Damit ist das Vergessen nebst der Enge des Bewußtseins (§ 38) erklärt. Von den unzählig vielen in der Seele nach und nach entstandenen Vorstellungen, von den erworbenen Kenntnissen kann in jedem Augenblicke verhältnismäßig immer nur äußerst wenig bewußt sein, das Übrige ist durch das Gegenwärtige verdrängt.

§ 47. Gleichgewicht unter sich hemmenden Vorstellungen.

Sind nun von den im Kampfe befindlichen Vorstellungen nicht bloß die schwächeren ganz verdrängt, sondern auch die übrigen, sich im Bewußtsein noch haltenden, jede soweit verdunkelt, als es ihr nach Maßgabe der wirkenden Kräfte gebürt, so ist zu weiterer Hemmung kein Grund mehr vorhanden, und die Vorstellungen sind in Ruhe oder im Gleichgewicht; jede hat ihren Gleichgewichtspunkt erreicht. Allein dies Gleichgewicht, in welchem die Vorstellungen bis auf einen gewissen Grad verdunkelt sind, wird nicht plötzlich, sondern durch stetige Übergänge gewonnen. Denn es hängt ab von dem Gegeneinanderwirken der Vorstellungen; je mehr aber ihrem Kampfe durch verhältnismäßige Verdunkelung der einzelnen Vorstellungen bereits genüge geschehen ist, umsoweniger scharf und kräftig stehen sie sich entgegen. Der lässigere Streit bringt auch nur eine geringere Nöthigung zu weiterer Verdunkelung mit sich. Diese Nöthigung wird im Verlaufe des sich immer mehr abschwächenden Kampfes sogar unendlich klein werden, aber eben darum wird ihr Ziel, die absolute Ruhe, in keiner Zeit ganz erreicht sein. Die kämpfenden Vorstellungen verdunkeln sich demnach anfangs zwar ziemlich beträchtlich und schnell, späterhin aber nur noch wenig und langsam, indem sie immer in einem leisen S ch w a n k e n und S ch w e b e n begriffen sind. In der That findet man bei der Selbstbeobachtung nie etwas Feststehendes und Stillhaltendes; fortwährend treten n e u e Wahrnehmungen ein, die mit den vorhandenen, dem Gleichgewichte bereits nahegekommenen, in verschiedenen Verbindungen und Gegensätzen stehen können, wodurch sich das alte Spiel um den Gleichgewichtspunkt erneuert. (Ein Wort setzt z. B. ganze Gedankenreihen in Bewegung und weckt die mannigfachsten Gefühle und Begehrungen.) Doch geht aus dem Vorhandensein a n sch a u l i ch e r Vorstellungen von sinnlich wahrgenommenen und Phantasie-Objecten wenigstens so viel hervor, dass mehrere gleichzeitig gegebene entgegengesetzte Vorstellungen dem Gleichgewichte in einer endlichen Zeit in der That sich annähern, dass es also wirklich einen r e l a t i v e n Gleichgewichtspunkt geben muss. Ein ruhiges Bild, z. B. eine Landschaft, die Verschmelzung einer Vielheit von Empfindungsvorstellungen wäre nicht möglich, wenn die verschmolzenen Grundempfindungen sich nicht wenigstens nahe im Gleichgewichte befänden. Sie würden sich außerdem in einer unaufhörlichen Unruhe befinden, bei der eine gleichzeitige Auffassung der Theile des Bildes (z. B. der Landschaft), die eben das Anschauliche kennzeichnet, nicht möglich wäre*).

In diesem Sinne spricht man von einer „B e w e g u n g" der Vorstellungen, die also nur auf eine Reihe intensiver Veränderungen, d. h. auf die Ab- und Zunahme der Klarheit der Vorstellungen Bezug hat. Dass dabei nicht an eine Ortsveränderung zu denken ist, sondern das Wort nur im metaphorischen Sinne genommen wird, versteht sich nach allem Vorigen von selbst. Mit den Ausdrücken „S i n k e n" und „S t e i g e n" bezeichnet man zwei einander entgegengesetzte Arten von

---

*) „In Ruhe finden wir uns nie vollkommen; die Begebenheiten in uns sind immer schon im Gange, wenn wir anfangen, uns zu beobachten; und die früheren Ereignisse sind noch nicht vollkommen zu Ende, indem schon etwas Neues beginnt." (Herbart Kl. Schr. III. S. 259.) „Unser Gemüth ist sehr bald beinahe, aber nimmermehr völlig in Ruhe." (Ders., Ps. I. § 74.)

Bewegungen der Vorstellungen. Entweder nimmt die Klarheit einer Vorstellung ab und die Verdunkelung (Hemmung) zu, oder umgekehrt diese ab und die Klarheit zu. Die Abnahme der Klarheit und die Zunahme der Hemmung heißt das **Sinken**, die Zunahme der Klarheit und Abnahme der Hemmung das **Steigen** der Vorstellungen. Die eben entstandene (zum ersten Male vorhandene) Empfindung kann nur sinken; die gesunkene kann aber wieder steigen. (Vgl. Herbart Pf. als Wiss. I. Th. § 74; Lehrb. § 13 f.; Kl. Schr. I. Th. XIII. S. 359 f.; und Bd. II. XIII. Anm. S. 449 f.; Volkmann Pf. §§ 54 u. 55; Elemente §§ 29 u. 37; Schilling a. a. O. § 23.)

Mit der Berechnung des „Gleichgewichtes" und der „Bewegung" der Vorstellungen beschäftigt sich die von Herbart begründete mathematische Psychologie. Die Lehre vom Gleichgewichte der Vorstellungen bildet den ersten, die von der Bewegung der Vorstellungen den zweiten Haupttheil der mathematischen Psychologie. Herbart hat diese zwei Theile auch „Statik" und „Mechanik" des Geistes genannt, wobei aber zur Verhütung von Mißverständnissen zu bemerken ist, daß sich die mathematische Psychologie nur mit den **quantitativen** Verhältnissen der psychischen Vorgänge befaßt und das Qualitative nur soweit in Betracht zieht, als es auf jene Einfluß hat oder von ihnen beeinflußt wird.

Die Untersuchungen der Statik des Geistes beginnen mit zwei verschiedenen Größenbestimmungen. Herbart nennt sie die „**Hemmungssumme**" und das „**Hemmungsverhältnis**". Jene bezeichnet dasjenige Quantum des Vorstellens, welches von den einander entgegenwirkenden Vorstellungen zusammengenommen gehemmt werden muß, damit ihrer Vereinigung kein Hindernis mehr entgegensteht. Da nun nicht eine der beiden Vorstellungen allein die Hemmung tragen kann, weil jede der anderen widersteht, jede die Gegenkraft der andern ist, also auch jede von der andern zu leiden hat, so hat man alsdann auch noch zu bestimmen, in welchem Verhältnis die Hemmungssumme sich auf die beiden im Widerstreite befindlichen Vorstellungen vertheilt — **Hemmungsverhältnis**. Hieraus ergibt sich der Satz: Die Hemmungssumme vertheilt sich auf die Hemmungsantheile im **umgekehrten Verhältnis der Stärke und im directen der Gegensatzgrade der Vorstellungen.**

Durch wirkliche Rechnung fand Herbart das merkwürdige Resultat: daß unter zwei Vorstellungen eine die andere niemals ganz verdunkelt, wohl aber unter dreien oder mehreren sehr leicht eine ganz verdrängt, und ungeachtet ihres fortdauernden Strebens so unwirksam gemacht werden kann, als wäre sie gar nicht vorhanden. Ja, dies kann einer wie immer großen Anzahl von Vorstellungen begegnen, und zwar durch zwei oder überhaupt durch wenig stärkere. Darin liegt die Erklärung der nach Locke sog. „Enge des Bewußtseins", „jener engen Pupille des geistigen Auges". (Wer einen Einblick thun will in die mathematische Psychologie, sehe Herbart, Pf. als Wiss. neu gegründet auf Erfahrung, Metaphysik und Mathematik I. Th. §§ 41—102; Trobisch, Mathemat. Pf. §§ 35—170; Volkmann, Elemente § 27—40; und dessen Pf. § 40 f.)

§ 48. Begriff und Arten der Reproduction.

Die Selbstbeobachtung zeigt uns, daß die in der Seele einmal entstandenen Vorstellungen, wenn sie auch durch andere Vorstellungen aus dem Bewußtsein verdrängt werden, darum doch nicht für die Seele verloren sind, sondern in ihr noch fortbestehen und unter gewissen Bedingungen mit ganzer Lebhaftigkeit wieder in das Bewußtsein eintreten können. Die Rückkehr der verdunkelten Vorstellungen in das Bewußtsein heißt ihre Reproduction.

Eine früher gehabte Vorstellung kann entweder unmittelbar wieder hervortreten, bloß durch das Wegfallen des Gegensatzes (also lediglich durch eigene Kraft), dann heißt sie eine freisteigende; oder mittelbar durch verschmolzene Vorstellungen, sobald diese als Hilfen wirken, dann heißt sie eine gehobene. Im ersten Fall wirkt die früher gehabte Vorstellung wie eine gedrückte Uhrfeder, die sich aufrichtet, sobald der Druck endet, das Hindernis gehoben wird; sie steigt durch eigene Kraft; im zweiten überwindet die durch Hilfen verstärkte Vorstellung den auf ihr lastenden Druck und steigt durch jene Verstärkung.

Die mittelbare Reproduction setzt die unmittelbare voraus. Denn die mittelbare Reproduction ist die Reproduction durch eine Hilfsvorstellung, die selbst zunächst oder entfernt unmittelbar reproduciert wird. Würde nicht die Hilfsvorstellung unmittelbar wieder erweckt, so könnte auch nicht die durch sie gehobene Vorstellung mittelbar reproduciert werden.

§ 49. Unmittelbare Reproduction.

Die unmittelbare Reproduction der Vorstellungen findet nur dann statt, wenn eine der verdunkelten (gehemmten, verdrängten) Vorstellung gleiche Empfindung in das Bewußtsein tritt. Diese zweite Empfindung wird nämlich mit denjenigen Vorstellungen in Kampf gerathen und sie hemmen, durch deren Wirksamkeit die früher gehabte, der jetzigen Empfindung ähnliche Vorstellung verdunkelt ist. Werden also jene Vorstellungen durch den Eintritt der neuen Empfindung in ihrer Thätigkeit gegen unsere ältere Vorstellung suspendiert, so kehrt diese letztere gleichsam durch eigene Kraft wieder in das Bewußtsein zurück und wegen ihrer Gleichheit und Ähnlichkeit mit der neu gegebenen Empfindung wird sie mit dieser verschmolzen. So verstärken sich die älteren (schon gehabten) Vorstellungen durch wiederholte Wahrnehmungen oder Perceptionen derselben Reize. Wenn so etwas nicht geschähe, würden uns die Gegenstände nimmer als bekannte und längst bekannte erscheinen, sondern jede wiederholte Wahrnehmung eines Gegenstandes müsste sich als die erste Perception des noch ganz fremden darstellen. In der That können wir bei wiederholten Wahrnehmungen eines und desselben Gegenstandes das Hervortreten der älteren gleichen Vorstellungen nicht selten wirklich beobachten. Wichtig ist auch der Umstand, dass die unmittelbare Reproduction sich nicht lediglich auf die ältere gleiche oder ähnliche Vorstellung beschränkt, sondern auf die mehr oder weniger ähnlichen (gleichartigen) insoweit übergeht, als auch ihnen Befreiung durch die neue Wahrnehmung zutheil wird.

Beispiele. Der Ton einer Stimme bringt uns einen ähnlichen, sonst gehörten; der Geschmack eines Weines einen sonst gekosteten; die Empfindung eines stechenden Schmerzes einen andern sonst empfundenen ähnlichen ins Bewusstsein, ungeachtet beide Empfindungen oder Vorstellungen vorher nie zugleich beisammen waren, noch unmittelbar auf einander folgten. — Von selbst kommen alle sehr oft wiederholten gleichen Vorstellungen wieder ins Bewusstsein. Unsere täglichen Beschäftigungen stehen uns immer, stehen uns gleich beim Erwachen (aus dem Schlafe) vor Augen. Dem Leidenschaftlichen kehrt die Vorstellung, an der seine Leidenschaft haftet, unaufhörlich zurück, drängt sich wider seinen Willen in all sein übriges Thun und Denken ein, um es zu stören. Daher die Klage der von einer heftigen Leidenschaft Ergriffenen, dass sie sich in allem Geschäft gehindert sehen, und unfähig sind, etwas mit Besonnenheit zu treiben, was nicht eben auf den Gegenstand der Leidenschaft Beziehung hat. Denkt man sich nämlich jede Vorstellung in einem gewissen Streben zur Thätigkeit, gleichsam in einer Bewegungsspannung, so wird stets diejenige am leichtesten erweckt werden, welche sich in der grössten Spannung befand, oder deren Streben mit der Richtung des neuen Stosses (oder Reizes) zusammenfällt. Wer vorherrschend von einer Vorstellung erfüllt ist, dem wird diese durch jeden neuen Anstoss wieder lebendiger erregt. Diese vorherrschenden Vorstellungen nämlich sind für die Reproduction stark durch ihre Verbindungen. Die gewöhnlichsten Umgebungsvorstellungen können sogleich zu ihnen leiten, und sie drängen herzu. Wäre die Vorstellung der Leidenschaft nicht in so vielfache Verbindung gebracht, und dadurch zu einer solchen Stärke gelangt, sie würde viel eher zu bändigen sein. Da nun ausserdem ihr Gefühl überwältigend ist, so begreift sich zugleich, wie sie, wenn sie sich erst wieder geltend gemacht hat, nun auch die Stimmung beherrschen und zu anderer zweckmässiger Arbeit um so unfähiger machen kann. Die ruhenden Vorstellungen (oder „beruhigten", wie sie Stiedenroth nennt) stehen in einem Gleichgewicht, in welchem jede das Bewegungsstreben („Streben vorzustellen") der andern hemmt; ein Anstoss auf irgend eine Seite bringt eine Reihe von Bewegungen hervor, welche in neuer Herstellung des Gleichgewichts durch Fortschreitung nach anderer Seite ihr Ende findet. So wird stets am leichtesten das Gleiche oder Ähnliche erregt, welches sozusagen in der Richtung des Stosses sich zu bewegen strebte, oder was, in enger (simultaner oder successiver) Verbindung mit dem jedesmal Erregten stehend, die Gleichgewichtsstörung am lebhaftesten empfindet.

§ 50. Mittelbare Reproduction.

In den meisten Fällen schließt sich an die unmittelbare die **mittelbare** Reproduction an. Man nennt diese mittelbare Reproduction auch „**Ideenassociation**". Kommt nämlich eine mit der Vorstellung b verschmolzene Vorstellung a nach Wegfall der Hemmung wieder ins Bewußtsein, so reproduciert sie die mit ihr associierte Vorstellung b. Die Reproduction des b ist somit in der Reproduction des a begründet. Also ist a das **Mittel** (die **Hilfsvorstellung**), durch welches b zur Reproduction gelangt, vorausgesetzt, daß die aus a und b zusammengesetzte Gesammtkraft imstande ist, die Hindernisse zu beseitigen, die etwa dem Steigen des b entgegenstehen. Die Vorstellung a nennt man die **Hilfe** (oder **Hilfsvorstellung**) der b, oder allgemeiner: a ist Hilfe für alle mit ihr gleichen und verschmolzenen Vorstellungen. Je mehr Hilfen eine Vorstellung hat, desto öfter wird sie zum wirklichen Vorstellen gelangen. (Wer sehnlichst hofft, der setzt alles in Beziehung zu seiner Hoffnung; ebendeswegen wird die Hoffnung eine Menge Hilfen erhalten, wodurch sie zur Reproduction gebracht wird.)

1. Von der verschiedenen Stärke der Vorstellungen und dem verschiedenen Grade ihrer Vereinigung hängt die Größe des Beitrags ab, den eine Vorstellung zu einer Gesammtthätigkeit gibt. Soll die ganze Stärke einer Vorstellung a sich verbinden mit einer andern b, so darf a gar nicht gehemmt sein. Ist aber a in irgend einem Grade gehemmt — und es kann in unendlich verschiedenen Graden gehemmt werden — so verbindet sich a nur in dem Grade, in welchem es noch frei (unverdunkelt, unberuhigt) ist, mit einem andern Ausdrucke: es verbindet sich nur sein ungehemmter Rest mit b, und je kleiner dieser Rest ist (je geringer der Klarheitsgrad), um so kleiner ist der Beitrag, den a zu der entstehenden Gesammtthätigkeit liefert. Nach diesem Beitrag richtet sich nun die Größe der Thätigkeit, die a für b aufwenden kann, wenn letzteres durch ersteres zu reproducieren ist; und da b, wenn auch ganz gehemmt, doch nicht eine reine Passivität ist, sondern ein Streben vorzustellen, das auch seinerseits wider die ihm entgegenstehenden Vorstellungen wirkt, so bezeichnet man die Kraft, mit welcher a das ihm verbundene b zu erwecken sucht, als die Hilfe, die b von a erhält. — Andererseits ist nun auch b entweder vollkommen ungehemmt, oder nur einem größeren oder kleineren ungehemmten Maße nach vereinigt mit a. Nur so weit, als beide miteinander vereinigt sind, sind sie zu einer Gesammtthätigkeit (Gesammtvorstellung) geworden. Die gegenseitige Hilfeleistung und Einwirkung kann sich activ und passiv nur bis zu den Graden erstrecken, in welchen sie vereinigt sind, d. h. a hilft nur in dem Verhältnis, in welchem es vereinigt ist mit b, und sucht dieses letztere auch nur bis zu dem Grade zu heben, in welchem es vereinigt ist mit a, oder was dasselbe, a hilft nur zur Wiederherstellung derjenigen Klarheit von b, in welcher b mit a verschmolzen

ist: das ist die Grenze der reproducierenden Wirksamkeit, die a auf b äußert. Um übrigens diese äußerste Wirksamkeit ausüben zu können, muſs a selbst wenigstens in demjenigen Grade wieder frei und klar geworden sein, in welchem es mit b vereinigt ist; wäre es etwa noch mehr als bis zu diesem Punkte gehemmt, so würde seine Thätigkeit insoweit durch die es hemmenden Vorstellungen in Anspruch genommen sein, und nicht für b eintreten können.

2. Volkmann (Pſ. § 65) drückt das allgemeine Gesetz dieses Paragraphen so aus: „Jede unmittelbar reproducierte Vorstellung reproduciert die mit ihr verschmolzenen Vorstellungen, und so jede Theilvorstellung ihre Gesammtvorstellung." —

§ 51. Gesetze der mittelbaren Reproduction.

Das allgemeine Gesetz, demzufolge Vorstellungen sich miteinander verbinden, oder was dasselbe ist, infolgedessen die Seele Vorstellungen miteinander verknüpft, ist das der Gleichzeitigkeit oder Coexistenz. (§ 39.) Man unterscheidet aber gewöhnlich vier Gesetze der Reproduction, nämlich: 1. Das Gesetz der Ähnlichkeit, 2. des Contrastes (oder Gegensatzes), 3. der Gleichzeitigkeit und 4. der Reihenfolge (Succession).

§ 52. Das Gesetz der Ähnlichkeit

fordert die Reproduction ähnlicher Vorstellungen. Ähnliche Vorstellungen sind z. B. ab und ac. Das a der Gesammtvorstellung ab reproduciert durch Gleichheit das a der Vorstellung ac, das b und c durch Gleichzeitigkeit. Das Gleiche der ähnlichen Vorstellungen verstärkt sich, während das Ungleiche sich gegenseitig hemmt und gerade durch diese Hemmung wechselseitig festhält. (So erinnert das wohlgetroffene Porträt an das Urbild, ein Haus an das andere. Die Melodie, die wir gegenwärtig hören, erregt wegen ihrer Ähnlichkeit die Erinnerung an eine längst verklungene aus früher Jugendzeit. Eine Anekdote, die uns erzählt wird, ein Witzwort, das uns frappiert, erinnert uns an eine ähnliche Anekdote, an eine verwandte witzige Äußerung. Die Vorstellung gewisser Gemüthszustände bringt die Vorstellung der dazu gehörigen Gegenstände herbei. Will man sich den Zorn oder die Freude vorstellen, so denkt man sofort an irgend etwas, worüber man sich freuen oder erzürnen könne.)

Auf diesem Gesetze beruht die Wirkung der Metapher, der Bilder, Gleichnisse, Allegorien. In der Metapher wird statt einer gewissen Vorstellung eine andere gesetzt, deren Inhalt mit dem Inhalte jener überwiegende Identität, aber doch zugleich einen Gegensatz besitzt, z. B. das Schiff der Wüste für Kameel; er war ein Löwe in der Schlacht; blinder Zorn.

§ 53. Das Geſetz des Widerſtreites

fordert die Reproduction widerſtreitender Vorſtellungen. Begegnen wir z. B. einem auffallend dicken, kugeligen Menſchen, ſo fällt uns wohl die ebenſo auffallend hagere und lange Geſtalt eines unſerer Bekannten ein. Durchwandern wir ein enges, finſteres, von ſchroffen Felſen umgebenes Thal, ſo erinnern wir uns wohl einer gerade entgegengeſetzten, heiteren, offenen Gegend. Das armſeligſte Leben erinnert an das üppigſte; ein Stümper oder Pfuſcher an einen Meiſter. — (Doch muſs hier erinnert werden, daſs es keinen Widerſtreit gibt, außer zwiſchen gleichartigen Vorſtellungen. Eine reiche Gegend und Geiſtesarmuth bilden an und für ſich keinen Widerſtreit.)

Der Contraſt beruht auf dem Überwiegen des Ungleichen über das Gleiche. Das Gleiche, das in dem Inhalte contraſtierender Vorſtellungen vorkommt, läſst nicht zu, daſs ſie ganz und gar unverbunden bleiben, das Ungleiche oder Entgegengeſetzte in denſelben hindert das Übergehen derſelben in eine Geſammtkraft (Geſammtvorſtellung). Der Gegenſatz hält die Glieder auseinander, welche die Identität zu vereinigen ſtrebt. Da nun im Contraſt der Gegenſatz der Glieder größer iſt, als ihre Identität, ſo wird letztere umſomehr verdunkelt und in den Hintergrund gedrängt, je größer eben der Gegenſatz iſt, während die contraſtierenden Glieder mit beſonderer Klarheit an einander ſtoßen. Daher die Sprichwörter: „Extreme berühren ſich"; ferner: „Contraria juxta se posita. eo magis elucescunt". Ein geiſtreicher Franzoſe ſagte: „Du sublime au ridicule n'est qu'un pas". — Auf der Verknüpfung der Contraſte beruhen Wortſpiele, Witz und Ironie. Z. B. Falſtaff ſagt zu ſeinem Fähnrich Piſtol: „drücke dich aus unſerer Geſellſchaft ab — Piſtol". — Das Wortſpiel iſt hier ein doppeltes.

§ 54. Das Geſetz der Coexiſtenz

pflegt ſo ausgedrückt zu werden: „Vorſtellungen, welche gleichzeitig im Bewuſstſein waren, reproducieren einander, und zwar durch mittelbare Reproduction, weil ſie Theile einer Geſammtvorſtellung ſind." (Die Vorſtellung des Marktes z. B. weckt leicht die Vorſtellung der Krambuden, der Waaren, der Spielſachen, der Geſpielen, der Munterkeit und Sorgloſigkeit dabei. Die Vorſtellung des Heimatsortes ruft leicht die Vorſtellung der Begebenheiten und Erlebniſſe unſerer Jugend hervor. Die Vorſtellung der Jahreszahl führt auf die Vorſtellung einer in das Jahr fallenden Begebenheit, der Schlag der Uhr auf ein an die Stunde gebundenes Geſchäft.)

Es reproducieren sich nicht nur Vorstellungen, die einem und demselben Sinne, sondern auch solche, die verschiedenen Sinnen angehören, wenn sie coexistierten. Die Vorstellung eines Geruches weckt die Vorstellung des Geschmackes, und diese die Vorstellung eßbarer Sachen. Am liebsten und leichtesten associieren sich Gesichts- mit Gehörsvorstellungen, Gesichts- mit Gefühls-, Geruchs- mit Geschmacksvorstellungen; seltener (wenigstens bei Sehenden) Gefühls- mit Gehörs-, und Gesichts- mit Geruchs- und Geschmacksvorstellungen. Die Vergesellschaftung der Gesichts- mit Gehörsvorstellungen liegt beim Sprechenlernen und Lesen zugrunde. — Nun ist bei den Vorstellungen verschiedener Sinne die totale Verbindung möglich. (Complication § 42.) Sie bilden einen Vorstellungsact, eine Gesammtvorstellung, ohne partielle Verdunkelung. Wird nun auch nur eine Theilvorstellung hervorgerufen, so steigt mit ihr die ganze Vorstellung ins Bewußtsein, wenn sie nicht durch anderes darin gehindert wird. (Auf diesem Gesetze beruht der Zusammenhang zwischen Ursache und Wirkung, zwischen dem Dinge und seinen Merkmalen, zwischen dem Zeichen und dem Bezeichneten. Zwischen dem Zeichen und dem Bezeichneten besteht keine Ähnlichkeit; die Reproduction beruht hier lediglich auf der gleichzeitigen Verbindung der Sache und des Zeichens. Je öfter die Gleichzeitigkeit sich ereignet hat, um so fester die Verbindung zwischen beiden, um so schneller die Reproduction des einen durch das andere.)

§ 55. Das Gesetz der Succession

lautet: „Vorstellungen wecken sich in derselben successiven Reihenfolge, in welcher sie ursprünglich im Bewußtsein gewesen sind." (So erinnert das Anfangswort eines auswendig gelernten Gedichtes an das nächstfolgende Wort, dieses an das drittnächste u. s. f.; so der erste Takt einer bekannten Melodie an den zweiten, dieser an den dritten u. s. f.) Der Grund davon ist die Verknüpfung je zweier auf einander folgenden Vorstellungen der Reihe durch Gleichzeitigkeit. Es sei eine Reihe successiver Vorstellungen a, b, c, d, e ... in der Wahrnehmung gegeben, so ist durch andere im Bewußtsein befindliche Vorstellungen schon a von dem ersten Momente der Wahrnehmung an und während deren Dauer einer Hemmung ausgesetzt gewesen. Indessen nun a schon zum Theil im Bewußtsein gesunken, mehr und mehr verdunkelt wurde, kam b ins Bewußtsein. Dieses verschmolz, da es auf das vorhergehende Bild unmittelbar folgte, mit dem sinkenden a. Nun trat c ein und verband sich mit dem verdunkelnden b und dem mehr verdunkelten a. Desgleichen folgte d und verknüpfte sich in verschiedenen Klarheitsgraden mit den vorhergehenden Gliedern a, b, c. Und so verband sich jedes folgende Element der Reihe mit einer ihm vorangegangenen Gruppe, in welcher jedes frühere Glied durch einen um so schwächeren Klarheitsrest vertreten war, je näher es dem Anfange der ganzen Reihe lag.

Angenommen nun, die so entstandene Reihe sei eine Zeitlang aus dem Bewußtsein verdrängt und gänzlich vergessen, und es werde das **Anfangsglied a** durch eine neue Wahrnehmung α ins Bewußtsein gebracht, so kann die Vorstellung a auf b, mit der sie früher verbunden gewesen, nur durch das wirken, was von ihr bei b noch unverdunkelt war, ebenso bei c nur durch das, was von ihr bei c, auf d nur durch das, was von ihr bei d ungehemmt war, u. s. f. Allein die Kraft, die a verwenden kann, um die nachfolgenden Glieder wieder zur Klarheit (zur Wirksamkeit) zu erheben, ist für diese Glieder nicht eine und dieselbe. Nur mit b ist a mit dem **größten Klarheitsgrade** verknüpft, mit den folgenden c, d, e... in stetig **abgestufter Intensität** verschmolzen, und zwar minder mit c, als mit b, noch minder mit d, als mit c, u. s. f. Die Vorstellung a erweckt also bei ihrem Wiedererscheinen im Bewußtsein **nicht augenblicklich und nicht mit Einem Vorstellungsacte** alle übrigen; erst wenn sie selbst wieder bis zu dem Helligkeitsgrade herabgesunken ist, mit dem sie in der ursprünglichen Wahrnehmung sich mit der hinzukommenden zweiten Vorstellung associierte, hebt sie diese wieder empor. Die dritte Vorstellung wird erst dann aufsteigen, wenn eine entsprechende Verdunkelung die zweite herabgedrückt hat, und so wird endlich jede folgende in der ursprünglichen Ordnung der Reihe wiederkehren. Das Ergebnis ist, daß von a aus die Reihe mittelbar reproduciert wird in einer Ordnung, die der Zeitfolge, in welcher sie gegeben und aufgefaßt wurde, genau entspricht. Die *successive* Reproduction schreibt man gewöhnlich dem **Gedächtnis** zu. Es ist von selbst einleuchtend, daß a nur so viel Glieder von der Reihe reproducieren kann, als mit ihm verschmolzen sind. Gesetzt nun, die Vorstellung f wäre das erste Glied gewesen, bei dessen Eintritt ins Bewußtsein die Vorstellung a gänzlich verdunkelt war, so läuft die Reproduction der Reihe durch a nur bis zu der Vorstellung f, welche die letzte, mit dem geringsten Klarheitsgrad von a verschmolzene Vorstellung ist. (Bei der Reproduction des Anfangsgliedes kommt die Reihe zur „**Evolution**".)

§ 56. Fortsetzung.

Wird ein **mittleres** Glied c unmittelbar reproduciert, so bringt es d, e, f, g..., für die es als Anfangsglied anzusehen ist, *successiv*, aber in beinahe **vollkommener Klarheit**, dagegen die ihm vorausgehenden a, b, für welche es als Endglied gilt, *simultan*, aber in abgestufter Klarheit ins Bewußtsein. Denn c verschmolz nicht erst mit b, dann mit a, sondern es verschmolz mit der Gesammtvorstellung ab durch einen einzigen Seelenact, es hebt also auch diese ganze Gesammtvorstellung gleichsam mit einem einzigen Zuge. Aber eben in dieser Gesammtvorstellung standen die Vorstellungen a, b in abnehmender Klarheit nebeneinander. So reproduciert c die beiden vorausgegangenen gleichzeitig, aber nur implicite in abgestufter Klarheit, ohne sie reihenweise zu reproduciren, wie die nachfolgenden d, e, f, g ... (Die Reproduction von einem Endglied nach dem Anfangsglied hin geschieht **rückwärts**, die von dem Anfangsglied zu dem Endglied geschieht **vorwärts**.)

Durch die Reproduction von dem Endglied nach dem Anfangsglied erhalten wir in ebendemselben Momente, wenn die rückwärtige Reihe kurz ist, einen **Überblick** über die vorausgehenden Glieder, so jedoch, daß ihre Klarheit abnimmt, je weiter sie rückwärts in der Zeit liegen (s. d. untenstehende Fig.); ist sie aber länger, als daß sie leicht überblickt werden könnte, einen **dunklen Gesammteindruck**.

Werden wir aus der Mitte einer uns bekannten Reihe, z. B. an den Kampf der Horatier und Curiatier unter Tullus Hostilius erinnert, so stellen sich uns die diesem Kampfe vorausgehenden Begebenheiten gleichzeitig in kurzer übersichtlicher Weise dar; das Nachfolgende hingegen, der Hergang des Kampfes, läuft in unseren Gedanken ab, wie die Reihenfolge es mit sich bringt. Freilich wird derjenige, der eine bestimmte Reihe schlecht aufgefaßt und behalten hat, alles durcheinanderbringen, wenn man ihn nach dem Mittelglied derselben Reihe fragt. Fragt man z. B. einen Knaben, der schlecht gelernt hat, wie heißt der dritte römische König, so wird die Reproduction nicht stocken, sondern sich verwirren; er antwortet bald: Numa — nein! — Tarquinius Priscus; — nein! — Servius Tullius; — nein! — Ancus Martius; — nein! — und es stellt sich ihm die einzig richtige Antwort: Tullus Hostilius, nicht dar, also können sich ihm weder die vorhergehenden zwei Könige übersichtlich gleichzeitig, noch die nachfolgenden nacheinander darstellen, weil er die Reihe nicht als Reihe aufgefaßt und behalten hat. Wo alle Glieder ohne bestimmte Ordnung zugleich aufsteigen, da entsteht jedesmal Verwirrung. Dieser Zustand kann Ursache höchst qualvoller Gefühle sein. Fällt uns ein Vers aus einem Gedichte ein, ohne daß wir uns der vorangehenden und der folgenden, die sich zugleich ohne zeitliche Sichtung aufdrängen, klar zu erinnern vermögen, so haben wir das höchst peinigende Gefühl der Verwirrung.

§ 57. Schluß.

Wird endlich das **letzte** Glied einer Reihe durch wiederholte Wahrnehmung oder auf anderem Wege unmittelbar wieder ins Bewußtsein gebracht, so wird die ganze Reihe rückwärts gleichzeitig, aber nur mit abgestufter Klarheit reproduciert, ohne reihenweise abzulaufen. Daher macht es Kindern und mitunter auch Erwachsenen nicht geringe Schwierigkeiten, das in einer bestimmten Reihenfolge gelernte Einmaleins außer der Reihe oder in umgekehrter Ordnung aufzusagen; ebensowenig gelingt es, die Töne einer Melodie, die Wörter eines Satzes oder auch nur die Buchstaben eines Wortes ohne besondere Übung in umgekehrter (rückwärtiger) Ordnung anzugeben.

Man kann es daher als Gesetz aussprechen: die Entwickelung der Reihe folgt der vorangegangenen Verschmelzung der Vorstellungen, d. h. wenn diese nur nach Einer Richtung hin verschmolzen waren, so geht sie vorwärts, nicht rückwärts. Das Vorwärtsgehen der Reihe wird durch die ursprüngliche Auffassung selbst bestimmt; das Rückwärtsgehen ist künstlich und absichtlich; es ist ein absichtliches Hervorheben und Ergreifen des unverdunkelten Theiles der früheren Vorstellung und ein Verdrängen der gegenwärtigen schon durch die Absicht, damit an jenem Theil die ganze frühere Vorstellung wieder emporsteige. Daher hat die unwillkürliche Reproduction solcher Reihen, die nur Eine Richtung haben, also unter anderen der Zeitreihen, ebenfalls nur Eine Richtung, wogegen die Reproduction der Raumreihen, da man diese vorwärts und rückwärts gebildet haben kann, auch eine doppelte Richtung gestattet. Durch wiederholt absichtliches Rückwärtsgehen kann übrigens auch bei der Zeitreihe eine solche Geläufigkeit eintreten, daß man auch unwillkürlich die Reihe rückwärts durchlaufen mag. (Bei der Reproduction des Endgliedes wird die Reihe im Zustande der „Involution" reproduciert.)

Sind die Vorstellungen, welche in succesiver Ordnung in das Bewußtsein gekommen sind, zugleich alle dem Inhalte nach ähnlich, so reproducieren sie sich, sobald die eine im Bewußtsein auftaucht, alle zugleich, und zwar deshalb, weil sie alle mit der aufgetauchten durch die gleichen Theile ihres Inhaltes auf gleich enge Weise zusammenhängen. Es bildet sich also eine gleichzeitige Gruppe von Vorstellungen. Eine Reihe fast gleichlautender Wörter wird nicht als Reihe, sondern als eine gleichartige Gruppe von Vorstellungen reproduciert. Mehrere Bäume, die ohne besondere Ordnung nebeneinander stehen und als solche aufgefaßt worden sind, werden bei der Reproduction als eine Gruppe von Vorstellungen sich im Bewußtsein einstellen. Wer in einer Straße gewandelt ist, in welcher die Häuser durchaus einander ähnlich sind, wird die Reihenfolge derselben ohne besondere Einübung nur schwer zu reproducieren vermögen, und es kommt ihm viel leichter eine Gruppe von Häusern ins Bewußtsein.

§ 58. Einander kreuzende Reihen.

Mehrere Reihen können sich kreuzen, z. B. A, B, C, D, E . . und a, b, C, d, e . ., wo C beiden Reihen gemeinschaftlich ist. Kommt nun C ins Bewußtsein, so strebt es sowohl D und E, als d und e hervorzurufen. Das nämliche C (oder irgend eine andere Vorstellung) kann in vielen hundert Reihen als gemeinschaftlicher Durchschnittspunkt enthalten sein. (Herbart, Lehrb. der Psych. § 30, Psych. §§ 89—91.) Die Schnelligkeit und Sicherheit des Ablaufens der Reihe hängt von der innigen Verschmelzung der aufeinanderfolgenden Elemente, und daher weiter von der öfteren Wiederholung der Reihe ab. (Repetitio est mater studiorum.) Bei der Wiederholung wächst der Grad der Verbindung unter den Reihengliedern. Die Innigkeit der Verschmelzung unter den Reihengliedern zeigt sich besonders dann, wenn bei einem Gliede der Reihe C eine neue entgegengesetzte Vorstellung, z. B. M, plötzlich ins Bewußtsein tritt. Waren die Glieder C, D nur schwach mit einander verbunden, so wird die neu eingetretene Vorstellung M durch ihren Gegensatz den Übergang von C zu D hemmen; die Reproduction stockt. So geschieht es oft, daß jemand, der eine auswendig gelernte Rede hält, auf einmal im Redeflusse stecken bleibt, wenn plötzlich ein Unerwartetes eintritt, z. B. eine hohe Persönlichkeit. Eine Reihe innig verschmolzener Vorstellungen äußert ihre Stärke dann, wenn sie Glied für Glied, ohne Unterbrechung, abläuft, mögen nun bei einzelnen Gliedern derselben entgegengesetzte Vorstellungen im Bewußtsein erscheinen, oder nicht. Wer z. B. eine Rede gut überdacht hat, der bleibt in derselben nicht stecken bei Eintritt eines unvorhergesehenen Ereignisses. Wir können ein geläufig eingelerntes Gedicht hersagen, und dabei doch an vieles andere denken.

Je öfter ein paar associierte Vorstellungen, oder auch ganze Reihen derselben wiederholt werden, desto fester und inniger knüpfen sie sich aneinander und desto leichter gelingt ihre Reproduction in ununterbrochener Folge. Die Innigkeit der Verschmelzung steigt nicht selten bis zu dem Grade, daß auch die hellste Vernunft sie nicht mehr trennen kann (Pedantismus); wie denn z. B. ein Bedienter, dem die Dame des Hauses befahl, ihr Kleid vom Schneider mit der Kutsche zu holen, weil es regnete, sich mit dem Päckchen hinten aufstellte und den erhaltenen Verweis dahin beantwortete, daß er sehr wohl wisse, wohin er gehöre. Ähnliche Ungereimtheiten fallen täglich vor, und jeder Mensch hat gewisse Plätze, wohin ihn festsitzende Associationen nie helles Licht bringen lassen.

§ 59. Hemmungen und Förderungen des Vorstellungsablaufes.

Die Reproduction der Vorstellungen kann, wie die Erfahrung lehrt, **langsamer** oder **schneller** vonstatten gehen. (Vgl. § 47.) Zuweilen verweilt eine einzige Vorstellung oder Vorstellungsreihe lange bei uns (so z. B. kann der trauernden Mutter die Gestalt ihres verstorbenen Kindes, dem Mörder der letzte Blick des von ihm Erschlagenen sogar gegen den Willen, der von diesen Vorstellungen gern abstrahieren möchte, stets wieder erscheinen), ein andermal hingegen jagen und drängen sich die Vorstellungen im Bewußtsein. Auch für dieses Verhältnis lassen sich einige Gesetze aufstellen. Die Gründe des **langsameren Vorstellungsablaufes** lassen sich auf folgende Punkte zurückführen:

1. **Starke und lebhafte Sinnesreize** hemmen die Reproduction der Vorstellungen, vorausgesetzt, daß sie von uns percipiert werden. Wenn wir z. B. einer starken Musik zuhören, so sind wir nicht leicht imstande, eine andere Melodie neben der gehörten in uns zu reproducieren.

2. Ebenso hemmen starke **Gemüthsbewegungen** (Affecte) die freie Reproduction der Vorstellungen, indem entweder die einzige Vorstellung festgehalten wird, welche zu der Gemüthsbewegung in ursächlichem Verhältnisse steht, oder doch die Reproduction sich nur auf einen gewissen Kreis von Vorstellungen beschränkt. Dies geschieht offenbar beim Zorn und ihm verwandten Affecten. Indem im Zorn die ihn erregenden und ihm angehörenden Vorstellungen allein wirken, unterdrückt er aufs äußerste jede andere Reproduction, namentlich die den Verhältnissen entsprechende Überlegung.

3. **Angestrengtes Denken** ist ein Hemmungsmittel des Vorstellungsablaufes. Denn es ist der Seele nicht möglich, zu gleicher Zeit die Vorstellungen nach ihrem Inhalte, ihrer inneren Zusammengehörigkeit, zu verknüpfen, was eben im Denken geschehen muß, und dieselben mechanisch ihrer eigenen Bewegung zu überlassen. Im ersten Fall halten wir nur einen gewissen, sehr beschränkten Kreis von Vorstellungen fest, im andern nicht. Hiebei kommt allerdings schon:

4. Der **Wille** ins Spiel. Dieser hemmt den Vorstellungsfluß, aber nicht bloß zum Zwecke des Denkens, sondern oft um der bloßen Vorstellung willen; wir verweilen bei einer Vorstellung oft längere Zeit hindurch, bloß weil es uns so beliebt.

5. Die Reproduction der Vorstellungen hängt zwar nicht ganz und gar ab von der ungestörten Thätigkeit des Gehirnes und Nervensystemes, aber sie kann, da das Gehirn-Nervensystem im Dienste der Seele steht, durch letzteres entweder gehemmt oder gefördert werden. Im Schlaf, in der Ohnmacht, im hohen Greisenalter, in manchen Krankheiten sinkt im ganzen auch die Reproduction der Vorstellungen. Ferner zeigen die Wirkungen der Narcotica und Spirituosa sehr deutlich die Größe des Einflusses, welchen Veränderungen in den Thätigkeiten des Cerebralnervensystems auf den regelmäßigen (normalen) Ablauf der Vorstellungen haben. Wir stimmen daher vollkommen dem bei, was Johann Müller (Physiologie II., S. 559) sagt: „Die Vorstellungen und Gedanken sind nicht (ursprünglich) aus Theilen zusammengesetzt, erfolgen aber an der theilbaren, organischen Materie, und die Klarheit (sowie auch der Ablauf) der Vorstellungen hängt von der Beschaffenheit des Theilbaren durchaus ab."

6. Selbst die Reproduction der Sinneswahrnehmungen hängt von einer Mitwirkung der betreffenden Sinnesorgane ab. Wird z. B. eine bekannte, aber in der Seele verdunkelte Gesichtsvorstellung reproduciert, so sucht sich auch in den betreffenden Elementen des Gehirnes die Gesammtheit der inneren Zustände zu erneuern, welche bei der Entstehung jener Gesichtsvorstellung durch die sinnliche Erregung erzeugt wurden. Die Reproductionen der Seele haben Reproductionen im Nerven und Gehirne zur Folge, und umgekehrt. Die Erfahrung bestätigt dies. So wird die Reproduction der Melodie sehr begünstigt durch ein, wenn auch noch so leises Nachsingen (oder Pfeifen mit dem Munde). Unterdrückt man diese Reproduction der Bewegungen des Kehlkopfes, so erfährt die Reproduction der Melodie eine sofortige Stockung, wohl ohne Zweifel, weil hier eine Doppelreihe associierter innerer Zustände vorliegt, nämlich a) die Reihe der einzelnen Tonvorstellungen, und b) die Reihe der ihnen entsprechenden Muskelempfindungen, welche beim wirklichen, lauten oder leisen Singen der Töne entstehen und nachmals bei der Reproduction der Melodie mit angeregt werden, so daß auch entsprechende Bewegungen des Kehlkopfes erfolgen, die nun rückwärts einen begünstigenden Einfluß auf den Ablauf der Tonreihe ausüben, wogegen diese eine Hemmung erfährt, wenn jene Bewegungen und die dadurch veranlaßten Muskelempfindungen in ihrem Ablauf unterdrückt werden. (Fechner, Psychophysik, Lpz. 1860, II. Th., S. 468, S. 487 f., hat eine Reihe hieher gehöriger Fälle zusammengestellt.)

Sind die angeführten Hemmungen der psychischen Reproduction nicht vorhanden, so geht der Vorstellungsablauf einen schnelleren Gang.

1. Sind entweder gar keine, oder doch keine so starken oder so beschaffenen Sinnesempfindungen vorhanden, daß unsere Aufmerksamkeit durch sie sehr in Anspruch genommen würde, so drängen sich die Vorstellungen in schnellerer Folge herzu, sie steigen in kürzerer Zeit ins Bewußtsein. Wir dürfen nur die Augen beim Zubettelegen schließen, so haben wir einen bunten Wechsel von Vorstellungen.

2. Bei völliger Gemüthsruhe geht die Reproduction der Vorstellungen leichter und schneller vor sich. Während des Affects kann der Dichter nicht dichten; er muß, um ihn zu schildern, warten, bis er sich wenigstens gemäßigt hat. Alles Dichten und geistige Arbeiten verlangt eine gewisse Freiheit des Gemüthes, sonst kommt man nicht von der Stelle. Der Grund ist, daß bei Affecten die Vorstellungen um einen bestimmten, sehr beschränkten Gravitationspunkt sich bewegen, nämlich um den bestimmten, meistentheils sehr individuellen Gegenstand des Affectes.

3. Denkt und urtheilt man gar nicht, so reproducieren sich die Vorstellungen schneller. Im Phantasieren und vor dem Einschlafen reproducieren sich die Vorstellungen in wechselvoller und sehr bunter Reihenfolge; sobald man aber anfängt nachzudenken, wird ihre Reproduction gehemmt. Man strecke sich nach dem Essen unter schattige Bäume aufs Gras und denke nichts (delicioso far niente), so werden die Vorstellungen bunt durcheinander wimmeln.

4. Mangel des Willenseinflusses wirkt zuweilen fördernd auf die Reproduction der Vorstellungen. Je hartnäckiger wir uns auf einen entfallenen Namen besinnen, umsoweniger können wir ihn oft finden, während er kurz nachher uns von selbst einfällt.

5. Was fördernd auf die Functionen des Gehirn-Nervensystems einwirkt, wirkt in ähnlicher Weise auf die Reproduction der Vorstellungen. Ein leichter Blutreiz, ein etwas stärkeres Circulieren des Blutes im Gehirn, bethätigt dessen Leben und dadurch mittelbar das der Seele. Schon eine etwas stärkere Bewegung, schnelles Gehen, Turnen, bewirkt durch Anregung der Herzthätigkeit und dadurch verursachten schnelleren Blutumlauf im Gehirn lebhaftere Bewegungen, in der Seele stärkeren Vorstellungsablauf. Manche Menschen haben im Liegen eine größere Bewegung der Vorstellungen als im Stehen, und manche Vorstellungen drängen sich dann so stark auf, daß einem ein Gedanke im Liegen aller-

dings gefallen kann, der einem im Stehen nicht mehr gefällt. — Mäßiger Genuß spirituöser Getränke bewirkt durch Ausdehnung und Anfüllung der Capillargefäße des Gehirnes anfänglich leichte Erregung und Lebhaftigkeit sowohl der Wahrnehmungs- als der Reproductionsbilder. Werden aber die Getränke in größerer Quantität genossen, so entsteht eine zu große Ausdehnung der Gefäße, Atonie derselben, dadurch Blutstagnation und Druck auf das Gehirn. (Vgl. Hagen, Psychologie und Psychiatrie in W.s H. W. B. S. 730 f. und S. 740 f.)

Wenn eine Vorstellung nach mehreren Richtungen hin Vorstellungen zur Reproduction bringen kann, wenn also von einer gegebenen Vorstellung aus mehrere Reihen möglich sind, so wird in der Regel diejenige Vorstellungsreihe am schnellsten im Bewußtsein auftauchen, welche schon öfter mit unserer gegenwärtigen Stimmung zusammen war, oder mit unserem Berufe, unseren Lebensverhältnissen enge verknüpft ist. Wer sehnlichst hofft, dem wird alles in Beziehung zu seiner Hoffnung treten, fördernd oder hemmend; wer traurig ist, sieht überall zunächst das, was für ihn unangenehm ist; der Mißtrauische bemerkt Dinge, die der Treuherzige nicht bemerkt, u. s. f., und sie knüpfen an das Wahrgenommene immer gerade diejenigen Betrachtungen, die zu ihrer Stimmung passen. Sind wir jedoch in keiner besonderen Gemüthsstimmung, so beschäftigen wir uns am liebsten mit denjenigen Vorstellungen, welche für uns etwas Angenehmes haben oder unser Interesse erregen.

§ 60. Gedächtnis.

Auf der Reproduction der Vorstellungen beruht das unter dem Namen „Gedächtnis" bekannte Phänomen. Nicht jeder Reproduction von Vorstellungen schreibt man Gedächtnis zu, sondern nur derjenigen, die das Reproducierte ohne Veränderung ins Bewußtsein bringt. **Das Gedächtnis ist demnach die unveränderte Reproduction der Vorstellungen.**

Die Vollkommenheit des Gedächtnisses besteht 1. in der **Leichtigkeit der Auffassung**, die zur Bildung der Reproduction weder zeitraubender Wiederholung, noch künstlicher Mittel bedarf; 2. in der **Treue**, d. i. der unveränderten Wiedergabe des Gemerkten; 3. in der **Dauerhaftigkeit**, welche das Gemerkte auch noch nach langen Zeiträumen festzuhalten und wiederzugeben vermag; 4. in der **Dienstbarkeit**, durch welche das Gemerkte bei jedem gegebenen Anlaß ohne langes Besinnen, mit Leichtigkeit reproducirt werden kann; endlich 5. in seinem **Umfange**, wenn es viele und mannigfaltige Arten von Vorstellungen in sich aufzunehmen und zu reproducieren vermag.

Die Leichtigkeit des Gedächtnisses ist bedingt durch Menge und Zweckmäßigkeit der Hilfen, indem jede der letzteren gleichsam von einer andern Seite her der verdunkelten Vorstellung oder Vorstellungsreihe zum Emporsteigen ins Bewußtsein dient. Sind aber zu viele und auch zu künstliche Hilfen vorhanden, so verdunkeln sie einander selbst eben durch ihre Menge und Mannigfaltigkeit, ohne die gesunkene Vorstellung zu heben.

Die Treue, Dauerhaftigkeit und Dienstbarkeit des Gedächtnisses ist bedingt durch Intensität der ursprünglichen Vorstellungen und Menge der Hilfen und Innigkeit der Verschmelzung der zu merkenden Vorstellungen mit unserem übrigen Vorstellungskreise. Als sicheres Mittel, Vorstellungen vor Vergessenheit zu schützen, gilt die Verbindung derselben mit uns ganz geläufigen Vorstellungscomplexen.

Der Umfang des Gedächtnisses ist zumeist bedingt durch vielseitiges Aneignen und Behalten von Vorstellungen und Vorstellungsreihen verschiedener Art und durch die Geschicklichkeit, mit welcher das Angeeignete mittels verständiger Hilfen an den geläufigen Vorstellungskreis geknüpft wird.

Das beste und umfassendste Gedächtnis hat man unstreitig dafür, wofür man sich am meisten interessiert, wovon man etwas erwartet, hofft oder befürchtet; ein schlechtes für solche Gegenstände, zu denen man verwandte und leicht reproducierbare Vorstellungen nicht schon in sich besitzt. Wessen Gedankenkreis mehr im allgemeinen wurzelt, der wird das nur Besondere, wenn es ihn auch im Augenblicke anzieht, doch leicht vergessen. Wer dagegen aufs Besondere vorwiegend seine Aufmerksamkeit zu richten pflegt, dem wird das Allgemeine nur schwach haften bleiben. Die sog. besonderen Gedächtnisse, welche man einer angeborenen Anlage glaubt zuschreiben zu müssen, wie: Orts-, Zahl-, Ton-, Gedankengedächtnis ꝛc. . ., hängen alle von frühzeitigem Interesse ab. Wofür einer sich ein Gedächtnis wünscht, das treibe er, dafür suche er ein möglichst unzerstreutes Interesse zu erwerben, so wird es ihm gelingen.

§ 61. Arten des Gedächtnisses.

Das Auswendiglernen oder Memorieren ist die mit Absicht vollzogene Aneignung der Vorstellungen oder Vorstellungsreihen. Die Kunst des Memorierens besteht also lediglich darin, mit Bewußtsein und Willen gerade dasselbe thun, was in der Vorstellungsassociation unwillkürlich geschieht. Als absichtliche Aneignung von Vorstellungen geht jedoch das Memorieren auf **dreifache Art** vor sich: 1. **nach dem Verhältnis der äußeren Verknüpfung, oder nach Gleichzeitigkeit und Succession**; 2. **nach dem Gesetze der Ähnlichkeit und des Contrastes**; 3. **nach dem Verhältnis eigentlich denkender, innerer Verbindung.** Hierauf beruht die alte, berühmte Eintheilung des Gedächtnisses: in **mechanisches, ingeniöses und judiciöses**.

§ 62. a) Mechanisches Gedächtnis.

Das mechanische Memorieren verfährt nach dem Gesetze der Coexistenz und der Succession. Es besteht in einem öfteren absichtlichen Wiederholen einer und derselben Wahrnehmung oder Wahrnehmungsreihe, wodurch diese an Klarheit und Stärke gewinnt. Die Wiederholung derselben Vorstellungen (Worte, Zeichen) bewirkt, daß dieselben dem Eindringen der Gegensätze oder der Gewalt der Hemmungen weniger zugänglich sind. Doch darf die Wiederholung nicht zu oft geschehen, weil sonst die Aufmerksamkeit wegfällt und so das Wiederholte mehr oder minder unklar wird. Der Knabe, der panis, das Brot, lapis, der Stein u. s. f. zu merken hat, repetiert diese Worte so lange, bis sie endlich sein festes Besitzthum geworden sind. Das lateinische Wort verknüpft sich unmittelbar mit dem deutschen nach der Regel der Gleichzeitigkeit oder Succession. Diese Art des Memorierens ist die **äußerlichste**, und darum vergänglichste, zugleich unzuverlässigste, weil hier zwischen den einzelnen Vorstellungen keine **innere** Beziehung sich herstellen läßt; aber sie ist dessenungeachtet unentbehrlich in dem Gebiete, wo die Vorstellungen (Worte und Zeichen) wirklich in einem bloß zufälligen Zusammenhange unter sich stehen: ein eigentliches **Auswendiglernen** und **Auswendigbehalten** unzusammenhängender Notizen, Vocabeln, Namen, Zahlen, Regeln u. s. f. Ein solches Memorieren ist nur zu häufig **einseitig**, wo nicht absichtlich eine Umkehrung der Ordnung der Glieder bei der Bildung der Association vorgenommen worden ist. (So z. B. weiß der Knabe nicht, was „Brot" auf griechisch heißt; liest er aber ὁ ἄρτος, so fällt ihm sehr wohl ein, daß es „Brot" bedeutet. Hat er sich das Einmaleins der gewöhnlichen Ordnung nach eingeprägt, so antwortet er vielleicht ohne Stocken auf die Frage: wie viel macht 7 mal 8? — 56. Fragt man ihn aber zu einer andern

Zeit nach 8 mal 7, so stutzt er, und nennt erst das Product, nachdem er 8 mal 7 in 7 mal 8 verwandelt hat, oder er beginnt in Gedanken mit dem Anfangsgliede der Reihe (7 mal 7 ist 49, 7 mal 8 ist 56).

Es grenzt schon an das ingeniöse Memorieren, wenn man zur Bewältigung zusammenhangloser Aggregate der Nachhilfe des **Rhythmus** oder des **Reimes** sich bedient. Dadurch wird in das völlig Unverbundene der Lautfolge, wenigstens die Einheit gleichartigen Tonfalles, oder die Gleichheit des Klanges hineingebracht, die innerlich fehlende Verbindung durch eine äußerlich angefügte Harmonie künstlich ersetzt. Hieher gehören die Gedenkverse (versus memoriales) und Ähnliches. Z. B. „Asserit A, negat E, sed universaliter ambo: asserit I, negat O, sed particulariter ambo"; oder alte Wetterregeln betreffend: „Pallia luna pluit, rubicunda flat, alba serenat"; oder: „Bei durch, für, ohne, um, auch sonder, gegen, wider schreib stets den Accusativ und nie den Dativ nieder!" u. s. f. Dasselbe Verfahren ist es, wenn man die Geschichte in Landkartenform „als Strom der Zeit" behandelt (Straß=Lesage), oder die Folge der Geschlechter und Verwandtschaften als „Stammbaum" mit Zweigen und Blättern fixiert.

§ 63. b) Ingeniöses Gedächtnis.

Das **ingeniöse** Memorieren (von ingenium = Witz) verbindet das an sich **Heterogene** und **völlig Vereinzelte** durch irgend ein **künstliches**, immer aber durch Denkacte produciertes Hilfsmittel. Das allgemeine Gesetz dabei ist das der **Ähnlichkeit** und des **Contrastes**. Hieher gehört die **Mnemonik** (Mnemotechnik, Anamnestik), d. h. die Kunst, welche die Vorstellungen (Wörter, Zeichen) durch künstliche Hilfen verknüpfen lehrt.

1. Zwar leugnet Kant jede Gedächtniskunst als „allgemeine Lehre" und nennt ihre Kunstgriffe geradezu „ungereimt", weil sie künstlich seien und eben damit, im Widerspruche zwischen Mittel und Zweck, das Gedächtnis nöthigten, um etwas leichter zu behalten, sich noch mit weiteren „Nebenvorstellungen" zu belasten (a. a. O.). Aber Kant vergisst dabei den eigentlichen Zweck jener „Nebenvorstellungen"; sie sollen eben nur das verbinden helfen, was innerlich gar nicht zusammenhängt, sondern was bloß äußerlich auf einander bezogen werden kann, z. B. die Jahreszahl zu irgend einer historischen Begebenheit. Der Nutzen, den das ingeniöse Memorieren gewährt, besteht nämlich hauptsächlich darin, dass es das Heterogene und an sich weit Auseinanderliegende durch künstliche Hilfen verbindet, dass es z. B. dem Zeitlichen Räumliches, dem Abstracten Concretes substituiert und dass es zwischen den einzelnen Bildern einen natürlichen und leicht zu behaltenden Zusammenhang herzustellen sucht. Durch Zeichen aller Art, als: Figuren, Bilder, graphische Darstellungen, Landkarten, Tafeln, tabellarische Übersichten, Beispiele, Fabeln und Parabeln, Gleichnisse und Allegorien wird das Memorieren besonders unterstützt. Der Gang der Reproduction ist hiebei folgender: Zuerst erinnert man sich an den Gegenstand überhaupt (z. B. Todesjahr Karls d. Gr.), den man

behalten wollte, durch diesen an die angeknüpfte helfende Vorstellung (Sanduhr, Speer, Pflug) und durch diese an die bestimmte Vorstellung der Jahreszahl (814). Man kommt also durch einen Umweg zu dem Gesuchten: durch die Vorstellung des Todesjahres überhaupt (nicht in Ziffern) auf die Symbole der Jahreszahlen und durch die Symbole auf die bestimmte Vorstellung der Ziffern. Es ist dies also nicht, wie Kant meint, die Bildung zweier Gedächtnisse statt eines einzigen. Dies würde nur dann der Fall sein, wenn die Mittel des Behaltens höchst ungedächtnismäßig und schwerer zu behalten wären, als der Gegenstand selbst, wohin auch Kants Beispiel von einem Pandektentitel: de heredibus suis et legitimis gehört, in welchem das erste Wort durch einen Kasten mit Vorhängschlössern, das zweite durch eine Sau, das dritte durch die zwei Tafeln Mosis verbildlicht wird. — Die hier gemeinte Symbolisierung ist aber eine Verstärkung der Vorstellung selbst durch ein uns Geläufiges, an welches das weniger Geläufige sich anknüpft. Je complicierter die Mittel sind, desto weniger zweckmäßig; doch sind sie auch so nicht zu verwerfen, sobald der Gegenstand uns schwer wird und seine Reproduction aus dem Verbundenen sich hinreichend herstellen läßt.

2. Nach Karl Otto Reventlows mnemonischem System wird den Buchstaben (Consonanten) eine gewisse bleibende Zahlenbedeutung gegeben und es werden hieraus Worte gebildet, deren Zahlenausdruck nunmehr leicht mit dem zu merkenden Hauptbegriffe in Verbindung gebracht werden kann. — Das Schema hiefür ist folgendes: 1 erinnert wegen seiner Aehnlichkeit an t, dieses — als harter Zungenlaut — an den weichen Zungenlaut d; 2 = n, warum? 3 = m; — 4 = r, q; — 5 = s, f, ss, sch; — 6 = b, p; 7 = f, v, w; — 8 = h, ch; — 9 = g, k, ck; 0 = c, z, l. — Hermann Kothe: Lehrbuch d. Mnemonik (2. Aufl. Hamburg 1852), hat die mnemonischen Regeln auf drei Hauptgesetze zurückgeführt; 1. Princip der Beziehung des Ähnlichen oder des Fremdartigen auf einander; 2. Princip der Vermittelung entlegener Vorstellungen durch erfundene Mittelvorstellung: „mnemonische Brücken"; 3. Zurückführung von Zahlen auf Buchstaben (Consonanten), woraus Worte mit Zahlenbedeutung gebildet werden.

§ 64. c) Judiciöses Gedächtnis.

Das verständige (judiciöse = judicium) Memoriren beruht auf innerer Verknüpfung der Vorstellungen, deckt qualitative Beziehungen unter den Vorstellungen auf und verbindet letztere durch Urtheile, ohne auf die Umwege des ingeniösen zu verfallen, und ist daher das treueste und zuverlässigste Gedächtnis. Es ist freilich nur dort anwendbar, wo die Vorstellungen nicht einen bloß zufälligen, sondern einen nothwendigen, durch ihren Inhalt gebotenen Zusammenhang zeigen. Aber es ist kein anderes, von den beiden vorigen abweichendes Gedächtnis, sondern es ist gleichfalls Reproduction, aber eine Reproduction, die die Vorstellungen nach ihrer inneren, nothwendigen Zusammengehörigkeit verknüpft, es ist verständiges Gedächtnis; denn es bewahrt nur das wahrhaft Wissenswerte. Das höchste Gesetz einer allein dauerhaften Gedächtniskunst ist, wie Drobisch richtig (Emp. Psych. § 35) bemerkt, der Satz: „quantum scimus, tantum memoria tenemus".

1. Das Gedächtnis als Talent bedarf künstlicher Hilfsmittel nicht, sondern es merkt einzelne unzusammenhängende Vorstellungen mit derselben Leichtigkeit und Treue, wie regelmäßig gebildete, zusammenhängende Vorstellungsreihen. Beispiele eines außerordentlichen Gedächtnisses sind unter den Kriegsherren Cyrus und Cäsar, die jeden Soldaten ihrer großen Heere dem Namen nach kannten (vgl. Drobisch Emp. Pf. S. 96); Hortensius (der größte römische Redner vor Cicero), der alle seine eigenen und fremden Gedanken mit denselben Worten wiedergeben konnte; Themistokles, der die Kunst der Vergessenheit aller Gedächtniskunst weit vorzog und in einem Jahre das Persische vortrefflich erlernte; Mithridates, der alle 22 Sprachen seiner Völker redete; Seneca der Aeltere, welcher 3000 ihm vorgesagte Wörter in derselben Reihenfolge reproducieren konnte; ferner Picus von Mirandola, Scaliger, Angelus Politianus, Petrarca, Thomas von Aquino, Lipsius, Hugo Grotius, Leibniz, der alles behielt, was er las, und den Virgil wie vieles andere, bis in sein hohes Alter auswendig wußte. Von dem berühmten englischen Staatsmann Fox pflegte man zu sagen, daß, wenn die Bibel verloren gehen sollte, man sie aus seinem Munde restaurieren könne. (Fortlage, psych. Vorträge, S. 86.) Beispiele von Kopfrechnern: Der englische Mathematiker Wallis vermochte nicht nur eine Zahl von 53 Ziffern im Gedächtnisse festzuhalten, sondern auch die 27ziffrige Quadratwurzel derselben im Kopfe richtig auszuziehen. Der Hamburger Kopfrechner Dahse. — Auch Kaspar Hauser hatte anfangs ein riesenmäßiges Gedächtnis. Lügner müssen ein treues Gedächtnis haben nach dem Sprichworte: „Mendacem oportet esse memorem". Hieher gehören auch manche Erzählungen von Blödsinnigen, die mit großer Stärke des Gedächtnisses begabt waren; eine der beglaubigtesten unter ihnen ist die, welche Drobisch (a. a. O., S. 95 f.) mittheilt. (Fortlage a. a. O. S. 86. Vgl. Lotze, Med. Pf. S. 490 f.)

2. Ueber die Gedächtniskunst der Alten, deren Vater der Grieche Simonides gewesen sein soll, vgl. Cicero de oratore II. c. 86—88; Auct. ad Herennium, III. c. 16—24; Plinius, hist. nat. VII. 24; Quintilianus, Inst. XI, 2 ed Bip., der die Uebung des Gedächtnisses für die beste Gedächtniskunst erklärt mit den Worten: „Si quis unam maximamque a me artem memoriae quaerat, exercitatio est et labor: multa ediscere, multa cogitare et, si fieri potest, quotidie, potentissimum est. Nihil aeque vel augetur cura vel negligentia intercidit. — Poetica prius, tum oratorum. Quotidie adiciantur singuli versus."

3. Das Gedächtnis ist übrigens nicht ganz unabhängig von dem Nervensystem, namentlich von dem Gehirne. Es sprechen dafür theils eine Reihe von Krankheitsfällen und die fast regelmäßig eintretende Schwäche des Gedächtnisses im hohen Alter, theils die äußerst verschiedene Leichtigkeit des Merkens, die sich schon in der frühesten Kindheit zeigt. Man denke an die häufige gänzliche Einseitigkeit des Gedächtnisses. (Drobisch a. a. O. § 38, S. 97; Waitz, Pf. S. 117; Wundt a. a. O. I. Th. S. 382 f.) Am abhängigsten von dem Gehirn-Nervensystem erscheint das Wortgedächtnis. Man hat Beispiele, daß krankhafte Affectionen des Gehirnes, z. B. eine dahin zurückgetretene

Gicht, ein Geschwür u. dgl., alle Worte aus dem Gedächtnisse verlöschten oder wenigstens die Fähigkeit raubten, sie innerlich zu reproducieren; denn es fehlten solchen Personen, trotz unverletzter Sprachorgane, alle Worte, die sie erst wieder erlernen mußten. Merkwürdig ist, daß die Gesichtsvorstellung der Worte bleiben konnte, so daß die Patienten sich schriftlich vollkommen auszudrücken wußten, während ihnen keine Gehörvorstellung der Worte mehr einfiel, um sie nachzusprechen. Ebenso merkwürdig ist ferner der Umstand, daß in einigen Fällen plötzlich die Gehörvorstellung und eben damit die Sprache in früherer Vollkommenheit zurückkehrte. Daß die übrigen Vorstellungen von dem Nervensysteme unabhängiger sind, als die Wortvorstellungen, beweist der Umstand, daß mit jenem Verluste des Wortgedächtnisses, wie überhaupt in den meisten Fällen der Vergeßlichkeit, kein Zustand der Dummheit und Gedankenleere eintritt, sondern der Verlust der Sprache *).

Jene Abhängigkeit des Wortgedächtnisses von körperlichen Zufällen beweist übrigens nicht etwa eine körperliche Aufbewahrung der Worte, sondern nur einen instrumentalen Gebrauch des Nervensystems. Eine Partie des Gehirnes, in Verbindung mit den Gehörsnerven und den Nerven der Sprachwerkzeuge, scheint bei der innerlichen Production der Wortvorstellungen, dem innerlichen Sprechen, ähnlich zu functionieren, wie die Sprachorgane bei dem äußerlichen und lauten Sprechen. Wie nun die Sprache den Sprachorganen als Fertigkeit, gleichsam als körperliches Gedächtnis, eingebildet wird, so mögen auch zur Reproduction der Wortvorstellungen körperliche Fertigkeiten des Nervensystems erforderlich sein.

4. Kant (Anthrop. a. a. O.) discutiert die bekannte Frage: ob die Kunst zu schreiben, das Gedächtnis geschwächt habe (Plato, Leibniz), und vertheidigt die Schreibekunst gegen den ihr gemachten Vorwurf. (Vgl. damit Rosenkranz, Pf. 3. A. 1863. S. 403; Esser, Pf. S. 169; Volkmann, Pf. S. 237 und 239 in den Anmerkungen zu den §§ 93 und 94.)

---

*) Es scheint kein feineres Prüfungsmittel für die Stufe der geistigen Cultur eines Menschen zu geben, als das Wörterbuch, das er in sich trägt, als den Reichthum an Wortvorstellungen, über den er jeden Augenblick zu disponieren vermag. Max Müller, der berühmte Sanskritgelehrte, hat eine interessante Zusammenstellung der Wortzählungen, die man bei verschiedenen Schriftstellern vorgenommen hat, und einiger schätzungsweisen Bestimmungen über den Wortreichthum verschiedener Menschenclassen gegeben. In England braucht ein gebildeter Mensch selten mehr als 3—4000 Wörter. und auch der Wörtervorrath der Zeitungen und Tagesschriften beläuft sich auf nicht mehr als auf etwa 6000. Im alten Testamente hat man 5642 Wörter gezählt. Große Redner bringen es bis zu 10.000. Milton hat 8000, Shakespeare, der reichste englische Schriftsteller, 15.000 Wörter. Die Hieroglyphen der Ägypter zeigen, daß die Weisen dieses Landes kaum 900 Wörter besaßen. Wie klein wird da erst der Wörtervorrath eines ägyptischen Taglöhners gewesen sein? Der englische Taglöhner begnügt sich nach Aufzeichnungen eines Landpastors, wenn es hoch kommt, mit 300 Wörtern. Diese Bestimmungen geben nur ein Maß für den leicht disponiblen Vorstellungsvorrath, nicht für die Gesammtsumme der überhaupt disponiblen Vorstellungen.

§ 65. **Fertigkeit und Geschicklichkeit.**

Dieselben Reproductionsgesetze, welche in der Seele für Vorstellungen gelten, finden wenigstens in ihren elementaren Anfängen auch im Nervensystem, namentlich in dem cerebrospinalen Theile desselben, statt. Sowie jede Vorstellung, welche mit einer zweiten einmal zusammen im Bewußtsein gewesen ist, sobald sie selbst durch irgend eine andere ins Bewußtsein zurückkehrt, auch die zweite dahin zurückbringt, ebenso wird die Bewegung eines motorischen Nerven, mit welcher sich einmal in gleichzeitiger Folge eine zweite associiert hatte, bei ihrer eigenen Wiederkehr auch die Wiederholung dieser zweiten bewirken. So können mit den Gliedern einer Vorstellungsreihe gewisse Bewegungen des Körpers sich so innig associieren, daß sich die Bewegungen jedesmal einstellen und die Vorstellungsreihe organisch begleiten, so oft diese reproduciert wird. Hierauf beruht (in Verbindung mit Reflexbewegungen überhaupt s. § 32) alles das, was wir Fertigkeit und Geschicklichkeit nennen. Das hier in Wirksamkeit tretende Gesetz läßt sich demnach so ausdrücken: **Ein Bewegungsreiz ruft einen andern, mit welchem er öfter zugleich oder in schneller Folge vorhanden war, wieder hervor, oder erleichtert das Hervorrufen desselben durch den Willen; eine Vorstellungsreihe, welche von einer Bewegungsreihe gleichzeitig oder successiv begleitet war, ruft die letztere wieder hervor, sobald jene ins Bewußtsein gelangt.**

1. Wenn wir nach Noten singen, Clavier, Violine spielen, so ist dies eine Association von den durch das Lesen der Noten erzeugten Gesichtsvorstellungen zu entsprechenden Bewegungen. Können wir noch nicht vom Blatte spielen, so müssen wir immer erst mühsam uns die den Noten entsprechende Muskelbewegung vorstellen, durch den Willen die Bewegung regulieren, während alles dieses schneller vonstatten geht, wenn schon eine gewisse unmittelbare Verkettung der Gesichtsvorstellungen mit den Bewegungsreizen vorhergegangen ist. Der Anfänger im Clavierspielen erlernt es bald, daß mit der Wahrnehmung der einzelnen Note die entsprechende Bewegung auf der Taste erfolgt; aber bei einem neuen Musikstück wird es ihm dennoch schwer, die mannigfach verschiedenen Bewegungen, die aufeinanderfolgen, so schnell zu vollziehen, wie er die Noten mit dem Auge überblickt; die Pausen zwischen den Tönen sind merklich; aber je öfter er nun das Stück spielt, desto inniger und fester wird die Verbindung der Bewegungen und Vorstellungen untereinander; die Pausen werden allmählich unmerklicher, jeder einzelne Anschlag wirkt auf die Reproduction des folgenden je öfter, je stärker, bis er das Stück, wie man zu sagen pflegt, in den Fingern

hat. Das heißt: die vollkommene Wirkung der Association der Bewegungen auf ihre reihenweise Reproduction macht sowohl die andauernde, für jede Note ursprünglich zu wiederholende Absicht als auch den Einblick in die Noten überflüssig. „Das Geheimnis aller Virtuosität," sagt Lazarus (a. a. O. II. S. 45) treffend, „beruht darauf, willkürliche Bewegungen zu unwillkürlichen, oder den Körper, anstatt zu einem Instrument, auf welchem man spielt, vielmehr zu einem, welches selber spielt, zu machen." — Dasselbe ist beim Schreiben, Malen, Nähen, Tanzen u. s. w. der Fall. Wer schreiben gelernt hat, braucht nicht mehr, wie der Anfänger, die besondere Form jedes Buchstabens sich eigens in Erinnerung zu bringen; vielmehr ist die dabei nothwendige Haltung der Hand habituell geworden. Die Hand arbeitet gleichsam wie ein Individium, das seine eigene Seele hat.

2. Alles Lernen von Künsten, alle körperliche Tournure besteht darin, daß durch häufige Wiederholung endlich gewisse Bewegungsgruppen in Association versetzt werden. Diese kann dann so weit gehen, daß zuletzt nur der erste Impuls vom Willen aus zu geschehen braucht, und dann doch die Bewegung leicht erfolgt. Der geübte Clavierspieler denkt nicht mehr an den Fingersatz; die Vorstellung der Melodie und der Wille, sie zu spielen, stellt sich ein, und das Spiel erfolgt mit mechanischer Nothwendigkeit, ohne Anstrengung und Mühe, wie von selbst; der einer Sprache vollkommen Mächtige reproducirt die Wörter, ohne an die Stellung der Stimmmuskeln zur Erzeugung der Sprachlaute auch nur im mindesten zu denken; der gewandte Tänzer bewegt seine Glieder anmuthig nach dem Takte der Musik, ohne an den Takt und an die Bewegung zu denken, die die Muskeln seiner Beine dabei zu vollführen haben. — Auf der Association der Vorstellungen mit Bewegungen und umgekehrt dieser mit jenen beruht der Ursprung der Sprache.

§ 66. Erinnerung und Wiedererkennung.

Erinnerung an früher Erlebtes und Gedächtnis werden oft gleichbedeutend gebraucht; dem ist aber nicht so. Die Erinnerung reproducirt nicht bloß eine Hauptvorstellung mit ihren Nebenvorstellungen oder eine Reihe von Vorstellungen in unveränderter Form, sondern mit ihr verbindet sich der nothwendige, ausdrückliche oder einschließliche Gedanke, daß diese und gerade diese Vorstellungen ein von uns **früher Wahrgenommenes** seien. Damit aber die Erinnerung in dem bezeichneten Sinne des Wortes eintreten könne, ist erforderlich: a) das Bewusstsein einer Wahrnehmung, welche auf eine frühere Vorstellung hinweist; b) die unveränderte Reproduction der früheren Vorstellung durch die gegenwärtige Wahrnehmung, die somit als Hilfe erscheint; c) das Bewusstsein oder der Gedanke der Identität der gegenwärtigen Wahrnehmung und der früheren, d. i. des Zusammenfallens beider. Der Gedanke des Zusammenfallens beider Vorstellungen ist das Wesen der

Erinnerung und durch ihn wird sie erst vollendet. Die Erinnerungen sind entweder **unwillkürliche** oder **willkürliche**; jene stellen uns ihren Gegenstand gewöhnlich klar und deutlich, diese oft, wenigstens anfangs, nur dunkel und verworren dar. Die Willkür der Erinnerung hängt zwar allerdings von dem festen Vorsatze ab, sich der betreffenden Vorstellung zu erinnern, doch ist sie auch bedingt durch die Qualität der Vorstellung selbst, besonders durch ihre Stärke und ihre Verschmelzung mit andern festen Vorstellungen und Vorstellungscomplexen. Die willkürlichen Erinnerungen sind entweder **Entsinnungen** oder **Besinnungen**. Im ersten Fall ist wohl die Reproduction der Vorstellung des Gegenstandes gegeben, aber die Vorstellungen von Umständen und Ereignissen, die ehemals mit jenem Erinnerten beisammen waren, wollen sich nicht sogleich einstellen und werden eben darum gesucht und endlich nach beseitigten Hindernissen gefunden. Im zweiten Falle werden die Vorstellungen von Umständen und Ereignissen leicht reproduciert, aber die Vorstellung des Gegenstandes will sich nicht einstellen und wird eben darum gesucht. Die Erinnerung ist in der Regel auch **Wiedererkennung** (recognitio). Diese unterscheidet sich von der Erinnerung nur dadurch, daß sie in einem **förmlichen Urtheile** ausspricht, die erinnerte Vorstellung sei wirklich ganz und gar die ehemalige Wahrnehmung und nichts anderes.

§ 67. Das Vergessen.

Wenn sich eine früher dagewesene, jetzt aber verdunkelte Vorstellung nicht einfinden will, obgleich sie wieder hervortreten sollte, so nennt man eine solche Vorstellung eine **vergessene**, das Phänomen selbst die **Vergessenheit**. Die allgemeine Ursache des Vergessens liegt in dem oben erörterten Sinken der Vorstellungen, das sowohl einfache Vorstellungen, wie ganze Reihen und Gruppen trifft, wenn sie durch längere Zeit keine Reproduction erfahren. (§ 47.)

Das Vergessen hat **mehrere Grade**. **Der erste** ist, wo eine Vorstellung, die reproduciert werden sollte, wegen der auf ihr lastenden Hemmung nicht im Bewußtsein auftaucht, so daß man sich besinnen muß. Der **zweite**, wenn sie sich trotz der Besinnung nicht einstellt. Der **dritte**, wenn sie seit langer Zeit so wenig erneuert daher so ungeläufig geworden ist, daß man zweifelt, ob sie trotz aller angestrengten Besinnung jemals hervortreten werde. Endlich der **vierte** Grad, wenn sie, soweit man zurückdenken kann, nie wieder hervorgetreten ist, so daß man es für **absolut** unmöglich hält, daß sie sich jemals im Bewußtsein einfinde. Man hat daher eine **absolute** und **relative** Vergessenheit unterschieden, je nachdem das Emporsteigen einer früheren Vorstellung durchaus unmöglich, die Verdunkelung derselben gar nicht mehr zu heben ist, oder nur nicht möglich unter den gegenwärtigen besonderen, übrigens zu entfernenden Verhältnissen (b. i. durch Abgang gewisser Hilfsvorstellungen und durch Vorhandensein hindernder Gegensätze). Daß es eine **absolute** Vergessenheit gebe, ist wohl sehr unwahrscheinlich; denn es widerspräche dem, was die Paragraphen 8, 9, 10 und 11 hinsichtlich **der Einerleiheit und Einfachheit der Seele** lehrten (vgl. auch §§ 45 und 47). Vielmehr dauert jede Vorstellung, die durch andere aus dem Bewußtsein verdrängt worden ist, als **Streben vorzustellen** fort, und kehrt von selbst ins Bewußtsein zurück, sobald der Gegensatz gewichen ist. Dies lehrt auch die Erfahrung. Im Traume, in manchen Krankheiten, im Delirium, Hellsehen offenbart sich der Fortbestand längst vermißter Erinnerungen oft in erstaunlicher Weise. So liefert **Überwasser** (Esser, Pf. S. 175, und Biunde, Emp. Pf. I. Bd., S. 369) aus den Zeitungen ein Beispiel von einem sehr betagten Manne, der in der Fieberhitze den Anfang des Evangeliums Johannis griechisch hersagte, und nach überstandener Krankheit sich sogar erinnerte, diese Stelle in dem Hause eines Predigers, bei dem er in seiner Jugend gedient hatte, gehört zu haben. (Andere Beispiele finden sich bei Fichte, Anthrop. S. 398 f., und ein interessantes Beispiel in Fechners Centralblatt für Naturw. und Anthrop. 1853, Nr. 3, S. 44 f.; bei Fichte S. 402 f.)

Genau genommen kann man nur von solchen Vorstellungen sagen, sie seien absolut vergessen, die gleich bei ihrem Eintreten ins Bewußtsein theils zu unklar und schwach waren, theils in zu loser Verbindung mit anderen Vorstellungen standen, als daß diese ihnen jemals zu Hilfe kommen könnten. Dahin gehören z. B. die Vorstellungen aus den ersten Lebensjahren. Sonst aber kann man nur so viel wissen, daß man sich trotz aller Anstrengung auf etwas nicht wieder besinnen kann, nie aber, daß es nie wieder ins Bewußtsein kommen könne.

Das Vergessen geschieht wie das Erinnern, **entweder willkürlich oder unwillkürlich**. Oft ist es nämlich der Fall, daß man eine Vorstellung, z. B. die eines gehabten widerlichen Eindruckes gern vergessen will, und dieses **soll** sogar da geschehen, wo eine Vorstellung physisch oder moralisch schädlich für uns ist. So wie es also eine Erinnerungskunst (Anamnestik) gibt, so gibt es auch eine Vergessenskunst (Amnestik); letztere ist um so schwieriger, als man wohl vieles unwillkürlich vergißt, dasjenige aber, was man gern vergessen möchte, sich gewöhnlich ebenso unwillkürlich, und zwar durchweg mit verhältnismäßig größerer Stärke dem Bewußtsein aufdrängt.

1. Daher ist wahr, was Cicero sagt: Memini etiam, quae nolo, oblivisci non possum, quae volo; und: „res sic se habet, ut nimis imperiosi sit philosophi, vetare meminisse". Die Disposition zur Vergessenheit heißt Vergeßlichkeit (obliviositas). Diese ist bisweilen unverschuldet, wie bei alten Leuten, welche sich zwar der Begebenheiten ihrer jüngeren Jahre gar wohl erinnern können, aber das nächst Vorhergehende immer aus den Gedanken verlieren. Aber oft ist sie doch auch die Wirkung einer habituellen Zerstreuung, welche vornehmlich die Romanleserinnen anzuwandeln pflegt. „Denn, weil bei dieser Leserei die Absicht nur ist, sich für den Augenblick zu unterhalten, indem man weiß, daß es bloße Erdichtungen sind, die Leserin hier also volle Freiheit hat, im Lesen nach dem Laufe ihrer Einbildungskraft zu dichten, welches natürlicherweise zerstreut, und die Geistesabwesenheit (Mangel der Aufmerksamkeit auf das Gegenwärtige) habituell macht, so muß das Gedächtnis dadurch unvermeidlich geschwächt werden. — Diese Übung in der Kunst, die Zeit zu tödten und sich für die Welt unnütz zu machen, hintennach aber doch über die Kürze des Lebens zu klagen, ist, abgesehen von der phantastischen Gemüthsstimmung, welche sie hervorbringt, einer der feindseligsten Angriffe aufs Gedächtnis." (Kant, Anthrop. § 33; vgl. Stiedenroth, Pf. I. Bd. S. 120.) Ein classisches Beispiel, wie Romanleserei verrücktes Thun zur Folge hat, liefert der unsterbliche Cervantes in seinem Don Quixote.

2. Bekannt ist, daß Säufer leicht vergessen. — Das Sprichwort sagt: „Wohlthat ist gar bald vergessen; Übelthat hart zugemessen", und: „Wenn du einen Mann gen Rom trügest und wieder zurück, und setzest ihn aus Versehen unsanft nieder, so wäre dir aller Dank gewiß verloren".

Bei den Griechen scheint das Vergessen der Wohlthaten so sehr Regel gewesen zu sein, daß eine einzige Ausnahme davon zum Sprichworte geworden ist: „Keiner hat seinem Wohlthäter einen Stier geopfert, als nur allein Pyrrhias." Der Schiffer Pyrrhias aus Ithaka fand nämlich einst auf einem Seeräuberschiffe einen geraubten Greis, welcher nichts hatte, als nur einige mit Pech gefüllte Töpfe. Aus Mitleid kaufte Pyrrhias den Greis von den Räubern frei, wofür im dieser seine Töpfe mit Pech dankbar aufdrang, welche nach näherer Besichtigung unter dem Pech mit Gold gefüllt waren. Der nun auf einmal reiche Pyrrhias opferte dem Greise dankbar einen Stier, was selbst zu jener so gerühmten Zeit so hoch anerkannt wurde, daß es zu jenem oben citierten griechischen Sprichworte wurde. Zu bemerken ist, daß das Vergessen erwiesener Wohlthaten gewöhnlich das Attribut gemeiner und selbstsüchtiger Seelen ist, und zumeist nur aus dem Gefühle der Unmöglichkeit entspringt, empfangene Wohlthaten vergelten zu können, wie Tacitus (Ann. IV. 18.) richtig bemerkt: „Beneficia eo usque laeta sunt, dum videntur exsolvi posse; ubi multum antevenere, pro gratia odium redditur." Daß man oft mehr Mühe hat, den Menschen Gutes als Böses zu thun, zeigt leider Erfahrung und Geschichte.

§ 68. Einbildungsvorstellungen.

Nicht immer kommen Vorstellungen unverändert, d. i. in derselben Form, in demselben Zusammenhang ins Bewußtsein, in welchem sie früher als Empfindungen in ihm vorhanden waren. Es geschieht vielmehr häufig (wie schon aus dem Vorhergehenden ersichtlich ist), daß gewisse Vorstellungen zwar nicht der Qualität, aber der Form nach von den ihnen zugrunde liegenden Wahrnehmungen dergestalt divergieren, daß sie letzteren mehr oder minder ungleich sind.

Es gibt also neben der unveränderten (treuen) auch eine veränderte (untreue) Reproduction der Vorstellungen, welche man gemeinhin die einbildende oder phantasierende Reproduction (auch Einbildungskraft oder Phantasie) zu nennen pflegt. Der gemeine Sprachgebrauch versteht unter Phantasie die (in den Vorstellungen liegende) Fähigkeit der Seele, die Vorstellungen anders, als sie ursprünglich gegeben waren, zu gestalten.

Wäre z. B. unsere Reproduction vollkommen treu, so dürfte es einem gewandten Zeichner nicht schwerer fallen, aus der Erinnerung das Bild der zu porträtierenden Person zu entwerfen, als aus wirklicher Anschauung. Nun aber gelingt es selten, eine sehr bekannte Physiognomie, ohne unmittelbare Anschauung, nach ihren einzelnen Theilen und deren Verhältnissen treu zu reproducieren, wovon man sich leicht durch Vergleichung des Erinnerungsbildes mit der Anschauung der wirklichen Person überzeugen kann. Einzelne Züge bleiben aus, reproducieren sich nicht, und an ihre Stelle treten andere, der Person nicht angehörige.

Zwischen Erinnerung und Einbildung besteht kein specifischer Gegensatz, sondern ein bloßer Gradunterschied. Eine ungetreue Erinnerungsvorstellung ist nicht mehr Erinnerung, sondern Einbildungsvorstellung; eine geringe, unmerkliche Veränderung des Wahrgenommenen oder Vorgestellten ist noch nicht Phantasievorstellung. Selbst die willkürlich entworfenen Bilder der Phantasie (z. B. der Dichtungen oder künstlerischen Conceptionen) sind bloße Umbildungen des durch Wahrnehmung und Gedächtnis Angeeigneten. Die Phantasie ist daher nicht schöpferisch (productiv), d. h. sie bringt nicht einen neuen Stoff hervor, sondern nur bildnerisch. Keine Phantasie, und wäre sie die kühnste, vermag neue einfache Vorstellungen hervorzubringen, z. B. einen neuen Ton, eine neue Farbe oder Tastempfindung, einen neuen Geruch oder Geschmack; das Neue, das sie liefert, besteht immer nur in der Hervorbringung neuer Verbindungen und scheinbarer Trennungen in dem vorhandenen Vorstellungskreise jedes Individuums; die bereits gebildeten Vorstellungsgruppen und Reihen werden theils durch bloßen Ausfall, theils durch Einschiebung, theils durch veränderte Stellung der Bestandtheile mehr oder minder umgebildet. Wir können uns daher für ein vernünftiges Wesen keine andere Gestalt als schicklich denken, als die menschliche. Daher macht der Bildhauer oder Maler, wenn er einen Engel oder Gott verfertigt, jederzeit einen Menschen. Jede andere Figur scheint ihm Theile zu enthalten, die sich seiner Idee nach mit dem Bau eines vernünftigen Wesens nicht zusammen vereinigen lassen (als Flügel, Krallen oder Hufe). Die Größe dagegen kann er dichten, wie er will. (Vgl. Kant, Anthrop. § 31.)

1. Wie die Vollkommenheit des Gedächtnisses auf dessen Treue, Dauer, Dienstbarkeit und Umfang, so beruht der größte Vorzug der Einbildungskraft auf der Neuheit oder Originalität ihrer Producte, d. h. auf deren möglichst großer Abweichung von den Wahrnehmungen.

Die Phantasie ist, wie das Gedächtnis, einseitig (vgl. Herbart, Lehr. d. Pf. § 93 f.) und richtet sich nach dem herrschenden Vorstellungskreise eines jeden. So kann es dem hochbegabten Dichter ganz und gar an musikalischer Phantasie gebrechen; dem Maler an Wortphantasie u. s. w. Wofür einer lebhaftes Interesse hat, dafür wird er allmählich Gedächtnis, und da dieses die nothwendige Voraussetzung für unser ganzes Kennen und Können ist, folglich auch Phantasie gewinnen.

2. Von der Phantasie verschieden ist das Phantasieren (das bloße Spielen mit den Vorstellungen). Dieses besteht in einem regellosen Abspringen von einem Gegenstande zum andern und zeigt eben durch diese scheinbare Regellosigkeit mit den Träumen die größte Verwandtschaft. Doch kommt völlig freies Phantasieren im wachen Leben und bei Erwachsenen selten vor. Normal stellt es sich nur bei Kindern ein in Verbindung mit dem eigentlichen Spielen, das, ohne Zweck außer ihm, seinen regellosen Wechsel, seine unterhaltende und zeitvertreibende Natur nur dem ungebundenen planlosen Wechsel der Einbildungen verdankt, welcher durch die äußere, zwecklose Thätigkeit des Spieles Gestalt und Ausdruck gewinnt, jedoch so, daß die Wahrnehmung der Handlungen und ihrer Hervorbringungen auf den inneren Vorstellungsablauf modificierend zurückwirkt. Daher kommt es, daß Kinder Gelerntes leichter und öfter phantasierend reproducieren; ungebildete Erzähler weichen ganz unwillkürlich vom Factischen ab und bringen Änderungen und Ausschmückungen vor.

§ 69. Arten der Einbildung.

Als veränderte Reproduction der Vorstellungen (oder als Umbildung des Angeeigneten) wirkt die Einbildung abstrahierend, determinierend und combinierend.

1. Die abstrahierende Thätigkeit der Einbildung scheidet in der Reproduction verschmolzener Vorstellungen eine oder mehrere Theilvor-

stellungen aus, reinigt und läutert auf diese Weise die Vorstellungen, indem sie dieselben aus ihrer räumlichen Umgebung und zeitlichen Folge, aus ihrem (zufälligen) Nebeneinander und Nacheinander losreißt, sie isoliert oder in andere räumliche und zeitliche Verhältnisse versetzt. Die Einbildung geht dabei keineswegs über Zeit und Raum hinaus, d. h. sie vermag sich keineswegs von der Raum- und Zeitvorstellung schlechthin zu emancipieren, sondern ist nur nicht an eine bestimmte Zeitdauer, eine bestimmte Raumgröße gebunden. So läßt sie das Bild eines Menschen zum Pygmäen, zum Däumling einschrumpfen, oder sie vergrößert es zum Giganten. Sie verleiht den Göttern, den abgeschiedenen Geistern, eine leichte, ätherische, unvergängliche Leiblichkeit, eine gedankenschnelle Geschwindigkeit u. s. f. Sie reinigt und läutert aber auch unsere Erinnerungen, indem sie aus den vergangenen Erlebnissen das Wesenhafte, Bedeutsame, Interessante heraushebt, das zufällige Beiwerk abscheidet. Dadurch arbeitet sie dem Denken vor, indem sie die sonst vereinzelten Vorstellungen aufeinander bezieht, miteinander vergleicht und so unwillkürlich Gemeinbilder (Schemata) schafft (d. h. solche Bilder, die das mehreren Vorstellungen Gemeinsame in sich enthalten), welche in logische Begriffe übergehen. Solche Gemeinbilder sind Producte der Hemmung, welche das Hervortreten einzelner Theilvorstellungen verhindert, während das Auftauchen der andern unbehindert vor sich geht. Ihre Entstehung hängt somit von der Qualität und der Menge der ursprünglichen Wahrnehmungen ab. Die Einbildung wirkt daher vorbereitend auf das eigentliche Begriffebilden.

2. Die determinierende Einbildung schiebt in eine Mehrheit verschmolzener Vorstellungen neue Glieder ein, ergänzt die Lücken, individualisiert das Unbestimmte, Allgemeine, und verlängert die Reihen. Daher ist es die determinierende Einbildung, welche eine mathematische Progression, eine Vermehrung und Verminderung der Größe, fortsetzt und beliebig weiterführt, welche die Folge der Wirkungen und Ursachen über die gegebene (erkannte) Zahl hinaus beliebig verlängert, welche jeder Vorstellungsreihe sich bemächtigt und so lange neue Glieder an- oder einschiebt, bis sie meint, ein vollständiges Ganze gewonnen zu haben. Mit ihrer Hilfe ergänzen manche Menschen, meist ohne jede bestimmte Absicht und ohne Bewusstsein, die Lücken nicht nur im Zusammenhang einer Erzählung, sondern auch in der Auffassung und Darstellung ihrer eigenen thatsächlichen Erlebnisse. (Der Ritter John Falstaff bei Shakespeare, der aus zwei Männern in Steifleinen fünf Männer

machte, ehe er seine Erzählung endigte.) Ohne derlei Determinationen würden wir keine rechte Freude am Lesen eines Romanes, an der Aufführung eines Dramas, am Anblick eines großen historischen Gemäldes haben. „Die Phantasie," sagt Jean Paul richtig, „macht alle Theile zum Ganzen, und alle Welttheile zu Welten, sie totalisiert alles, auch das unendliche All."

3. Die combinierende Einbildung ist determinierende und abstrahierende Phantasie zugleich; daher haben ihre Producte den größten Schein absoluter Neuheit für sich, und deswegen nennt man sie schlechthin auch die producierende. Hieher gehören jene seltsamen, aller Wirklichkeit hohnsprechenden Träume und Traumgestalten; hieher die oft so sinnigen, oft nur spielenden, nach dem Wunderbaren, Unerhörten haschenden Schöpfungen der Kinder- und Volksmärchen, die singenden Bäume und sprechenden Thiere, die goldenen Äpfel und krystallenen Paläste, die verwandelten Prinzen und Prinzessinnen, die Sphinxe, Centauren und Cerberus u. dgl. m. Hieher gehören die symbolisierenden und allegorisierenden Gebilde der ägyptischen, indischen, babylonischen, griechischen Mythologie, wie aller bis zum Mythus entwickelten Naturculte, aber auch die Gesichte und Erscheinungen der Ekstase.

Über die Wichtigkeit der Phantasie in der Wissenschaft vgl. Lichtenberg, phys. Schriften, II. 72; Herbart, Lehrb. z. Pf. § 92 A. („Zum Selbstdenken in den Wissenschaften gehört ebensoviel Phantasie, als zu poetischen Erzeugnissen; und es ist sehr zweifelhaft, ob Newton oder Shakespeare mehr Phantasie besessen hat.") Noch wichtiger ist der Einfluß der Phantasie in dem Gebiete der Kunst und Poesie, vgl. Zimmermann, Ästhetik II. Th. S. 185 f. — Schädliche und nützliche Wirkung der Phantasie auf das ganze Leben, namentlich auf das physische (Entstehung und Heilung von Krankheiten), vgl. insbesondere die schöne Zusammenstellung in Feuchtersleben, „Diätetik der Seele", S. 25—41. Doch sind manche, ihr zugeschriebene Wirkungen (z. B. Wundercuren, Tod infolge von Prophezeiungen u. dergl. m.) noch sehr problematisch. — Durch die Phantasie wird größtentheils Glück und Unglück bestimmt, welches beides fast immer bloß phantasiert ist. (Vgl. die schöne Stelle bei Feuchtersleben a. a. O. S. 29; 36 und 37.) — Die schöne Phantasie stiftet eine Art von Umgang mit uns selbst. (Kant a. a. O. § 32.) — Die Phantasie ist die früheste und ursprünglichste Form der Reproduction und ist in der Jugend vorwaltend. (Vgl. Stiedenroth I. Th. S. 197; Volkmann a. a. O. § 95.) Genauere Selbstbeobachtung zeigt aber auch, daß im Alter wohl die Erregbarkeit der Phantasie schwächer und langsamer ist, daß aber die Stärke und Lebhaftigkeit innerhalb ihres, wenn auch beschränkten Kreises unverändert dieselbe bleibt. (Sophokles, Voltaire, Goethe u. s. w.) — Die Phantasie wirkt weniger am morgen, abends und nachts mehr. Warum? — (Stiedenroth I. Th. S. 198.) — Warum lassen sich Geistergeschichten in später Nacht noch wohl anhören, die am morgen, bald nach dem Aufstehen, jedem abgeschmackt vorkommen? (Kant a. a. O.)

§ 70. Wachen, Schlaf und Traum.

Auf der veränderten Reproduction der Vorstellungen beruht der Traum und das Traumleben der Seele. Der Traum ist gleichsam ein Mittelzustand zwischen Wachen und Schlafen. — Wachen, entgegengesetzt dem Schlafen, ist zunächst der Zustand, in welchem wir der bewußten Empfindung und willkürlichen Bewegung mächtig sind oder doch mächtig sein können; ferner bedeutet das Wachen eine mit Absicht unterhaltene Spannung des Bewußtseins gegen die von außen auf uns eindringenden Reize, entweder, um sie rein und unverfälscht aufzunehmen, zu erhalten, oder abzuwehren, zu vernichten. In letzterer Beziehung ist es eigentlich Bewachen, Hüten, inacht nehmen, gewärtig sein. Bei solchem Wachen ist das Ausbleiben des Schlafes nicht Zweck, sondern natürliche Folge desselben. Wir wachen, weil wir nicht wegen der in uns herrschenden Vorstellung schlafen können*). Das Wachen wechselt periodisch mit dem Schlafen und nimmt im mittleren Lebensalter des Menschen etwa zwei Drittel (14—16 Stunden) des Tages ein**). Im höheren Alter nimmt bei vielen Menschen das Wachen mehr als drei Viertel des Tages ein, während es bei andern fortwährend normal bleibt. Gewöhnlich fällt das Wachen mit der Lichtperiode des Tages zusammen. Jedoch findet hier kein nothwendiger Causalitätsnexus statt. Wir können vielmehr die Periodicität des Schlafens und Wachens willkürlich verkehren. (Nicht nur der Mensch, sondern auch das Thier kann ohne die geringste Störung seines Organismus bei Tage schlafen, bei Nacht wachen.) Jene Coincidenz scheint also darauf zu beruhen, daß der Tag die Geschäfte des wachen Lebens begünstigt, die Nacht ihnen hinderlich ist, obwohl keineswegs geleugnet werden soll, daß das Licht schon an und für sich zu den Weckern des animalischen Leben gehört. (Purkinje, Wachen, Schlaf, Traum ꝛc. in Wagners H. W. B. 20. L. S. 416.) Daher ist Joh. Müllers Bemerkung richtig, daß man im Dunklen nie besonders geistreich ist.

---

*) „Wenn wir wachen, so haben wir eine gemeinschaftliche Welt; schlafen wir aber, so hat jeder seine eigene." (Kant, nach Heraklit, siehe: Anthrop. § 36.)
**) Daher der alte Vers:
  Quinque horas dormisse sat est juvenique senique,
  Sex mercatori, septem de stemmate natis.
  Octo damus pigris, qui nulla negotia curant.

§ 71. Fortsetzung.

Der Schlaf, ein physischer Zustand, unterscheidet sich in psychischer Hinsicht vom Wachen durch das Verschlossensein der äußeren Sinne, die Aufhebung des Bewußtseins der Außenwelt und des Willenseinflusses auf die Muskeln. Im Schlafe findet sich, wenn er ein tiefer (oder vollkommener) Schlaf ist, das ganze geistige Leben verdunkelt. Diese Verdunkelung der Vorstellungen kann nur von einer Mannigfaltigkeit leiblicher Zustände herrühren, die zusammen einen hemmenden Einfluß auf alle Vorstellungen ausüben und sie aus dem Bewußtsein verdrängen. (Die Erklärung des Schlafes ist bis jetzt noch nicht gelungen.) Daß der Schlaf nur eine Verdunkelung und keine bloße Negation des geistigen Lebens herbeiführe, beweist das Aufwachen zur festgesetzten Stunde, das Aufwachen beim Stehen der Mühle seitens des Müllers, oder beim Anläuten am Hause u. dgl.

Das Phänomen des Schlafes durchläuft mehrere Stufen, die man als **Schläfrigkeit, Einschlafen, tiefen Schlaf, Schlaf mit Träumen** (unvollkommenen Schlaf) und **Erwachen** bezeichnen kann. Die Schläfrigkeit kündigt sich im allgemeinen dadurch an, daß unser bewußtes geistiges Leben nach allen seinen Richtungen hin seine Schärfe und Bestimmtheit verliert. Das Vorstellen dauert noch fort, aber es richtet sich nicht mehr auf einen Punkt; die Vorstellungen laufen haltungslos und verworren durcheinander. Die Empfindungen kommen zwar noch, aber wir haben nicht die Kraft und das Interesse, sie festzuhalten; sie reizen uns nicht zu weiterer Thätigkeit, sondern werden uns lästig. Das Auge, noch offen, empfängt zwar noch die Einwirkungen des Lichtes, aber wir bemerken nicht mehr genau, was wir sehen. Ebenso hören wir wohl noch; allein die Töne werden zum undeutlichen Geräusch. Ähnlich ergeht es den andern Sinnen. Die Haut verliert allmählich die Empfindlichkeit für die mittleren Wärme- und Kältegrade, auch der Druck der Umgebungen wird nicht mehr empfunden. Müdigkeitsgefühle, Empfindungen der Abspannung, den vorausgegangenen Anstrengungen nicht immer entsprechend, stellen sich ein; ein eigenes Wohlgefühl von sanftem Druck lagert sich leise um die Schläfe zwischen Aug' und Ohr, und hüllt, sich steigernd und ausbreitend, diese Sinne in seine Nebel ein. Ein ähnliches Gefühl legt sich mit sanften Banden um die Handgelenke und um alle Gelenke des Körpers. Auch am Halse, der Herz- und Magengegend und längs des ganzen Rückgrats melden sich nicht selten ähnliche

Empfindungen, eine Art von Kitzel, auch wohl von einem gelinden Frösteln begleitet. Dieselbe Empfindung in der Umgegend der Rückgratsäule ist es, die das Gähnen oder wenigstens einen Gähnungsversuch erzeugt. Ein andermal reflectiert sie sich in den Muskelnerven und explodiert in einem allgemeinen Dehnen.

Analoge Erscheinungen zeigen sich in der Sphäre der willkürlichen Bewegung. Die einfachsten Bewegungen, welche wir fast ohne irgend ein Gefühl der Anstrengung vollbringen, werden uns lästig. Wir sind wie gelähmt; die Füße, Arme, Hände versagen uns ihren Dienst. Wenn uns der Schlaf nicht zu schnell übermannt, suchen wir, noch bei halbem Wachen, eine Lage, welche dem Körper möglichst viele Unterstützungspunkte bietet, so daß derselbe ruht, ohne von den Muskeln, welche der willkürlichen Bewegung dienen, gehalten zu werden. Doch ist die Bewußtlosigkeit der Seele im gesunden Schlafe selten so tief, daß sie nicht einzelnen Sinnesreizen, den Tönen und Hautempfindungen erlaubte, wenigstens dunkel percipiert zu werden. Die Fortdauer des Schlafes wird durch diese leisen Anregungen nicht aufgehoben. Ein rasch eintretendes Geräusch erweckt uns, während wir unter dem Lärm eines allmählich angewachsenen Sturmes noch lange fortschlafen können.

1. Was die leiblichen Processe während des Schlafes betrifft, so weiß die Physiologie hierüber nur sehr Unvollständiges. Da die auffallendste Erscheinung des Schlafes die Verdunkelung des Bewußtseins ist, so liegt die Vermuthung nahe, daß vor Allem das Gehirn durch den Unterschied des Schlafens und Wachens in Mitleidenschaft gezogen wird. Allein keine Beobachtung vermag uns die Veränderungen näher zu bezeichnen, die im Gehirn den Schlaf begleiten. Die vegetativen Functionen des Leibes scheinen nicht direct bei dem Schlafe betheiligt zu sein. Die Bewegung des Blutes, des Herzens, der Gedärme, die Verdauung und die Respiration gehen ohne Unterbrechung fort. Die ganze Veränderung, welche diese Processe im Schlafe erleiden, besteht darin, daß sie um ein Geringes langsamer, aber auch regelmäßiger vor sich gehen. So sinkt die Frequenz der Athemzüge von 20 auf 15 zurück. Die Menge der Kohlensäure in der expirierten Luft soll beiläufig um $1/4$ geringer im Schlafe, als während des Wachens sein. Auch die Bewegung des Herzens ist etwas verlangsamt, theils infolge der langsameren Respiration und der geringeren Oxygenierung des Blutes, theils wegen der allgemeinen Erschlaffung im Muskelsystem. Mit der geringeren Oxydation im Blute ist auch geringere Wärmeerzeugung verbunden. Der Körper ist daher im Schlafe gegen äußere Kälte viel empfindlicher. Auch die Verdauung wird während des Schlafes verlangsamt. Nehmen wir nämlich kurz vor dem Schlafengehen größere Mengen von Speisen zu uns, so ist nach achtstündigem Schlafe die Verdauung im Magen selbst gewöhnlich noch nicht vollendet, wozu sonst vier Stunden ausgereicht haben würden. Daß wir kurz vor dem Schlafe nicht viel essen dürfen, ist daher eine ganz richtige diätetische Regel. Selbst wenn man mit dem Hungergefühl sich schlafen gelegt hat, wacht man nach einem mehrstündigen gesunden Schlafe ohne

dasselbe wieder auf. Auch die Secretionen und Excretionen (z. B. die der Thränen, des Harns u. f. w.) sind während der Schlafzeit im allgemeinen geringe. Am entschiedensten zeigt sich im Schlafe die Ernährung im engeren Sinne erhöht, wenn wir darunter den letzten Act der Assimilation verstehen, in welchem der Organismus die von außen aufgenommenen, zur organischen Flüssigkeit verarbeiteten Stoffe in die organische Form selbst umwandelt.

2. Wichtigkeit des Schlafes für das Denken und Gemüthsleben s. Waitz, Pf. S. 484 f. — Shakespeare hat die Nützlichkeit des Schlafes gewürdigt in seinen unerreichten Dramen (in „Heinrich VI.", „Romeo und Julie", „Sturm", und insbesondere in „Macbeth", Act 2, Scene 2). In „Macbeth" nennt er mit Recht den Schlaf „das nährendste Gericht beim Fest des Lebens".

§ 72. Schluss.

Nachdem der normale, gesunde Schlaf 6—8 Stunden gedauert, und seine Function, die Regeneration des animalen Lebens, vollendet hat, erfolgt entweder plötzlich oder nach längerem oder kürzerem traumlosen oder träumerischen Zwischenschlummer das Erwachen. Erst geht der Organismus aus dem tieferen (vollkommeneren) in den leichteren (unvollkommeneren) Schlaf über, indem die Empfänglichkeit des Nervensystems für äußere Reize aus ihrer organischen Gebundenheit (somatischen Hemmung) nach und nach in die Peripherie der Nerven zurückkehrt; und äußere oder innere Reize (z. B. Lichteindrücke, Schälle, Gerüche ꝛc.) oder krankhafte Mischung des Blutes (Blutkrasis), Magenbeschwerden, Drang zu Excretionen, Temperatureinflüsse, elektrische Spannung der Atmosphäre, oder Gemeingefühle: als Schmerz- und Lustempfindungen (Ekel, Hunger, Durst, Jucken, Kitzel ꝛc.) auch in geringsten Graden schon genügen, ein vollkommenes Wachen herbeizuführen.

Die Übergänge aus dem Wachen in den Schlaf und aus diesem in das Wachen führen durch zwei (intermediäre) Zustände von Schlafwachen oder Schlummer, wovon Purkinje den einen Zustand den „Schlafschlummer" („Einschlafschlummer"), den andern den „Wachschlummer" („Erwachschlummer") nennt. Der Antheil des Wachseins in beiden wird durch den Traum dargestellt, der ein „Scheinbild des wachen Lebens" ist. Der Traum beruht (wie schon gesagt wurde) auf der Einbildung.

Das Charakteristische des Traumes besteht 1. darin, dass wir unsere unwillkürlichen Einbildungen während des unvollkommenen Schlafes für wirkliche Dinge, für wirkliche Erlebnisse halten, weil wir (im Schlafe) nicht imstande sind, sie mit diesen zu vergleichen oder davon zu unterscheiden. Es fehlen im Traume die objectiven Verhältnisse des wachen Lebens. Die Seele hat zwar Vorstellungen; allein diese sind nicht an die Controle der Außenwelt und des wachen Bewußtseins gebunden, sondern von den zufälligen Anregungen der nur theilweise thätigen Nerven abhängig. Daher das Unzusammenhängende, Bunte, Wunderliche, welches sich mehr oder weniger in allen Träumen findet. Was im wachen Zustande als schlechthin unmöglich erscheint, im Traume tritt es uns als wirklich gegenüber. Im Traume scheinen die Gesetze der Wirklichkeit nicht zu gelten. Bisweilen haben wir wohl auch Träume, in welchen es ganz vernünftig zugeht. Die ganze Situation, in welche uns der Traum versetzt, enthält alsdann nichts Unmögliches, Seltsames. Es ist aber dieser verständige Verlauf für den Traum etwas Zufälliges. Übrigens sind die Traumgebilde bei all ihrer scheinbaren Gesetzlosigkeit keineswegs gesetzlos, und wir würden den Gang der Reproduction in ihnen noch deutlicher einsehen, wenn wir uns ihrer später genau erinnern könnten. Das scheinbar Unzusammenhängende der Traumerscheinungen findet auch darin seine Erklärung, daß die Traumgebilde von der erwachten Thätigkeit der Nerven hervorgerufen werden; so zufällig und zusammenhanglos nun die zur Thätigkeit neu erregten Nerventheilchen sind, ebenso zufällig und zusammenhanglos in ihrem Verlaufe sind daher auch die Träume.

Eine andere Eigenthümlichkeit der Traumbilder besteht 2. darin, daß sie häufig **lebhafter und intensiver** sind, als die Vorstellungen des Wachens. Wir sehen im Traume Landschaften, die durch ihre Großartigkeit oder Anmuth alles je im Wachen Gesehene übertreffen, und hören Töne mit einer Deutlichkeit, die wir im wachenden Zustande niemals auf solche Weise hören; auch zusammengesetzte Vorstellungen und Vorstellungsreihen entwickeln sich vor uns mit der vollen Klarheit der wirklichen Wahrnehmung. Es scheint dies zum Theil von der Beschränktheit des Vorstellungsablaufes während des Traumes herzurühren, der ungestört von den Hemmnissen des wachen Lebens einen Eindruck, eine Vorstellung, ein Gefühl u. s. w. ausschließlich zur vollen Entwicklung bringt und nur wenige — dem Interesse der Seele oder der Eigenthümlichkeit jener Reize am meisten zusagende — Vorstellungen reproducirt.

Eigenthümlich ist ferner 3. dem Traum, daß er die Schmerzempfindung abstumpft, dagegen häufig die Lustempfindung verstärkt. Doch kommen die sehr angenehmen, entzückten, lichtvollen Träume sehr selten bei Gesunden, am häufigsten bei tiefer körperlicher oder geistiger Erschöpfung vor.

§ 73. Bestandtheile der Träume.

Die Elemente, aus denen der gewöhnliche Traum sich zusammensetzt, sind im wesentlichen zwei:

1. Der Traum entsteht einerseits aus der Wirkung der während des Schlafes auf die Nerven wirkenden Reize, wobei jene zwar theilweise in Thätigkeit versetzt werden, aber nicht völlig erwachen. Diese Reize können theils äußere Sinnenreize (namentlich Gehörs- und Gesichtsreize) sein, theils können sie in der Empfindung **innerer Reize, bleibender** oder **wechselnder organischer** oder **gemüthlicher Stimmungen** bestehen.

2. Indem dies alles als erregender Reiz auf die Entstehung der Traumerscheinungen wirkt, bleibt es nicht in seiner ursprünglichen Beschaffenheit, sondern der an sich einfache Inhalt der Empfindung wird zu einer Reihe von Bildern ausgesponnen, welche nach den Gesetzen der Reproduction verlaufen. Jedem Traume liegt also in dieser Hinsicht irgend etwas Objectives zugrunde, das aber nicht während des Traumes in seiner specifischen Qualität wahrgenommen und mit den andern gleichzeitigen Empfindungen in Verhältnis gesetzt werden kann, sondern bloß als veranlassender Traumreiz wirkt, mit welchem sich nun die Einbildungskraft einseitig beschäftigt.

1. Hieraus erklären sich die zahlreichen Träume, in welchen der Schlafende, von einer Sinnesempfindung oder von einer bestimmten Körperempfindung (z. B. des Druckes, der Wärme, Kälte, der Beklemmung u. dgl.) ergriffen, daraus unwillkürlich ein weit ausgesponnenes und übertreibendes Traumbild gestaltet. Der Pendelschlag einer Uhr wird zu periodischem Hundegebell, zu Axtschlägen; einzelne musikalische Töne gestalten sich weiter zu Melodien; die zufällige Erwärmung der Füße erscheint als Wandern über ein heißes Lavafeld; Druck der Nervenstämme erweckt die Phantasie von Fesseln, welche die Glieder umschlingen, von Grausamkeiten, deren Opfer man ist; heftige körperliche Angstempfindungen aus Respirationsdruck erregen bald das Phantasma eines aufsitzenden Ungeheuers, bald dramatisierte Geschichten eines von uns begangenen schweren Verbrechens. Gerüche scheinen häufig durch Stimmungen, die sie erwecken, mittelbar die Reproduction eines angemessenen Vorstellungskreises, oft sehr entlegener Zeitabschnitte der Lebenserinnerung, zu begünstigen.

2. Andererseits müssen alle diejenigen Empfindungen, Vorstellungen, Gefühle und Begehrungen als traumerzeugendes Element bezeichnet werden, welche vor dem Schlafe in unserem Bewußtsein herrschend sind und sich bei dem Einschlafen in demselben, obgleich nur mit verminderter Klarheit, erhalten, besonders wenn sie noch einer gewissen Ausbildung (durch die Phantasie) fähig sind. Hat man sich z. B. vor dem Einschlafen mit einem wissenschaftlichen Problem beschäftigt und dasselbe nicht gelöst,

so kann man von der Lösung desselben träumen. Zahlreiche Beispiele von glücklich vollzogenen mathematischen, philologischen und philosophischen Denkoperationen gibt F. A. Carus, Pſ. (Lpz. 1808. II. 208 f.); ebenso berichtet Burdach in seiner Physiol. als Erfahrungswissenschaft (II. Aufl. Lpz. 1838. III. 497) Selbsterlebtes und Fremdes. Vgl. Fichte, Pſ. I. § 271, S. 551. Dem von körperlichen und geistigen Leiden Gequälten bringt nur zu oft der Traum ein imaginäres Wohlsein und Glück; so träumte der hungrige Trenck in seinem Gefängnisse oft von splendiden Gastmählern u. ſ. w.

Der Traum erhält gewöhnlich (obwohl nicht immer) seine wesentliche Färbung, seinen bestimmten Grundton von der im Wachen herrschenden Stimmung. Lust und Unlust, Heiterkeit und Traurigkeit, welche dem wachen Leben zugrunde lagen, wirken im Schlafe als Vorstellungen fort und ziehen die ihnen adäquaten Bilder und Anschauungen herauf, und was etwa während des unvollkommenen (leichten) Schlafes oder Halbschlafes durch die Sinne eintritt, das trifft dann beim wirklich Träumenden auf ein voreingenommenes, von der gegebenen Stimmung erfülltes Ich und wird im Sinne der herrschenden Gefühle, Affecte und Vorstellungen verwendet und ausgedeutet.

3. Zu den einfachsten Träumen gehören die phantastischen Gesichtserscheinungen, die sogenannten Schlummerbilder, worüber der Physiologe Joh. Müller besonders interessante Beobachtungen angestellt hat. (Über phantastische Gesichtserscheinungen. Coblenz 1826. §§ 34—41; dann §§ 66, 147, 87; vgl. Fechner, Psychophysik II. Th. S. 506 f.) Nächst dem Gesicht ist besonders das Gehör zu Phantasmen geneigt. Sausen, Klingen in den Ohren ist eine bekannte Erscheinung. Haben wir eine Stunde lang die Sturmglocke gehört, so tönt es eine Zeit hindurch so vernehmlich in uns fort, daß wir schwer zu entscheiden vermögen, ob die Glocke wirklich noch anschlägt oder nicht. Seltener ist das Hören bestimmter articulierter Wörter. Vorzugsweise im Halbschlummer kommt es vor, daß wir laut einen Namen rufen hören und uns erschrocken aufrichten, um zu sehen, woher die Stimme kam. Es sind diese phantastischen Gehörserscheinungen viel unheimlicher als die Gesichtsphantasmen. Bei Nervenkrankheiten sind diese Gehörsträume eine gewöhnliche Erscheinung. Besonders bekannt ist es von Moses Mendelssohn, daß er durch starke Anstrengungen des Geistes in einen Zustand versetzt wurde, in welchem ihm jede lautere Rede unerträglich wurde. Er verfiel häufig bei der Stille des Abends in einen Starrkrampf, während dessen eine Stentorstimme ihm die einzelnen, mit einem hohen Accent am Tage gesprochenen oder sonst laut geredeten Worte und Silben wieder einzeln zurief, so daß ihm die Ohren davon gellten. Die vollendetsten Träume sind solche, welche mehr oder minder der Wirklichkeit entsprechen und somit auch von vollkommenerer Täuschung begleitet sind. Solche Träume nehmen mehr oder weniger den ganzen Menschen in Anspruch, ihre Kraft ruft das ganze Subject zur Reaction, welches, dadurch ihre Objectivität anerkennend, nun selbst mitthätig wird und so die ethische Seite der Traumwelt in Gefühlen, Affecten, Leidenschaften, Willensbestimmungen nach dem Maßstab des individuellen Temperaments, Naturells und Charakters eröffnet. Hier gestalten sich die Träume in epischer und dramatischer Form. Wir werden mithandelnde Personen und zugleich die bewußtlosen Dichter dieser phantastischen Welt; jedoch nicht als gleichgiltige Zuschauer, wir fühlen und handeln mit, und hier ist es, wo die Erscheinungen des Somnambulismus am öftesten zustande kommen.

4. Den Alten galt der Schlaf für das wahrhafteste Bild des Todes. Einer der griechischen Gnomendichter nennt den Schlaf $\vartheta \acute{a} \nu a \tau o \varsigma$ $\tau \acute{\iota} \varsigma$ $\pi \varrho o \mu \epsilon \lambda \acute{\epsilon} \tau \eta \sigma \iota \varsigma$, eine Todes-

vorübung, anderswo ὕπνος τὰ μικρὰ τοῦ θανάτου μυστήρια — Schlaf, Schlummer, kleinere Todesmysterien. (S. die hieher gehörige schöne Vergleichung zwischen Schlaf und Tod bei Purkinje a. a. O. S. 467 f.)

Zweites Capitel.
Von der Bildung der Zeit- u. Raumvorstellungen.

§ 74. Zeit und Raum.

Im Inhalte der Empfindungen liegt nichts von Räumlichkeit und Zeitlichkeit, nichts vom Neben- und Nacheinander; denn in der Empfindung liegt zunächst nichts anderes als sie selbst, als ihr Inhalt. Daß die Vorstellung b nach a sei, oder neben a sich befinde, liegt weder in b, noch in a, weil alsdann die Vorstellung etwas enthielte, was nicht in ihr, sondern außer ihr ist. Ein bestimmter Ton, den ich höre, ist eben dieser bestimmte und kein anderer; daß er aber nach einem anderen Tone folge, höre ich nicht, denn ich höre im strengen Sinne des Wortes gar nichts außer dem Tone als solchem, und das „Nach", die Reihenfolge der Töne, ist kein Gegenstand des Gehörs. Ebenso sieht das Auge nicht gefärbte Räume, sondern Licht; das Nebeneinander ist kein Object desselben. Das Getast empfindet nicht den Körper, sondern nur den von diesem ausgehenden Widerstand, Druck, Stoß u. s. f.

Raum und Zeit sind also durchaus keine Qualitäten der Empfindungen, und weil sie es eben nicht sind, so können sie auch von der Seele nicht unmittelbar wahrgenommen werden. Nun ist es aber gleichwohl unleugbare Thatsache, daß Raum und Zeit mit Nothwendigkeit aus Empfindungen entstehen, zwar nicht aus jeder einzelnen Empfindung, abgetrennt von den andern, aber doch aus ihrem Zusammen im Bewußtsein, aus ihrer Beziehung zu einander. Zeit und Raum haben also ihren Grund nur in den Beziehungen, in welche Empfindungen unter einander (im Bewußtsein) nothwendig gerathen. Sie drücken die Form, d. i. die Art und Weise der Verbindung (der Wechselwirkung, des Ablaufes) der Vorstellungen aus (ganz abgesehen von dem sonstigen Inhalte der letzteren). Zeit und Raum sind demnach nichts, als die Formen, in welchen die Empfindungen, als die Glieder dieser Formen (Reihen, Gruppen), vorgestellt werden. Die

Zeit bezeichnet das Nacheinander, der Raum das Nebeneinander.

1. Stoff oder Materie des Empfundenen (Vorgestellten) ist das, was an ihm der Empfindung (Vorstellung) entspricht; es ist die Empfindung (Vorstellung) selbst, insofern ihr Inhalt (das Empfundene, Vorgestellte) den Dingen als Beschaffenheit (Merkmal) beigelegt wird. Unter den Begriff der Form aber fällt die Gesammtheit alles dessen, was die Verhältnisse des Empfundenen, d. h. die Art und Weise bezeichnet, wie das Empfundene verbunden ist. Denn die Empfindungen sind nicht isoliert gegeben, sondern in bestimmten Verbindungen, und bilden in ihrer Wechselwirkung mit einander nicht eine bloße Summe, sondern vielmehr gewisse Gruppierungen und Reihen.

2. Zeit und Raum könnten angeborene, der Erfahrung vorausgehende Formen der Sinnlichkeit, und zwar der Raum die Form des äußeren, die Zeit die des inneren Sinnes sein. Wären Raum und Zeit solche Formen, so würde nicht abzusehen sein, warum die Seele die Empfindungen, die von einem Dinge A herrühren, gerade mit dieser Form, hingegen die von einem Dinge B veranlaßten mit einer bestimmten andern Form verknüpft, warum z. B. dieselbe das Gehörte nur in zeitlicher, das Gesehene nur in räumlicher Form sich zum Bewußtsein bringt. An dieser Frage scheitert die Kant'sche Ansicht, sie bietet ihr ein unlösbares Räthsel ꝛc. Sonach muß eine Trennung von Stoff und Form im Sinne Kants, demzufolge der Stoff von außen her durch die Sinne geliefert und die Form von innen durch die Seele als ein ihr angehöriges Besitzthum hinzugethan werden soll, als schlechthin unzulässig erklärt werden. Stoff und Form sind vielmehr untrennbare Begriffe und in aller Erfahrung stets zusammen gegeben. Denn die Seele hat an der Form der Erfahrung keinen größeren Antheil als an der Materie. Daß z. B. Roth als Roth vorgestellt wird, wäre der Stoff; daß es aber in dieser oder jener Gestalt, Lage, Größe, Entfernung ꝛc. ... vorgestellt wird, würde die Form der Vorstellung sein, welche die Seele selbst aus eigenen Mitteln in dieser oder jener ganz bestimmten Weise hinzufügen müßte. Der Stoff allein würde gar nicht vorgestellt werden können; denn wie sollte er zur Vorstellung kommen, ohne eine bestimmte Form anzunehmen? Ist aber diese Form schon in der Seele vor aller Erfahrung da, so ist diese Annahme das Ende aller Erklärung, und es läßt sich von dem ganzen sinnlichen Vorstellungskreise nichts weiter sagen, als daß er jedesmal so ausfalle, wie die „angebornen Formen der Sinnlichkeit" in Verbindung mit dem Stoffe, auf den sie beim sinnlichen Vorstellen mit Nothwendigkeit angewendet werden, es gestatten. Daß die Vorstellungen des Zeitlichen und Räumlichen keineswegs von allem Anfange an in unserem Bewußtsein als fertiges Product sich vorfinden, sondern erst allmählich durch die Wechselwirkung der Vorstellungen zustande kommen, beweist das Kind, das von Raum und Zeit, räumlichen und zeitlichen Verhältnissen nicht die dunkelste Ahnung hat: denn es greift nach allem, was es sieht, ohne Rücksicht auf Nähe und Ferne; es kennt nur die Gegenwart, und von Vergangenheit und Zukunft hat es nicht die geringste Ahnung. Es hat noch keine Erinnerung an früher gehabte Vorstellungen und ebendeshalb auch keine Vorstellung von dem Vor und Nach des Geschehenen. Ja, selbst die glücklich operierten Blindgebornen sehen das Farbige durchaus nicht sofort nach drei Dimensionen geordnet, sondern ohne Sonderung, Gestaltung und Entfernung scheint es ihnen wie ein Chaos auf den Augen zu liegen, obwohl sie schon früher durch den Tastsinn zu einer mehr oder minder adäquaten

Vorstellung des Räumlichen gelangt sind. Was das Zeitliche anbelangt, so bleiben viele Erwachsene auf die rohesten Unterscheidungen des Vorher und Nachher, des Schneller und Langsamer beschränkt.

§ 75. Die Zeitreihe.

Die Vorstellung der Zeit setzt die Reproduction der Vorstellungen voraus. Gäbe es keine Reproduction, so gäbe es auch keine Vergleichung der früheren mit den gegenwärtigen Vorstellungen; folglich auch keine Zeit. Setzt die Zeit die Reproduction voraus, so ist sie weder eine Wahrnehmung, noch (wie Kant wollte) eine reine (apriorische) Anschauung, sondern sie ist eine **Vorstellung, die von der Form des Vorstellens, abgesehen von allem Inhalt, abhängt.** Die Form des Vorstellens, abgesehen von allem Inhalt, ist das **reine Nacheinander der Vorstellungen.** Das Nacheinander erscheint als Reihe. Durch die Zeit wird also zunächst die Art und Weise vorgestellt, wie die Glieder einer Reihe nacheinander aufgefasst werden. — Die Zeit (abgesehen von allem Inhalt) ist nichts weiter als eine **Successionsreihe.**

Dies nöthigt uns, hier an die Reihen der §§ 55—58 zu erinnern. Dort wurde gesagt, dass, wenn in einer Reihe die successive Reproductionsweise allein wirksam ist, dies einen einfachen Ablauf der Reihe zur Folge hat, wie es z. B. beim gedächtnismäßigen Memorieren der Fall ist, und wenn allein die simultane Reproduction wirkt, so erfolgt ein gleichzeitiges Vorstellen, das eine Anzahl Vorstellungen von abgestufter Klarheit in Einem zusammenfasst, und alle zumal, als ob sie still ständen, ruhig überschaut.

Nun stellen wir eine Reihe von Ereignissen oder Veränderungen so als zeitliche vor, dass wir sie zwar alle in der Erinnerung gegenwärtig haben, sie aber zugleich in der Ordnung des „Vorher" und „Nachher" denken, und das Vorher immer als ein Vergangenes fassen, wenn es zum Nachher kommt. Das Vorstellen des Zeitlichen erfordert daher erfahrungsmäßig, dass eine Reihe von Ereignissen, die wir vorstellen, zwischen einem bestimmten Anfangs- und Endpunkt eingeschlossen sei. — Erinnert mich z. B. jemand, dass heute ein Jahr zu Ende ist, so tritt zunächst die Vorstellung des Anfangspunktes, d. i. der Ereignisse, die diesen Anfang, den ersten Tag, die ersten Stunden x. erfüllten, hervor u. s. f. Während die einzelnen Glieder von dem Anfangspunkte aus nacheinander ablaufen, werden sie zugleich als feststehend überschaut. Die

Vorstellung eines Zeitverlaufes kann also nur durch die vereinigte Wirksamkeit beider Reproductionen, der successiven sowohl als auch der simultanen, zustande kommen.

Wird nämlich von einer Reihe wohl assoziierter successiver Vorstellungen A, B, C, D, E die erste A und die letzte E wiedererweckt, so reproducieren beide die zwischenliegenden Glieder, so zwar, daß A die successive Reproduction der folgenden Glieder B, C, D, E; E dagegen die simultane der vorausgehenden D, C, B, A bewerkstelligt. Durch A wird die ganze Reihe der einander folgenden Glieder **vorwärts** als ein **Verfließendes** ins Bewußtsein zurückgeführt, während durch die simultane Reproduction von E aus alle Glieder der Reihe in **rückwärts abnehmender Klarheit zugleich** überschaut werden. Das A gibt also die Vorstellung des Flusses des in der Reihe A—E ordnungsmäßig eingeschlossenen unterscheidbaren Geschehens, das E das Stillehalten in der Überschauung, den alles zusammenfassenden Rückblick.

Die Richtung der Reproduction, durch welche die einzelnen Glieder nacheinander ins Bewußtsein gebracht werden, ist für alle Zeitstrecken dieselbe; sie fallen daher alle in Einer Richtung zusammen; die Zeitreihe hat also nur Eine Dimension (Länge). Das Vorstellen einer Zeitreihe ist nicht absolut zeitlos. Die Zeit, die benöthigt wird, um Zeitliches vorzustellen, ist nicht gleich der vorgestellten Zeit. Mit beinahe momentaner Geschwindigkeit kann unser Vorstellen ungeheure Zeitstrecken durchfliegen und die gesammte Menge des in ihnen enthaltenen Nacheinander überschauen. Wir können eine Stunde, einen Tag, ein Jahr, ein Jahrhundert und ein Jahrtausend unter Umständen in ein und derselben Kleinigkeit von Zeit vorstellen. (Vgl. zu dem Ganzen: Herbart, Ps. II. § 115; dessen Lehrb. d. Ps. § 175; Volkmann, Ps. § 78; Cornelius, Theorie des Sehens und räumlichen Vorstellens vom physikal., physiolog. und psycholog. Standpunkte. Halle 1861; 387.)

§ 76. Leere Zeit; Ewigkeit.

Werden mehrere bereits ausgebildete Zeitstrecken von individuell gefärbtem Inhalt gleichzeitig reproducirt, so verdunkelt sich dieser Inhalt infolge des Gegensatzes zwischen seinen einzelnen Gliedern dergestalt, daß von jenen gleichzeitig ablaufenden Reproductionen nur noch die **reine Form**, das reine Nacheinander der Glieder zurückbleibt; es bildet sich die Vorstellung einer leeren Zeitreihe von bestimmter Länge (bestimmt nur durch die Anzahl ihrer Glieder). So ist das Jahr, als bloßes Nacheinander von Monaten, Wochen oder Tagen ꝛc. ein Beispiel einer solchen leeren Zeitreihe.

Die verschiedenen leeren Zeitreihen sind nur durch ihre Länge und ihren Rhythmus von einander unterschieden. Werden endlich mehrere solcher leeren Zeitreihen von verschiedener Länge selbst wieder zugleich reproduciert, so entsteht durch die Hemmung der entgegengesetzten Quanta der vorgestellten Zeitreihen eine neue, höhere Gemeinvorstellung, der das Merkmal des Anfangs und Endes der Reihe nicht inhäriert, und der nur die Form des jetzt anfangs- und endlosen Nacheinander bleibt. Dies ist die **unendliche Zeit** oder die **Ewigkeit**. Man wird sich der Ewigkeit erst dadurch klarer bewußt, daß man dieselbe durch fortgesetztes Messen mit irgend einer leeren Zeitreihe zu erschöpfen versucht, was aber jedesmal mißlingt, weil nach jeder Messung das zu Messende noch ungemessen dasteht. Die unendliche Zeit enthält alle einzelnen Zeitstrecken in sich; alle haben in ihr ihren festbestimmten Platz. Sie sind nämlich in Beziehung auf die Lage bestimmt durch das Vorher und das Nachher, in Bezug auf ihre Länge durch die Anzahl ihrer Glieder. Das Mittelalter ist z. B. genau bestimmt durch das Vorher der alten Zeit und das Nachher der neuern; in Bezug auf die Länge ist es bestimmt durch die Anzahl der Jahre, nämlich von 375—1492.

Ist einmal die Vorstellung der unendlichen Zeitreihe gebildet, so gibt es kein Ereignis, das nicht in diese Zeitreihe, und zwar in ein genau bestimmtes Glied derselben hineinfiele, d. h. es gibt nur Eine Zeit. — Das Symbol der Zeit ist die unendlich gerade Linie.

§ 77. Subjective Schätzung und objective Messung der Zeit.

Da die Zeit nur eine Form der Succession der Vorstellungen ist, so kann ihr Quantum nach der Menge des successiv Vorgestellten beurtheilt werden. Das **Beurtheilen** der Zeit ist stets ein Vergleichen zweier Zeitstrecken, und diese Beurtheilung ist entweder eine objective Messung oder eine subjective Schätzung der Zeit. Die **objective Messung** des wahren Zeitverlaufes, der wahren Zeitgröße ist nur dann möglich, wenn die einzelnen Glieder des Nacheinander, des Successiven, einander vollkommen gleich sind. Es gibt regelmäßig wiederkehrende

Bewegungen, auf deren gleichförmigen Ablauf wir uns mit aller Sicherheit verlassen können. Dies sind die Schwingungen des Pendels, die durch ein Uhrwerk gezählt werden können, die Bewegung der Erde um ihre Achse u. s. w. Beide Bewegungen sind auch in der That die Einheiten für die objective Messung der Zeit. Objectiv wird also die Zeit durch Raumverhältnisse gemessen und eingetheilt.

Verschieden von der objectiven Messung ist die s u b j e c t i v e S c h ä t z u n g d e r Z e i t. Unser geistiges Leben läßt keine gleichförmige Maßeinheit zu, wonach es gemessen werden könnte. Subjectiv wird also die Zeit verschieden geschätzt, je nachdem sie eben abfließt oder abgeflossen ist. Im ersten Fall schätzen wir die Geschwindigkeit des Abfließens, im zweiten die Menge des Abgeflossenen; beides geschieht nach einem subjectiven Maßstabe. Der gegenwärtige schnelle oder langsame Abfluß der Zeit wird bedingt durch gegenwärtige Unterhaltung, Beschäftigung, Vertiefung, oder deren Mangel. Wer sich gut unterhalten findet, wer sich in einen Gegenstand mit seinen Gedanken vertieft, bemerkt nichts von der verflossenen Zeit; vergleicht er sie aber mit dem ihm sonst gewöhnlichen Zeitmaß, so findet er sich in der Zeit weiter vorgerückt, als er dachte. Langsam scheint uns die Zeit zu vergehen, sobald sich zwischen die Glieder der abgelaufenen Vorstellungsreihe unbestimmte und unbefriedigte Erwartungen einmischen. Der dadurch hervorgerufene Zustand macht sich als Gefühl leerer Zeit, als L a n g w e i l e geltend. Dagegen erscheint uns die abgelaufene Zeit in der Erinnerung um so länger, je ereignisreicher sie ist, je mehr unterscheidbare Glieder sie also in der Erinnerung darbietet. Blicken wir später auf einen beschäftigungsvollen Tag zurück, so scheint er uns länger gedauert zu haben und den vorhergegangenen und nachfolgenden Tag durch eine größere Kluft zu trennen. Nach der Rückkehr von einer unterhaltenden oder auch geschäftsreichen Reise, die einige Wochen gedauert hat, kommt es uns vor, als ob die dazu verbrauchte Zeit eine viel längere gewesen wäre. Bei anhaltender gleichmäßiger Beschäftigung nimmt unser Vorstellungsablauf nach und nach eine gleichförmige m i t t l e r e Geschwindigkeit an. Diese bildet alsdann für uns das n o r m a l e Z e i t m a ß, das nur durch ungewöhnliche, andauernde Beschleunigung und Verzögerung des Vorstellungsflusses bald überschritten, bald unerreicht bleibt. So haben Menschen, deren Beschäftigungen einen regelmäßigen Verlauf nehmen, meist eine ziemlich richtige Zeitschätzung, umsomehr, wenn die inneren, geistigen Vorgänge auch an äußere Veränderungen geknüpft sind. — [Abschreiber, Setzer, der Corrector, der Fußgänger, der

Lehrer u. s. f.] Dieses mittlere und normale Zeitmaß ist natürlich ein **individuelles**; ein anderes bei dem Geistreichen, ein anderes beim Geistarmen: und insofern läßt sich sagen, daß jeder Mensch sein eigenes, besonderes Zeitmaß für den gemeinschaftlichen Zeitraum hat, indem dieser dem einen als ein größeres, dem anderen als ein kleineres Zeitquantum erscheint. — Das Leben selbst, dieses nächstliegende Beispiel einer Zeitreihe (durch Temperament, Geschlecht, Alter, Beschäftigung ꝛc. bestimmt), erscheint bald kurz oder lang nach der Fülle der Thaten. Wie lang ist das Leben Alexanders d. G., Raphaels, Lord Byrons, und wie kurz das der hundertjährigen Alltagsmenschen nach der Fülle ihrer Thaten betrachtet!

1. Die Vorstellungen des Zeitlichen entstehen verhältnismäßig spät beim Kinde, erst dann, wenn die Vorstellungen des Räumlichen sich schon vollständig herausgebildet haben. Das Kind erhält früher das Wort als den Begriff. Mit Recht sagt Herbart (Lehrbuch der Pf. § 176): „Lange Zeitstrecken aufzufassen, ist nur dem Gebildeten möglich; das Kind kann in den frühesten Jahren nur sehr kurze Zeiträume zusammenhalten." Im Schlafe haben wir kein Zeitbewußtsein, obwohl es uns während desselben (im Traume) nicht an Vorstellungen fehlt. Werden wir plötzlich aus dem Schlafe geweckt, so wissen wir nicht, wie viel Zeit seit dem Einschlafen abgelaufen ist. Und doch bringt der Schlaf in die Zeitreihe unseres Lebens keine Lücken hinein, weil der Erwachende sein Gedankenleben genau an das Ende des Gedankenfadens vom vorigen Tage wieder anknüpft, wo er durch das Einschlafen zerrissen wurde.

2. Vergangenheit und Zukunft. — Wird in der einmal gebildeten unendlichen Zeitreihe irgend ein Glied reproduciert, so ist der Inbegriff dessen, was diesem Gliede vorangeht, Vergangenheit, der Inbegriff dessen, was nachfolgt, Zukunft. Vergangenheit und Zukunft sind somit Begriffe, die nur beziehungsweise gelten. Der Zeitpunkt, in dem sie coincidieren, ist die Gegenwart, die aber im nächsten Moment sich ändert — zur Vergangenheit wird. Vergangenes gibt es; denn es läßt sich reproducieren. Zukünftiges reproducieren, heißt etwas reproducieren, was noch nicht da ist; kann man das? Zukunft (das Herzu- und Herankommen, die Ankunft) wird von uns als die kommende, künftige Zeit, als **erfüllte** Zeit, gedacht, mit Inbegriff der in dieselbe fallenden Vorgänge. So ist Zukunft für uns nur ein anderer Ausdruck für Vergangenheit. Das Zukünftige, das wir hoffend oder fürchtend erwarten, ist nur ein Vergangenes, das einem Gegenwärtigen nachfolgen soll. Man setze, es habe sich in uns die Zeitreihe a, b, c, d, e gebildet (gleichviel ob unwillkürlich oder willkürlich), und der gegenwärtige Zustand A' gebe Veranlassung zur Reproduction des a, so tritt, nachdem die Reihe abgelaufen ist, zuletzt auch e ein, aber zwischen A' und e liegt eine Zeitreihe, e folgt nach einem Quantum von Nacheinander auf d, e wird reproduciert, aber zugleich vorgestellt als nach A', nach der Gegenwart — als Zukünftiges. Auf der Vorstellung der Zukunft beruht die Erwartung und die Ahnung. (**Shakespeare**: Wie es Euch gefällt, 3. Aufz. 8. Auftr., Fortlage, Pf. Vortr. S. 98.)

§ 78. **Vorstellen des Räumlichen; die gerade Linie.**

Beim Vorstellen des Zeitlichen reproducierte jedes Glied in der Reihe der successiven Vorstellungen die folgenden Glieder nacheinander, die vorausgehenden hingegen gleichzeitig in abnehmender Klarheit. (§ 75.) Im Vorstellen des Räumlichen muſs überdies noch **jedes Glied als ein erstes betrachtet werden können, welches nicht allein seine folgenden, sondern auch seine vorhergehenden Glieder nacheinander reproduciert.**

Sei die Reihe A, B, C, D, E, F, G gegeben, so muſs ein mittleres Glied D die Glieder C, B, A nicht minder, wie E, F, G sowohl nacheinander als gleichzeitig reproducieren. Dazu ist erforderlich, daſs die Glieder der Reihe in der Wahrnehmung wenigstens zweimal von A nach G und auch umgekehrt von G nach A gegeben werden. Dies findet z. B. statt, wenn der Blick des bewegten Auges oder die tastende Hand auf einer Fläche in irgend einer bestimmten Richtung hin- und hergleitet. Durch die umgekehrte Wahrnehmungsfolge werden die vorausgegangenen Glieder zu nachfolgenden: G verbindet sich mit F, E, D, C, B, A in derselben Weise, wie früher A mit B, C, D, E, F, G. Die spätere Wahrnehmung eines mittleren Gliedes D reproduciert dann beiderseits in abgestuften Klarheitsgraden gleichzeitig A, B, C und D, E, F, G und auch nacheinander zu höheren Klarheitsgraden zunächst C und E, dann B und F, zuletzt A und G. Werden aber zwei Endglieder A und G unmittelbar wieder gegeben, so reproduciert jedes dieser Glieder alle übrigen sowohl simultan in abnehmender Klarheit, als auch successiv zu den höheren Klarheitsgraden, die unter den gegebenen Umständen überhaupt möglich sind. Indem nun die successiven Reproductionen der Glieder von den beiden Grenzgliedern A und G aus gegeneinander laufen und sich ins Gleichgewicht setzen, verwandelt sich der Abfluſs der Reihe in einen Stillstand ihrer Glieder, das **Nacheinander in ein Nebeneinander,** und deshalb erscheint die ganze Reihe als **Raumreihe,** worin jedes Glied seine bestimmte Stelle zwischen den anderen Gliedern hat (gerade Linie).

In dem Vorstehenden wurde bisher stillschweigend vorausgesetzt, daſs die Glieder A, B, C, D, E ... einander der Qualität nach entgegengesetzt seien, wodurch verhindert wird, daſs sie (vermöge der Einfachheit der Seele) zu einer einzigen unterschiedslosen, stärkeren Vorstellung verschmelzen. Wie aber, wenn das Auge auf einer einfärbigen Fläche, oder der Finger auf einer glatten, überall gleichen Widerstand bietenden Fläche fortgleitet, wird da nicht lediglich eine Mehrheit homogener (d. i. qualitativ gleicher) Farben= oder Widerstandsempfindungen entstehen müssen, die zu einer einzigen, unterschiedslosen Vorstellung zusammenfließen?

Die Erfahrung zeigt, daß dies bei der Wahrnehmung der gleichen Farbe und gleichen Glätte einer Ebene nicht geschieht, sondern sie gleich= wohl als eine Ebene vorgestellt wird. Und in der That erzeugt sich beim Hin= und Herrücken des Auges und des Fingers längs einer solchen Fläche (eben durch die Bewegung des Auges und des Fingers) in der Seele eine Reihe fein abgestufter Muskelempfindungen, z. B. $\alpha, \beta, \gamma, \delta, \varepsilon \ldots$, welche sich mit den succesiv erzeugten qualitativ gleichen Farbenempfin= dungen a, a', a'', a''', a'''' ... gliedweise verbinden

$\alpha, \beta, \gamma, \delta, \varepsilon \ldots$

a, a', a'', a''', a'''' ... und die letzteren

in der Form einer Reihe auf die im § bezeichnete Weise zur Erscheinung bringen. Viele solcher Raumreihen, die sich in der Seele durch die mannig= fachen Bewegungen des Auges und des Fingers erzeugen, bilden zusammen ein Reihengewebe, das sich zur Vorstellung der **Ebene** oder **Fläche** entwickelt, worin nun jedes Glied der Durchkreuzungspunkt unzählig vieler Raumreihen ist.

1. Aus der Zeitreihe wird also, wie wir sahen, eine Raumreihe, wenn außer der Auffassung der Reihe von A nach G noch eine zweite von G nach A hin möglich ist, wenn also die Vorstellungen in zweifacher Ordnung mit einander verschmelzen. Wer z. B. die Donaureise nur immer in derselben Richtung, von Linz nach Wien, und nicht auch umgekehrt gemacht hat, dem erscheint das Panorama der Donauufer in der Rückerinnerung nach Art einer Zeitreihe, er stellt sich die Gegenden und Ortschaften bloß nach einander vor, erst, wenn er die Reise auch in umgekehrter Reihenfolge von Wien nach Linz, also flußaufwärts, zurückgelegt hat, erhält er eine Vorstellung der Räumlichkeit. (Ein einfacheres Beispiel bietet das Durchwandern einer Bildergallerie.) Durch diese doppelte Auffassung (also nicht bloß nach vorwärts allein, sondern auch nach rückwärts) wird die Reihe jetzt sowohl von A nach G, als auch von G nach A in der Reproduction abzulaufen streben, wodurch das eigenthümliche Merkmal der Zeit, nämlich das Vorher und Nachher, verdunkelt wird. So erscheint ein Glied der Reihe, z. B. D, nicht mehr als nachfolgend dem C, und vor dem E, sondern als zwischen beiden befindlich. Die Reihe strebt von D aus nach beiden Richtungen ab= zulaufen, so daß C und E simultan als Nachbarglieder reproduciert werden. — Im Gebiete des Zeitlichen ist eine umkehrende Vorstellung des Vergangenen nicht möglich. Daher die Eine Dimension der Zeit von der Gegenwart in die Vergangenheit und Zukunft, welche letztere eine Vergangenheit ist, die der Gegenwart als nachfolgend ge= dacht wird. Nur in absichtlicher, etwas schwierig auszuführender Weise lassen sich die Glieder einer Zeitreihe auch in verkehrter Ordnung reproduciren (wie man sich leicht

davon überzeugen kann, wenn man versucht, die deutsche Kaiserreihe auch in umgekehrter
Reihenfolge zu reproducieren). Dadurch büßt nun die Reihe den Charakter des Zeit=
lichen ein und erscheint als Raumreihe. Man erhält Überblick und aus der Zeit wird
der Zeitraum. — Mit Recht bemerkt Volkmann (S. 89): „Die Zeitreihe besitzt
ihre Reizbarkeit in der Art, daß jederzeit das erste Glied wie eine Spitze vortritt; die
Raumreihe besitzt aber in jedem Gliede dieselbe Reizbarkeit, jedes Glied kann zur Spitze
werden, von der nach beiden Seiten hin die Reihe abläuft."

2. Ein= für allemal sei hier bemerkt: in der Psychologie wird bloß von der Ent=
stehung des Zeitlichen und Räumlichen gesprochen. Was Zeit und Raum an sich seien;
welche Bedeutung sie für die seienden Wesen haben? — dies gehört in die
Metaphysik.

§ 79. Räumliche Auffassung durch den Gesichtssinn.

Der Gesichtssinn nimmt unter allen Sinnen, als „der Raum
entwickelnde Sinn", die erste Stelle ein; ihm zunächst kommt der
Tastsinn. Beide Sinne haben das Gemeinsame, daß ihre verschiedenen
Nervenpartien simultan verschiedene Reize erhalten können. (Durch die
anderen Sinne geschieht das nicht.) Hierin liegt auch der Grund dafür,
daß wir durch Gesicht und Getast vorzugsweise zu Raumvorstellungen
gelangen. Außer dem eben Angeführten ist noch eine zweite Thatsache zu
beachten. Die Physiologie lehrt, daß vollkommen deutlich nur das gesehen
wird, was sich auf dem Mittelpunkte der Netzhaut (dem sog. gelben
Fleck) abbildet, während alle seitlichen Stellen derselben nur einer un=
vollkommenen Perception des Reizes fähig sind, den sie erhalten. (Der
Durchmesser der Stelle des deutlichsten Sehens ist außerordentlich klein
und von E. H. Weber auf $1/3$ bis $1/2'''$ bestimmt worden.) Endlich ist
für die Ausbildung des räumlichen Sehens die Geschwindigkeit der Augen=
bewegungen außerordentlich wichtig. Die Feinheit dieser Bewegungen des
Auges erhellt aus den von E. H. Weber hierüber angestellten Unter=
suchungen. Um zu finden, wie kleine Bewegungen wir noch mit den Augen
mit Sicherheit ausführen können, ließ Weber Personen mit guten Augen zwei
Reihen schwarzer Parallellinien zählen, die 0·025 Pariser Linien breit und
durch ebenso breite weiße Zwischenräume von einander getrennt waren. Ein
Beobachter konnte sie nun mit zwei Augen schon bei einer Entfernung von
neun Pariser Zoll vom Auge zählen, wogegen es ihm mit einem Auge
nur bei einer Entfernung von sieben Zoll gelang. Um eher zu wenig,
als zu viel anzunehmen, betrachtete Weber diese geringe Entfernung
als diejenige, in welcher die Zählung mit zwei Augen mit Sicherheit
stattfand. Es folgte dann, daß das Bild einer solchen Linie oder eines

Zwischenraumes auf der Retina 0·00192 Pariser Linien, d. h. nahe $^1/_{520}$ Pariser Linien breit war. Nimmt man auch nur an, bemerkt Weber, daß Menschen, die mit weniger scharfen Augen begabt sind, dieselben so zu drehen vermögen, daß der empfindlichste Theil der Retina mit Sicherheit $^1/_{100}$ Pariser Linien fortgerückt wird, so ist das schon eine so kleine Bewegung, daß zu ihr in der Mechanik eine mikrometrische Vorrichtung nöthig ist. Die beiden Augen mußten also so um ihren Mittelpunkt gedreht werden, daß successiv die Bilder der Linien auf den in der Augenachse liegenden Theil der Retina fielen, nämlich daß der empfindlichste Theil der Retina regelmäßig um $^1/_{520}$ Pariser Linien fortrückte.

1. Die feine Beweglichkeit des Auges und die damit verbundene Feinheit des Muskelgefühls mag, wie Cornelius (a. a. O. 394) bemerkt, in dem Umstande ihre Begründung finden, daß die lichtpercipierende Schicht der Retina eine feine Mosaik von erregbaren (sensiblen) Elementen (resp. Zapfen) darstellt, welche es mit sich bringt, daß der isolierte Reizzustand eines jeden Elementes (resp. Zapfens) durch die zugehörige Nervenfaser zum Gehirn geleitet, hier eine Bewegung des Auges zu bewirken sucht, wie sie nöthig ist, um den auf das Element fallenden Lichtpunkt auf die empfindlichste Stelle der Netzhaut zu führen. — Betrachtet man die sog. Stäbchen- oder Zapfenschicht der Retina als das peripherische, lichtpercipierende Organ, so läßt sich vielleicht in Bezug auf den gelben Fleck annehmen, daß jede Drehung des Auges (nach rechts oder links, nach oben oder unten), durch welche das Bild eines Lichtpunktes von einem Zapfen zum nächsten bewegt wird, schon eine eigenthümliche Muskelempfindung herbeiführt. (Vgl. auch: Lotze, Med. Ps. 322 f.; Wundt, Beitr. zur Theorie d. Sinneswahrnehmung. 1862, S. 145 f.)

2. Nach dem in diesem und im vorigen § Gesagten steht es in Frage, ob das ruhende (unbewegte) Auge zu einem flächenartigen Sehen gelangen könne, wenn ihm eine einfärbige Fläche gegeben wird. Nach Herbart (Ps. II. Th. § 111) sieht das ruhende Auge keinen Raum, sondern nur das bewegte. „Man versuche doch, ganz starr vor sich hinzusehen; man wird spüren, daß der Raum schwindet, und daß im Bemühen, ihn wiederzugewinnen, man sich über einer kaum merklichen Bewegung des Auges ertappen kann. Beim Beschauen neuer Gegenstände ist übrigens die unaufhörliche Regsamkeit, womit der Blick die Gestalt umläuft, sehr leicht wahrzunehmen." — Auch W. Fr. Volkmann hält dafür (Ps. §§ 83 und 86), daß es (bei ruhendem Auge) zu keinen räumlichen Vorstellen komme, wenn die elementaren Empfindungen qualitativ gleichen Inhalt haben; außer, es sei die Raumauffassung des Auges bereits zur Gewohnheit geworden. Waitz hingegen nimmt ein Sehen bei ruhendem Auge bei gegebener einfärbiger Fläche an. Da nämlich, so lautet seine Argumentation, das deutliche Sehen auf die Mitte des gelben Fleckes falle, so werde derjenige Punkt, dessen Bild auf jene Mitte trifft, vollkommen scharf gesehen, während die Klarheit des Sehens überall nach den seitlichen Theilen hin stufenweise abnehme. Nun könne das vollkommen scharf Wahrgenommene mit dem nur undeutlich und unbestimmt Gesehenen nicht vollständig verschmelzen: daher erscheine das gleich Gefärbte des ganzen Complexes als ein Flächengebilde. (Vgl. auch: Wundt Vorl. üb. Menschen-

und Thierf. I. S. 264 f.) Viel deutlicher aber, als bei ruhendem Auge, werden die Umrisse einer Fläche bei bewegtem Auge erkannt. Indem der Blick mit ungemeiner Geschwindigkeit über die Fläche eines Körpers hin- und hergleitet, entstehen mit den Farbenempfindungen des erregten Auges zugleich gewisse Muskelempfindungen, die je nach der besonderen Stellung des Auges eine besondere Eigenthümlichkeit besitzen und sich mit den gleichzeitig in der Seele auftauchenden Farbenempfindungen associieren. Zu diesen Bewegungen des Auges gesellen sich noch, wenn die Ausdehnung der Gestalt bedeutend ist, Drehungen des Kopfes, denen gleichfalls Muskelempfindungen entsprechen. Auf diese Weise kommt in die Gesichtsvorstellung eines Gegenstandes eine Beziehung auf ein Rechts und Links, sowie auf ein Oben und Unten. Ganz ähnlich bildet sich, wenn die Hand auf einer Fläche tastend hin- und hergleitet, eine Reihe von Muskelempfindungen, die sich gliedweise mit den reinen Tastempfindungen verbinden, so dass auch diese ein Bild der betasteten Fläche in der Form eines continuierlichen Nebeneinander gewähren müssen.

3. Es ist Herbarts großes Verdienst, dass er, von der nichts erklärenden Hypothese angeborener Anschauungsformen unbefriedigt, auf Grund seiner psychologischen Principien die Realität der Anschauungsformen erwies und ausdrücklich hervorhob, dass die ursprüngliche Auffassung des Auges keine räumliche sei. Er war der erste, der die Theorie der Muskelempfindungen zu einer wirklichen Erklärung (der Entstehung) des Sehfeldes benutzte. (S. Pj. II. § 109 f.; Lehrb. d. Pf. § 167 f.) Nach Herbarts Vorgange haben W. F. Volkmann und Cornelius sich am meisten um die Vervollkommnung der Lehre vom zeitlichen und räumlichen Vorstellen verdient gemacht. Namentlich hat letzterer die Theorie des räumlichen Vorstellens mit Rücksicht auf Erklärung verschiedener Specialitäten vervollkommnet, auch die Wahrnehmung der Tiefendimension mittels des Gesichtsfinns durch eine Association von Licht- und Muskelempfindungen erklärt. — Waiß und Lotze stellen von Herbart abweichende Erklärungen auf. (Waiß, Pf. § 18; Lotze, Med. Pf. 2. B. Cap. 1 und 4.)

§ 80. Das Aufrechtsehen.

Vergleichen wir die Stellung eines äußeren Gegenstandes und die Lage des Bildes, das sich von ihm auf der Retina eines andern Auges abspiegelt, so finden wir beide einander entgegengesetzt; ja, eine einfache geometrische Construction zeigt ausdrücklich, dass das Bild des Außendinges, indem seine Strahlen durch die enge Öffnung des Lichtloches gehen, auf dem Hintergrunde der Netzhaut sich nothwendig in verkehrter Lage reflectieren muss. Wie kommt es nun, dass wir trotzdem die Gegenstände nicht umgekehrt, sondern aufrecht wahrnehmen? Man hat diese Thatsache geradezu geleugnet und gesagt, dass das Auge alles (nicht bloß diesen oder jenen Gegenstand) verkehrt sehe, und dass, wo alles verkehrt gesehen werde, dies gar nicht zum Bewusstsein gelange, da die Ordnung der Theile sonst dieselbe bleibe. Wäre dem aber so und nicht anders, so würde ein Widerspruch entstehen zwischen den Auffassungen des Auges und den Raumvorstellungen, die wir durch den Tastsinn erhalten. Nun gibt uns aber der Tastsinn in der That eine adäquate Anschauung von der räumlichen Lage äußerer Objecte. Wir bemerken genau, dass der Kopfpunkt und die rechte Seite des gesehenen

Gegenstandes jetzt dem Orte näher ist, an welchem nach der Aussage unseres Tastsinnes und der durch seine Bewegung verursachenden Muskelempfindungen unsere Füsse und die linke Hand liegen, während sein Fusspunkt und die linke Seite unserem Kopfe und der rechten Hand adäquat sind. Oben heisst also im empfundenen Sehfeld das, was durch eine der Stirn, unten, was durch eine den Füssen, rechts, was durch eine der linken, links, was durch eine der rechten Seite unseres Körpers zustrebende Bewegung des Tastsinnes gesucht wird.

Wird nun die rechte Seite der Netzhaut von Lichtstrahlen getroffen, die von der linken Hälfte eines Gegenstandes herrühren, so muss sich das Auge nach links drehen, um die Hälfte des Objectes auf die empfindlichste Stelle der Netzhaut (auf die Mitte des sog. gelben Fleckes) und somit zur deutlichsten Wahrnehmung zu bringen. Und umgekehrt verhält es sich, wenn die linke Seite der Netzhaut von Strahlen, die von der rechten Hälfte der Fläche stammen, afficiert wird. Die von der unteren Hälfte der Fläche ausgehenden Strahlen afficiert aber die Netzhaut oben und bewirken eine Bewegung des Auges nach unten, um die unteren Theile der Fläche auf die Mitte der Netzhaut zu bringen. Wird hingegen die untere Seite der Netzhaut durch Strahlen getroffen, die von den oberen Theilen der Fläche kommen, so macht das Auge eine Bewegung nach oben, um die oberen Theile der Fläche anzufassen. So erhält nun der ganze Complex von Farbenempfindungen, der einem bestimmten Netzhautbilde entspricht, durch die Muskelempfindungen, welche durch jene Augenbewegungen veranlasst werden, eine Beziehung auf ein Rechts und Links, sowie auf ein Oben und Unten, ganz in ähnlicher Weise, wie es durch den Tastsinn geschieht. In diesem Sinne sind die verkehrten Bilder auf der Netzhaut zum Aufrechtsehen der Gegenstände sogar nothwendig.

§ 81. Das Einfach- und Doppeltsehen.

Es ist eine bekannte Thatsache, dass wir, obwohl mit zwei Augen sehend und somit stets von einer zweifachen Nervenerregung afficiert, dennoch jeden Gegenstand nur einfach wahrnehmen. Selbst Cheselden's Blinder, obwohl ihm das zweite Auge erst viel später operiert wurde, sah doch von Anfang an einfach. (§ 24.) Diese Thatsache pflegt man dadurch zu erklären, dass man identische und nicht identische Stellen unterscheidet. Identische Netzhautstellen erklärt man für solche, deren Erregung in beiden Augen dieselben Systeme von Muskelempfindungen reproduciert, so dass die beiden Augen entsprechenden Complexe von Farbenempfindungen dieselbe räumliche Beziehung gewinnen, oder mit anderen Worten zur Vorstellung eines Dinges führen müssen, wogegen, wenn nichtidentische Netzhautpunkte (also differente) von den Strahlen eines Gegenstandes getroffen werden, verschiedene Systeme von Muskelempfindungen zum Vorschein kommen, welche die von beiden Bildern herrührenden Lichtcomplexe im Vorstellen auseinanderhalten und daher zu Doppelbildern Anlass geben. Wir können die Sache mit W. F. Volkmann (a. a. O. § 83 und S. 196 f.) auch auf folgende Weise auseinandersetzen. Jeder Stellung des Auges entspricht, wenn dieses auf ein Object gerichtet ist, eine bestimmte Muskelempfindung α, die sich mit der Gesichtsvorstellung a des Gegenstandes associiert. Besteht nun dieselbe Association von a und α auch) für das andere Auge, was eben der Fall sein mag, wenn die Bilder eines Objectes auf identischen Stellen beider Netzhäute liegen, so wird der Gegenstand auch in unserem Vorstellen als ein einfacher erscheinen, dessen Platz im Sehfelde eben durch das beiden Augen gemeinsame α bestimmt ist. Wenn hingegen bei gewissen Stellungen beider Augen die Gesichtsvorstellung bezüglich des einen Auges mit der Muskelempfindung α und bezüglich des andern mit einer zweiten β associirt ist, so erhält auch a in Rücksicht seiner Stellung im Sehfelde eine doppelte Beziehung; es wird doppelt gesehen.

§ 82. Das Auffassen der Gestalten durch das Gesicht (Vorstellung der Grenze, Lage der Linien, Neigung, Winkel, geschlossene Gestalt).

Jede Bewegung des Auges, die den Blick beim Beschauen einer Fläche in bestimmter Richtung vor- und rückwärts führt, bewirkt das Vorstellen einer Raumreihe (von bestimmter Länge), welche sich als eine gerade Linie bezeichnen läßt. — Die gerade Linie gibt zugleich die Vorstellung der Richtung; denn sie selbst ist die Richtung, in welcher das Auge sich bewegt beim Übergange von einem Punkte zum anderen. Wie die Richtung, ist auch die Länge unmittelbar mit der Vorstellung der Linie gegeben. Ihr Verhältnis nach außen ist ihre Lage. Die Lage, welche eine Linie gegen einen Punkt außer ihr hat, ist bekannt, wenn es die Linien sind, die sich von jenem Punkte aus nach allen ihr selbst angehörigen Punkten ziehen lassen. So viele Linien dieser Art das Auge zieht, so viele Versuche macht es, den gegebenen Punkt mit der Linie zu combiniren, auf sie zu beziehen und durch eine möglichst genaue Zusammenfassung, ähnlich dem Flächensehen, mit ihr zu verbinden. Hieraus wird klar, wie die Lage zweier Linien gegeneinander gesehen werde. Die Vorstellung der Neigung ist die der allmählichen Näherung zweier Linien, die wahrgenommen wird, wenn man mit dem Blicke gleichzeitig auf beiden Linien nach derselben Seite hin fortgeht. Nimmt bei jenem Fortgange des Blickes, welcher beide Linien gleichzeitig festzuhalten sucht, die Schwierigkeit dieser Zusammenfassung nach der einen Seite fortwährend ab, während sie nach der anderen Seite hin fortwährend wächst, so ist jenes Abnehmen, auf objective Linien übertragen, Näherung, hingegen dieses Wachsen der Schwierigkeit Entfernung. Die Schwierigkeit der Zusammenfassung verschwindet gänzlich an dem Punkte, an welchem beide Linien convergieren und einen Winkel bilden.

Dies führt zu der Vorstellung der Gestalt. Gestalten werden nicht unmittelbar mit dem Auge wahrgenommen. Denn jede Gestalt kann nur dadurch als bestimmte Gestalt vorgestellt werden, daß Farbengrenzen wahrgenommen werden. Die Grenze selbst ist aber die Stelle, an welcher die eine Farbe aufhört und die andere anfängt. Das Aufhören einer Farbe und Anfangen einer anderen kann aber vom Auge nicht gesehen werden, weil nur die Farbe als solche etwas Sichtbares ist, nicht ihr Ende. (§ 24.) Die Vorstellung der Grenze kommt also nur dadurch zustande, daß der über eine Fläche hingleitende Blick plötzlich durch einen Gegensatz aufgehalten wird, der ihn in der Verfolgung seiner Bahn hemmt und zurückwirft; „der Blick erschrickt und prallt zurück", wie W. F. Volkmann treffend bemerkt. Die Zurücklenkung des Blickes an der Grenze macht die abgegrenzte Fläche zu einem Inneren, und indem nun die Bewegung des Auges nach den verschiedenen Richtungen immer auf dieselbe Reflexion stößt, erscheint die ganze Fläche als etwas Abgegrenztes und die abgegrenzte Fläche als Gestalt. Die Grenze ist die Stelle der größten Hemmung, des ärgsten Widerstreites und darum des meisten Effectes und Reizes. Dies nöthigt das Auge, jene Richtung zu verfolgen, welche sich von allen übrigen durch die erhöhte (verstärkte) Anregung (abstechende Farbe oder Beleuchtungsgrade) unterscheidet, und das ist die Richtung der Grenze. Geht das Auge z. B. bei der Betrachtung des Dreieckes von einem Winkelpunkte zum andern fort, so wird es, an dem zweiten angelangt, durch das Abbrechen der Wahrnehmung zunächst in das Innere der Figur oder auch über die Grenze der Figur getrieben werden, wenn der Reiz, welcher von da ausgeht, stark genug ist, um den Blick an sich zu ziehen. Ist dieser nun in seiner Betrachtung über den ersten Winkelpunkt hinausgekommen und verfolgt die Grenze weiter, so wird der Stoß, welchen das Vorstellen bei der Ankunft des Blickes an der Spitze des zweiten Winkels der Figur erfährt, schon weit geringer sein und sich bei der Rückkehr zum Anfangspunkte noch schwächer zeigen. Soll dieser Punkt der Rückkehr mit demjenigen als identisch vorgestellt werden, von welchem die Betrachtung ausgieng, so muß er sich von den übrigen Winkelpunkten unterscheiden lassen. Am einfachsten geschieht dies, wenn er durch seine Umgebung von ihnen verschieden ist, oder wenn er der Scheitel eines Winkels ist, dessen Schenkel Längenverhältnisse oder eine Größe der Neigung gegeneinander zeigen, welche so auffallend gegen die der übrigen Winkel abstechen, daß eine Verwechslung kaum möglich ist.

Es macht aber weiter einen wesentlichen Unterschied, ob die betrachtete Figur eine regelmäßige ist, oder nicht. Bei der ersten Auffassung geschlossener Gestalten gewährt die Unregelmäßigkeit derselben eine nicht unerhebliche Hilfe, weil alsdann eine Verwechslung der einzelnen Theile verhütet wird. Ist aber diese erste Stufe des Auffassens einmal überwunden, so wirkt umgekehrt die Regelmäßigkeit wesentlich erleichternd für das Gestaltensehen). Der Grund liegt darin, daß die regelmäßige Gestalt wirklich Wenigeres zu bemerken gibt, als die unregelmäßige. Jene besitzt eine geringere innere Mannigfaltigkeit und ist durch eine weit kleinere Anzahl gegebener Stücke vollständig bestimmt. Hat einmal das Auge (resp. die Seele) diesen für die Übersicht der Gestalten so vortheilhaften Unterschied des Regelmäßigen vom Unregelmäßigen erst bemerkt, so hat es nichts weiter zu thun, als die bestimmenden, stets in derselben Lage wiederkehrenden Stücke der Figur ein- für allemal fest aufzufassen, und die Figur construiert sich dann von selbst weiter, wenn nur ein kleiner Theil derselben erkannt worden ist. Unter den regelmäßigen Figuren wird der Kreis sehr bald erkannt, am leichtesten gemerkt, weil dessen Mittelpunkt von allen Punkten der Peripherie gleich weit entfernt ist. Nur im Anfange ist seine Auffassung schwierig, weil die Peripherie nirgends einen ausgezeichneten Orientierungspunkt der Anschauung darbietet. — Nach den regelmäßigen Figuren, die durch Gleichheit der Seiten und Winkel charakterisiert sind, kommen diejenigen, welche bezüglich eines mittleren Punktes in **symmetrische Abtheilungen** zerfallen. Kreisförmige Gestaltungen gefallen wegen ihrer leichten Faßlichkeit; allein man gibt dem Kreise keineswegs den Vorzug vor der Ellipse, die, obwohl minder faßlich, dem Auge zugleich doch mehr Anregung und Abwechslung bietet.

§ 83. Auffassung der Tiefendimension durch den Gesichtssinn.

Zur Vorstellung der Tiefendimension mittels des Auges gelangt die Seele des Menschen nicht unmittelbar. Denn es ist bekannt, daß das Kind zunächst nach allem ohne Rücksicht auf dessen Entfernung greift, und daß der glücklich geheilte Blindgeborne anfänglich keinen Begriff von Nähe und Ferne und Körperlichkeit der Gegenstände hat. [§ 24, 1] (So z. B. glaubte der von Cheselden operirte Blindgeborne, alle Sachen, die er sähe, berührten seine Augen, etwa wie das, was er fühlte, seine Hand; und der von Dr. Franz Operirte konnte anfänglich nicht die Kugel von einer Scheibe, und den Würfel vom Quadrate unterscheiden.) Die Wahrnehmung der Tiefendimension wird erst nach und nach erworben durch das Getast in Verbindung mit dem Gesichtssinne. Wenn das Kind den eigenen Leib berührt, so gewinnt seine Seele zwei Empfindungen, eine von Seite der tastenden Hand, die andere von Seite des berührten Körpertheiles; bei Berührung eines fremden Gegenstandes entsteht ihm hingegen nur eine Empfindung. Trifft nun die Hand nach Berührung des eigenen Leibes (zufällig) ein äußeres Object und fährt dieselbe zwischen dem letzteren und dem Leibe abwechselnd hin und her, so entsteht während der Bewegung des Armes eine Reihe von Muskelempfindungen, die sich zwischen die Wahrnehmung des eigenen Leibes und die des Objectes einschiebt und somit beide im Vorstellen auseinanderhält. Das Tastbild des fremden Objectes findet sich am Ende dieser Reihe von Muskelempfindungen, die vom berührten Leibesgliede zu dem Objecte hinführt, während dieselbe Reihe in umgekehrter Ordnung verlaufend sich in das Tastbild des eigenen Leibes einfügt.

Auf ähnliche Weise gelangt die Seele durch den **Muskelsinn des Auges**, nämlich durch die **Muskelthätigkeiten, welche die Accommodation des Auges und die Convergenz der Sehachsen bewirken, zur Wahrnehmung der Tiefendimension**. Auch aus diesen Muskelbewegungen des Auges ergeben sich bestimmte Empfindungen, die (wie beim Tastsinn) stufenweise verschieden sind, je nachdem sich das Auge für die Nähe oder Ferne accommodiert (oder die Sehachsen beider Augen sich auf nähere oder entferntere Punkte einstellen). Gleichwohl können diese Empfindungen für das Entstehen der Tiefenvorstellung nur alsdann von Bedeutung sein, wenn sie die Seele in der Form einer Reihe anzuschauen vermag. [Wie dies geschehen könne, wollen wir im Folgenden zeigen.]

Gesetzt, ein Object stehe vertical auf einer horizontalen Fläche, deren verschiedene Punkte simultan mit dem Gegenstande AB Lichtstrahlen ins Auge senden; alsdann bildet sich die horizontale Strecke BC ebensowohl als die verticale AB auf der Netzhaut des Auges ab. Obwohl nun das Netzhautbild des Objectes AB verkehrt ist, sehen wir das letztere dennoch aufrecht, weil das Auge, um den unteren Theil dieses Gegenstandes deutlich wahrnehmen zu können, sich nach unten drehen muß; umgekehrt aber nach oben, wenn der obere Theil des Gegenstandes schärfer aufgefaßt werden soll. Dagegen erfordert das deutliche Wahrnehmen der verschiedenen Theile der Strecke BC zum Theil andere Actionen des Auges. Fahren wir mit dem Blicke längs der Strecke CB hin und her, so ändert sich fortwährend die Accommodation des Auges und beim Gebrauch beider Augen auch der Convergenzwinkel der Sehachsen, der bei Auffassung der näher an C gelegenen Punkte größer und bei der Wahrnehmung der entfernteren Punkte immer kleiner wird. Indem nun die Empfindungen, welche diesen succejjiven Veränderungen des Auges adäquat sind, sich mit den Lichtempfindungen der Linie BC associieren, entsteht die Vorstellung der Strecke BC, deren von AB divergierende Richtung im Vorstellen durch die Verschiedenheit bedingt ist, welche zwischen den aus der Accommodation und Sehachsenconvergenz resultierenden Empfindungen und jenen anderen Empfindungen besteht, die beim Auf- und Abwärtsgleiten des Blickes längs AB erzeugt werden.

Befindet sich das Auge in einer gewissen Höhe über der Strecke CB, so wird sich dasselbe zum Behufe deutlicher Wahrnehmung der einzelnen Theile dieser Strecke allmählich heben, indem der Blick von C nach B fortschreitet, und ebenso allmählich senken müssen, wenn der Blick in umgekehrter Richtung nach C zurückkehrt. Nun können die Muskelempfindungen, welche diese Hebungen und Senkungen des Blickes begleiten, sich gleichfalls mit den Lichtempfindungen (Farbenempfindungen) vergesellschaften und somit zur Tiefenwahrnehmung beitragen. So gelangt die Seele mittels des Auges zur Wahrnehmung der Tiefendimension, indem die Vorstellung einer Strecke BC sich zwischen die Vorstellungen des eigenen Leibes und eines fremden Gegenstandes einschiebt. Hiebei kann nun das Getast dem Gesichte insofern als Stütze dienen, als durch jenes bereits eine Vorstellung des eigenen Leibes gewonnen ist, die auf die durch den Sehsinn erworbene Vorstellung desselben Leibes hinweist. Umgekehrt kann auch der Sehsinn dem Getast eine Hilfe bieten; weshalb sich beide Sinne innerhalb gewisser Grenzen gegenseitig unterstützen und controlieren können. Dagegen kann es (nach dem Gesagten) nicht gebilligt werden, wenn man das Erkennen der Tiefendimension fast lediglich dem Tastsinne zuschreibt (wie z. B. Waitz u. m. a. es thun).

§ 84. Beurtheilung der Größe und Entfernung der Gegenstände durch das Gesicht.

Die Größe eines Gesichtsobjectes ist durch die Größe des Gesichtswinkels, d. h. durch die Größe des entsprechenden Netzhautbildes, oder was dasselbe ist, durch die Anzahl der erregten Netzhautpunkte bedingt. Dieses Bild ist nun um so kleiner, je kleiner das Object, und bei einem und demselben Objecte desto kleiner, je weiter dasselbe entfernt ist. So werden denn auch einem Kinde entfernte Gegenstände, indem es sich deren Größe auf Grund der kleinen Gesichtswinkel vorstellt, verhältnismäßig sehr klein vorkommen, und verhältnismäßig auch näher, wenn es in Ermanglung gewisser Erfahrungen noch keine bestimmte Vorstellung von der wirklichen Entfernung solcher Gesichtsobjecte gewonnen hat. Erst allmählich bildet sich vermöge unserer freien Beweglichkeit im Raume die Erfahrung, dass die größere Entfernung mit einem kleineren Gesichtsbilde (und die kleinere Entfernung mit einem größeren Gesichtsbilde) eines und desselben Objectes stets verschmolzen ist, sowie auch eine gewisse Association zwischen den Vorstellungen großer Gegenstände und großer Entfernungen (und zwischen den Vorstellungen kleiner Gegenstände und den Vorstellungen geringerer Entfernungen) nach und nach entsteht. Diese Associationen sind nun im Erwachsenen stets wirksam. Derselbe hat nicht allein von der Größe der Gesichtsobjecte in sehr verschiedenen Entfernungen, sondern auch von den letzteren selbst bestimmte Vorstellungen sich erworben. Und so kann er beim Wahrnehmen entfernter Gesichtsobjecte nicht den Täuschungen ausgesetzt sein, wie das Kind (das z. B. nach dem Monde greift, oder erwachsene Personen auf der obersten Gallerie eines hohen Thurmes für niedliche Püppchen hält und seiner Mutter zumuthet, sie ihm herunterzulangen, in welchem jene Associationen sich noch nicht gebildet haben. Nichtsdestoweniger ist auch der Erwachsene noch mannigfachen Gesichtstäuschungen ausgesetzt. So ist es für die Beurtheilung der Entfernung von Bedeutung, dass uns die Gegenstände mit wachsender Entfernung von uns wegen der Lichtabsorption durch die Atmosphäre immer lichtschwächer und undeutlicher erscheinen, so dass sich die Vorstellung dieser Merkmale mit der Vorstellung einer großen Entfernung associiert. Daher halten wir auch sehr ferne Gegenstände (z. B. Berge, Kirchthürme), wenn sie uns wegen großer Durchsichtigkeit der Luft heller und deutlicher als sonst erscheinen, für näher, während umgekehrt bei trüber Luft die weniger deutliche Gesichtsvorstellung auf eine größere Entfernung hinweist. So erscheinen z. B. dem Neuling in den Alpen bei heiterem Wetter alle Entfernungen wegen der Schärfe und Helligkeit der Bilder verkürzt; dem Wanderer im Nebel die nächsten Objecte in unbestimmbarer Ferne, etwa in einer Entfernung, die sie bei heiterem Wetter haben müßten, um ebenso undeutlich und unbestimmt zu erscheinen. Da nun dessenungeachtet der Gesichtswinkel des nahen Gegenstandes unverändert bleibt, so erscheint uns dieser zugleich ungewöhnlich groß. Das Gegentheil geschieht, wenn entfernte Gegenstände infolge einer großen Durchsichtigkeit der Luft heller und deutlicher gesehen werden; sie erscheinen uns dann zugleich kleiner, weil ungeachtet ihrer scheinbar großen Nähe doch ihr Gesichtswinkel (d. h. die Größe ihrer Netzhautbilder) unverändert bleibt. Wie sehr ferner die Vertheilung von Licht und Schatten, an der allein wir die eckige, gewölbte oder flache Form der Gegenstände unterscheiden, allerlei Täuschungen herbeiführt, davon gibt uns die Malerei, einzig auf die Benutzung dieser Täuschungen gegründet, das ausreichendste Beispiel.

Für die Beurtheilung der Entfernung ist ferner die Menge der Gegenstände von Belang, die sich zwischen dem Auge und einem entfernten Object befinden. Je größer die Anzahl des unterscheidbaren Zwischenliegenden ist, das den Blick des Auges auf sich lenkt, desto größer schätzt man die Entfernung. Daher werden Entfernungen auf großen gleichförmigen Ebenen (z. B. beschneiten Wiesen, wüsten Heiden) oder auf einer ausgedehnten Wassermenge für gering gehalten. So erscheint uns auch ein Kirchthurm, der aus einer weiten Ebene oder hinter einem Berge hervorragt, bekanntlich viel näher, als in dem Falle, wenn das Auge noch Hügel, Häuser, Baumgruppen ec. in dem Zwischenraume bis zum Thurme hin unterscheiden kann. Allen Menschen, auch den Astronomen, scheint die aufgehende und untergehende Sonne und der aufgehende und untergehende Mond einen größeren Durchmesser zu haben, als wenn beide hoch am Himmel stehen (im Zenith). Diese Täuschung beruht aber nicht auf einer Brechung, die das Licht in der Atmosphäre erleidet und durch die ein größeres Bild in unserem Auge auf der Netzhaut entsteht, vielmehr ist der Gesichtswinkel, unter welchem wir diese Himmelskörper in den beiden Fällen sehen, wie die Messung beweist, genau derselbe, sondern sie beruht auf einer falschen Schätzung, die ein jeder durch die Umstände genöthigt wird zu machen, und sie ist so untrennlich mit dem Anblicke des aufgehenden Mondes und der aufgehenden Sonne verbunden, daß wir sie von dem, was wir empfinden, nicht zu unterscheiden vermögen. Der Grund dieser falschen Schätzung liegt darin, daß uns Sonne und Mond am Horizont weiter von uns entfernt zu sein scheinen, als wenn sie hoch am Himmel stehen. Denn Körper, welche unter demselben Gesichtswinkel gesehen werden, erscheinen uns größer, wenn wir sie für entfernter halten, und umgekehrt. Daß wir aber jene Himmelskörper, wenn sie am Horizonte stehen, für entfernter halten, als wenn sie sich hoch am Himmel befinden, hängt damit zusammen, daß uns das Himmelsgewölbe nicht wie eine halbe Hohlkugel, sondern wie ein kleineres Segment einer Hohlkugel, also etwa wie ein sehr gewölbtes Uhrglas, erscheint. Scheint uns das Gewölbe keine Halbkugel, sondern ein kleineres Segment einer Kugel zu sein, so scheint uns die Entfernung des Zeniths kleiner zu sein, als die bis zum Horizonte. Hier entsteht nun freilich die Frage, warum das Himmelsgewölbe uns ein kleineres Segment zu sein scheint? Viele entfernte Gegenstände, über deren Größe wir unterrichtet sind, projicieren sich auf den Horizont. Hiedurch belehren wir uns davon, daß der dem Horizonte nahe Theil des Himmels sehr weit entfernt ist, während es uns bei der Schätzung der Entfernung des Zeniths an solchen Anhaltspunkten fehlt. Auch kann der Umstand etwas dazu beitragen, daß alle Körper desto neblicher erscheinen, je entfernter sie sind, daß wir daher die Vorstellung neblich erscheinender Körper mit der Vorstellung größerer Entfernung associieren, und daß also Sonne und Mond desto neblicher erscheinen, je näher sie am Horizonte stehen. — Wenn man aber durch ein Rohr nach dem aufgehenden Mond oder der aufgehenden Sonne sieht, oder die Hand so zu einer Röhre geschlossen vorhält, daß man nichts als das Stück Himmel, an dem der Mond oder die Sonne steht, sehen kann, so sieht man den Mond oder die Sonne am Horizont nicht größer als im Zenith, eher noch etwas kleiner. Der Grund davon ist, daß man den Mond oder die Sonne jetzt nicht mehr mit den am Horizont befindlichen Gegenständen vergleicht, sondern dicht hinter das Rohr oder die zur Röhre geschlossene Hand verlegt. — Hieher gehört auch die bekannte Thatsache, daß ein umschlossener Raum, in welchem das Auge große Mannigfaltigkeit, also viele Beschäftigung findet, uns größer vorkommt, als ein auf gleiche Weise umschlossener leerer Raum. So erscheint uns ein unmöbliertes Zimmer, wenn wir es mit einem gleich großen möblierten vergleichen, viel zu klein, um die Menge der Geräthe zu fassen; die unabgetheilte Außenseite eines Hauses lange nicht hinreichend, um die

Reihe von Gemächern bilden zu können, die sie einschließt ꝛc. Analoges findet sich auch schon bei zwei in Wirklichkeit gleich langen Linien, von denen die eine durch zwei Punkte, die andere
durch eine Reihe von Punkten bezeichnet ist. Hat man also, wie in nebenstehender Figur, auf weißem Grunde zwei Punkte in einer gewissen Distanz von einander und darunter eine Reihe anderer Punkte, deren äußerste ebenso weit von einander entfernt sind als die beiden oberen, so erscheinen diese dem Blicke nicht so weit von einander abzustehen als die beiden Endpunkte der Reihe.

Cornelius, der dieses Factums gedenkt (Zur Theorie des Sehens ꝛc. S. 37, vgl. damit a. a. O. 400), erklärt dasselbe gewiß ganz richtig, indem er sagt, daß die Reihe der Muskelempfindungen, die sich beim Hingleiten des Blickes von einem Endpunkte zum anderen erzeuge, im zweiten Falle eine Menge von Einschnitten und somit eine feinere und distinctere Gliederung gewinne. Auch laufe die Reihe hier, indem der Blick an jedem der zwischenliegenden Punkte aufgehalten werde, langsamer ab als dort. Und so komme es, daß uns der Abstand der Endpunkte hier größer erscheine als da, wo sich nur zwei solcher Punkte in derselben Distanz von einander darbieten. Wende man der letzteren Strecke eine besondere Aufmerksamkeit zu, um sie mit der punktierten zu vergleichen, so werde der Abfluß in der Reihe der Muskelempfindungen gemäßigt; beide Strecken werden gewissermaßen in ähnlicher Weise aufgefaßt, und je besser dies gelinge, desto mehr verschwinde auch die Täuschung. Indessen mache sich immerhin noch ein gewisser Unterschied in der Auffassung beider Strecken geltend, nicht sowohl in Ansehung ihrer Länge, als vielmehr in Betreff der Stärke der Erregung, die bei der punktierten Strecke natürlich größer als bei der andern sei.

Anm. Wie die Zeit durch ein Mittelmaß (normales Zeitmaß) unseres Vorstellungsablaufes gemessen wird, das nur durch ungewöhnliche, andauernde Beschleunigung und Verzögerung der Gedankenrichtung bald überschritten, bald unerreicht bleibt, so muß auch die Art und Weise, wie eine gegebene Raumreihe von bestimmter Länge im Bewußtsein abläuft, auf die Beurtheilung ihrer Größe Einfluß haben. Das Ablaufen der Raumreihe kann durch besondere Umstände erschwert oder gefördert werden. Je nachdem das eine oder andere geschieht, wird uns die Raumreihe größer oder kleiner erscheinen. So wird die Auffassung erschwert, wenn man die einzelnen Glieder der Raumreihe gleichsam abschwächt, auf geringere Klarheit und geringere Gegensatzgrade herabsetzt, wodurch das Entstehen und die Erfüllung bestimmter Erwartungen erschwert wird; darum scheint das Einfärbige, Dunkle ꝛc. weiter ausgedehnt. Oder wenn die ersten Glieder der Raumreihe bestimmte Erwartungen rege machen, deren Lösung durch die folgenden verzögert wird. (Der Belvedere'sche Apollo.) Oder endlich, wenn den Augen beim Auffassen einer Raumreihe anfänglich ein Maßstab aufgenöthigt wird, der sich beim weiteren Versuch, die Reihe zu messen, als unzulänglich erweist. Je bestimmter hingegen die Erwartungen und je regelmäßiger und vollständiger ihre Lösung, desto kleiner erscheint das Object in unserer Auffassung. Strenge Symmetrie und Beibehaltung des gewonnenen Grundmaßes verkleinern scheinbar. (Die antike Baukunst.)

§ 85. Bewegung und Ruhe der Gesichtsobjecte.

Wird ein Räumliches in zeitlicher Form vorgestellt, so entsteht die Vorstellung der Bewegung. Die Bewegung eines Gegenstandes im Sehfeld kann nur vorgestellt werden durch die Veränderungen seiner Lage zu dem übrigen Hintergrunde, und setzt daher eine zusammenfassende Wahrnehmung mehrerer Punkte voraus. Wäre nämlich A, B, C, D, E . . . eine wahrgenommene Reihe, deren einzelne Glieder verschiedene Gegenstände bedeuten sollen, und es bewege sich längs dieser Reihe ein Gegenstand, dessen Gesichtsempfindung α sei, so ist α nach der Voraussetzung anfangs in A, d. h. α verschmilzt mit A, als seinem Hintergrunde (seiner Umgebung). Wenn nun im nächsten Zeitmomente α diese von ihm soeben eingenommene Position verändert und gegen B vorschreitet, so verschmilzt α wiederum mit diesem neuen Hintergrunde B, sofern der Übergang von A zu B sehr gering ist und der Zeittheil verschwindend klein gesetzt wird; alsdann ist nur ein Differential von A verschwunden und eines von B eingetreten. Wird diese Betrachtung fortgesetzt, so findet sich, daß α mit immer geringeren und geringeren Klarheitsgraden von A sich associiert, weshalb also eine Reihe verschiedener Klarheitsgrade des α mit A, α mit B, α mit C, mit D, E . . . sich ergibt. Indem nun die Vorstellungen des Hintergrundes A, B, C, D, E . . . eine Raumreihe constituieren, bildet die Reihe der nacheinander erfolgenden Stellungen des Objectes α zu den A, B, C, D, E . . . eine Zeitreihe, und so wird α mit A, α mit B, α mit C u. s. w. in ununterbrochenem, stetigem Nacheinander aufgefaßt als Bewegung. Wenn hingegen das α seine Stellung zu A, B, C . . . nicht verändert, so befindet es sich im Zustande der Ruhe.

1. Durch Muskelempfindungen werden wir uns bewußt, daß wir uns bewegen; an ihnen haben wir einen Anhaltspunkt zur Unterscheidung des Falles, wo bei ruhendem Auge die Objecte sich an uns, oder wir uns an ihnen vorüberbewegen. Bewegen wir den ganzen Körper gehend fort, so sind wir uns der eigenen Ortsveränderung durch die im Acte des Gehens veranlaßten Muskelempfindungen bewußt, erkennen uns als das Subject der Bewegungen und halten die Objecte für ruhend. Wenn wir rasch vorwärtsfahren (in einem Schiffe oder Wagen), geschieht es, daß wir bezüglich der seitwärts gelegenen Gegenstände in eine Täuschung verfallen, weil sich hier die Ortsveränderung, die wir erleiden, in Ermanglung eigener Muskelanstrengung gar nicht oder

nur wenig fühlbar macht; alsdann entsteht in uns der Schein, als ob jene Gegenstände in entgegengesetzter Richtung gegen den Hintergrund an uns vorübereilten und wir uns selbst im Zustande der Ruhe befänden. Hieher gehört auch die bekannte scheinbare Bewegung der Gestirne in der Richtung von Ost nach West, und die Täuschung, der man auf Eisenbahnstationen bei dem Begegnen mit entgegengesetzt kommenden Zügen nicht selten ausgesetzt ist. Hieher sind auch die Schwindelerscheinungen und die damit verbundenen Scheinbewegungen der Gegenstände zu rechnen. Solche Scheinbewegungen treten ein, wenn das Auge ohne willkürliche Muskelzusammenziehung auf ungewöhnliche Weise bewegt wird, und auch dann, wenn es in ungewohnter Weise zu unwillkürlichen Muskelcontractionen und entsprechenden Bewegungen genöthigt wird. Namentlich gehört hieher die Scheinbewegung, die wir beim Gesichtsschwindel nach einer drehenden Bewegung des eigenen Körpers wahrnehmen. Dreht sich der Körper in bestimmter Richtung eine Zeitlang und mit Schnelligkeit um eine Achse, so folgt das Auge dieser Drehbewegung. Da nun diese drehende Bewegung des Auges auch nach der Drehung des Körpers noch einige Momente unwillkürlich fortdauert, so veranlaßt dieselbe den Schein, als ob eine Bewegung der Gesichtsobjecte in entgegengesetzter Richtung stattfände. Nur wenn man während dieses Schwindels ein bestimmtes Object scharf fixiert, werden dadurch jene Muskelbewegungen des Auges zur Ruhe gebracht, so daß dann auch die Scheinbewegung der Umgebung aufhört; doch tritt dieselbe sofort wieder ein, sobald man im Fixieren nachläßt. Blicken wir in eine große Tiefe oder an der senkrechten Höhe eines Mastbaumes oder Thurmes hinauf, so mag, wie Lotze a. a. O. 379 bemerkt, das ungewohnte Fehlen eines festen und nahen Grundes vor unseren Füßen eine Unsicherheit in der Beurtheilung unserer Körperstellung hervorbringen, zu der sich Gefühle des Hinauf- oder Hinabgezogenwerdens gesellen.

Die wirkliche Bewegung der äußeren Objecte bringt in das Vorstellen der räumlichen Verhältnisse eine größere Mannigfaltigkeit, indem sie unsere Umgebung in eine Mehrheit isolierter Objecte auflöst. (Purkinje hat bezüglich der Schwindelerscheinungen zahlreiche und sinnvolle Versuche angestellt in seinem Werke: „Beobachtungen und Versuche zur Physiologie der Sinne." Berlin, 1825. Med. Jahrb. des österr. Staates. Bd. VI.)

2. Der von Dr. Franz operierte Blindgeborne sah anfänglich jede Bewegung der Augen als äußere Bewegung an, woraus aber nicht zu schließen ist, daß dies auch beim Kinde der Fall sei; denn es findet dabei der wesentliche Unterschied statt, daß das Kind den Gegenstand zwischen sich selbst und der Welt nicht ursprünglich hat, der Blindgeborne aber durch den Tastsinn eine verhältnismäßig reiche Kenntnis der Außenwelt schon besaß, ehe er sehend geworden war.

§ 86. Räumliche Auffassung durch den Tastsinn.

In Rücksicht der räumlichen Auffassung durch den Tastsinn fand E. H. Weber, daß die Unterscheidungsfähigkeit desselben nicht überall gleich, sondern im Gegentheil sehr verschieden ist. Während an der Rückenhaut zwei aufgesetzte Zirkelspitzen erst dann als zwei percipiert werden, wenn ihre Entfernung 30''' beträgt, reicht an der Spitze der Finger und der Zunge schon ein Abstand von einer halben Linie hin, um noch unterschieden zu werden. — Zur Erklärung dieser Thatsachen ging Weber von der

Annahme aus, daß die Haut in kleine Empfindungskreise getheilt sei, d. h. in kleine Abtheilungen, von welchen jede ihre Empfindlichkeit einem elementaren Nervenfaden verdanke. Diese Empfindungskreise seien in den mit einem feineren Tastsinn versehenen Theilen kleiner, in den mit einem unvollkommeneren Tastsinn ausgestatteten dagegen größer. Um aber zwei gleichzeitig auf die Haut gemachte Eindrücke örtlich als zwei in einem gewissen Abstande liegende auffassen zu können, stellte Weber die Hypothese auf, daß die Eindrücke nicht nur auf zwei verschiedene Empfindungskreise gemacht werden müßten, sondern auch, daß zwischen diesen noch ein Empfindungskreis oder mehrere Empfindungskreise liegen sollten, auf welche kein Eindruck gemacht wird. Die Gestalt dieser Kreise lasse sich zwar bis jetzt nicht näher bestimmen, doch vermuthete Weber, daß sie an den Armen und Beinen eine längliche Gestalt hätten und mit ihrem Längendurchmesser in der Längsrichtung dieser Glieder lägen; denn um beide Spitzen des Zirkels als zwei zu unterscheiden, müßte man in der Längsrichtung sie weiter von einander entfernen, als wenn sie quer auf dieselbe das Glied berührten. An vielen anderen Theilen des Körpers zeigte sich kein solcher Unterschied, woraus gefolgert wird, daß daselbst die Empfindungskreise eine der runden Form sich annähernde Gestalt besäßen.

§ 87. Auffassung der Fläche durch den Tastsinn; Flächenmessen; Vorstellung der Tiefendimension.

Wie schon § 79 A. 2 erörtert worden ist, entsprechen die Wahrnehmungen durch den Tastsinn in Bezug auf die Flächen- und Tiefenauffassung ganz den Auffassungen des Gesichtssinnes. (Vgl. § 83.) Gleiten nämlich die Finger auf einer Fläche hin und her, bald nach rechts und links, bald nach oben und unten, so verbinden sich die reinen Tastempfindungen mit den Muskelempfindungen der Finger, wie dort die reinen Licht- mit den Muskelempfindungen des bewegten Auges oder Kopfes. (Beide Sinne stimmen in Rücksicht der räumlichen Auffassung im wesentlichen überein.) Die Länge und Breite einer Fläche ergibt sich aus der Reihe der Tast- und Muskelempfindungen, welche sich beim Hin- und Herfahren der Finger nach diesen Dimensionen erzeugen. Ist aber die Hand einmal als ein räumlich ausgebreitetes (flächenhaftes) Organ erkannt, so dient sie selbst zum Flächenmessen, indem sie ihrer ganzen Ausdehnung nach auf der Fläche fortgeführt und so als Maßstab benützt wird. Daher wird uns eine Fläche um so größer erscheinen müssen (gerade wie beim Gesichtssinne), je größer die Anzahl der gesonderten Empfindungen ist, die wir durch das tastende Organ von derselben erhalten. Hienach kann denn auch ein und dasselbe Flächenstück (z. B. ein Quadratzoll), wenn es nacheinander mit verschiedenen Theilen unseres Tastorganes (etwa mit der

Zungenspitze, dem Finger ꝛc.) unterſucht wird, von verſchiedener Größe erſcheinen, wenn in beiden Fällen die Anzahl der unterſcheidbaren Taſtempfindungen eine ungleiche iſt. So muß für den Finger die betaſtete Fläche kleiner als für die Zunge erſcheinen. (§§ 27 und 86.) Hiemit ſtimmt die Erfahrung überein, daß Sehendgewordene (geheilte Blindgeborne) die geſehenen Objecte größer fanden, als ſie ihnen früher beim Betaſten mittels der Hand erſchienen waren, weil (wie Ed. H. Weber, Art. Taſtſinn S. 528 f. nachgewieſen hat) auf dem mittelſten Theil der Nervenhaut unſeres Auges die Enden der Elementarnerven viel dichter vorkommen, als in der Haut, und wir alſo mittels des Auges auf einer Quadratlinie viel mehr unterſcheidbare Theile wahrnehmen können, als mittels der Haut. Je beweglicher ein Glied iſt, um ſo feiner ſein Raumſinn.

Der mit dem Taſtſinn verbundene Muskelſinn führt zu Erkenntnis der Tiefendimenſion. Bewegt ſich der taſtende Finger über eine in allen Punkten gleich glatte und harte Fläche, ſo entſteht die räumliche Form nur durch die begleitenden Muskelempfindungen. Von dieſen letzteren nämlich gilt es, daß den verſchiedenen Stellungen des Taſtſinnes während der Bewegung verſchiedene fein entgegengeſetzte Qualitäten entſprechen, die umſomehr an Gegenſatz gewinnen, je mehr ſich die neue Stellung des taſtenden Gliedes von der früheren entfernt hat. Dieſe elementaren Empfindungen verſchmelzen ſomit zu einer Reihe, und da die Bewegung auf und ab unternommen wird, leitet ſich die Verſchmelzung nach beiden Richtungen (Länge oder Höhe und Breite) ein, und die Reihe wird zur Raumreihe. Zu den einzelnen Gliedern dieſer Reihe geſellen ſich nun die einzelnen Taſtempfindungen nach dem Geſetze der Gleichzeitigkeit und kommen dadurch mittelbar in die Raumform. Dieſe beiden Reihen würden zuſammenfallen, wenn nicht das Auf- und Abfahren des Taſtorganes zwiſchen den beiden Richtungen gliedweiſe auseinanderhaltende Zwiſchenreihen einſchieben und dadurch das Gebilde einer Fläche erzeugen würde. Geſetzt, alle Richtungen dieſes Raumgewebes fielen in eine horizontale Ebene, und nun mit einemmale ſinke das Taſtorgan in eine unter dieſer Ebene liegende Richtung herab. Das Heben und Sinkenlaſſen des Gliedes gibt den Muskelempfindungen eine Qualität, die ohne Zweifel von der des bloßen Hin- und Herfahrens in derſelben Ebene ganz verſchieden iſt. Hieraus entſteht die Vorſtellung der Körperlichkeit mit der darin enthaltenen Vorſtellung der dritten Dimenſion.

Wird der Übergang von der einen Fläche zur anderen durch eine scharfe Kante vermittelt, so scheidet diese die neue Stellung des Gliedes von der früheren, wozu noch kommt, dass das Hin- und Hergleiten des Fingers auf der Kante eine mehr lineare Reihe von Tastempfindungen gewährt, während der Übergang des Fingers in die eine oder die andere Fläche sofort, wegen der gleichzeitigen Affection einer größeren Anzahl von Hautstellen, zu einem größeren flächenartigen Tastbilde führt. Die größte Mannigfaltigkeit bietet dem Tastorgan die **scharfe Ecke** eines Körpers, in welcher drei Kanten zusammenstoßen. Die Verfolgung einer jeden von ihnen hat etwas Specifisches an sich, insoferne sie durch eine eigenthümliche Reihe von Muskelempfindungen charakterisiert ist. Auch kann das tastende Glied von einer solchen Ecke aus zu drei verschiedenen Flächen, und zwar zu jeder auf eine eigenthümliche Weise übergehen. So entsteht das Vorstellen von verschiedenen Richtungen, die nun als Anhaltspunkte zur Orientierung dienen, um die Vorstellung der **geschlossenen Gestalt** (einer bestimmten Körpergestalt) zu vollenden. In dieser Beziehung pflegt man den Tastsinn häufig auch „Körpersinn" zu nennen.

§ 88. Localisation der Empfindungen.

In den Empfindungen liegt (wie schon § 74 gesagt wurde) durchaus keine Hindeutung auf irgend einen localen Ursprung derselben im Leibe, oder gar außerhalb desselben. Die Empfindungen sind rein intensive Zustände der Seele, nichts Räumliches oder im Raume Befindliches. Und doch ist es anderseits bekannt, dass wir fast in jedem Augenblicke des Lebens die Empfindungen auf bestimmte Stellen des Leibes beziehen und ihnen daselbst bestimmte Sitze anweisen. Dieses Versetzen der Empfindungen an bestimmte Örtlichkeiten des Leibes nennt man das „Localisieren", die „**Localisation**" der Empfindungen. Das Localisieren ist somit nichts Angebornes. „Denn dies ist hier der hauptsächlichste Irrthum," wie Lotze (Art. Seele und Seelenl. S. 172) treffend bemerkt, „wenn man annimmt, die Seele habe eine fertige Anschauung des ganzen Raumes schon vor sich und deliberiere bloß nach, in welchen Strahl der Windrose und in welche Entfernung sie die Empfindung, die einem Eindruck folgt, placieren wolle." Aber das Localisieren ist nicht bloß nicht ursprünglich, sondern es setzt vielmehr schon die Vorstellung des Leibes und der einzelnen Leibesglieder voraus; es muss also von dem Kinde erst nach und nach (wie auch das Sehen, Tasten ꝛc.) **erlernt** werden. Das Kind weint zwar anfänglich, wenn es Schmerz empfindet, aber es hat darüber nicht die geringste Ahnung, wo der Sitz des Schmerzes sei. Selbst der Erwachsene schwankt und wird unsicher in der Feststellung des Sitzes der Empfindung, wenn der die Empfindung verursachende Reiz ein innerer Leibestheil ist, der sich der Wahrnehmung durch die Sinne entzieht. Und wie häufig geschieht es, daß wir den Empfindungen Sitze in Körpertheilen anweisen, die ganz und gar unempfindlich sind! So verlegen wir die Örtlichkeit der Empfindung bei Berührung unseres Bartes nicht in die Haut, wo die Haare auf die empfindlichen Haarbälge einen Druck aus- üben, sondern in einige Entfernung von der Haut, da, wo die Haare berührt werden. Ebenso empfinden wir den auf die Zähne wirkenden Druck nicht an der Wurzel, sondern glauben ihn an der Oberfläche der ganz unempfindlichen Krone derselben wahrzunehmen.

Endlich versetzen wir unsere Empfindungen nicht bloß an Örtlich- keiten des Leibes, sondern selbst an außer dem Leibe gelegene Örtlichkeiten, die für einen Theil, gleichsam für eine Ausstreckung und Fortsetzung des- selben, von uns gehalten werden. Stemmen wir z. B. ein Stäbchen, das wir zwischen unseren Fingerspitzen halten, gegen einen widerstand- leistenden Körper, so glauben wir zu gleicher Zeit an zwei Orten einen Druck zu empfinden. (Hievon ausführlicher im folgenden §.) Vermöge einer solchen Projection unserer Empfindung nach außen, die wir mit der wirklichen Empfindung vermengen, glauben wir die Gesichtseindrücke nicht da zu empfinden, wo das Licht unsere Retina trifft, sondern da, wo sich der sichtbare Gegenstand befindet. So glauben wir denn auch unmittelbar wahrzunehmen, daß die aufgehende Sonne einen größeren Durchmesser hat, als wenn sie hoch am Zenith steht. Alle diese Unsicher- heiten und Täuschungen wären nicht möglich, wenn mit der Empfindung selbst auch deren Ursprungsquelle anfänglich mitgegeben wäre.

Zur Vorstellung des eigenen Leibes gelangt der Mensch durch den Gesichts- und Tastsinn (wie schon bereits gezeigt worden ist), wobei jene Sinne vom Muskelsinn ersprießliche Unterstützung erhalten. Das Auge sieht den Leib und seine Organe, soweit sie in seine Sphäre fallen, wie es andere Dinge der Außenwelt schaut, während es für das Getast einen Unterschied macht, ob die Hand oder sonst ein bewegliches Glied des Tastorganes den eigenen Leib oder einen fremden Gegenstand befühlt. Im ersten Falle haben wir zwei besondere Empfindungen (finden uns tastend und betastet zugleich), im zweiten dagegen nur eine, die Empfin- dung des tastenden Gliedes. Hiedurch trennt sich allmählich die Vorstellung des eigenen Leibes von der irgend eines äußeren Objectes. Schneiden wir uns z. B. mit einem Messer in den Finger und sehen zugleich diesen Vorgang, so haben wir eigentlich drei Empfindungen: eine Tast-, Schmerz- und Gesichtsempfindung. Weil nun diese Empfindungen simultan auftreten, so verschmelzen sie mit einander. Entsteht nun später einmal die gleiche Schmerzempfindung in demselben Finger, so reproduciert sie sofort die Vorstellung des schmerzenden Fingers, dieser steht aber in der schon früher gebildeten Raumreihe der Hand als ein Glied neben den anderen, wird also neben ihnen vorgestellt, und so verbindet sich mit der Empfindung die Erinnerung an ein bestimmtes Glied neben anderen Gliedern — die Schmerzempfindung wird localisiert. Unzählige Vorgänge ähnlicher Art wiederholen sich an verschiedenen Stellen des Leibes. Es kann aber auch eine Schmerzempfindung, welche Folge einer krankhaften Veränderung eines Leibesgliedes ist, durch die Bewegung des letzteren erst bestimmter hervortreten oder doch in ihrer Intensität merklich gesteigert werden, während die Bewegung der übrigen Glieder dieselbe unverändert läßt. Dadurch aber wird es erst möglich, jene Empfindung in das betreffende Leibesglied zu localisieren. Da endlich den Bewegungen der meisten Glieder eigenthümliche Muskelempfindungen entsprechen, die mit den Raumbildern dieser Glieder associiert sind, so kann auch durch solche Empfindungen, indem sie bei der Bewegung eines Gliedes sich einstellen, die Vorstellung des Gliedes selbst reproduciert werden. Ist eine bestimmte Empfindung durch Association mit dem Raumschema eines Gliedes einmal in das letztere verlegt, so kann diese Association auch dann noch vor sich gehen, wenn jenes Glied nicht mehr vorhanden ist. So glauben Amputierte den Schmerz noch in dem Fuße zu haben, der ihnen schon längst weggenommen ist, und es ist ihnen in ihrem Vorstellen so, als ob dieses Glied noch vorhanden wäre. Diese Täuschung kann zwar das ganze Leben hindurch währen; es gibt aber nach Hagen (a. a. O. S. 716) auch genug Fälle, wo sie verschwindet, und durch die Stärke der neuen Associationen das Empfinden des Stumpfes als Stumpf hergestellt wird. Bei der künstlichen Nasenbildung aus der Stirnhaut wird, so lange noch eine Verbindung mit den Nerven der Stirnhaut besteht, eine Berührung der neuen Nase anfänglich noch auf die Stirn versetzt, oder so empfunden, als ob sie noch auf der Stirn säße. Diese Täuschung wird erst nach und nach durch Bildung einer neuen Association zwischen den Empfindungen der Berührung und dem Raumbilde der Nase berichtigt.

Da Raumbilder von den inneren Gliedern unseres Leibes weder durch Gesichtsempfindungen, noch durch Tastsensationen unmittelbar entstehen können, so werden auch die im Innern unseres Leibes erzeugten Empfindungen nur eine sehr unvollkommene Localisierung erfahren. Allein offenbar ist es auch hier die Erfahrung, infolge deren wir schmerzhafte Empfindungen bei Krankheiten in den Bauch, die Brust, den Hals und Kopf setzen. Auf Grund derartiger Erfahrungen verlegen wir daher Empfindungen, welche durch die Eingeweide verursacht wurden, nicht in diese selbst, z. B. in die Gedärme, sondern in eine Stelle in der Tiefe des Leibes, welche wir uns einer Stelle auf der Bauchhaut correspondierend denken. Dieses Zusammendenken haben wir aber nur durch Übung gewonnen, indem, wenn früher irgendwie ein etwas bedeutender Druck auf die Bauchgegend ausgeübt wurde, wir außer der Empfindung der Berührung der Bauchhaut noch eine andere hatten, die wir in der Vorstellung nur an eine in der Richtung des Druckes befindliche Stelle in der Tiefe versetzen konnten. Aber auch den Kopf treffen ebenso mancherlei äußere Einwirkungen, wie Druck, Stoß, Schlag, Fall, welche sämmtlich auch innere Kopfempfindungen in ihrem Gefolge haben und Veranlassung geben, diese Empfindungen, wenn sie für sich vorkommen, auf die der äußeren entsprechende innere Stelle zu verlegen. Die Localisation der Empfindungen in der Brusthöhle befestigt sich durch den Umstand, daß dieselben während des Athmens, Hustens, Bückens u. s. w. irgend welche bemerkbare, auf die Brust zu beziehende Veränderungen erfahren, nachdem die Bewegungen des Athmens, Hustens u. dgl., die sich auch äußerlich kundgeben, bereits der Erfahrung zufolge auf das Innere der Brust gedeutet sind. (Hagen a. a. O.) Auf ähnliche Weise wird nach und nach die Oberfläche des ganzen Leibes, sowie das Innere desselben localisiert, wodurch der Leib Gegenstand des innigsten Interesses wird im Gegensatz gegen die übrigen gleichgiltigen Dinge.

§ 89. Projection der Empfindungen.

Es ist Thatsache, daß die Seele die Empfindungen außer sich setzt, sie auf Objecte bezieht, die außer ihr und ihrem Leibe gelegen sind. Man nennt diesen Vorgang das Projicieren unserer Empfindungen. Es besteht darin, daß wir hauptsächlich aus Empfindungen und ihren Associationen, also aus Materialien der inneren Welt unseres Bewußtseins, eine äußere Welt construieren. Das „Nachaußensetzen" des Empfundenen ist nicht schon der Empfindung immanent, sondern eine zu der Empfindung hinzukommende Function, die, wie das Localisieren, durch Irrthümer gelernt und durch Übung vervollkommnet wird. Das Projicieren setzt das Localisieren nothwendig voraus, ja es ist ein durch das Localisieren nothwendig bedingter Fortschritt im Versetzen der Empfindungen aus der Seele hinaus. Denn es setzt voraus, daß eine Tast- oder Gesichtsempfindung an das eine Ende einer Reihe von Muskelempfindungen gesetzt werde, deren anderes Ende mit der bereits localisierten Empfindung eines Leibesgliedes associiert ist. Wie nun dies zu denken sei, lehrt § 83, wo gezeigt wurde, daß die Seele zur Vorstellung der Tiefendimension mittels des Gesichts- und Tastsinnes also gelange, daß die Vorstellung einer Strecke b c sich zwischen die Vorstellungen des eigenen Leibes und eines fremden (außer dem Leibe gelegenen) Objectes a einschiebe. Auf diese Weise wird jenes Object als etwas aufgefaßt, das neben meinem Leibe oder dessen Gliede befindlich ist, als etwas, zu dem hin von dem Leibe weg eine längere oder kürzere Strecke führt, d. h. es wird als Außending erkannt oder nach außen versetzt.

Daß die übrigen Sinnesempfindungen sich mit den Vorstellungen der Dinge, die wir durch Gesicht und Getast als äußere, räumlich ausgedehnte kennen gelernt haben, verschmelzen und insofern auch nach außen verlegt werden, ist zweifellos. Am auffälligsten ist die durchgängige **Association der Gehörs- mit Gesichtsempfindungen**. „Wir können weder ein Geräusch, noch einen Schall, Laut, Klang, Ton vernehmen," sagt Drobisch (Emp. Pf. § 50), „ohne an etwas Sichtbares als an seine Bedingung oder als die ihm zugrunde liegende Ursache zu denken. Sage ich mir bei einem Geräusch, es sind Hufschläge von Pferden, so liegt das Bild von Pferden, die gegen das Pflaster stampfen, zugrunde, höre ich die Glocke schlagen, so sehe ich sie auch im Geiste; ich kann, an einer Kirche vorübergehend, die Orgel nicht hören, ohne mir auch zugleich eine anschauliche Vorstellung von ihr zu machen." — — Der Blinde bezieht wahrscheinlich seine Gehörswahrnehmungen auf den Tastsinn, und es bilden sich bei ihm Associationen zwischen den Wahrnehmungen des Gehörs und den Tastempfindungen äußerer Objecte, wenn er mit der tastenden Hand oder dem klopfenden Finger über diese hingeht. (Vgl. Waitz, Pf. S. 270; Cornelius a. a. O. 432.)

Was die Richtung des Schalles betrifft, so ist sie zum Theil (bei Sehenden) ebenfalls durch die Gesichtswahrnehmung bedingt, insoferne uns diese die Schallquelle in gar vielen Fällen zu erkennen gibt.

Ferner kommt es auf die Stärke des Schalles an, indem wir die schallenden Körper dahin verlegen, woher die stärksten Schallwellen zu uns gelangen. Da wir in der Regel am deutlichsten hören, wenn das Ohr der Schallquelle gerade zugekehrt ist, so verlegen wir die Richtung des Schalles in die Verlängerung des Gehörganges oder in die rückwärts genommene Verlängerung des Reizes. Die Folge davon ist, dass bei jedem Schalle die Örtlichkeit desselben nach dieser eben angedeuteten Weise als Vorstellung reproduciert wird. Daher täuschen wir uns, wenn uns das Echo nur reflectirte Schallstrahlen gibt, die denselben Eindruck wie die directen machen.

Endlich führt die stärkere Wirkung des Schalles auf das eine oder andere Ohr zur näheren Bestimmung des Ortes tönender Körper. Dreht man den Kopf, während der Ton auf gleiche Weise erregt wird, so wirkt der Schall auf das eine Ohr stärker als auf das andere, wonach sich leicht die Richtung des Schalles bestimmen lässt. Die Entfernung der Schallquelle beurtheilt man theils nach der als bekannt vorausgesetzten Stärke des Tones, theils nach der gewöhnlich erfolgenden Abnahme dieser Stärke in einer gewissen Entfernung unter den gewöhnlich gegebenen Bedingungen. Daher wird unser Urtheil immer getäuscht, wenn diese Bedingungen unserer Voraussetzung nicht entsprechen. (Auf dieser gewohnten Association zwischen Stärke und Entfernung des schallenden Körpers, die dem geschwächten Licht und der Undeutlichkeit der Bilder entfernter Objecte ähnlich ist, beruht die **Kunst des Bauchredners** oder **Ventriloquisten**, welche schon bei den Griechen unter dem Namen ἐγγαστριμυθία bekannt [vielleicht den Orakelsprüchen nicht fremd] war und noch jetzt in Ostindien in hoher Achtung steht.)

Auf ähnliche Weise wie mit den zuvor besprochenen Sinnesempfindungen verhält es sich mit der **Beziehung der Geschmacks- und Geruchsempfindungen auf etwas Äußeres**. Die Geruchsempfindungen werden auf Objecte bezogen vermöge der wiederholt gemachten Erfahrung, dass diese Empfindungen bei Annäherung der Nase an Riechobjecte in auffälliger Weise gesteigert werden. Die Geschmacksempfindung wird nicht bloß auf die Zunge, sondern auch auf die sie afficierenden Objecte bezogen. Doch täuscht uns die **Intensität** eines Geschmackes häufig genug über die **Extension** der schmeckenden Materie. Ein sehr bitterer Stoff in geringster Quantität, z. B. Chinin, zwischen Zunge und Gaumen gebracht und augenblicklich wieder ausgespuckt, hinterlässt unmittelbar nach dem Ausspucken, wo man wohl nicht annehmen kann, daß kleinste Theile desselben mit dem Speichel vermischt, bereits an alle Theile der Zunge und des Gaumens gebracht seien, eine Nachempfindung, als ob die Bitterkeit in der ganzen Mundhöhle wäre. Hiebei muß noch bemerkt werden, daß Gehörs-, Geruchs- und Geschmacksempfindungen nur mit Bezug auf bereits vorhandene Projectionen des Tast- und Gesichtssinnes projiciert werden. Gemeingefühlempfindungen werden nur da projiciert, wo sie mit Tastempfindungen associiert sind.

Endlich muß hier einer sehr interessanten Erscheinung gedacht werden, welche Weber über Anregung Fechners erörtert und Lotze (Med. Pf. 365 f. und dessen Mikrokosmus II. Th. S. 195 f.) mit gewohnter Feinheit und Gründlichkeit ausgebeutet und in ihrer Anwendung erweitert hat: es ist nämlich die Erscheinung, daß wir nicht selten unsere Empfindungen an die Enden von mit unserem Leibe in Verbindung gebrachten Gegenständen versetzen, wobei in uns der Schein entsteht, als ob wir zwei Empfindungen an zwei durch die Extension des Gegenstandes von einander getrennten Orten hätten. Stemmen wir ein Stäbchen, das wir zwischen den Fingern halten, gegen einen widerstandleistenden Körper, so glauben wir an zwei Orten zugleich einen Druck zu empfinden: da, wo das obere Ende des Stäbchens unseren Finger, und da, wo das untere Ende desselben den Körper berührt; beide Empfindungen scheinen uns an zwei durch die Länge des Stäbchens getrennten Orten zu geschehen. Auf diesen doppelten Druckempfindungen — auf diesem „Hinaustreten" der Empfindungen über die Grenzen des Körpers in die mit demselben in Verbindung gebrachten Gegenstände, wodurch diese wenigstens scheinbar zu Gliedern des Leibes werden — beruht der Gebrauch aller Werkzeuge. Nur unter dieser Bedingung (nämlich des doppelten Berührungsgefühles) ist der „vortastende" Stock dem Blinden, die Sonde dem Wundarzt, Feder, Pinsel u. s. w. dem Schreiber und Maler nützlich. Der Gebrauch der Messer und Gabeln würde sehr unbequem sein, wenn wir nur die Lage ihres Griffes in der Hand, nicht das Eindringen ihrer Schneide in die Gegenstände zugleich empfänden. Der Gebrauch der Näh- und Stricknadeln würde ohne jenes doppelte Berührungsgefühl fast unmöglich sein. So fühlt der Holzhauer neben dem Anprall des Axtstieles gegen seine Hand auch den Stoß, mit dem die Axt in das Holz eindringt. Der Soldat empfindet die Wunde, die er dem Feinde beibringt, insofern mit, als er deutlich mit der Spitze seiner Waffe das Einschneiden in den widerstandleistenden Körper fühlt. Aber nicht die Hände allein, sondern der ganze Körper, obwohl in verschiedenen Theilen mit verschiedener Feinheit der Empfindung begabt, ist ähnlicher Wahrnehmungen fähig. Der Stein unter unseren Füßen gibt uns eine andere Empfindung, als die hölzerne Stufe einer Treppe oder die Sprosse einer Leiter, die beide durch unser Gewicht in Schwingungen von verschiedener Weite und Geschwindigkeit der Wiederholung versetzt werden. An den Unterschieden dieser Schwingungen nehmen wir leicht wahr, ob die Sprosse der Leiter breit oder schmal ist, und wir glauben unmittelbar ihre Länge und ihre Befestigungspunkte in dem Leiterbaume mitzuempfinden. Endlich fühlen wir ganz in gleicher Weise eine Kugel, die, an einem Faden befestigt im Kreise geschwungen wird, sehr deutlich auch in diesem Kreise, also am Ende des Fadens, und außerdem auch zugleich dessen Einschneiden in die Hand. Aber auch die Entfernung der Kugel von der Hand, ihre

Schwere und die Geschwindigkeit ihres Umschwungs wird nach dem Wechsel der Zugempfindungen in der Haut hier so leicht beurtheilt, daß wir dies alles unmittelbar wahrzunehmen glauben.

Dies mag hinreichen zur Begründung des Satzes, daß alle Benutzbarkeit irgend eines Dinges, sei es nun ein Werkzeug, oder ein Kleid, ein Putz- oder Schmuckgegenstand u. dgl. m., auf der Möglichkeit beruhe, seine Berührung mit dem Objecte an der Stelle, wo sie geschieht, zu empfinden, und daß überall, wo mit der Oberfläche unseres Leibes ein fremder Körper in Berührung gesetzt wird, sich das Bild unseres (empfindenden) Leibes um die Länge dieses fremden Körpers erweitere, sich gewissermaßen das Bewußtsein unserer persönlichen Existenz bis in die Enden und Oberflächen dieses fremden Körpers hinein verlängere. Danach dient alles Fremde, womit sich der menschliche Leib in unmittelbare Verbindung setzt, als Sonde, wodurch die Grenze seiner Empfindungsfähigkeit erweitert wird. So weit diese Sonde reicht, so weit projiciert der Mensch seine Empfindungen über seine eigenen Grenzen — in Außendinge. Daher fühlt sich das Individuum höher, wenn es eine hohe Kopfbedeckung, z. B. einen cylindrischen Hut oder einen Helm aufhat, oder auf Stöckeln, Stelzen und dgl. einhergeht; stattlicher, wenn es Reifröcke, Schleppkleider, Ohrringe, flatternde, herabhängende Bänder und Gürtelenden, Fangschnuren, Trodbeln und Quasten, Ketten und Kreuze, Federbüsche, wehende Schleier und Mäntel an sich hat; es tritt sicherer auf, wenn es einen Stock in der Hand trägt, und dünkt sich mächtiger mit einem Amtsstab.

§ 90. Bildung der Complicationen; äußere Dinge mit vielen Merkmalen; Vorstellung einer Mehrheit von selbständigen Außendingen.

Durch die im vorigen § besprochenen Complicationen der Gesichts- und Tastempfindungen mit den übrigen Sinnesempfindungen erscheinen uns auch diese letzteren als Eigenschaften der vorgestellten Dinge. Zwar wird von uns jede einzelne Empfindung nach außen versetzt und auf ein Object bezogen; insofern gibt sie uns zwar ein bestimmtes Bild von einer bestimmten Eigenschaft eines Dinges (z. B. seine Farbe oder seinen Ton, Schwere, Geruch ꝛc.), aber keine allein (ohne Verschmelzung mit den anderen) gibt uns die Vorstellung eines räumlichen Dinges mit mehreren sinnlichen Merkmalen, sondern erst aus der Complication der mehreren Empfindungen resultiert die Anschauung eines Dinges, das so, wie es uns erscheint, nur ein Erzeugnis unserer Seele ist (freilich durch Vermittlung der Sinnesorgane und auf Veranlassung eines wirklich existierenden Dinges). Erst indem wir die weiße Farbe sehen, die Härte fühlen und den süßen Geschmack empfinden und diese Empfindungen gleichzeitig verschmelzen und auf die oben angegebene Weise auf einen und denselben Gegenstand beziehen, haben wir die Anschauung eines Stückes Zucker.

Daſs dabei die Geſichtsempfindungen vor allen anderen ſich hervordrängen, gewiſſermaßen die **Hauptrolle** ſpielen und **überall den Anknüpfungspunkt für die übrigen Sinnesempfindungen abgeben**, dafür ſprechen (wie ſchon in dem vorhergehenden § hervorgehoben wurde) mehrere Thatſachen; das Geſicht trägt unter allen Sinnen in die weiteſte Ferne; es faſst unter allen die größte Menge von Einzelheiten am ſchnellſten und zugleich am deutlichſten auf (da es von allen Sinnen zur Unterſcheidung je zweier Eindrücke die kürzeſte Zeit bedarf und das räumliche Element ſeiner Wahrnehmungen unter allen das kleinſte iſt, weil es die feinſten Nervenfaſern beſitzt); endlich controliert das Geſicht durchgängig den Taſtſinn, indem der Sehende zu einer jeden Taſtempfindung ſich ein Geſichtsbild zu entwerfen genöthigt iſt, wenn er das Betaſtete ſich deutlich vorſtellen will, ohne es wirklich zu ſehen. **Daher wird durch jede Vorſtellung irgend eines anderen Sinnes zunächſt immer die zugehörige Geſichtsvorſtellung reproduciert, und es beginnt die Reproduction einer complicierten Vorſtellung faſt immer mit der Wiedererweckung des Geſichtsbildes.** Dadurch bildet die Geſichtsvorſtellung für jede Complication gleichſam den Stamm und Kern, um welchen die anderen Sinnesempfindungen ſich gruppieren, ſo daſs die einzelnen Empfindungen, aus denen die Empfindungsgruppe beſteht, als **gehalten und getragen von der Geſichtsvorſtellung** ſich darſtellen. Das Geſichtsbild (das vorzugsweiſe zum Projicieren nöthigt) erſcheint als ein **Räumliches**; die anderen Sinnesempfindungen, die mit ihm compliciert ſind und daſſelbe an ſich feſter und unmittelbarer anſchließen, als ſie unter einander verbunden ſind, bleiben an ihm haften und müſſen deshalb als Eigenſchaften eines Dinges erſcheinen. So erhalten wir **äußere Dinge mit vielen Merkmalen**.

Dem Kinde, dem Ungebildeten erſcheint die räumliche Umgebung zuerſt als zuſammenhängendes, einiges Ganzes. Allmählich aber zerfällt ſie deshalb in eine Mehrheit geſonderter Empfindungsgruppen, weil die Dinge und der Menſch ihre anfänglichen Orte verändern, weil ſich die qualitativen Gegenſätze zwiſchen den einzelnen Empfindungen und ſomit auch zwiſchen den Empfindungsgruppen bei fortgeſetzter Erfahrung immer mehr und beſtimmter herausbilden, und weil den verſchiedenen Partien von Empfindungen Raumreihen der verſchiedenſten Größe vorgeſchoben werden. **So zerfällt nach und nach das urſprünglich als Ganzes Aufgefaſste mehr und mehr in einzelne beſondere**

Vorstellungsgruppen, und wir gelangen auf diese Weise zur Vorstellung einer Mehrheit von selbständigen Außendingen. (Dabei wird uns das Projicieren so zur Gewohnheit, daß wir auch sog. subjective Empfindungen und reproducierte Vorstellungen projicieren und für Außendinge halten können. Im Traume geschieht dies regelmäßig; kommt es aber im wachen Zustande vor, dann nennen wir es Hallucinieren, s. § 92.)

Volkmann (a. a. O. S. 231) sagt treffend: „Was wir Außending nennen, ist nichts als die Personification unserer Empfindungsgruppe, und in diesem Sinne nur ein systematisches, fortgesetztes Hallucinieren. Der jeweiligen Empfindung wird das Außending vorgeschoben, und vor jeder neuen Empfindung steht das Außending als der Inbegriff der gehabten Empfindungen. Die Empfindungen kommen und gehen, das Außending bleibt und bewacht deren Stelle; ich wende mich erwartend zu ihm zurück und finde es: es war da vor meiner Empfindung; es ist die Ursache meiner Empfindung. Das Außending ist unser Geschöpf, aber wir werden seine Sklaven. Die Wirkung der Vorstellung wird zu der Ursache des Vorstellens." u. s. f. (Vgl. damit bei Volkmann § 74 und S. 170.)

§ 91. Anschauung und Wahrnehmung.

Die Anschauung ist der Complex der sämmtlichen Empfindungen, die wir von einem Dinge haben. Man sieht die weiße Farbe des Zuckers, fühlt seine Härte und Schwere und empfindet den süßen Geschmack; diese einzelnen Empfindungen verbinden sich wegen ihres stets unzertrennlichen Vorkommens im Bewußtsein zu einer Anschauung von einem Stück Zucker. Die Anschauung ist daher keine unmittelbar gegebene Vorstellung, sondern sie setzt Empfindungen, Reproductionen, Zeit- und Raumformen, die Vorstellung des eigenen Leibes und die Unterscheidung der Außenwelt vom Leibe voraus. Verschieden von der Anschauung (repraesentatio singularis) ist die Wahrnehmung (perceptio). Die Wahrnehmung ist die erste, unmittelbarste Erkenntnisform; sie ist nichts anderes, als die Verbindung der Nervenerregung mit dem durch diese hervorgerufenen Seelenzustande. Alle sinnlichen Reize, die mittels der Nerven und des Centralorganes zur Seele gelangen, werden von dieser empfunden, percipiert oder wahrgenommen. Die Anschauung ist daher nicht mehr, wie die Wahrnehmung, sinnliches Auffassen, sondern Zusammenfassung, Synthesis des mannigfach Empfundenen, das wegen seiner Disparität in ein Ganzes vereinbar ist, ohne jedoch ganz zusammenzufließen. Gleichwohl ist die Complication verschiedener Sinnesempfindungen zu einer Anschauung nicht ein **bewußter oder willkürlicher Act der Seele**, sondern nur ein Erfolg ihrer eigenen Einheit. Mit diesem Mangel an Selbstbewußtsein hängt innig zusammen, daß die Anschauung nichts Allgemeines, sondern nur Einzelnes repräsentiert. Sie ist das psychische Bild des Einzeldinges, der Einzelexistenz. Der innerlich oder äußerlich angeschaute Vogel „Fink" ist eine bestimmte Einzelheit (Individualität), bestimmt nach Farbe, Größe, Gestalt, Stimme und allem, was die Anschauung an ihm besitzt. Ein Gattungsbegriff, z. B. Thier, wird gar nicht angeschaut.

Mit der Anschauung schließt das Gebiet der sinnlichen Wahrnehmung und Vorstellung ab; ja sie steht schon an der Schwelle zu den höheren Vorstellungsgebilden. (Vgl. Herbart, Lehrb. der Pf. 204 und dessen Pf. II. § 147, wo sich eine von der gegebenen divergierende Definition der Anschauung vorfindet.)

§ 92. **Von den Sinnestäuschungen (Illusionen und Hallucinationen).**

Das, was man gewöhnlich **Sinnestäuschung** nennt, beruht auf Verwechslung der reproducierten Vorstellungen mit Empfindungen. Die Sinnestäuschung ist mehr oder minder **allen Sinnen** und allen Individuen gemein. — Man unterscheidet insgemein (nach dem Vorgange **Esquirols**) zweierlei Arten von Täuschungen: 1. die **Illusionen** (Sinnestrug) und 2. die **Hallucinationen** (Sinnesvorspiegelung). **Die ersteren sind Täuschungen, die wirklich gegebene (objective) Empfindungen zur Grundlage haben, die aber falsch gedeutet (ausgelegt) oder im Sinne gewisser herrschender Vorstellungen umgebildet werden. Die letzteren sind bloße Vorstellungen, die jedoch wegen ihrer ungewöhnlichen lebhaften Reproduction beinahe ganz den Charakter von außen erregter Empfindungen für den Getäuschten annehmen.**

So ist es ein Beispiel einer Illusion, wenn man Töne, wie sie etwa ein heftiger Wind hervorbringt, für Stimmen von Menschen oder Thieren hält, oder wenn man sich vom Bauchredner über die Richtung des Schalles täuschen läßt, oder wenn ein entfernter Baumstrunk in der Beleuchtung des Mondes als etwas anderes, z. B. als eine menschliche

Gestalt erscheint. Ebenso ist die perspectivische Auffassung der Gegenstände eine Illusion. Schauen wir eine lange gerade Straße hinunter, so sind die nächsten Häuser groß und die fernsten klein, in unserer Nähe ist die Straße breit, läuft aber in der Ferne, wenn sie lang genug ist, in einen Punkt zusammen. Diese Illusion ist nun für jeden Menschen unvermeidlich. Könnten wir unseren Standpunkt nicht wechseln, so müßte sie für uns die einzig richtige sein. Aber wir gehen an das andere Ende der Straße und überschauen von dort die Straße, und nun ist die Anschauung gerade die umgekehrte. Was vorher groß war, ist jetzt klein, und umgekehrt; was früher ein Punkt schien, hat jetzt die ganze Straßenbreite, und umgekehrt. Diese beiden Ansichten von derselben Sache stehen scheinbar in unausgleichbarem Widerstreit; wie gleichen sie sich dennoch aus? Ja, selbst in derselben Entfernung, unter denselben Verhältnissen kann uns derselbe Gegenstand größer oder kleiner erscheinen, wie uns z. B. der aufgehende Mond und die aufgehende Sonne zeigten, die wir das einemal frei, das anderemal durch ein Fernrohr ansehen, das beide Gestirne von ihren Umgebungen isoliert. Desgleichen hält jeder von uns unvermeidlich einen glatten und kalten Körper für naß, obgleich er trocken ist, eine kalte Last für schwerer als eine erwärmte. Ebenso ist ein Stich schwer von der Berührung mit einem heißen Körper zu unterscheiden. Ohne gleichzeitige Gesichtswahrnehmung sind unsere Geschmacksempfindungen zu undeutlich, um uns rothen und weißen Wein unterscheiden zu lassen; selbst die Empfindlichkeit der Mundhöhle und der Nase ist nicht fein genug, um den Raucher in der Finsternis von dem Brennen oder Nichtbrennen seiner Pfeife zu überzeugen.

Einfache Beispiele der Hallucinationen sind Funken vor den Augen, Ohrenklingen, wie sie so häufig bei Congestivzuständen nach den betreffenden Sinnesorganen vorkommen; aber häufig treten auch complicierte Phänomene, wie menschliche Gestalten u. dgl., durch Hallucinationen in die Erscheinung. Hieher gehören die Erscheinungen des Alpdrückens, das Geistersehen, die Hallucinationen nach dem Genusse narkotischer Substanzen (Opium, Haschisch, Belladonna rc.), die Phantasmen, die viele Personen vor dem Einschlafen haben, z. B. der berühmte Physiolog Johannes Müller. (Vgl. dessen: Über phantastische Gesichtserscheinungen. 1826. S. 20 f.)

Hieher lassen sich auch die Hallucinationen der Wüstenbewohner und der in der Wüste Reisenden rechnen. Pascal, der tiefe Denker, welcher durch übermäßige geistige Anstrengung seine Gesundheit zerrüttet hatte, erblickte bei sonst hellem Urtheil stets neben seinem Sitze einen tiefen, klaffenden, mit Feuer gefüllten Abgrund, und war bei aller Anstrengung der Seele nicht imstande, die Täuschung zu überwinden. Le Sage erzählt, dass der gelehrte Herzog von Olivarez aus Angst vor einer Erscheinung, die ihn Tag und Nacht nicht verließ, gestorben sei, obwohl er sich durch mannigfache Versuche überzeugte, dass dieselbe nur eine Sinnesvorspiegelung sei. Im dunklen Kerker glaubte sich Benvenuto Cellini von der Madonna besucht. (Goethes sämmtl. Werke in 30 Bänden. 22. Bd. 13. Cap.) Hobbes konnte nachts nicht ohne Licht im Zimmer bleiben, weil er sonst Gespenster um sich erblickte. Zu den glaubwürdigsten, interessantesten und auffallendsten Fällen der Geisterseherei gehört der Fall des ehemals berühmten Buchhändlers und Schriftstellers F. Nikolai (von ihm selbst in der Berliner Monatsschrift 1799, Mai, und im 1. Bd. seiner philos. Abhandl. S. 58 f. beschrieben), dem einmal nach einer heftigen Gemüthsbewegung über eine Reihe von Vergehungen seines zweiten Sohnes die Gestalt seines verstorbenen ältesten, ihm sehr lieb gewesenen Sohnes erschien und durch beinahe eine halbe Viertelstunde blieb.

Der Unterschied zwischen Hallucination und Illusion läßt sich nicht für alle Sinnesgebiete streng durchführen. Manche Gesichtsphantasmen sind der gegebenen Definition zufolge (in verschiedener Beziehung) sowohl als Illusion, wie als Hallucination aufzufassen; als Illusion, insoferne sie durch die Anschauung wirklicher Objecte veranlaßt werden, als Hallucination, insofern diese Anschauungen durch ihren reproducierenden Einfluß auf bestimmte Vorstellungskreise von ihnen her mehr oder weniger vollständig umgebildet werden. Gespenster sehen, ist mehr Illusion. Geisterseherei mehr Hallucination.

Die Veranlassungen zu den Sinnestäuschungen sind theils physischer, theils psychischer Natur. So kann die Illusion in der krankhaften Beschaffenheit des Sinnesorganes, oder in Reproductionen, die sich an den gegebenen Empfindungsinhalt mit außerordentlicher Lebhaftigkeit anschließen, ihren Grund haben. Hallucinationen physischen Ursprungs ereignen sich am häufigsten da, wo Umstimmungen des Nervensystems zahlreiche und fremdartige Empfindungen veranlassen, z. B. in Nervenkrankheiten, während der Trunkenheit, des Sterbens. Bemerkenswert dabei ist, dass mit gewissen Störungen des Nervenlebens gewisse Hallucinationen in der Regel verbunden sind. So gehört das bekannte Sehen von Mäusen und Ratten zu den beständigen Symptomen des Säuferwahnsinnes.

Bekannt ist das Gefühl der Hysterischen wie von einem verschluckten harten Körper im Halse u. s. f. Hallucinationen psychischen Ursprungs kommen am häufigsten in gewissen affectartigen Zuständen vor, die bestimmte Vorstellungen zu einer ungewöhnlichen Lebhaftigkeit und Höhe ins Bewusstsein emporheben, wodurch eben die reproducierten Vorstellungen die sinnliche Klarheit von Empfindungen usurpieren. (S. Nikolais eben angeführte Hallucination.) Diesen Charakter werden sie um so leichter annehmen, je mehr die Reproduction der sie begleitenden Muskelempfindungen durch gewisse organische Ingerenzen unterstützt ist. Hieraus erklärt sich leicht, wie das Hallucinieren durch öfteres und längeres Festhalten gewisser Vorstellungsmassen gewohnheitsmäßig geübt wird. (Macbeth, der anfänglich bloß die Hexen und den blutigen Dolch sah, sieht später auch noch den Geist des auf seinen Befehl ermordeten Banquo.) „Wer zuerst mit einem Geiste gesprochen," sagt Volkmann a. a. O., „spricht bald mit ganzen Heeren von Geistern, und ist zuletzt in allen Geschäften des Lebens von Geistern umringt." Ebensowenig hat es etwas Auffallendes, dass einzelne Personen willkürlich hallucinieren können. Ein Gehörshallucinant bemerkt, dass er selbst imstande sei, die Worte zu geben, welche dann die Stimmen sprachen, und dies half ihm zum Theil, sie richtig als Täuschung zu erkennen. Nach Mittheilungen von Sandras über einen Hallucinanten wurden durchaus die eigenen Gedanken, Bedürfnisse rc. als Stimmen vernommen. Die Stimme antwortete auf innere Fragen des Hallucinanten wie eine dritte Person, aber immer im Sinne seiner Wünsche. Auch große Dichter und Künstler konnten willkürlich Hallucinationen hervorbringen, wie z. B. Goethe (Beiträge zur Morphologie und Naturw.), Tasso, Jean Paul, Walter Scott; aber auch Mathematiker, wie z. B. Cardanus (geb. 1501), der sich leuchtend vorspiegeln konnte, was er nur immer sehen wollte, wie er in seiner Schrift „de vita propria" erzählt; — der Philosoph Spinoza (epist. 30 an P. Balling); der Physiolog Meyer.

Unter den Hallucinationen spielen die des Gesichtes und Gehöres die Hauptrolle; ihnen zunächst kommt der Geruch. (Ein Geschwür im schwieligen Körper des Hirnmarks veranlasst die Sinnesvorspiegelung eines cadaverösen Geruches in der Nase und die des Aufliegens im Bette.) Bei den Hallucinationen des sympathischen Nervensystems wird das Außending aus der Seele in den Leib versetzt. (Z. B. Frösche, Schlangen, Mäuse in den Unterleib u. s. f.) Dauert die Hallucination längere Zeit fort, so geht sie nothwendig in eine „fixe Idee" über, wider die die augenscheinlichste Überzeugung wenig oder nichts vermag. (Jener Gelehrte, der da glaubte, einen Sperling im Kopfe zu haben, dem der Arzt einen Schnitt in den Kopf machte, und einen lebendigen, in der Hand verborgen gehaltenen Sperling zeigte, wurde glücklich dadurch geheilt. Vielleicht trug hier der Schnitt und der Blutverlust mehr als der Sperling bei. Dagegen zeigte man dem hypochondrischen Leibarzte Zimmermann in Hannover, der von der fixen Idee geplagt wurde, er sei so arm, dass er verhungern müsse, vergebens sein Gold und Silber. Er starb in diesem traurigen Zustande.) Die Hallucination beschränkt sich entweder auf einen Sinn, oder es verknüpfen sich die Hallucinationen mehrerer Sinne, und dann nicht selten so, wie es den Gesetzen der Association angemessen ist.

Manche Hallucinierende sind sich ihres Zustandes und der Täuschung vollkommen bewusst; sei es dass ihre Sinnesvorspiegelungen in irgend einem Stücke nicht den vollen Schein der Wirklichkeit verursachen, sei es dass sie mit dem Zusammenhange der wirklichen Verhältnisse, der sich von anderer Seite her geltend macht, unvereinbar gefunden werden, sobald nur sonst die volle Besinnung da ist. So konnte Nikolai, so wie er überhaupt in der größten Ruhe und Besonnenheit war, jederzeit Phantasmen von Phänomenen genau unterscheiden; er wusste z. B. genau, wenn es ihm bloß erschien, dass die Thüre sich öffne, und wenn die Thüre wirklich geöffnet wurde und jemand wirklich zu ihm trat. — In anderen Fällen hingegen verhält es sich anders. „Wenn meine Wahrnehmungen irrig sind," sagte ein Sinnesgetäuschter dieser Art zu Foville, „so muss ich an allem zweifeln, was Sie mir sagen, ich muss zweifeln, dass ich Sie sehe, dass ich Sie höre." — Auch sieht man sehr oft Wahnsinnige und Fieberkranke Handlungen vornehmen, die beweisen, dass sie ihre lebhaften Phantasievorstellungen durchaus mit wirklichen Empfindungen (mit Wirklichkeit) verwechseln. Im Conflicte mit (äußeren) Sinneswahrnehmungen verhalten sich die Hallucinationen so, dass sie nach Umständen von diesen verdrängt werden können, oder umgekehrt dieselben zu verdrängen oder sich mit denselben zusammenzusetzen vermögen. So können manche Hallucinanten ihre Hallucinationen unterbrechen, wenn sie ihre Aufmerksamkeit auf äußere Eindrücke wenden, indessen andere es nicht vermögen. Daher öfters Hallucinierende während der Anwesenheit des Arztes ihre Hallucinationen verlieren, welche gleich nach Entfernung des Arztes wiederkehren. (Fechner, Psychophysik, II. Bd. S. 512.)

1. Kant hat in einer berühmten Stelle (Anthrop. § 10) richtig bemerkt: „Die Sinne betrügen nicht. Nicht, weil sie immer richtig urtheilen, sondern weil sie gar nicht urtheilen, weshalb der Irrthum immer nur dem Verstande zur Last fällt." — In gleichem Sinne dichtete Goethe:

„Den Sinnen darfst du kühn vertrauen,
Kein Falsches lassen sie Dich schauen,
Wenn Dein Verstand Dich wach erhält."

Vgl. hiemit die bedeutungsvolle Stelle bei Lotze (a. a. O. 370).

2. Die Erklärung der Illusion gehört vorzüglich der Physik und Physiologie an, daher der § hauptsächlich nur die Hallucinationen behandelte. — An Illusionen ist der Gesichtssinn besonders reich. Zu diesen gehören besonders die beim Anblick der Gestirne vorkommenden Illusionen. (Drobisch a. a. O. S. 118; Cornelius a. a. O. 538; Weber Tastf. S. 482; vgl. auch darüber Eulers Briefe an eine Prinzessin. Übers. von Kries. I. Bd. S. 507—529.) Zu den optischen Täuschungen rechnet man ferner die sog. Nachbilder, die Irradiation oder Strahlung, durch welche alle weißen Flächen auf dunklem Grunde größer erscheinen, als gleich große dunkle Flächen auf weißem Grunde. So wissen magere Personen recht gut, daß sie sich weiß oder doch hell kleiden müssen, um stärker zu erscheinen; sehr starke Personen dagegen, daß sie in Schwarz gekleidet schlanker aussehen. Weiße Flächen, nach der Ordnung eines Schachbrettes mit schwarzen gleich großen gemischt, erscheinen durchgängig größer als diese. U. s. w. Dem in Gedanken Versunkenen, der einen Punkt auf dem gegenüberliegenden Dache fixiert (ohne ihm deswegen besondere Aufmerksamkeit zuzuwenden), mag leicht das undeutliche Bild, das eine Fliege an seinem eigenen Fenster auf seine Netzhaut wirft, als ein großer Vogel, z. B. als ein Rabe auf jenem Dache erscheinen, Drobisch erklärt diese Illusion ganz richtig. Das schwarze Fleckchen, welches das Bild der Fliege auf der Netzhaut erzeuge, werde weder als Fliege, noch als Rabe gesehen, sondern eben nur als ein schlecht begrenzter Farbeneindruck von einer gewissen scheinbaren Größe, die gleich gut für den Raben auf dem Dache, wie für die Fliege auf dem Fenster passe. An Hilfsmitteln, die Entfernung richtig zu bestimmen, fehle es vielleicht im Augenblick, oder vielmehr die vorhandenen entscheiden sich für den Raben; die Adjustierung der Augen, der Winkel ihrer Achsen sei gerade für eine größere Entfernung eingerichtet. Darum reproduciere die Wahrnehmung jenes schwarzen Fleckchens, bei Voraussetzung dieser Entfernung, die Vorstellung des Raben und nicht die der Fliege. — Ueber pseudoskopische Erscheinungen vgl. Drobisch a. a. O. § 45; Cornelius a. a. O. 367 und S. 543; dessen: Zur Theorie des Sehens ꝛc. S. 33 f. Anm. — Hieher gehört die von Drobisch erklärte Gesichtserklärung bei Betrachtung eines Petschafts durch das Ocular eines Fernrohres.

Über die beim Tastsinn vorkommenden Illusionen (z. B. beim Befühlen einer Kugel mit zwei übereinander geschlagenen Fingern) vgl. bei Aristoteles Metaph. III. 6, Drobisch a. a. O. S. 125; Lotze a. a. O. 376 und 364 f.; Weber, Tastf. 483 f. Hieher gehören mehrere Fälle. Z. B. Wir empfinden den auf die Zähne wirkenden Druck nicht an der Wurzel, sondern glauben ihn an der Oberfläche der ganz unempfindlichen Krone derselben wahrzunehmen. Fußreisende, die einige Wochen lang das Ränzchen auf dem Rücken getragen haben, empfinden am Schlusse der Reise, nachdem sie dasselbe abgelegt haben, nichtsdestoweniger oft mehrere Tage lang ganz deutlich das Mäuschen auf dem Rücken. U. s. w.

Über Täuschungen des Gehörs vgl. das Vorhergehende über Richtung und Entfernung des Schalles. Ein voller Ton drängt uns das Bild eines großen Gegenstandes auf, und wenn uns nicht die Erfahrung, d. h. hier die Association des Sichtbaren mit dem Hörbaren, eines Besseren belehrte, so würden wir die vollen Töne der Nachtigall gewiß einem größeren Vogel zuschreiben.

3. Über Auffassung der Geistererscheinungen bei Shakespeare als Hallucinationen. (Beil. zur „Augsb. Allg. Ztg." vom 8. Decbr. 1858.) Als Beweis dafür dienen die Geistererscheinungen in „Hamlet", „Cäsar" und „Macbeth" u. s. w.

Nicht bloß das Individuum in seiner beschränkten Zeit und Umgebung, sondern jedes Volk, jede Zeit leidet an gewissen Hallucinationen. Sie entwickeln sich besonders bei großen Umwälzungen im Staate, in der Kirche und in der Wissenschaft, und sie sind um so stärker und ergreifender, je größer die Verheißungen und Hoffnungen sind, welche an dergleichen Umwälzungen geknüpft werden.

Drittes Capitel.
Von der Intelligenz.

§ 93. Das Denken: der Verstand und die Vernunft.

Das Denken beruht wohl, wie alle bisher abgehandelten psychischen Phänomene, auf der Reproduction der Vorstellungen; aber es ist nicht gleichbedeutend mit der Reproduction, möge nun diese eine unmittelbare (§ 49), oder mittelbare (§ 50) sein. Das Denken ist ein höherer Zustand der Seele, die bei weiterer Entfaltung ihres Wesens über die bloß zufällige (weil von der Complication und Verschmelzung der Vorstellungen nach Gleichzeitigkeit und Succession abhängige) Verflechtung der Vorstellungen hinausgeht.

Wie § 68 bereits gezeigt worden ist, begnügt sich das judiciöse Gedächtnis nicht bloß damit, die Vorstellungen nach ihrem zufälligen, bloß durch den Lauf der äußeren Reize bedingten Zusammensein zu verbinden, sondern es deckt deren innere Beziehungen auf.

Ebenso verändert die Phantasie die Reproduction, indem sie die Vorstellungen von ihren ursprünglichen Verbindungen befreit und dadurch neue Complicationen herbeiführt, die unter dem Namen der Gemeinbilder nicht ganz unbekannt sind.

Von den Gemeinbildern zum Denken ist nur ein Schritt. [Gemeinbilder sind nämlich solche Vorstellungen, die das mehreren Complexionen

Identische in sich enthalten. Sie entstehen, indem sich das Gleiche der einzelnen Complexionen im Bewusstsein verbindet und verstärkt, und das Unterscheidende durch seinen Gegensatz verdunkelt wird.] Die Gemein= bilder gehen in Begriffe über, von denen sie sich nur dadurch unterscheiden, daß sie psychische Bilder, während jene logische Vorstellungen sind.

Wir denken also, wenn wir einen gegebenen Inhalt durch logische Vorstellungen oder durch Begriffe bestimmen. Da nun an den Be= griffen, wie sich später zeigen wird, stets nur der Inhalt, d. h. dasjenige, was gedacht wird, in Betracht kommt, ohne Rücksicht auf die Art, wie es gedacht wird, oder auf die besonderen subjectiven Umstände, unter welchen es vorgestellt wird, so läßt sich das Denken auch so erklären, daß es eine Verbindung von Vorstellungen sei mit Rück= sicht auf den Inhalt. Im Denken werden daher Vorstellungen aus= schließlich ihrem Inhalte, ihrer Qualität nach miteinander ver= knüpft. Mit der Hervorhebung des Inhalts ordnet sich die mechanische Vorstellungsweise der Allgemeingiltigkeit (Nothwendigkeit) lo= gischer Normen unter. Durch das Denken werden die Vorstellungen, welche den äußeren Reizen gemäß, also in gewissem Sinne zufällig in das Bewusstsein gelangen, und daselbst nach bloß psychischen Gesetzen Verbindungen eingehen, anders, und zwar nach ihrer inneren (logischen) Zusammengehörigkeit und Nichtzusammengehörigkeit verknüpft und getrennt. Und da die Qualität der Vorstellungen in Bezug auf ihre Materie noth= wendig durch die Erfahrung gegeben ist, so darf an ihr keine andere, als nur jene Veränderung vorgenommen werden, welche bloß durch die formalen Bedingungen der Verknüpfung und Trennung bedingt ist. Das Denken, als das der Qualität des Vorgestellten gemäße Verknüpfen von Vorstellungen, findet seinen einfachsten Ausdruck im Urtheilen. Der sprachliche Ausdruck des Urtheiles ist der Satz.

Wer urtheilt, der denkt. Wer sich im Denken nach der Qualität des Gedachten richtet, hat Verstand; wer dies nicht zu thun imstande ist, d. h. wer den nach den Gesetzen der Wechselwirkung (oder der sog. Ideenassociation) folgenden Vorstellungen durchaus preisgegeben ist, denkt nicht, heißt daher unverständig. Thiere, Kinder und Wilde nennt man unverständig; denn es zeigt sich bei ihnen kein eigentliches Denken und Urtheilen, sondern nur ein dem eigentlichen Denken mehr oder minder analoges Vorstellen.

Von dem verständigen Denken unterscheiden wir das vernünftige, als das höhere. Vernünftig denkt, wer imstande ist, Gründe und

Gegengründe gleichmäßig zu vernehmen und sich nach den überwiegenden unter ihnen, je nachdem es auf das Denken oder Handeln ankommt, zu entscheiden oder zu entschließen. Durch das vernünftige Denken oder die Vernunft unterscheidet sich der Mensch vom vernunftlosen Thiere; sie ist das allgemeinste psychische Gattungskennzeichen des Menschen. Aber nur im Zusammenleben mit anderen Wesen, nur im gesellschaftlichen Leben wird der Mensch vernünftig. Der in der Wildnis oder in der einsamen Kammer Aufgewachsene (wie Kaspar Hauser) gelangt nicht zum vernünftigen Denken. Das Gegentheil der Vernunft ist die **Unvernunft**, die keine Gründe hören will oder kann. Daher auch die Schwäche des Kindes und der Wilden, die sich über den momentanen zufälligen Eindruck nicht erheben können, und die Verblendung der Leidenschaftlichen, die, von der Gewalt ihrer Leidenschaften fortgezogen, weder Bitten, noch Vorstellungen, weder Ermahnungen, noch Drohungen Gehör geben, keine Gründe, keine Widerlegung vernehmen.

Die vernünftige Überlegung kommt vor: 1. beim **Schließen**; 2. bei der **Überschreitung der Erfahrung durch das Denken zum Unendlichen und Unbedingten**; 3. beim **Wählen unter Zwecken**, also bei der Bildung und Feststellung praktischer Grundsätze. Diese Grundsätze, als Normen der Beurtheilung des Wollens (insofern dieses unbedingt vorgezogen und verworfen wird), nennt man auch moralische Ideen. Die Vernunft ist daher sowohl **logischer** als **moralischer** Natur.

Verstand und Vernunft schließen einander nicht aus, sondern ein. Denn was der Beschaffenheit und den Verhältnissen des Wirklichen gemäß ist, entspricht auch immer der Vernunft, und umgekehrt ist das Erwägen von Gründen und Gegengründen für einen theoretischen Satz oder für ein praktisches Verhalten, um zur richtigen Entscheidung oder Entschließung zu gelangen, auch immer verständig. (Vgl. Herbart, Pf. als Wiff. II. Th. § 117—119; Volkmann, Pf. §§ 97 und 141.)

<small>Über die verschiedenen Bedeutungen von Verstand und Vernunft, sowie über ihre Etymologie vgl. auch Scheidler, Pf. § 21 Anm. und § 52 Anm.; Kant, Anthropologie § 37 und Kritik der reinen Vernunft (Elementarl. Th. II. Abth. I. B.); ferner § 66; Hegel, Encykl. d. philof. Wiff. § 360.</small>

§ 94. Die Bildung der Begriffe und die Abstraction.

Begriffe sind nichts **Fertiges und Abgeschlossenes**, das in uns neben und außer den Vorstellungen als geistige Thatsache gegeben ist, sondern Begriffe resultieren zunächst aus dem Vorstellen des Gleichen oder Ähnlichen oft reproducierter Wahrnehmungen desselben Gegenstandes oder ähnlicher Gegenstände. Sie sind das Resultat der Hemmung des einer Vorstellungsgruppe oder auch einem Gemeinbilde anhangenden Ungleichen.

Das einfachste Beispiel ist, wenn ein und derselbe Gegenstand, z. B. eine Rose, wiederholt wahrgenommen wird, eine und dieselbe Wahrnehmung öfter wiederkehrt, die aber jedesmal auch mit anderen Nebenvorstellungen associiert ist. Das gleichzeitig Wahrgenommene verschmilzt (nach §§ 41 und 54), und jede folgende Wahrnehmung bringt die frühere ins Bewusstsein zurück, reproduciert sie. Alsdann wird sich das Gleiche der vielen Anschauungen oder Vorstellungen (nach den schon bekannten Gesetzen der Reproduction) unmittelbar, das mit diesem verschmolzene Ungleiche mittelbar einstellen. Während nun dabei das wechselnde Verschiedene oder Ungleiche der einzelnen Vorstellungen, seines Gegensatzes wegen, sich mehr und mehr verdunkelt und verdrängt, muss sich das Gleichartige der vielen Anschauungen, trotzdem es von der Hemmung zum Theil getroffen wird, dennoch im ganzen verstärken und so das Übergewicht über das Ungleiche erhalten. (Die Hemmung erstreckt sich nach der Voraussetzung wohl über den ganzen Vorstellungscomplex, am intensivsten aber drückt sie auf das Entgegengesetzte des Complexes.) Es wäre jedoch gefehlt, wollte man die Hemmung des Verschiedenen als gänzliche Abtrennung, Loslösung vom Gleichen, als wirkliche A b s t r a c t i o n, ansehen, sondern sie erzeugt nur eine relative Verdunkelung der ungleichen Elemente. Haben wir z. B. nacheinander eine Menge verschiedener Linden oder auch eine Menge verschiedenartiger Bäume wahrgenommen, so erhalten wir die Gesammtvorstellung (den psychischen Begriff) der Linde oder des Baumes, indem das Identische aller der wahrgenommenen Linden oder Bäume sich verbindet und durch die Verbindung sich verstärkt, während das Nichtidentische, Entgegengesetzte, durch welches die verschiedenen Linden sich von einander unterscheiden, in der Reproduction sich gegenseitig hemmt und verdunkelt, ohne jedoch von dem Gleichen ganz abgelöst zu werden.

Diese Verdunkelung des Ungleichen muss zunehmen, je öfter das nämliche Object (z. B. die Linde) wahrgenommen und vorgestellt wird, weil alsdann von jeder einzelnen der vielen Wahrnehmungen immer nur ein sehr geringes Quantum des Vorgestellten durch die Reproduction deutlich zum Bewusstsein gebracht wird (nämlich das Gleiche derselben). Zwar wird keine einmal geschehene Verbindung der Vorstellungen wieder vernichtet — (denn das einmal Verbundene bleibt stets verbunden) —; aber das Gleiche gewinnt unter den angeführten Umständen eine solche Präponderanz über das Ungleiche, dass es von letzterem und den davon ausgehenden Reihen mehr oder minder (doch niemals ganz und gar!) isoliert wird.

Daher ist der psychische Begriff immer in einem Schweben und Schwanken zwischen entgegengesetzten Bestimmungen begriffen, und daher leidet er nothwendig an einer gewissen Dunkelheit seines Vorgestellten.

Diese Schwankungen nehmen zu, je weiter sich die Gesammtvorstellung oder der Begriff von den unmittelbar sinnlichen Wahrnehmungen entfernt, d. h. je allgemeiner und abstracter er wird, weil er dann nicht mehr das Gemeinsame ähnlicher Wahrnehmungen, sondern nur das Gemeinsame ähnlich gebildeter Gemeinvorstellungen enthält. Man vergleiche in dieser Rücksicht die Anschauung eines bestimmten Dreieckes mit den allgemeinen Vorstellungen des rechtwinkligen Dreieckes, des Dreieckes überhaupt, der Figur.

Obwohl die Sprache (sowohl die Wort- als die Schriftsprache) bei der Bildung der Begriffe sehr bedeutende Dienste leistet, so wird doch der Unbestimmtheit und Schwankung der Begriffe nicht dadurch abgeholfen, dass man sie mit Worten (und anderen Zeichen) in Verbindung bringt, da diese letzteren bekanntlich fast durchweg mehrdeutigen und schwankenden Sinnes sind.

Das einzige Mittel, um diesen Schwankungen der Begriffe zu entgehen und bestimmte, präcise logische Begriffe zu erreichen, besteht in absichtlicher, wissenschaftlicher Verarbeitung der psychischen Begriffe. Daher sind wissenschaftliche Begriffe, die bloß ihrer Qualität, ihrem Inhalt nach gedacht würden, ohne ein Hinabgleiten des Vorstellens in ihren Umfang, eigentlich nur eine Forderung an das Denken, der dieses durchaus nicht immer in einem Vorstellen zu entsprechen vermag, logische Ideale, denen das psychische Denken nachzukommen sucht, indem es in seine Gemeinbilder nach den Forderungen des logischen Begriffes wesentliche Merkmale aufnimmt und die unwesentlichen abstößt.

Dies geschieht durch Urtheile, indem wir erst negativ das bereits Verdunkelte und anderes zufällige Ungehörige der Gesammtvorstellung als Subject absprechen, dann positiv den wesentlich sich gleichbleibenden Inhalt hervorheben, allmählich in seine Merkmale auflösen und zuletzt definieren.

Eine solche Begriffsbearbeitung findet nur auf bewußte und methodische Weise in dem Kreise der Wissenschaften statt. Das gemeine Denken bedient sich der rohen, schwankenden psychischen Begriffe, und wird daher selbst schwankend und unsicher, woraus die unzähligen Meinungen, Ansichten, Vorurtheile und Irrungen entstehen.

Unsere Begriffe, die wir für gewöhnlich haben, stehen sehr weit hinter den Vorschriften der Logik zurück, und es ist daher nothwendig, die psychischen Begriffe, d. i. die Begriffe, wie wir sie gewöhnlich zu haben pflegen, von den logischen Begriffen, d. h. den Begriffen, wie sie sein sollen, zu unterscheiden. Der psychische Begriff ist das Bewußtwerden des Gleichartigen über dem mit ihm verschmolzenen, aber nur dunkel vorgestellten Ungleichartigen (das Vorstellen des Gemeinsamen über einem Einzelnen, mag dieses nun in vielen Vorstellungen, Vorstellungsgruppen oder ganzen Reihen bestehen); der logische Begriff ist das Gedachte, bloß seiner Qualität nach betrachtet. Der psychische Begriff wird durch seinen Umfang, der logische durch seinen Inhalt gedacht. Das psychische Vorstellen eines Begriffes findet also gerade nach der entgegengesetzten Richtung statt, es gleitet meistentheils vom Inhalte der Begriffe zu ihrem Umfang herab. So wird z. B. ein ebenes geradliniges Dreieck nicht vorgestellt ohne Hinblick auf gewisse Größenverhältnisse seiner Seiten und Winkel; vielmehr bewegt sich das Vorstellen von dem Inhalte zu dem Umfange des Dreieckes, zu den Arten des Dreieckes hin; doch so, daß keiner dieser Artbegriffe vor dem andern besonders hervorgehoben wird. — In logischer Hinsicht ist jeder Begriff nur einmal vorhanden; in psychologischer wird er sovielmal vorgestellt, als denkende Wesen vorhanden sind. Danach hat also allerdings ein jeder seinen Begriff vom Dreiecke, Menschen oder Baume und dgl., und es sind dies mehrere Begriffe im psychologischen Sinne, wiewohl in logischer Hinsicht nur ein einziger für alle Denkenden.

1. Der Gedanke, daß die psychischen Begriffe eines und desselben logischen Begriffes bei jedem Einzelnen verschieden sind, wird veranschaulicht durch die Geschichte Christian Schmidts von dem klugen Knaben, der unter einer Eiche liegt. Es kommt ein Mann vorüber und sagt: welch prächtiges Bauholz! „Guten Morgen, Zimmermann!" grüßt ihn der Knabe; ein anderer kommt und sagt: welche prächtige Borke! „Guten Morgen, Lohgerber!" ein dritter ruft: welch prächtiger Baumschlag! „Guten Morgen, Maler!" Jeder von den dreien denkt die Vorstellung der Eiche: doch denkt jeder etwas anderes dabei: der eine denkt bei der Vorstellung Eiche vorzüglich an den Baum als Bauholz, weil sein Gemeinbild der Eiche aus solchen Anschauungen zusammen-

geflossen ist, der andere an die Borkenrinde u. s. f. Alle aber denken nicht das, was der logische Begriff zu denken fordert.

2. Die Hilfe, welche die Sprache der Begriffsbildung leistet, ist nur bis auf einen gewissen Punkt der letzteren förderlich; anderseits ist sie aber mit einem Nachtheile verbunden, indem sie die schärfere Ausarbeitung der Begriffe entschieden hindert. Denn da jeder Begriff zunächst immer aus der Anschauung einzelner ähnlicher Fälle gebildet ist, so kann er ebendeswegen anfänglich nichts enthalten, als das Gemeinsame dieser wenigen Fälle. Der Inhalt des so gebildeten psychischen Begriffes ist aber durchaus nicht ein abgeschlossener und fester; er kann durch neue Wahrnehmungen verändert werden. Kennt z. B. jemand nur ebene Dreiecke, so ist sein Begriff in Bezug auf Dreiecke überhaupt unvollständig. Erfährt er nun, dass es auch unebene (sphärische) Dreiecke gebe, in denen die Summe der Winkel mehr als zwei rechte betrage, so kann er sich genöthigt sehen, seinen ursprünglich mangelhaft gebildeten Begriff in Berücksichtigung der gemachten Erfahrung zu erweitern und zu vervollständigen. Es kann aber auch diese Berichtigung ausbleiben, wenn jemand sich bloß an das Wort Dreieck hält, das er sich einmal fest angeeignet hat; alsdann geht die Erfahrung spurlos an ihm vorüber, und er besitzt bloß das Wort. So hemmt häufig das Wort, das sich stets gleichbleibende, die Erweiterung des ihm entsprechenden Begriffes und lässt sie sogar als überflüssig erscheinen. (Waitz, Pf. S. 528.) Begriff und Wort sind somit nicht identisch. Der Begriff ist schwankend (so lange er nämlich der logischen Anforderung nicht angemessen ist); das Wort ist constant. Der Begriff geht eigentlich über die Sprache hinaus. Daher beziehen sich die berühmten Worte Hamlets: „Worte, nichts als Worte, Worte" und jene Mephistopheles': „Denn eben wo Begriffe fehlen, da stellt ein Wort zur rechten Zeit sich ein" — nicht bloß auf moralische Gebrechen, sondern ebensosehr auf jenen unwillkürlichen und gewöhnlichen Irrthum der Identität von Begriff und Wort.

Wäre das Wort das Äquivalent des Begriffes, so wären sowohl Synonymie, als auch Homonymie unmöglich, d. h. es könnten, jene anbelangend, zur Bezeichnung desselben Begriffes nicht mehrere durchaus verschiedene Worte vorhanden sein, deren jedes denselben Begriff ebensogut bezeichnen würde, wie das andere; diese anbelangend, könnten nicht einem bestimmten Worte oft mehrere Begriffe entsprechen. (Vgl. Steinthal, Grammatik, Logik und Psychologie, § 64, und Lazarus a. a. O. 2. Bd. S. 245; Volkmann a. a. O. § 92.)

Am auffallendsten zeigt sich der Unterschied zwischen Wort und Begriff in der Geschichte des menschlichen Denkens. Die Worte „Raum, Zeit, Ursache und Wirkung, Substanz und Accidenz" und ähnliche andere haben keine Geschichte, seitdem sie da sind; aber die Begriffe des Raumes, der Zeit u. s. f., d. h. die Auffassungen des eigentlichen Wesens dieser Begriffe, haben eine sehr bunte und wechselvolle Geschichte. Aber nicht bloß diese metaphysischen Begriffe, sondern auch alle sog. empirischen Begriffe haben mit der Wissenschaft, der sie angehören, eine gleiche Geschichte. Die Worte: Feuer, Mineral, Maschine u. s. f. sind heute noch die nämlichen, welche sie vor Jahrhunderten waren; nichtsdestoweniger sind die Begriffe: Feuer, Mineral, Maschine im Verfolg der Geschichte ganz andere geworden.

Für die Unterscheidbarkeit des Denkens vom Sprechen, des Begriffes vom Wort, sprechen außerdem noch mehrere Thatsachen. So denken wir oft genug und ohne Wort gerade da, wo wir am tiefsten zu denken überzeugt sind: in der Logik und in den mathematischen Disciplinen. Auch auf der untersten Stufe des Denkens bedürfen wir des Wortes nicht: dem unterrichteten Taubstummen dienen die Fingersprache und die Schriftzeichen statt des Wortes. Die Musik denkt in Tönen, nicht in Worten. Nur auf der mittleren Denkstufe waltet gewöhnlich das Wort vor.

§ 95. Entstehung der Urtheile.

Da die Begriffe nicht als etwas der Seele ursprünglich Gegebenes, ihr Angeborenes (§ 94) anzusehen sind, vielmehr erst allmählich entstehen und erst spät ihre Vollendung erreichen, so drückt das Urtheil die Form ihrer Entstehung aus. Das Urtheilen geht daher dem Ausbilden der Begriffe zur logischen Vollkommenheit voran und das Denken findet im Urtheilen seinen einfachsten Ausdruck. Der Satz ist der Ausdruck des Urtheils.

Psychologisch betrachtet, kann das Urtheil nicht bloße Verschmelzung oder Complication von Vorstellungen sein. Wäre es dies, so würden sich Subject und Prädicat nicht unterscheiden, sondern in ein ungetrenntes Eins zusammenfließen. Das Urtheil kommt also, psychologisch betrachtet, nur dann zustande, wenn die Verschmelzung zweier Vorstellungen nicht ohne Störung vor sich geht, sondern durch irgend einen Umstand erschwert und verzögert wird, so daß bei ihr Anfang, Mitte und Ende sich hinreichend unterscheiden und auseinanderhalten lassen. In den Anfang stellt sich das Subject — als die zuerst vorhandene Vorstellung, die vielleicht schon im Sinken begriffen ist, während die Vorstellung des Prädicates noch steigt —; in der Mitte zeigt sich die Copula; zuletzt kommt das Prädicat.

Zwischen dem Zustande des Getrenntseins beider Vorstellungen und dem der Verschmelzung beider muß ein Mittelzustand des Schwankens liegen, während dessen die eine Vorstellung, das Subject, gleichsam feststeht, die andere noch vor ihr schwebt und schwankt. Die mehreren Prädicatvorstellungen schwanken der Subjectvorstellung gegenüber; daher erscheint die Subjectvorstellung als bevorzugt vor den Prädicaten; die Copula hält die beiden Bestandtheile des Urtheils noch auseinander; sie trennt ebensosehr als sie verbindet. Der Zustand des Schwankens der mehreren Vorstellungen — dem Subjecte gegenüber ist Überlegung. Je mehr Vorstellungen — als Prädicate — dem Subjecte zuströmen, und je größer ihre Gegensätze sind, um so intensiver ist die Überlegung, um so länger wird die Urtheilsfällung hinausgeschoben. Daher kommt es, daß oft ein einziges Urtheil das Ergebnis jahrelangwährender Überlegung ist. Daß der Osten Asiens erreicht werden könne, wenn man fortwährend auf dem Ocean von Europa aus westlich steuere, war der feststehende Gedanke, dem Columbus, freilich nach unsäglichen Anstrengungen, die Entdeckung eines neuen Welttheils verdankte. — Der Besonnene urtheilt langsam, die unbesonnene, leichtfertige Jugend schnell.

§ 96. Arten der Urtheile (bejahende und verneinende) ꝛc.

Der psychologische Proceß beim Urtheilen erklärt sich am einfachsten und natürlichsten bei den sog. Individual- oder Einzelurtheilen, wodurch an einem bestimmten einzelnen Gegenstande ein Merkmal hervorgehoben wird, das vor anderen, gewöhnlichen besonders auffällt und vorher nicht bemerkt wurde. Im hohen Sommer Schnee auf den benachbarten Anhöhen liegen zu sehen oder einen verdorrten Baum unter einer Menge grüner Bäume zu erblicken, ist für das Kind wohl ein Gegenstand des Erstaunens, der es zu dem Urtheil treibt: „dort der Berg hat Schnee", „dort der Baum ist verdorrt". Einen jungen kahlköpfigen Mann erblickend, rufen wir wohl verwundert aus: „dieser junge Mann ist kahlköpfig". U. s. w.

Wie kommt es nun, daß unter mehreren Merkmalen, welche beim Anblick der genannten Gegenstände gewiß reproduciert werden und gleich gut als Prädicate dienen könnten, sich gerade das bezeichnete vor allen übrigen die Prädicatsstellung errringt und dadurch die übrigen gleichsam gleichgiltig und bedeutungslos macht?

Sagen wir z. B. „dieser junge Mann ist kahlköpfig", so ist dieses Urtheil ein Erfolg der gemachten Wahrnehmung; aber es kommt nicht so ohneweiters zustande. Denn beim Anblick des jungen Mannes hätte jeder etwas anderes eher erwartet, als das Attribut der Kahlköpfigkeit. Die jungen Männer, die wir bisher sahen, hatten alle zumeist Haare am Kopfe. Die Wahrnehmung dieses jungen Mannes reproduciert die gewöhnlichen und schon bekannten Vorstellungen, die wir bisher von jungen Männern hatten, also auch die Vorstellung des Habens der Haare, die sich, die gegenwärtige Wahrnehmung vorwegnehmend, einstellt; aber dieser Reproduction wird bei näherer Betrachtung des gegenwärtigen

Gegenstandes (des jungen Mannes) durch die neue Wahrnehmung (die den älteren, früheren entgegengesetzt ist) widersprochen, und diese macht sich geltend, indem sie die ihr (entsprechende) entgegengesetzte ältere Vorstellung vermöge ihrer größeren Stärke und Lebendigkeit überwindet und zurückdrängt. Dadurch wird aber auch die Verbindung der neuen Wahrnehmung mit dem Subjecte nicht sogleich vollzogen, sondern durch die reproducierten früheren Vorstellungen gehemmt und aufgehalten, und so schwankt sie einen Moment zwischen Trennung und Verbindung mit dem Subjecte, bis die Verbindung der neuen Wahrnehmung mit dem Subjecte die Oberhand gewinnt und, demselben angeeignet, dessen Begriff bereichert.

Hieraus ergibt sich die Regel: **Soll ein Prädicat (Merkmal) vor anderen, welche (gemäß der Reproduction) möglich wären, sich geltend machen, so muss es vor anderen bemerkbar werden oder hervorstechen.** Dies geschieht aber durch seinen Gegensatz gegen frühere Merkmale oder gegen ein anderes vorzugsweise bekanntes Merkmal oder Attribut. Die Subjectsvorstellung oder der vorausgesetzte Begriff (denn im Urtheil ist das Subject der vorausgesetzte Begriff), der gerade mit einem anderen Merkmale (oder Prädicate) in stärkerem Contacte war, findet sich hier durch die gegenwärtige Wahrnehmung neu bestimmt. Diese neue Wahrnehmung aber vereinigt sich nicht mit der alten (reproducierten) Vorstellung, eben weil sie mit dieser im Gegensatz ist. Die alte, frühere Vorstellung, welche dem Subjecte vorzugsweise anhängt, muss also dem Drucke (dem größeren Klarheitsgrade) der neuen Wahrnehmung weichen (obwohl auch die neue nicht bloß hemmt, sondern auch nach Maßgabe der Stärkegrade der alten theilweise gehemmt wird). Dadurch eben fällt die gegenwärtige entgegengesetzte (neue) Wahrnehmung vor andern (den reproducierten) auf.

Bejahende (positive) Urtheile entstehen also, wenn von einem (in gewisser Hinsicht) bekannten Gegenstande eine neue Wahrnehmung erregt wird von der Stärke und dem Grade des Gegensatzes zu den schon vorhandenen älteren, dieses Object betreffenden Vorstellungen, dass sie diesen entgegen sich im Bewusstsein zu erhalten imstande ist. Dies findet statt bei allen neuen, unerwarteten Erscheinungen und wissenschaftlichen Entdeckungen; wo hingegen eine bloße Ergänzung ohne anfängliche Störung vor sich geht, da geschieht die Verschmelzung unbemerkt, da wird kein besonderes Urtheil hervorgerufen.

Negative Urtheile bilden sich dann, wenn die Wahrnehmung eines Objectes, oder die Reproduction etwas anderes bringt, was sich dem Erwarteten hemmend entgegenstellt. Bemerke ich z. B. zu Anfang des Frühlings: „dieser Rosenstrauch grünt noch nicht", so kommt das Urtheil nicht durch bloße Wahrnehmung zustande, denn die Wahrnehmung gibt nichts Negatives, sondern nur Positives. Was nicht ist, kann man nicht wahrnehmen. Das negative Urtheil wird also provociert durch den Gegensatz zur Erwartung. Diese Wahrnehmung des Rosenstrauches erweckt die frühere Vorstellung desselben, also auch die des grünen Laubes, womit er ehedem bekleidet war. Verglichen mit dieser früheren Vorstellung zeigt sich in der neuen Wahrnehmung ein Mangel; das Merkmal (des Grünens) aus der reproducierten Vorstellungsgruppe, das in der neuen Wahrnehmung fehlt, wird durch diese gehemmt. Dieser psychologische Hergang findet zunächst seinen Ausdruck in dem negativen Urtheile: „dieser Rosenstrauch grünt nicht, hat kein grünes Laub". Der Grund solcher negativer Urtheile ist nicht der, daß der positive Inhalt der reproducierten Vorstellungen der stärkere wäre, sondern der, daß die neue Wahrnehmung einen bezüglich des nämlichen Objectes bereits zustande gekommenen Zusammenhang von Vorstellungen stört.

Aus solchen Einzelurtheilen, wie die bisher betrachteten waren, entspringen allgemeine Urtheile von inductorischer Beschaffenheit, in welchen das Subject aus der Zusammenfassung mehrerer ähnlicher Einzelheiten gebildet ist. Aus den Urtheilen: Dieses A ist M, jenes auch M, das dritte, vierte u. s. f. ebenfalls, entsteht durch Zusammenfassung der Subjectvorstellungen das allgemeine Urtheil: Alle A sind M. Allein es gibt auch eine Allgemeinheit, die sich nicht auf den Umfang, sondern auf den Inhalt des Gedachten bezieht. Man könnte solche Urtheile streng allgemeine Urtheile nennen. Das Subject solcher Urtheile ist alsdann ein psychischer Begriff oder eine Gesammtvorstellung, also nicht der logisch fertige und abgeschlossene, sondern der erst werdende Begriff. Solche Urtheile werden überall da gebildet, wo es sich nicht um Erweiterung, sondern um Erläuterung, Verdeutlichung schon gewonnener, aber noch dunkler und unbestimmter Gesammtvorstellungen handelt. Die zu verdeutlichende Gesammtvorstellung bildet dann das Subject, dessen Prädicate die in der Gesammtvorstellung enthaltenen Theilvorstellungen sind. Haben mehrere Urtheile solcher Art bei gleichem Subjecte verschiedene Prädicate, z. B. S ist P, S ist Q, S ist R . . ., so verschmelzen sie zu einem (allgemeinen) conjunctiven Urtheile: Alle S sind sowohl P, als Q, als R ... (Alle Fische sind eierlegende Wasserthiere, welche rothes kaltes Blut haben und durch Kiemen athmen.)

Wenn eine und dieselbe Gesammtvorstellung S nach einander mehrere conträr entgegengesetzte Prädicate P, Q, R ... erhält, so bilden diese letzteren eine Reihe, indem sie sich nach dem Grade ihres Gegensatzes mit dem Subjecte verbinden. (Z. B. die drei Urtheile: dieses Tuch ist blau, jenes bläulichgrün, ein drittes grün ꝛc. schmelzen so zusammen, wie es die Ordnung der Farben: blau, bläulichgrün, grün mit sich bringt. Denn zwischen blau und grün ist der Gegensatz am größten, also die Hemmung am stärksten, folglich die Verschmelzung am geringsten.) Hieraus geht das Verhältnis zwischen der Gattung S und ihren Arten (S, welches P, S, welches Q ist, S, welches R ist, oder: S ist entweder P, oder Q, oder R ...) hervor, vorausgesetzt, dass diese letzteren nicht bloß zum Theil, sondern vollständig in Betracht kommen.

§ 97. Entstehung des Schlusses und Arten der Schlüsse.

Urtheilen und Schließen sind für die Psychologie zwei Processe, die fortwährend ineinander übergehen. Durch das Schließen werden wir uns der Gründe klar bewusst, auf denen die schon früher gefällten Urtheile beruhen.

Das Schließen nach der Analogie ist die einfachste, natürlichste und darum am meisten vorkommende Schlussart. Es bildet sich theils, wie alles Schließen überhaupt, auf dem Standpunkte des gedächtnis= mäßigen Gedankenlaufes gewohnheitsmäßig durch die mechanisch wirkende Macht der Reproductionen, theils wird es auf dem Standpunkte des logischen Gedankenlaufes mit Bewusstsein und Überlegung gebildet. Die Analogie beruht auf der Reproduction ähnlicher Vorstellungen. Wir haben schon öfter die Physiognomie eines Zornmüthigen beobachtet, bevor er in lichten Zorn ausbrach. Zeigt nun gegenwärtig der Zornmüthige eine ähnliche Physiognomie, so schließen wir nach Analogie, er werde in Zorn ausbrechen. Der psychologische Proceß ist hiebei folgender: die gegen= wärtige Anschauung ruft eine ähnliche, schon früher häufig gegebene hervor, durch welche dann die mit dieser associierte Vorstellung (des Zornausbruches) hervorgetrieben wird. Wir subsumieren gewöhnlich jeden gegebenen Gegen= stand unter eine abstracte Vorstellung, die aus der Anschauung einer verhältnismäßig sehr geringen Anzahl ähnlicher Fälle gebildet ist, und erwarten von ihm alles das, was wir an ähnlichen Gegenständen in ähnlichen Verhältnissen bemerkt haben. Wenn wir z. B. eine unbekannte Pflanze entdecken, welche einer bekannten Pflanze in der größten Anzahl der Merkmale, welche wir an ihr entdecken, ähnlich, in wenigen aber davon verschieden ist, so erwarten wir mit Recht, in dem nicht beobachteten Rest ihrer Merkmale eine allgemeine Übereinstimmung mit den Eigenschaften der ersteren zu finden. Die aus der Analogie abgeleiteten Schlüsse haben nur dann einen wissenschaftlichen Wert, wenn die Menge des Identischen die des Nichtidentischen erheblich überwiegt.

Wie beträchtlich dieses Übergewicht des Identischen auch sein mag, so betrachtet doch die Logik die Analogie nur als einen bloßen Wegweiser, der ihr die Richtung anzeigt, in welcher eine ernstere Überlegung, eine strengere Untersuchung zur erschöpfenden, vollständigen Induction führt. Jene dient daher dieser zur Vorbereitung und Grundlage. Durch Analogie schließt man auf das Verhalten eines einzelnen gegebenen Falles aus vielen ähnlichen; durch Induction dagegen aus möglichst vielen gleichartigen Fällen auf ein allgemeines Gesetz. Bei dieser Schlussart überträgt man, was man bei Gegenständen (Complicationen) einer Art bisher immer gefunden, auf alle Gegenstände der Art, die man noch nicht alle kennen gelernt hat.

Das eigentlich Schließende der Induction kann nichts anderes sein, als die Voraussetzung, was so vielen zukomme, müsse wesentlich sein und also allen zukommen; eine Voraussetzung, die zuletzt auf dem Zusammenhange von Ursache und Wirkung, von Grund und Folge beruht. Der bedeutendste Fehler der Induction ist daher die falsche Verallgemeinerung (fallacia fictae universalitatis), der entweder auf der Verwechslung einer unvollständigen Induction mit einer vollständigen, oder auf der unberechtigten Voraussetzung eines wahren Causalnexus in der Richtung vom Subject zum Prädicate beruht. Die zahlreichsten Beispiele falscher Inductionen liefert der Aberglaube der Einzelnen, der Nationen und Völker; aber auch die Geschichte der Wissenschaften weiß manches hievon zu erzählen. (Whewell, Geschichte der inductiven Wissenschaften. Deutsch von Littrow. 1839—1842.)

Wird eine Vorstellung A in einer anderen B und diese in einer dritten C mitgedacht, so dass unmittelbar nun auch A in C gedacht wird, so stellt diese Reihe der Vorstellungen A, B, C in stetiger Folge den psychologischen Vorgang allgemein dar, welcher allem Schließen zugrunde liegt. Die Entstehung des neuen Urtheils: A ist C (weil immer A mit B und mit diesen immer C ins Bewußtsein trat) hängt davon ab, daß sich die andern, aus denen es sich bildet, im Bewußtsein einfinden. Zuerst wird also A, dann B ins Bewußtsein kommen und endlich C; B verdunkelt sich etwas, noch mehr A; aber A und C liegen bereits in der Folge, daß es nur des Sinkens des (die Verbindung von A und C noch eine Weile aufhaltenden) B und der Hervorhebung des A auf Rechnung des Zwischenliegenden (B, B', B''...) bedarf, um A mit C zu verknüpfen und das neue Urtheil zu fällen. (Die Pflanzen sind grün; das Grüne ist den Augen angenehm; die Pflanzen sind den Augen angenehm, weil sie grün sind.)

Die Schlüsse des gewöhnlichen Lebens unterscheiden sich aber vorzüglich von den in schulgerechter Weise vorgetragenen Schlüssen dadurch, daß sie enthymematische Schlüsse sind, in denen entweder bloß der Ober- und Schlußsatz hervortreten, oder gar nur dieser letztere sich einstellt.

Das Urtheilen und Schließen geht über das mechanische Verbinden der Vorstellungen, wie in den vorstehenden Paragraphen gezeigt worden, über die bloße Ideenassociation hinaus zu solchen Verknüpfungen der Vorstellungen, welche sich nach dem Inhalte des Gedachten richten. **Begriffsbildung und Begriffsbearbeitung ist sonach das Resultat unserer Urtheile und Schlüsse, das eigentliche Ziel aller intellectuellen Bildung.** Für den Fortgang und den Ausbau der intellectuellen Bildung ist es aber unumgänglich nothwendig, daß die Resultate einzelner Schlüsse und Schlußketten in dem Geiste sich festsetzen und zur bloßen Gedächtnißsache werden. Dadurch gewinnen wir feste und sichere Anhaltspunkte für die folgende Erkenntnis, und es wird uns dadurch möglich, auch die entferntesten Gedanken zu überschauen, sie in Verbindung zu bringen, aus dem vorhandenen Gedankenvorrathe blitzschnell Neues zu erzeugen, ohne daß sich dabei die Seele weder des Schlußprocesses selbst, noch der gesammten Menge der vermittelnden Begriffe, die nicht einmal ausdrücklich reproduciert zu werden brauchen, bewußt würde. Hieraus ist erklärlich, warum dem einen das Verständnis eines Satzes oder die Richtigkeit einer Schlußfolge so leicht und natürlich, dem andern hingegen so schwer oder gar unmöglich ist, da dem einen als Erfolg des Denkens bereits geläufig ist und sich ihm sogleich mit allen erforderlichen Nebenbestimmungen reproduciert, was dem andern noch ganz terra incognita ist, wovon er noch keine Ahnung hat. Darum kommt es hier so sehr darauf an, daß die ersten Urtheile und Schlüsse, welche der Mensch bildet, richtig sind, und daß das in ihnen sich manifestierende logische Verfahren klar und deutlich erkannt wird. Hat das Kind mit vollem Bewußtsein nur einen einzigen richtigen Schluß gebildet, so ist es von nun an auch für alles Schließen empfänglich und befähigt.

Ob auch das Thier eines eigentlichen Schlusses fähig sei, ist die Frage. Wenn der Hund wegen des von seinem Herrn aufgehobenen Stockes sich verkriecht, winselt und schreit, so fragt es sich, ob er, wie der Mensch, Schlüsse mache, oder ob das, was bei ihm einem Schlusse ähnlich ist, nichts anderes sei, als eine bloße Association.

§ 98. Begriff der Apperception (Aneignung).

Wie wir in dem Vorhergehenden sahen, besteht das erste Material des geistigen Lebens aus Empfindungen oder Perceptionen. Aus der Wechselwirkung der Empfindungen untereinander entstehen mannigfaltig complicierte Vorstellungsgebilde: Gruppen und Reihen der Vorstellungen, die wieder in Wechselwirkung miteinander sowohl, als auch mit neu eintretenden Wahrnehmungen gerathen können. Diese Wechselwirkung der neu eintretenden Wahrnehmungen mit älteren, schon vorhandenen Vorstellungsgruppen und Reihen und die schließlich erfolgende Verbindung beider, nach geschehener Umformung der einen durch die andere, nennt man in der Psychologie seit Herbart (zum Unterschied von der Perception des ersten Eindruckes) die Apperception (Aneignung).

Mehrere Fälle der Apperception haben wir schon in dem Vorhergehenden kennen gelernt. Wir wissen bereits, daß jede folgende neue Wahrnehmung bestimmt ist durch die vorhergehenden Vorstellungen, d. h. jede folgende Wahrnehmung reproduciert, so weit möglich, die vorausgehenden gleichen Inhaltes und verschmilzt mit ihnen unter mannigfachen Hemmungen zu einem Ganzen, zu einer Totalvorstellung, die wir Gemeinbild, psychischen Begriff, genannt haben. (§ 68.) Eine weitere Aneignung des Neuen durch das Alte haben wir in den Processen des Urtheilens und Schließens kennen gelernt. Auch das gedächtnismäßige Auffassen und Aneignen des zu Merkenden ist nichts anderes als eine Art der Apperception. Was man Verstand und Vernunft nennt, sind bestimmte psychische Processe, die auf Apperception beruhen, d. i. Processe, die sich auf eine bestimmte (gesetzmäßige) Wechselwirkung und Verbindungsweise der Vorstellungen untereinander beziehen und keineswegs in besonderen Vermögen (außer und neben den Vorstellungen) begründet sind. Ein

183

weites Gebiet der Wirksamkeit hat die Apperception in der Sprache (denn der Hörer muß zu den Worten des Sprechers aus seinem eigenen Inneren den Sinn hinzuthun), in den Vorstellungen des Zeitlichen (§ 75) und Räumlichen (§ 78) und in den Sinnestäuschungen (Illusionen und Hallucinationen, § 92).

Aus alledem ergibt sich zur Genüge, daß die bereits (durch Beschäftigungen, Studien, Aufenthaltsort des Individuums ꝛc. ꝛc. . . .) vorhandenen Vorstellungen und Vorstellungskreise nicht ohne nachhaltige Rückwirkung bleiben auf alle diejenigen Wahrnehmungen, welche sich der Mensch erst später erwirbt. Aber auch diese letzteren sind nicht ohne Einfluß auf jene älteren Glieder unseres Vorstellungslebens.

Jeder Wahrnehmung von außen kommt also eine bereits vorhandene ältere Vorstellungsmasse, die durch die neu gegebene reproduciert wird, entgegen, worauf sodann beide nach erfolgter Umbildung der einen durch die andere miteinander sich verbinden.

Die Apperception kann aber auch aus lauter reproducierten Vorstellungsmassen bestehen, und es muß nicht immer eine äußere Wahrnehmung sein, die den Anstoß gibt zur Reproduction der älteren Vorstellungen. In diesem Falle begegnen einander zwei bereits gegebene Vorstellungsmassen, die aber miteinander noch nicht in Verbindung stehen. Der Proceß ist hiebei der nämliche; auch wird die eine durch die andere assimiliert, die schwächere durch die stärkere. Hieraus ergibt sich diejenige Apperception, welche man innere Wahrnehmung (inneren Sinn) nennt. (§ 100.)

Betrachten wir nun den Vorgang, der bei der Apperception statthat, etwas genauer, so ist er im allgemeinen folgender. Es gebe eine Reihe von zusammenhängenden älteren Vorstellungen A B C d m n im Bewußtsein, und ihr entgegen werde eine andere durch Wahrnehmung gegeben, nämlich A B C D o p q, so wird diese neuere jene ältere nach dem Gesetze der Gleichheit oder Ähnlichkeit reproducieren. A B C in beiden Reihen seien gleiche, d und D entgegengesetzte, m n und o p q . . . aber disparate Vorstellungen, die einander weder hemmen noch verstärken (vgl. hier die §§ 41, 42 und 43). Man nennt nun die erste, aus reproducierten älteren Vorstellungen bestehende Reihe die appercipierende, aneignende, die andere, durch Wahrnehmungen gegebene neue Reihe die zu appercipierende oder, mit Bezug auf das Ende des Vorgangs, die appercipierte, angeeignete. Jene — als die ältere, geläufigere — habe einen festeren Zusammenhang, größere Stärke, relative Dauer und selbst Ruhe, diese hingegen — als die jüngere — stelle das verhältnismäßig Schwächere und Wechselnde im Bewußtsein dar. Beim ersten Anprall der beiden Reihen oder Massen wider einander ergibt sich für die ältere (die appercipierende) eine verhältnismäßig größere Verdunkelung (Hemmung) als für die neu hinzugekommene (appercipierte), da diese — als wahrgenommene — schon aus der fortgesetzten Reizung des Sinnesorganes immer neue Kraft an sich ziehen kann. Die neue Wahrnehmung zeigt sich also anfänglich mehr thätig und ihre Einwirkung auf die alte steigert sich, wenn sie plötzlich und unerwartet ins Bewußtsein eintritt, nicht selten bis zum Affect (z. B. des Zornes, des Schreckens). Indessen dauert dieser Zustand nicht lange an, und bald folgt ihm eine rückgängige Bewegung (Reaction) der älteren Vorstellungen nach, durch welche die störende Einwirkung der Wahrnehmung gehemmt, zur Ruhe gebracht, verarbeitet und angeeignet wird.

Kehren wir nach dieser Betrachtung zu unseren Reihen zurück, so wird wohl d durch D) gehemmt und es kann sogar d durch D) anfänglich sehr stark (und so die ganze d in sich fassende Reihe) gehemmt werden, wenn eben D (nach der Voraussetzung) plötzlich als etwas Neues und Unerwartetes ins Bewußtsein kommt; aber nachdem der Hemmung genüge geschehen, vereinigen sich die A B C einfach mit den gleichen Gliedern der anderen Reihe; m n complicieren sich allmählich mit o p q ... und dies gibt neue Totalkräfte, die der appercipierenden Reihe zugute kommen und sie zur stärkeren machen. Bei der schließlich stattfindenden Verbindung der beiden Reihen geschieht also die Anreihung des Neuen an das Alte nicht ohne Änderung des Gegebenen. Die appercipierende Reihe zeigt sich als die verändernde, die appercipierte als die veränderte. Nur in dieser veränderten Weise geht sie in den bereits vorhandenen Vorstellungskreis des Wahrnehmenden über, wird ihm eingereiht, und was sie scheinbar an Selbständigkeit verliert, gewinnt sie reichlich durch diese Einordnung in den älteren Vorstellungskreis an Stärke und Festigkeit. Aber auch die appercipierende Reihe bleibt nicht ungeändert; vielmehr erhält auch sie durch das Wahrgenommene neue Beziehungen.

Nach und nach bilden sich in jedem Individuum solche appercipierende Vorstellungskreise und sie entsprechen allen den Verhältnissen und Lagen, in welche es während seines Lebenslaufes, während der verschiedenen Phasen seines Daseins, bald activ, bald passiv verflochten, geräth. (Man denke hier an die mannigfaltigen Lebenslagen, in welche der Mensch gelangt als Kind, Schüler, Student, Candidat und Beamter, als Gelehrter oder

Schriftsteller, oder als Lehrling, Gesell und Meister, als Gatte und Vater, als Gemeinde-, Staats- und Kirchenglied 2c. 2c.) Jeder dieser Verhältnisse erzeugt seine eigene Vorstellungsmasse, die von den übrigen zwar nicht vollständig, aber doch zum größten Theile verschieden ist. Eine davon ist aber jedesmal herrschend, der sich die anderen, je nach ihrer wirklichen oder vermeintlichen Wichtigkeit, unterwerfen müssen. Jede neue Wahrnehmung und Erfahrung, die auf keine appercipierende Vorstellungsgruppe trifft, erscheint als bloß Äußerliches, Auswendiges, dem nichts Innerliches, Inwendiges entspricht (sie klopft vergeblich an die Pforte, die ihr von innen nicht aufgethan wird).

Zuweilen kann aber doch eine neue Wahrnehmung, eine unablässig sich aufbringende und von uns aufmerksam beobachtete Thatsache auf ein ganzes System bisher von uns geglaubter Ansichten umgestaltend einwirken und Mittelpunkt eines neuen Systems werden. (Das Heureka, welches Archimedes im Bade ausrief, ist bekannt. Die Geschichte der Künste und Wissenschaften [Keppler, Galilei 2c.], selbst philosophischer Systeme nicht ausgenommen, zeigt, wie viel die Bereicherung unserer Erkenntnisse solchen neuen unwiderstehlichen Thatsachen oder auch sog. „Lichtblicken" verdankt; so wissen wir von Fichte d. Ä., daß ein blitzschneller Gedanke, in welchem er die Philosophie mit der Mathematik verglich, sein philosophisches System zur Folge hatte.)

Anlangend endlich das Verhältnis der beiden Vorstellungsmassen zu einander, so erscheint die appercipierende Vorstellungsgruppe, weil sie reproduciert ist, als das, was der appercipierten in uns entgegenkommt, was wir aus unserem Innern zu der von außen stammenden Perception mitbringen als unser eigenstes Eigenthum. Jene ist daher das Innere, Tiefere, diese steht ihr gegenüber als Äußeres; jene ist der Kern, dessen Oberfläche diese berührt. Und eben in Beziehung darauf läßt sich die appercipierende Vorstellungsmasse als **subjectiv** oder als **Subject** bezeichnen, das zur Apperception Gegebene als **objectiv** oder als **Object** [§ 102]*).

1. Die Perception geht der Apperception voraus; manchmal folgt die letztere auf die erstere sogleich ohne merklichen Zeitverlauf, zuweilen wird sie aber auch etwas verzögert und es macht sich diese Verzögerung fühlbar. So erzählt Lichtenberg (Vermischte Schr. Bd. I. S. 18), daß er bisweilen nach häufigem Genuß von Kaffee, wo er über alles leicht erschrocken, genau bemerkt habe, daß er früher erschrocken sei,

---

*) Eine schnelle und reizempfängliche Apperception begründet das, was man insgemein einen „guten Kopf", auch wohl „Genie" nennt.

bevor er das Krachen gehört habe. Ebenso versichert Tiedemann (Handb. d. Pf. S. 82), daß er auf der Jagd mehrmals früher zusammengefahren sei und zum Gewehr gegriffen habe bevor er das herzulaufende oder fliegende Wild eigentlich gesehen.

2. Wichtigkeit der Apperception vgl. Volkmann S. 270; Lazarus, das Leben der Seele in Monographien. II. Bd. S. 28—36. (Erklärende Beispiele von der Bedeutung, welche die Apperception in der sinnlichen Auffassung überhaupt hat (in der Anschauung äußerer Objecte von größeren Dimensionen; im Lesen; im Corrigieren des Gedruckten; in Hallucinationen [Don Quijote]; im Fieber, im Wahnsinn), gibt Lazarus a. a. O. Hier nur ein einziges: Geübte Roman- oder Zeitungsleser würden unmöglich so flink von der Stelle kommen, wenn sie alle Buchstaben eines Wortes und jeden einzelnen vollkommen deutlich sehen müßten, um das Wort innerlich wahrzunehmen; mit Hilfe der Apperception lesen sie von jedem Worte vielleicht mehr als die Hälfte aus ihrem Kopfe und kaum die Hälfte vom Blatt.

§ 99. Intellectuelle und willkürliche Aufmerksamkeit (Zerstreuung, Interesse und Erwartung).

Die aneignende oder appercipierende (intellectuelle) Aufmerksamkeit beschränkt sich nicht bloß auf das scharfe und genaue Aufmerken von einzelnen Wahrnehmungen, sondern sie erstreckt sich auf ganze Vorstellungsreihen. Die appercipierende Aufmerksamkeit besteht in der Festhaltung der einzelnen neuen (auch relativ schwachen) Wahrnehmung durch schon früher erworbene, jetzt hinzutretende, ältere Vorstellungsmassen. (§ 98.) So finden wir z. B. Personen, die uns schon von früher her bekannt sind, auch wo wir sie nicht erwarteten, aus einem Marktgewühle heraus, indem die schwache Gesichtsempfindung, die durch den über die Menschenmenge flüchtig streifenden Blick entstand, durch unsere schon früher erworbenen, jetzt wachgerufenen Erinnerungsvorstellungen verstärkt und festgehalten wird. Die Plötzlichkeit des Eintretens der neuen Wahrnehmung begünstigt sehr die Hervorrufung der Aufmerksamkeit.

Obwohl das appercipierende Merken nicht das ursprüngliche ist, so zeigt es sich doch schon bei kleinen Kindern, insoferne diese in einem ihnen sonst unverständlichen Gespräche der Erwachsenen einzelne bekannte Worte vernehmen und dieselben laut nachsagen, oder insofern sie etwas später aus bloßen Umrißzeichnungen bekannte Gegenstände erkennen und nach ihrer Weise benennen. So nannte z. B. jener Knabe Sigismunds (Kind und Welt v. B. Sigismund 1856) ein einfaches, mit Bleistift gezeichnetes Viereck einen Bonbon und einen einfachen Kreis einen Teller. Hieher gehört auch das artige Beispiel von den zerstreuten Schulknaben, die richtig den Augenblick wahrzunehmen wissen, wenn der Lehrer ein Geschichtchen zu erzählen beginnt. (Herbart, Pſ. § 128 S. 202.) Man sieht, wie hier plötzlich Vorstellungen aus dem inneren Vorrathe der Seele aufgerufen werden, um sich mit dem Gleichartigen, was die Wahrnehmung eben darbietet, zu verbinden.

Die aneignende Aufmerksamkeit kann, wie die ursprüngliche (§ 38), erregt werden durch Gegensatz und Ähnlichkeit der neuen Wahrnehmung zu den früher erworbenen (älteren) Vorstellungskreisen. Absolute Gegensätzlichkeit, sowie absolute Identität des neu Dargebotenen lassen die appercipierende Aufmerksamkeit ganz und gar nicht aufkommen. Jener fehlen alle Anknüpfungspunkte, alle Beziehungen zu den vorhandenen Vorstellungskreisen; sie findet daher keine Hilfe, keine Unterstützung gegen ihre Gegensätze, bleibt daher fremd und schwach und wird geradezu erdrückt. Dasselbe Schicksal erleidet die neue Wahrnehmung, die den älteren reproducierten Vorstellungen in allem und jedem gleicht. Sie wird gar nicht bemerkt, d. h. mit dem neu Wahrgenommenen wird immer nur das frühere Alte und Bekannte zusammenfallen. In beiden Fällen also regt das neue Dargebotene fast gar nicht an und verhält sich ebendeswegen gegen jeden der bereits vorhandenen Vorstellungskreise völlig indifferent, vermag keinen nach sich zu bestimmen.

Es kommt also bei der appercipierenden Aufmerksamkeit, wie bei der ursprünglichen, besonders darauf an, daß weder ein Zuwenig, noch ein Zuviel des Gegensätzlichen dem neu Dargebotenen entgegenkomme. Gedichte, welche allgemein oder unbedingt gefallen, wirken nicht dadurch, daß sie etwas durchaus Neues sagen, sondern daß sie etwas anschaulich und bestimmt aussprechen, was ohnehin jeder schon fühlt, aber nicht präcis auszusprechen vermag, weil noch die rechten Anschauungen, Begriffe und Worte fehlen. Der Dichter, der Redner gibt das rechte Wort, und sogleich werden die vorhandenen Vorstellungskreise entbunden, gehoben, erweitert und verdichtet, hiemit geordnet und verstärkt. (Daher wählen die größten Dichter bekannte Stoffe: Homer, Sophokles, Shakespeare, Goethe, Schiller ꝛc.) Demnach regt eine glückliche Vermischung und Verflechtung des Alten mit Neuem am meisten an. Soll uns der tragische Held Mitleid und Furcht einflößen, so darf er nicht ohne Schuld sein.

Die willkürliche Aufmerksamkeit ist von einem Wissen und Wollen begleitet. Die Willkür der Aufmerksamkeit hängt als solche hauptsächlich ab von Gewöhnung, Übung und Interesse an dem Gegenstande, auf den sie gerichtet wird. Die willkürliche Aufmerksamkeit muß durchaus erst gelernt werden, die Concentration derselben läßt sich selbst durch ernstes momentanes Wollen nicht vom Kinde auf längere Zeit hervorbringen. Die Willkür der Aufmerksamkeit wird besonders befördert durch Energie und Übung des Willens in der Selbstbeherrschung überhaupt; geschwächt wird sie insbesondere dadurch, daß es uns oft auch bei dem festesten Willen unmöglich ist, den gewohnten Rhythmus des geistigen Lebens durch einen einzelnen, noch so kräftigen Entschluß gänzlich umzuändern. Im allgemeinen wirkt die Aufmerksamkeit um so stärker, je stärker der Wille ist, der sie in Bewegung setzt; doch ist sie nicht absolut willkürlich, indem es uns nicht möglich ist, dieselbe mit jedem beliebigen Grade der Stärke auf jeden beliebigen Gegenstand (Vorstellung oder Vorstellungsmasse) zu concentrieren. Auch liefert die Erfahrung die merkwürdige Thatsache, daß wir gerade dann auf einen Gegenstand am meisten aufmerken, wenn wir uns fest vornehmen, auf ihn nicht aufmerken zu wollen. (Die willkürliche Aufmerksamkeit findet ihre rechte Stelle erst beim Wollen.)

Das Gegentheil der Aufmerksamkeit, insofern sie Sammlung ist, heißt die Zerstreutheit. Letztere besteht darin, daß die sich drängenden Gedanken nicht unter sich zusammenhängen durch einen gemeinsamen Beziehungspunkt ihres Inhaltes, sondern planlos durcheinanderlaufen, indem sie sich in ihrem Steigen und Fallen lediglich nach äußeren Reizen oder nach zufälligen Associationen richten. Die Zerstreutheit entsteht allemal, wenn weder ein unwillkürliches Interesse sich geltend macht, noch ein ausdrücklicher Willensact unsere inneren Thätigkeiten leitet, also da, wo die Seele naturgemäß dem jedesmaligen momentanen Übergewichte preisgegeben ist. Sie beginnt mit Theilung der Aufmerksamkeit und steigert sich bis zur gänzlichen Unordnung des Gedankenlaufes. So wie der Mangel des Festhaltens an einem bestimmten Anhaltspunkte und der Mangel an festem Willen sich immer steigern kann, so kann auch die Zerstreutheit immer größer, endlich habituell und stehend und allgemeine Unaufmerksamkeit werden, so daß der Mensch, der Gedankenflucht völlig preisgegeben, fast augenblicklich wieder vergißt, was er gesehen, gehört, gedacht und gethan hat. Dies führt bekanntlich zu den sonderbarsten und lächerlichsten Mißverständnissen und Mißgriffen. (Beispiele sind bekannt.) Auch der vertiefte erscheint häufig als zerstreut, da er oft nicht bemerkt, was um ihn vorgeht, und was er selbst thut; aber diese Unaufmerksamkeit ist eine bloß particielle, d. h. sie ist Zerstreutheit in Bezug auf Objecte, auf die sie nicht gerichtet ist, aber nicht in Bezug auf dieses Object, auf welches sie allein und ausschließlich gerichtet ist. Diese bloß partielle Zerstreutheit ist aber, wie sich von selber versteht, stets eine nothwendige Begleiterin der Vertiefung und der Aufmerksamkeit überhaupt. — Eine andauernde Aufmerksamkeit, die sich dem Gegenstande nicht bloß zuwendet, sondern dauernd von demselben occupiert und gefesselt wird, heißt Interesse. Interessante Objecte sind solche, für welche in uns die Bedingungen zu einer lebhaften und leichten Apperception vorhanden sind. Die durch die Bestimmtheit der gegenwärtigen Vorstellung hervorgerufene, in er zukünftigen Wahrnehmung zugewandte Aufmerksamkeit heißt Erwartung. Interesse und Erwartung sind keimende Begehrungen, wovon später. Das Interesse steht der Gleichgiltigkeit entgegen, welche über ihren Gegenstand disponiert, während jenes an ihm hängt.

§ 100. Innere Wahrnehmung (innerer Sinn), Selbstbeobachtung.

Das Object der Apperception ist (wie schon im § 98 hervorgehoben wurde) durchaus nicht immer eine äußere Wahrnehmung, sondern es kann auch aus bloß reproducierten Vorstellungen (Vorstellungs-Reihen oder -Gruppen) bestehen.

Eine schwächere, weniger tief in dem ganzen Gedankenkreise eingewurzelte Vorstellungsreihe trete ins Bewußtsein. Dabei sei eine andere, stärkere, tiefer liegende Gedankenmasse entweder schon im Bewußtsein, oder sie werde eben durch irgend welche Glieder jener vorigen Reihe geweckt und ins Bewußtsein gebracht (in Bewegung gesetzt). Anfänglich drängt die erstere (mehr aufgeregte) die letztere zurück (nämlich in Bezug auf diejenigen Bestandtheile, die das Entgegengesetzte beider Vorstellungsreihen bilden); eben dadurch aber setzt sie diese letztere in Thätigkeit, die nun um so kräftiger (ohnehin geweckt durch das Identische beider) hervorbricht und sich nach ihrer Art im Bewußtsein entfaltet. Indem sie nun die erstere an den identischen, mit ihr verschmelzenden Gliedern gleichsam ergreift und festhält, andere (mit ihr nichtidentische) Elemente in Hemmung versetzt, bildet sie die erstere um und eignet sich dieselbe an (auf ähnliche Weise, wie es bei neu dargebotenen Wahrnehmungen geschieht). So geschieht es z. B., wenn wir einen plötzlichen Einfall, der durch irgend welche Reproductionsgesetze emporsteigt, näher besehen, ihn wie ein Object fixieren, ihn der Prüfung unterwerfen. So geschieht es, wenn uns etwa ein aufstoßender Zweifel plötzlich unsere Hoffnungen und Pläne auf unwillkommene Weise kreuzt und uns momentan außer Fassung bringt; so auch bei der moralischen Selbstkritik, wenn wir plötzlich gewahr werden, daß wir mit unserem Handeln am Rande eines moralischen Abgrundes stehen; so endlich wenn uns neue Doctrinen in Unruhe oder in Begeisterung versetzen. In allen diesen Fällen befinden sich die Vorstellungsmassen, die zu appercipierenden wie gleicherweise die appercierenden, im Kampfe wider einander. Anfangs scheint es, als wären die ersteren mit den letzteren Vorstellungen und Vorstellungsmassen ganz unvereinbar, aber je länger die zu appercipierenden Vorstellungen (z. B. der Einfall, der Zweifel u. s. w.) besehen werden, umsomehr verlieren sie an ihrer vermeintlichen Bedeutsamkeit, an ihrem Werte, und werden gar als untergeordnet erkannt. Dabei sammelt und ordnet sich der vorhin verstörte, appercipierende Vorstellungskreis wieder beinahe wie vorher; er leidet durch das Unverhoffte und Unerwartete nur unbedeutende Veränderungen und es kommt selten (außer etwa bei neuen Doctrinen, die den ganzen herrschenden Vorstellungskreis nach und nach von Grund aus umbilden) zu durchgreifenden und bleibenden Umwälzungen. Immer aber kommen wir, wenn die Alteration vorüber ist, wieder zu uns, wenn wir uns fassen, zusammennehmen; wir finden uns dann wieder, nachdem wir uns, nachdem wir die Besonnenheit, den Kopf verloren zu haben schienen.

Das Ergebnis des Ganzen ist: **Begegnen einander im Bewußtsein zwei bereits gegebene Vorstellungsmassen, die aber mit einander noch nicht verbunden sind, so wird die schwächere von der stärkeren (nach geschehener Umformung) appercipiert, mit ihr verbunden, ihr angereiht und an bestimmter Stelle und in bestimmten Beziehungen eingefügt.**

Diesen Proceß nennt man die **innere Wahrnehmung**, der man mit Unrecht den Namen eines **inneren Sinnes**, als eines eigenen Vermögens, gegeben hat.

Die innere Wahrnehmung hat ganz dieselben Momente wie die äußere. Anfangs ist die kürzere, schwächere Vorstellungsreihe, als das Neue, im Aufsteigen begriffen, endlich erreicht sie den Culminationspunkt der Klarheit, und in diesem Momente erscheint sie als das nicht mehr Steigenkönnende, als das Ruhende und Stehende, zu dem hin die Bewegung der stärkeren Vorstellungsmasse geht, als das verhältnismäßig Alte; aber bald folgt diesem Stadium ein anderes, in welchem nun die ältere Vorstellungsmasse zur Reaction, zur Geltendmachung der ihr eigenen Übermacht gelangt, wobei die jüngere Vorstellungsreihe bedeutend gehemmt und theilweise ganz unterdrückt wird. Am Schlusse ist also die ältere **Ursprüngliche, Hochstehende**, und die jüngere ist zu ihr hinzugekommen, **von ihr angeeignet** (appercipiert). Zugleich stellt sich jene als das **tiefer nach innen Liegende und Subjective** dar, vor welcher diese als ein **Objectives** vorübergeht.

Die innere Wahrnehmung steigert sich zur **Selbstbeobachtung**, wenn in dem appercipierenden Theil des Bewußtseins die Absicht liegt, den zu appercipierenden Theil zu ergreifen und ihn als solchen rein und unverfälscht aufzufassen. Die Selbstbeobachtung ist sehr schwierig und unzuverlässig, wie schon in der Einleitung § 3 deutlich gezeigt wurde. Sie gelingt am besten in Rücksicht derjenigen psychischen Vorgänge, die uns bereits so geläufig und bekannt geworden sind, daß sie ohne besondere Anstrengung fortgesetzt werden können und sich von selbst uns übersichtlich in größeren Reihen und Gruppen darstellen. So z. B. kann der geübte Clavierspieler, während er spielt, sich im Spielen beobachten; dagegen wird der ungeübte Clavierspieler, der es noch nicht zu mechanischer Fertigkeit gebracht hat, immer auf einen Augenblick im Spiel gestört, wenn er sich dabei zu beobachten versucht. — Der geübte Schauspieler, der einen schlauen Betrüger darstellt, ist sich erstens seiner eigenen Person bewußt, zweitens des Charakters, der in seiner Rolle liegt, drittens der Verstellungskünste und des angenommenen Scheins, welche diesem Charakter als die Mittel des Betruges beigelegt sind. — Die Selbstbeobachtung kann selbst wieder Object der Beobachtung sein, sofern der beobachtende, tiefere Theil zum Gegenstande der Beobachtung gemacht wird; alsdann muß abermals eine Spaltung in diesem Theile des Bewußtseins unternommen werden, wobei sich abermals der tiefere innerliche Theil der Beobachtung entzieht u. s. w. Sie steigt, wie der sog. innere Sinn, auf höhere Potenzen ins Unbestimmte.

Die Selbstbeobachtung ist ein vortreffliches und unentbehrliches Mittel zur höheren intellectuellen und sittlichen Ausbildung; sie vermag die Affecte zu beruhigen, die Leidenschaften abzustumpfen, die Erziehung des Menschen durch Selbstbildung zu vollenden und alle seine Handlungen unter die volle, dauernde Herrschaft der Überlegung und Besonnenheit zu stellen. (Vgl. zu dem Ganzen: Herbart, Pf. II. § 126 f.; Lehrb. d. Pf. §§ 40, 43, 74; Waitz, Pf. § 58; Schilling, Pf. §§ 65 und 116; Volkmann a. a., O. § 116; vgl. auch hiezu die abweichenden Ansichten über den inneren Sinn: Locke redet zuerst von dem inneren Sinn (Essay concerning human understanding 1684. Deutsch von Tennemann 1795. II. Bd. 1. § 4; Kant, Anthrop. § 23.)

Herbart hat das Dasein eines inneren Sinnes — als eines besonderen Vermögens — bestritten (Lehrb. d. Pf. § 74 und Pf. als Wiss. 1. § 21) aus dem dreifachen Grunde: 1. kein bemerkbares Organ des Leibes deute auf einen inneren Sinn hin, 2. kann man die Classen von Vorstellungen, die er überliefere, nicht bestimmt aufzählen, noch wisse man irgend einen Schein eines Gesetzes anzuzeigen, nach welchem die äußerste Unregelmäßigkeit seines Wirkens zu erklären wäre; 3. müßten wir eine wissenschaftliche empirische Psychologie wirklich besitzen, wenn in der That ein gesetzmäßig wirkendes Vermögen des inneren Sinnes vorhanden wäre.

§ 101. Die Vorstellungsgruppe des Ich, beruhend auf der Vorstellung des eigenen Leibes.

Das Ich ist eine Vorstellung, die nicht ursprünglich in uns liegt, sondern im Laufe des Lebens erst nach und nach erworben wird. Daß sie nicht ursprünglich (vor aller Erfahrung) in uns gegeben ist, geht schon daraus hervor, daß sie den Gegensatz des Inneren und Äußeren, des Subjects und Objects, voraussetzt.

Das Kind weiß ursprünglich weder von seinem Ich, noch von seinem Nichtich; es weiß überhaupt nichts von sich selbst und nichts von anderem. Zuerst lernt das Kind seinen eigenen Leib mittels der Sinne wahrnehmen, aber es nimmt den Leib nicht als seinen Leib wahr, sondern anfänglich nicht anders wie jedes andere Object überhaupt. Deshalb sprechen auch die meisten Kinder anfänglich von sich in der dritten Person.

Zur Kenntnis des eigenen Leibes, der als die Raumreihe der einzelnen Gliedmaßen vorgestellt wird, gelangt das Kind vornehmlich durch zwei Sinne, nämlich durch das Getast und durch den Gesichtssinn. Das Auge sieht den Leib und seine Theile, so weit sie ihm zugänglich sind, wie andere fremde Objecte, während es für den Tastsinn einen Unterschied macht, ob die Hand oder sonst ein bewegliches Glied des Tastorganes den eigenen Leib oder einen Gegenstand der Außenwelt berührt. In ersterem Falle entstehen dem Kinde zwei besondere Empfindungen (eine seitens der tastenden Hand, die andere von Seite des betasteten Körpertheiles), im letzteren Falle dagegen hat es nur eine Empfindung, und durch diesen Umstand scheidet sich allmählich die Vorstellung des eigenen Leibes von der irgend eines äußeren Gegenstandes. Gesetzt nun, die Hand treffe nach Berührung des eigenen Leibes zufällig ein äußeres Object, und es geschehe ferner, daß sie abwechselnd zwischen dem Leibe und dem Objecte hin und herfahre, so entsteht während der Bewegung des Armes eine Reihe von Muskelempfindungen, die sich zwischen die Wahrnehmungen des Leibes und des Objectes einschiebt und somit beide im Vorstellen auseinanderhält. Dabei findet sich bekanntlich die Tastvorstellung des fremden Gegenstandes am Ende dieser Reihe von Muskelempfindungen, die vom betasteten Körpertheile zu dem Gegenstande selbst hinführt, während dieselbe Reihe, in umgekehrter Folge verlaufend, sich in das Tastbild des eigenen Leibes einreiht.

Vervollständigt wird die Kenntnis des Leibes und der Außenwelt durch die Localisation und Projection der Empfindungen: jene bevölkert den Leib mit Empfindungen und macht ihn eben dadurch, anderen Dingen gegenüber, zu einem Empfindenden κατ' ἐξοχήν; diese dagegen sendet vom Leibe, als dem Mittelpunkte der Empfindungen, nach allen möglichen Richtungen Raumreihen aus, die in den Außendingen ihren Endpunkt haben. **Dadurch bilden sich im Bewußtsein des Kindes mehrere Reihen, welche die Vorstellung des eigenen Leibes** (der als die Raumreihe der einzelnen Glieder angeschaut wird) **zum gemeinschaftlichen Anfangs- und Endgliede haben.**

Die Menge dieser Reihen vermehrt sich, wenn das Kind sich schon selbstthätig bewegt und seine Umgebung wechselt; alsdann entspricht jeder neuen Bewegung und Stellung des Leibes ein neues Raumbild. So mannigfaltig aber auch diese Raumbilder sind, so haben sie doch die Vorstellung des Leibes zum gemeinschaftlichen Ausgangspunkte, und **der Leib erscheint als räumlicher, empfindender und beweglicher Mittelpunkt aller Ortsbestimmungen in der räumlichen Welt; die Entfernungen der Dinge werden von ihm aus geschätzt und gemessen.**

§ 102. Das Ich als vorstellendes Wesen und als thätiges Princip.

Mit dem Raumbilde, welches der Mensch von seinem eigenen Leibe erhält, beginnt der Gegensatz zwischen Innen- und Außenwelt für ihn Werth und Bedeutung zu gewinnen. Zuerst bildet die räumliche Oberfläche des Leibes die Grenze, innerhalb deren der Impuls sinnlicher Reize Lust- und Unlustempfindungen erregt. Der Leib ist daher die Grenzscheide zwischen dem Interessanten (Angenehmen und Unangenehmen). und Gleichgiltigen. Zwar hält das Kind auch die Dinge der Umgebung für empfindende, d. h. für der Lust und Unlust fähige Wesen; aber es hat nicht die wirkliche Empfindung dieser Dinge, sondern es **stellt sich nur die Empfindung dieser Dinge vor**, d. h. es versetzt seine Empfindungen in die Dinge hinein. Und je lebendiger und empfindungsvoller das Kind (der Mensch, das Volk) ist, umsomehr Leben (Empfindung und Bewegung) setzt es überall vor näherer Prüfung voraus. — (Herbart, Pf. § 133, Lehrb. der Pf. §§ 198 und 199; Volkmann, Pf. §§ 110 und 111.)

Wenn nun so der eigene Leib als Empfindendes im Gegensatz zum gleichgiltigen Außending aufgefaßt worden ist, so bringen dann die Reproductionen eine nähere Bestimmung zu ihnen hinzu, wodurch er als **Sammelplatz von Vorstellungen** erscheint. Das Charakteristische der Vorstellungen ist, daß sie nicht wie die Sinneswahrnehmungen nach außen versetzt werden, sondern daß sie ein Inneres sind und bleiben. Wie vorher der Leib, als unser Ich, den äußern Gegenständen entgegengesetzt wurde, so machen nun auf dieser Stufe die Vorstellungen unser eigentliches Wesen aus, und wir fassen uns, im Gegensatz gegen die Empfindungen, als vorstellende Wesen auf. Den Vorstellungen entspricht kein Ding in der Außenwelt, wie den Empfindungen; sie sind bloße Bilder von Bildern, Vorstellungen von Vorstellungen. Je mehr sich das Gebiet der Vorstellungen erweitert und ausbildet, umsomehr werden sie wirksam und thätig in der Apperception und bestimmen von innen her als appercipierende Massen das neu Eingetretene. Ähnlich verhält es sich mit den Gefühlen.

Zu den Reproductionen und Empfindungen kommen die Begehrungen, Handlungen und Befriedigungen. Die sinnliche Begehrung ist auf Verwirklichung und Herbeiführung des Begehrten, oder auf Abhaltung und Hinwegschaffung des Verabscheuten gerichtet. Durch das sinnliche Begehren werden gewisse Handlungen angeregt, die vom Leibe hinweg in die Außenwelt hinausgreifen, um zuletzt wieder zu dem Leibe zurückzukehren und als Resultat die Befriedigung der Begierde herbeizuführen. In der Begehrung kehrt das Vorstellen zu seinem Ausgangspunkte zurück; Anfangs- und Endpunkt der Begehrung regen dieselbe Vorstellungsmasse an, in der das Ich dieses Stadiums seinen Sitz hat. Diese Reciprocität des Begehrenden auf Sich macht ihn zum Selbst; Er selbst ist das Begehrende und durch die Handlungen sich Befriedigende. Jedes absichtliche Thun, wie es unmittelbar aus einer Begehrung hervorgeht, zeigt einen Handelnden, der für sich selbst etwas zu erreichen sucht; denn „wessen die Thätigkeit ist, dessen wird auch die Befriedigung" sein. Der Mensch bewegt Hand und Fuß; er selbst sieht diese Bewegung; er sieht einen Gegenstand, den er durch seine Bewegung vermeiden muss; er selbst macht die vermeidende Bewegung. Die Begehrungen verbinden sich mit einer großen Menge anderer Begehrungen und absichtlicher Handlungen. Hiedurch wird das Selbst immer von neuem vorgestellt, erlangt so eine hervorragende Wichtigkeit, und der Mensch fängt an, sich selbst als thätiges Princip, das die Außendinge nach seinen Absichten verändert, als „Macht" aufzufassen.

Indem so der Leib als Sammelplatz von Empfindungen, Vorstellungen und Gefühlen erscheint, bekommt die Vorstellung desselben, als Grundlage des Selbst oder der Ichheit, das Merkmal der Innerlichkeit und wegen des Begehrens und der Apperception das des thätigen Princips oder der Thätigkeit.

§ 103. Das Ich als Ergebnis der Lebensgeschichte.

Die Auffassungen des eigenen Leibes sind ohne Zweifel anfänglich sehr mannigfaltig und mächtig; jede Reproduction der Vorstellungen, jede Erinnerung bringt immer zugleich das Bild des Leibes wieder; bis zu ihm müssen alle äußeren Reize sich erstrecken, um Empfindungen hervorzurufen, und durch seine Vermittlung üben die Vorstellungen eine unmittelbar bewegende Kraft auf die übrige Welt aus. (Man gedenke hier der unwillkürlichen und willkürlichen Bewegungen.) Auf niederen Bildungsstufen wird daher der Leib mit dem Ich geradezu identificiert. Das Kind und meistens auch der gemeine Mann denken beim Ich nur an ihren Leib, und wenn sie sich der Worte: Ich, Seele u. s. f., bedienen, so sind dies in der That bloße Reproductionen von gemerkten Worten, denen die Begriffe fehlen.

Allein bald lehren den einigermaßen aufgeweckten Menschen einfache Erfahrungen, daß der Leib nicht identisch sei mit dem Ich (§§ 6 und 7), sondern daß er gewisser Theile des Leibes beraubt werden könne, ohne aufzuhören, das zu sein, was er früher war. Wer ein Glied durch Amputation verloren hat, fühlt sich noch immer als dasselbe Individuum und nicht als ein anderes.

Dazu kommt noch ein anderer Umstand: die Empfänglichkeit für sinnliche Eindrücke, für Leibesempfindungen ermattet mit zunehmenden Jahren beim Schwinden der Kräfte und einzelner Theile des Leibes. Die Periode der Mannbarkeit (die Pubertät) bezeichnet die Grenzen, innerhalb deren so ziemlich die Reihe der absolut neuen Empfindungen, der sinnlichen Lust und Unlust, durchlaufen ist. Was darüber hinaus als absolut Neues an sinnlichem Material geboten wird, ist nur als Ausnahme von der Regel anzusehen.

Hingegen vermehrt sich der Umfang neuer Gedanken, Ideen, edlerer Gefühle und Bestrebungen, Pflichten und Rechte ununterbrochen und unaufhörlich beim Jünglinge und Manne in gebildeter Gesellschaft, theils durch Überlieferung und Mittheilung, theils durch eigenes Forschen und Handeln; denn der Mensch wächst, wie der Dichter sagt, mit seinen eigenen großen Zwecken.

Durch diese beiden Umstände wird der ideelle, geistige Kern der Ichheit immer mehr hervorgehoben, und der materielle körperliche Gehalt tritt mehr zurück.

So zeigt sich, dass das Ich seine Lebensgeschichte, seine Entwickelungsphasen hat, und alle diese Wandlungen und Umbildungen, der ganze individuelle Lebenslauf, gehören dem Ich an und werden von ihm prädiciert. Würden sie ihm nicht der Reihe nach zugesprochen, so wäre dadurch die Continuität des geistigen Lebens unterbrochen, die Einheit der Person würde verloren gehen (wie dies in manchen Arten des Wahnsinns wirklich geschieht, indem sich aus einer Masse von Vorstellungen, die abgesondert wirkt, ein neues Ich erzeugt, woraus, wenn die Massen abwechselnd und zufolge eines Wechsels im Organismus ins Bewusstsein treten, auch ein wechselndes Ich entsteht).

Die Lebensgeschichte des Ich wird gar oft in der Erinnerung ganz oder theilweise reproduciert und von der Gegenwart aus überblickt. Bei diesem Rückblicke erscheinen dann die einzelnen Vorstellungen als kommend und gehend in dem mannigfaltigsten Wechsel; manche davon tauchen nicht auf, sind vergessen und müssen mühsam gesucht werden; ja selbst die appercipierenden Massen bleiben nicht immer unverändert im wechselvollen Laufe des Lebens: neu eintretende stärkere Gedankenmassen erdrücken sie häufig, bilden sie vollends um, und treten an ihre Stelle.

Aber wie sehr auch die einzelnen Lebensmomente wechselten, und ihre Unbeständigkeit und Zufälligkeit offenbarten: eines gab sich als das allen Gemeinsame und Beharrliche kund, nämlich das **Vorhandensein von Vorstellungen** sammt den an den Vorstellungen haftenden und aus ihnen hervorwachsenden Gefühlen und Begehrungen. Während die Vorstellungen in jedem Momente wechselten, blieb das **Vorstellen** überhaupt. Demnach führt also das Überblicken der Lebensgeschichte zu dem wichtigen Resultat, dass das Ich eine Complexion sei, **von der alle ihre individuellen Merkmale können verneint werden**, so dass keines derselben ihr wesentlich zu sein scheint, als das Vorstellen überhaupt nebst dem daran sich knüpfenden Fühlen und Begehren. „Die einzelnen Vorstellungen sind zufällig, das Vorstellen ist wesentlich: **der Träger der Vorstellungen aber bin ich**."

§ 104. Das empirische und das reine Ich, das Wir.

Das Ich ist die **reichste** und **ärmste** Vorstellungsmasse zugleich, jenes in Bezug auf den Umfang, dieses in Bezug auf den Inhalt. Man hat daher (Kant) ein doppeltes Ich unterschieden: ein **empirisches**, welches beständigem Wechsel ausgesetzt ist, und ein **reines**, welches sich fortwährend gleich bleibt. Das empirische Ich fällt mit der Lebens-

geschichte des Individuums zusammen; das reine Ich ist ganz inhalts=
los und leer, beruht aber gleichwohl auf der breiten Basis der individuellen
Bestimmungen des empirischen Ich, welche sich durch ihren Gegensatz
gegenseitig gehemmt haben. Von dem reinen Ich gilt noch in höherem
Grade als von dem logischen Begriffe: es sei nicht sowohl in einer Vor=
stellung, als in gewissen Forderungen an das Vorstellen enthalten, denen
dieses durchaus nicht immer in einem Bilde zu entsprechen vermöge; es
sei „mehr ein Vorstellen als eine Vorstellung".

So wie der allgemeine Begriff, so kann auch das reine Ich nur
vorgestellt werden durch Herabsteigen in die Mannigfaltigkeit seines Um=
fanges, d. h. durch das Zurückgehen auf die verschiedenen, das Bewusstsein
erfüllenden Vorstellungsmassen. Daher behält das Ich, wie alle Gemein=
bilder, etwas Unbestimmtes und Schwankendes. Mit Recht sagt
Herbart (Pf. § 182): „Das Ich ist ein Punkt, der nur insofern vor=
gestellt wird und werden kann, als unzählige Reihen auf ihn, als ihr
gemeinsames Vorausgesetztes, zurückweisen. Kein Wunder, dass es ein
dunkler Punkt ist. Ein natürliches Geheimnis, wie ein Schriftsteller
(Reinhold d. Ä., Theorie des Vorstellungsvermögens S. 338) es nennt.
Man mag es auch eine dunkle Gegend nennen oder ein dunkles Behältnis,
aus dem gar mancherlei herausragt, das man rückwärts bis in das
Innere verfolgen möchte, aber nicht kann; selbst in der Wissenschaft nicht;
denn diese bringt es höchstens zu allgemeinen Formeln, die das Indi=
viduelle zwar unter sich, aber nicht in sich fassen."

Wo neben dem eigenen Ich die Vorstellungsmasse eines fremden Ich
sich einstellt, da kann es wohl geschehen, dass beide Vorstellungsmassen in
mehreren identischen Punkten gliedweise mit einander verschmolzen sind.
Die Reproduction der einen Masse hat die Reproduction auch der andern
zur Folge, und so entsteht die Vorstellung des Wir. Das „Wir"
bedeutet also das Gemeinsame des eigenen Ich und der einzelnen fremden
Iche, die mit jenem zugleich der Zusammenfassung sich darbieten. (Wir,
d. h. wir Familienglieder, wir Freunde, wir Lehrer, wir Österreicher,
wir Katholiken 2c.) Die Vorstellung des Wir ist von der grössten mora=
lischen und praktischen Wichtigkeit. Das „Wir" ist der Regulator (Ordner,
Lenker, Gesetzgeber) und zugleich der Disciplinator (Zuchtmeister) des Ich,
indem es dem eigentlichen Egoismus ein natürliches Gegengewicht gibt,
ihm wohlthätige Schranken setzt, die er weder überschreiten darf, noch
soll. Wer und was wäre wohl der einzelne Mensch ohne das Wir?
In dem Kreise des Wir erzeugt sich, während er in ein mehrfaches Ich

aufgelöst wird, der Ehrtrieb, die Rechtlichkeit und Sitte. Auf dem Wir beruht die Familie, die Gesellschaft und der Staat. (Vgl. Herbart, Lehrbuch der Pf. § 201. Anm.)

§ 105. Der innere Sinn und das Selbstbewußtsein.

Ist die Ichvorstellung bereits zu einer gewissen Höhe der Entwicklung und Regsamkeit gelangt, so übt sie auf sämmtliche Zustände des Bewußtseins einen appercipierenden Einfluß aus. Dadurch gerathen die letzteren in eine innigere Beziehung zum vorstellenden Subjecte, als es sonst der Fall wäre, sie werden nicht als Zustände des Bewußtseins überhaupt, sondern als meine Zustände appercipiert. Man nennt diese Apperception der sämmtlichen Seelenzustände von Seite der Ichvorstellung den inneren Sinn. (§ 100.) Das Phänomen des inneren Sinnes besteht daher in der Thatsache der Selbstbeobachtung, daß der Mensch die einzelnen Seelenzustände (Vorstellungen Gefühle und Begehrungen) nicht als ein objectives Geschehen überhaupt vorstellt, sondern als seine Seelenzustände auf sein eigenes Ich bezieht und dadurch eben als die seinigen anerkennt. Die Urtheile, in welchen diese Apperception Ausdruck findet, gehen aus der anfänglichen Form: „A ist mein", in die spätere: „Ich habe A", über.

Das Phänomen des Selbstbewußtseins, in welchem das Ich seinen höchsten Ausdruck findet, entsteht, wenn die Ichvorstellung nicht bloß die einzelnen Seelenzustände auf sich bezieht und als die ihrigen anerkennt, sondern wenn sie sich selbst vorstellt, als eines und dasselbe vorstellende und zugleich vorgestellte Ich. Das Charakteristische des Selbstbewußtseins besteht also darin, daß in demselben Vorstellendes und Vorgestelltes, Subject und Object, Wissendes und Gewußtes, Eines und Dasselbe, d. h. beide das Ich sind. Beim inneren Sinn wird jeder einzelne Seelenzustand auf das Ich bezogen und demselben als sein Zustand durch ein Urtheil zugeschrieben; beim Selbstbewußtsein hingegen wird das Ich vom Ich prädiciert. In den Urtheilen des inneren Sinnes nimmt das Ich entweder die Subject-, oder die Prädicatstelle ein; in dem Urtheil des Selbstbewußtseins steht das Ich an beiden Seiten zugleich: „Ich, der Vorstellende, bin zugleich Ich, das Vorgestellte."

1. Nach Fichtes Erklärung ist das Selbstbewußtsein (das „reine" Ich, das „transscendentale" Ich) eine Identität von Subject und Object, d. h. für das Ich, als vorstellendes Subject, ist eben dieses selbe Ich und nichts anderes das vorgestellte Object. Dabei wird das Ich von sich selbst unterschieden in Subject und Object, das so Unterschiedene wird einander gegenübergestellt und aufeinander bezogen, und dennoch zugleich

als Ununterschiedenes, als Identisches gedacht. Die Unterscheidung und Entgegensetzung des Ich ist zugleich keine Unterscheidung und Entgegensetzung.

Allein das so sich selbst Widersprechende hebt sich selbst auf; denn dasjenige, was wahrhaft ist, kann nur als ein Nichtaufzuhebendes gedacht werden. Indem nun für die geistigen Zustände ein wahrhaft Seiendes, Seele genannt, als Träger vorausgesetzt wurde, gieng man streng genommen über die innere Erfahrung hinaus, welche uns stets nur Zustände (Unselbständiges, Unreales), aber nicht die Seele selbst und ihre Qualität kennen lehrt. (Vgl. dazu: §§ 5, 8 und 10.)

Durch den Begriff der Seele, nicht aber unmittelbar durch den Begriff des Ich, bekommen wir eine richtige Kenntnis von uns selbst. Der Begriff des Ich muß daher in den Begriff der Seele umgebildet werden. Dies ist aber eine Aufgabe der Metaphysik und nicht der Psychologie. Für die letztere ist die Einheit des Selbstbewußtseins und die daraus gefolgerte Einfachheit der Seele der feste, nie verrückte Punkt in dem ununterbrochenen Wechsel des geistigen Lebens und ebendeswegen das Princip, aus welchem alle psychischen Erscheinungen erklärt werden müssen.

2. Die Entwicklung und Fortbildung des Ich ist so lange normal, als die einzelnen das Ich constituierenden Vorstellungskreise in die Einheit des Selbstbewußtseins zusammenfließen. Aber zahlreiche Beispiele zeigen, daß auch im Ich **Theilungen** eintreten können. W. F. Volkmann führt die Abnormitäten in der Entwicklung des Ich auf drei Gruppen zurück: 1. entweder ist die Vorstellung des Ich **unterdrückt**, und wir sehen dem Spiele der das Bewußtsein ausfüllenden Vorstellungen wie einem objectiven Geschehen zu; oder 2. das Ich tritt zwar thätig im Bewußtsein auf; aber **neben ihm** hat noch eine zweite Vorstellungsmasse den Charakter der Ichheit angenommen, und dem einen Ich steht ein anderes Ich gegenüber; oder 3. das ursprüngliche Ich ist ganz **verloren gegangen**, und an dessen Stelle hat eine andere Vorstellungsmasse die Rolle des Ich zu spielen übernommen, welche sie auch, ohne von dem früheren Ich beeinträchtigt zu werden, fortspielt. So versenkt sich, den ersten Punkt betreffend, der dramatische Dichter, der Träumende, in seine Gebilde, leiht ihnen Persönlichkeit und Umgebung und verkehrt mit ihnen.

Doch der Dichter vermag sich in jedem Moment wieder zu besinnen, daß er es mit „luft'gem Nichts" zu thun hat; der Träumende aber nicht. — Den zweiten Punkt anbelangend, so ist der einfachste Fall der, wenn sich die einzelnen Erlebnisse eines Menschen um zwei heterogene Vorstellungsmassen versammeln, so daß es bei dem Rückblicke dem Menschen vorkommt, als hätte er zwei Seelen, die, an verschiedenen Stellen (Kopf und Herz) waltend, ein voneinander ganz verschiedenes Leben führen, und von denen die eine reiner und feiner sei als die andere.

Je loser die zwei Iche zusammenhängen, um so eher zerfällt das Leben des Individuums wirklich in ein Doppelleben, wie bei manchen constant wiederkehrenden und fortgeführten Träumen, bei manchen Paroxysmen u. s. f. — Den dritten Punkt betreffend, so hat der Wahnsinnige sein ursprüngliches und wahres Ich bleibend verdunkelt und ein falsches an dessen Stelle gesetzt; er hat mit seiner Lebensgeschichte gebrochen und sich eine neue geschaffen. Der Wahnsinnige, der sich für einen König hält, fordert auch die Ehrenbezeugungen, die man den Königen zu erweisen pflegt, und nimmt auch nebst den Insignien dieser Würde den Anstand und das Benehmen an, die mit derselben verknüpft sind.

Zweiter Abschnitt.
Die Lehre vom Gemüthe.

Erstes Capitel.
Die Lehre von den Gefühlen und Affecten.

Das Gefühlsleben im allgemeinen.

§ 106. *Begriff und Entstehung des Gefühls.*

Bisher wurde nur von Vorstellungen und von Vorstellungsverbindungen geredet, als ob es keine anderen psychischen Zustände gäbe. Die Erfahrung lehrt aber unzweideutig, daß die Vorstellungen, obwohl selbst nur Zustände der Seele, doch wiederum ihre **verschiedenen Zustände** haben können. Diese Zustände des Bewußtseins, die über das bloße Vorstellen hinausgehen, betreffen das **Fühlen** und **Begehren**. Gefühle und Begehrungen sind also Zustände der Vorstellungen. Den Inbegriff dieser Zustände der Vorstellungen bezeichnet man mit dem Worte **Gemüth**. (S. § 36.)

Gefühle und Begehrungen sind aber nicht **primitive** Zustände der Seele, sondern **abgeleitete**, aus der Wechselwirkung der Vorstellungen resultierende Zustände. Nun äußert sich bekanntlich alle Wechselwirkung der Vorstellungen auf zweifache Weise: entweder als **gegenseitige Hemmung** (völlige oder theilweise Verdunkelung [§ 43 f.]), oder als **gegenseitige Verbindung** (Complication oder Verschmelzung [§ 42 f.]). Letztere ist immer auch zugleich gegenseitige Förderung. Auf der Hemmung oder Förderung der Vorstellungen beruht ein jedes Gefühl, heiße es, wie es wolle.

Allein nicht jede Hemmung, oder Förderung der Vorstellungen hat schon an sich ein Gefühl zur Folge; denn da unaufhörlich neue Vorstellungen in die Seele treten, so müßte unser Bewußtsein ununterbrochen von

Gefühlen eingenommen und beunruhigt sein, und es käme zu keiner klaren, objectiven Auffassung der Dinge und ihrer Verhältnisse, zu keinem scharf umrissenen Denken, keinem planvollen Handeln. Vielmehr lehrt die Erfahrung, daſs zu schwache und nur momentane Hemmungen oder Förderungen der Vorstellungen von uns nicht weiter bemerkt werden. (Das nochmalige Hören einer eben gehörten Anekdote, das Erkennen einer uns häufig begegnenden Person, das Vergessen eines Namens u. dgl. m. geht ohne gemüthliche Spannung an uns vorüber.)

1\. Gesetzt aber, die Vorstellung (oder Vorstellungsmasse) A werde durch eine andere Vorstellung a reproduciert und treffe, während dies geschieht, auf eine ihr entgegengesetzte Vorstellung X. Dann wird die Vorstellung A im Bewuſstsein zugleich durch a hervor- und durch X zurückgetrieben und in dieser Klemme ist sie der Sitz eines unangenehmen Gefühls. (Die Vorstellung A befindet sich nämlich gleichsam eingeklemmt zwischen zwei entgegengesetzten Kräften, zwischen den hemmenden Gegensätzen und den helfenden Vorstellungen.) Es findet hier nämlich eine mittelbare Rückwirkung von X gegen die emportreibende und fördernde Kraft des a statt. Man kann zwar sagen, das Gefühl habe in A seinen Sitz. Aber das bloße Dasein der Vorstellung A, ohne Rücksicht auf a und X, begründet noch kein Gefühl, sondern es resultiert aus dem Gegeneinanderwirken der Vorstellungen A, X und a, haftet also eigentlich an dem wechselseitigen Lagenverhältnis dieser drei Vorstellungen. Will man Beispiele hiezu in unserem wirklichen geistigen Leben finden, so muſs man zuvor das aufgestellte Schema etwas erweitern, und seine drei Glieder nicht lediglich für einfache Vorstellungen nehmen, sondern an ihrerstatt sich zusammengesetzte Vorstellungsverhältnisse denken, selbst eine Mehrheit von Vorstellungsreihen oder ganze Vorstellungsmassen. Ein Unlustgefühl wird also immer dann eintreten, wenn wir uns z. B. an einen Namen, ein Datum, einen Kunstausdruck u. dgl. m. nicht besinnen können, trotzdem daſs wir uns dabei innerer Hilfen, die aber nicht ausreichen (wie etwa bei einem Namen seines Anfangsbuchstabens), bewuſst sind. Das Gleiche geschieht, wenn man an etwas, das man sich gerne aus dem Sinne schlagen möchte (sei es durch ungeschickte Fragen oder unzeitige Condolenz), immer wieder erinnert wird; wenn der früher klare Gedankengang sich zu verwirren beginnt, oder der früher ungewöhnlich rasche Fluſs der Vorstellungen mit einemmale ins Stocken geräth u. s. w.

2\. In eben diesem von uns betrachteten Falle kann aber die Vorstellungskraft, durch welche die zum gemeinschaftlichen Angriffspunkt dienende Vorstellung A emporgetrieben wird, durch Zuführung neuer Hilfen (a', a'', . . .) dergestalt verstärkt werden und mit der Zeit so anwachsen, dass die entgegenwirkende hemmende Vorstellung X zum Weichen gebracht und verdrängt wird. Dabei wächst selbstverständlich die Klarheit der gehobenen Vorstellung (oder Vorstellungsmasse), sie tritt immer höher im Bewusstsein hervor und erfreut sich schließlich einer nicht mehr behinderten Klarheit, die ihre (unter den gegebenen Umständen) relativ höchste ist. Alsdann gibt sich diese Überwindung des auf den Vorstellungen lastenden Druckes wiederum als ein Gefühl kund, welches jedoch in diesem Falle ein Lustgefühl ist, temperiert durch die Anspannung der Kraft. (Ein Lustgefühl kommt also zum Vorschein, wenn ein Druck, der auf dem Vorstellungsleben lastete, mit einemmale gehoben ist, wenn wir also z. B. nach langer, vergeblicher Anstrengung uns an ein vergessenes, aber in dem Momente eben benöthigtes Datum erinnern, einen verlegten oder verlorenen Gegenstand unvermuthet wiederfinden, wenn ein Ereignis, das wir fürchteten, dennoch nicht eintrat, eine Arbeit, die anfänglich zu misslingen drohte, bei erneuerter Anstrengung endlich doch gelingt u. s. w.)

3. Demnach kann das Gefühl definiert werden **als das Bewusstwerden der Hemmung oder Förderung unter den eben im Bewusstsein vorhandenen Vorstellungen**; und zwar ist es ein **Unlustgefühl**, wenn eine **Hemmung**, ein **Lustgefühl**, wenn eine **Förderung** zum Bewusstsein der Seele gebracht wird.

Da aber ferner die **Vorstellungen als die eigentlich in der Seele wirkenden Kräfte** sich erweisen, so wird für die Seele selber jede Hemmung, oder Förderung unter den Vorstellungen zugleich zur Hemmung, oder Förderung ihrer eigenen Vorstellungskräfte, ihrer eigenen (psychischen) Lebensthätigkeit. Daher kann man auch sagen: **Das Gefühl ist das unmittelbare Bewusstsein** (subjectives Bewusstwerden) **der Steigerung oder Herabstimmung der eigenen Vorstellungskräfte (der eigenen psychischen Lebensthätigkeit.)** [Vgl. hier: das vortreffliche Werk Nahlowskys, Das Gefühlsleben. Lpzg. 1862, S. 45 f.]

Die Stärke und Lebhaftigkeit der Gefühle ist bedingt durch die Stärke und Macht der Gegensätze oder Hilfen, also durch die Größe der Hemmung, oder Förderung der Vorstellungen, und durchläuft alle möglichen Grade, von den leisesten und schwächsten Regungen der Unlust, oder Lust bis zu den lautesten und stärksten Ausbrüchen der Freude, oder des Schmerzes. Doch hat die Stärke und Energie der Gefühle mit der Klarheit der Vorstellungen nichts zu thun, indem ganz dunkle Vorstellungen häufig Träger eines besonders starken Gefühles sind. — Die intensivsten Lustgefühle entstehen durch Überwindungen der Gegensätze, welche dem Ablaufe unserer stärksten und mächtigsten Vorstellungsreihen durch längere Zeit widerstanden haben, so wie aus der erfolgreichen und anhaltenden Hemmung derselben die intensivsten Unlustgefühle entspringen.

Ob sich Gefühle bemerkbar machen, oder nicht, hängt in sehr vielen Fällen von dem gewohnten normalen Rhythmus ab, in welchem sich das Vorstellungsleben eines jeden Einzelnen zu bewegen pflegt. Von diesem normalen Rhythmus des Vorstellungsflusses erlangt jeder im Verlaufe seines Lebens ein dunkles, beiläufiges **Gesammtbild**, das nun gewissermaßen als Maßeinheit dient. Was diesen normalen Rhythmus übersteigt, erscheint als Vermehrung, als Steigerung, was hinter ihm zurückbleibt, als Herabstimmung, Verminderung des Gemüthslebens. Man könnte dieses allgemeine Durchschnittsgefühl mit Nahlowsky „allgemeines Lebensgefühl" oder „Vitalgefühl" nennen (a. a. O. S. 49). — Nur ungewöhnlich gute Unterhaltung wird als wohlthuend, nur ungewöhnlich schlechte als langweilig gefühlt; nur ein seltener Grad geistiger Anstrengung erzeugt (abgesehen von körperlichen Bedingungen) das Gefühl der Mühe und Schwierigkeit. Gehen die Vorstellungen im gewohnten Rhythmus vor sich, so gehen die mit ihnen verbundenen Gefühle an uns meistens unbeachtet vorüber, und es bedarf schärferer Beobachtung, um sie wahrzunehmen.

Über die außerordentliche Beweglichkeit und Wandelbarkeit der Gefühle vgl. Waitz § 29, S. 278; Nahlowsky a. a. O. S. 4 f.; auch Goethes „Clavigo" I. Act, 1. Sc.; — über die Dauer der Gefühle vgl. insbesondere Jean Pauls Aufsatz: Über das Immergrün unserer Gefühle. — Über die Schwächung der Gefühle durch ihre Zergliederung vgl. Maaß, Gefühle II. 314; auch Goethes Gedicht „Die Freude"; ferner durch ihre Äußerung vgl. Jean Paul „Unsichtbare Loge" I. 281; über die zwei zuletzt angegebenen Momente vgl. Shakespeare „Lear" III. 2 und „Jungfrau von Orleans" IV. 2.)

§ 107. Unterschied der Gefühle von den Empfindungen.

Gefühle und Empfindungen werden nicht nur im gemeinen Leben, sondern auch in der Wissenschaft nicht genau unterschieden. Gleichwohl sind sie verschiedenen Ursprungs und Charakters. Das Gefühl des Schmerzes, das die Nachricht von dem Tode eines geliebten Freundes hervorruft, ist offenbar weit verschieden von der Empfindung des Schmerzes, die eine Brand- oder Schnittwunde verursacht. Das Gefühl der Lust beim Anblick eines bedeutenden Kunstwerkes ist ebenso offenbar ein ganz anderes, als die Lustempfindung des Gourmands beim Genuß einer leckeren Speise. Die Gefühle des Zornes, des Neides, der getäuschten oder erfüllten Hoffnung, des gekränkten oder beleidigten Ehrgeizes u. dgl. m. lassen sich schlechthin mit keiner Empfindung vergleichen. Natürlich; denn die Empfindungen haben in Zuständen oder Vorgängen des Organismus ihren Grund; die Gefühle aber beruhen auf Vorstellungen und haben in ihnen ihren Sitz.

1. **Empfindungen** sind Zustände der Seele, die auf der **bloßen Perception organischer Reize beruhen** (mögen diese Reize nun durch sensitive oder sensorielle Nerven zugeleitet sein); **Gefühle** dagegen sind Zustände, die keineswegs unmittelbares Product von Nervenreizen, sondern vielmehr Resultat gleichzeitig im Bewußtsein zusammentreffender Vorstellungen sind. Die Empfindungen sind daher **ursprüngliche** (primitive), Gefühle aber **abgeleitete** Seelenzustände. (Jene bringen demnach Zustände des Leibes und der Außenwelt, diese aber Zustände der Seele [der Vorstellungen] zum Bewußtsein.)

2. Doch haben beide das gemein, daß sie **betont** sind. Herbart und seine Schule unterscheiden daher mit Recht die **Qualität** der Empfindung, d. h. die specifische Eigenthümlichkeit des isoliert fortgeleiteten Nervenreizes, von dem Ton (Tonus) der Empfindung, als dem sie begleitenden Ausdruck ihres Verhältnisses zum Ganzen des Nervensystems und insbesondere dem Centralorgane desselben. Nur bedeutet der gleiche Ausdruck hier wie dort etwas anderes. Der Ton der Empfindungen, d. i. das Bewußtwerden der in der Empfindung liegenden Hemmung, oder Förderung, bedeutet nämlich den organischen Störungswert, mithin die Art des Eingriffs des gegenwärtigen Reizes in das im selben Moment sich abwickelnde **organische Leben** des Theiles oder des Ganzen; im Gefühlsleben dagegen jenen Störungswert, der sich aus dem Zusammentreffen und Gegeneinanderwirken der einander begegnenden Vorstellungen oder Vorstellungsmassen für den temporären Gesammtzustand des geistigen Lebens ergibt. Dort zeigt der Ton eine Hemmung, oder Förderung **organischer**, hier **psychischer** Lebensthätigkeit. In der Empfindung participiert die Seele bloß an jener Förderung, oder Hemmung (an jenem Angenehmen oder Unangenehmen), welche der Leib oder eines seiner Organe, sei es durch äußere, oder innere Begünstigungen, oder Störungen, erfuhr, und zwar nothwendig wegen der Solidarität der Beziehungen, die zwischen ihr und dem Leibe stattfindet. Bei dem Gefühl dagegen, welches in den Vorstellungen seinen Sitz hat, und nicht in körperlichen Reizen, schaut die Seele nicht bloß zu, sondern sie ist unmittelbar betheiligt; kein fremder, nur **ihr eigener, subjectiver** Zustand ist es, dessen sie gewahr wird. Sie selbst in ihrem innersten Wesen ist **gehoben** oder **gedrückt**, wenn es ihre Vorstellungen sind; denn die Regsamkeit der Vorstellung ist **ihre** Regsamkeit, das Wirken der Vorstellungen **ihr** Wirken das Leiden derselben **ihr** Leiden und darum auch die Verfassung der aus den Vorstellungen resultierenden Gefühle **ihre** Verfassung. Wie in der

betonten Empfindung die widerstrebende Mannigfaltigkeit gleichzeitiger Reize durch die Einheit der Perception in die Einheit der Empfindung zusammengefaßt wird, so faßt das Gefühl das Bewußtwerden der in den Vorstellungen liegenden Hemmung, oder Förderung in einem Bewußtseinsact zusammen. (Daher der Name „Gefühl". Darum heißt die betonte Empfindung auch „körperliches Gefühl", und die Gemeinempfindung heißt „Gemeingefühl".)

3. Die Empfindungen, als ursprüngliche Seelenzustände, sind zu erklären aus der Wechselwirkung, die zwischen Leib und Seele besteht; die Gefühle hingegen, als abgeleitete Seelenzustände, müssen erklärt werden aus der unter den Vorstellungen stattfindenden Wechselwirkung. Hier also liegen die Erklärungsprincipien in der Lehre vom Gleichgewicht und Bewegung der Vorstellungen. (§ 47.) Die Empfindungen dienen der Intelligenz unmittelbar, sie sind der Stoff, aus welchem sich das psychische Leben aufbaut; die Gefühle nur mittelbar, sie sind nicht bloß Baustoff zum Bau aller weiteren Geistesbildung, sondern schon ein wesentliches Glied des bereits theilweise vollendeten Baues selbst. Auf Gesinnung und Charakter haben jene nur einen sehr geringen, diese einen beträchtlichen Einfluß.

§ 108. **Eintheilung der Gefühle in Betreff des Tonus und nach den Bedingungen ihres Ursprungs.**

Man kann die Gefühle eintheilen: 1. nach dem Tonus und 2. nach den Bedingungen ihres Ursprungs. Nach dem Tonus zerfallen alle Gefühle ohne Ausnahme in Lust-, oder Unlustgefühle; nach dem zweiten Gesichtspunkte lassen sich dieselben in zwei große Classen eintheilen; A) in Gefühle, die bloß von der Form des Vorstellungslaufes abhängen: formale Gefühle; B) in Gefühle, die durch den Vorstellungsinhalt bedingt sind: qualitative Gefühle.

Die Gefühle der Lust und Unlust bilden sozusagen den Grundstock des Gefühllebens, indem sie sich als die einfachsten und elementarsten Gemüthzustände darstellen.

1. Hieher gehört die Frage nach den sog. gemischten Gefühlen. Man hat diese Frage bald verneinend (Fr. A. Carus, Schulze, Schmid), bald bejahend (Maaß, Verf. üb. das Gefühl. II. 13; Scheidler, Grundr. d. Pf. § 62; Esser, Pf. § 87; Stiedenroth a. a. O. II. S. 12; Volkmann a. a. O. S. 310; Nahlowsky a. a. O. § 5) beantwortet.

Gemischte Gefühle sind (nach Nahlowskys treffender Bezeichnung) „Gefühlsoscillationen", „Gefühlswechsel" oder „Gefühlscontraste", die in einer für den Fühlenden unmeßbaren, kleinen Zeit, mithin so schnell aufeinander folgen, daß sie nicht auseinander gehalten werden, sondern den Schein haben, als flössen sie ineinander, als wäre ihr Successives ein Simultanes.

Die Mischung der Gefühle kann erfahrungsmäßig gar nicht in Abrede gestellt werden. Die große Mehrheit der Gefühle sind gemischte. So entsteht ein gemischtes Gefühl in uns, wenn ein Lustgefühl für uns zu stark ist, und uns eben dadurch unangenehm wird, wie Goethe sagt:

„Lieber durch Leiden möcht' ich mich schlagen,
Als so viel Freuden des Lebens ertragen."

Oder, wenn ein Unlustgefühl uns zum Lustgefühl wird, entweder weil wir in der Ertragung desselben unserer Kraft und Stärke innewerden (wie dieses z. B. bei den indischen Selbstpeinigern der Fall ist, die sich in der Ertragung der unsäglichsten Qualen und Martern gefallen), oder weil das Unlustgefühl mit anderen angenehmen Gefühlen, die durch jenes hervorgerufen werden, innig verschmolzen ist, wie dieses z. B. der Fall ist, wenn die Mutter über den Verlust ihres Kindes tief betrübt ist und sich zugleich alle Vollkommenheiten ihres Lieblings lebhaft gegenwärtig hält. (Hieher gehört der Abschied Hektors von Andromache. Jl. VI. Ges.) Zu den gemischten Gefühlen gehören überdies: Hoffnung, Überraschung, Sehnsucht, Wehmuth u. s. w.; das Gefühl des Erhabenen, Komischen, Humoristischen, Tragischen, des Schauerlichen, des Romantischen u. dgl. m.

Die gemischten Gefühle — als rasche Gefühlsfolgen — lassen sich aus der ungemein großen Schnelligkeit des Vorstellungslaufes, insbesondere aus der enormen Volubilität der Reproductionen erklären. Diese Volubilität der Reproductionen aber ist begründet in der gewebeartigen Verbindung der Vorstellungsreihen, vermöge welcher Hauptreihen nach allen Richtungen hin mit Seitenreihen zusammenhängen und auf solche Weise die vielfachsten Gedankenübergänge möglich machen. Daher kommt es, daß die Oscillationen im Vorstellungslaufe auch Oscillationen im Gefühlsleben zur Folge haben.

2. Alles, was die Vorstellungswelt des Menschen bestimmt, als: leibliche Gesundheit, oder Krankheit, Alter, Geschlecht und Temperament, Diät, Klima, Tages- und Jahreszeit, ja selbst die Lage des Körpers, Erziehung, Stand, Nationalität, Staat u. s. w., bestimmt auch dessen Gefühlswelt.

§ 109. Verhältnis der Gefühle zu den übrigen Phänomenen des Bewußtseins.

1. Gefühle können durch Empfindungen und umgekehrt Empfindungen durch Gefühle hervorgerufen, aber auch gehemmt und modificiert werden. Beides zeigt die Erfahrung in unzähligen Fällen. Anhaltendes trübes Wetter z. B. verdüstert auch die Seele und stimmt sie trübe. Wenn Wolken und Regen endlich weichen, und die Sonne in ihrer maje=

stätischen Pracht wieder hervorbricht, haben wir nicht nur eine angenehme Empfindung, sondern zugleich ein Gefühl der Erleichterung und Erheiterung unseres Gemüthes. In ähnlicher Weise wirken anhaltende körperliche Schmerzen; sie rufen ein Gefühl des Druckes, der Niedergeschlagenheit, der Verdüsterung, ihr Schwinden dagegen ein Gefühl der Erleichterung, der Hebung und Erheiterung hervor. Die Empfindung organischer Störungen, Hemmungen, Beklemmungen wird unmittelbar zu einem verwandten Gefühle in der Seele. Umgekehrt erregt dem Hungrigen der bloße Anblick einer Speise ein angenehmes Gefühl, das von der Lustempfindung des Genusses der Speise sich ebenso bestimmt unterscheidet wie von dem Lustgefühle der bloßen Hoffnung oder Erwartung auf Genuß. Der Anblick, resp. die Wahrnehmung gewisser Dinge, z. B. von Maden und Würmern, von Schleim, Speichel, faulenden Substanzen 2c. ruft jenes unangenehme Gefühl hervor, das unter dem Namen des Ekels bekannt ist, und meist zugleich eine sehr unangenehme Empfindung (Übelkeiten, Erbrechen), die durch eine den Lebensproceß des Organismus störende Nervenaffection hervorgebracht wird. — Dies erklärt sich einerseits aus der Wechselwirkung zwischen Leib und Seele, vermöge deren nothwendig organische Hemmungen und Begünstigungen sich mittelbar zu geistigen, aber auch umgekehrt geistige sich mittelbar zu körperlichen gestalten; anderseits aus der Wechselwirkung der Vorstellungen; denn es vermag eine einzige, einigermaßen lebhafte Empfindung (sei sie nun Sinnes=, oder Empfindung im engeren Sinne d. W.) mittels vielfacher Associationen, in denen sie zu anderen Vorstellungen steht, unserem Vorstellungslaufe eine total veränderte Richtung zu geben, die wiederum eine entsprechende Modification des Gefühlslebens im Gefolge hat.

2. Daß Gefühle hinwiederum Empfindungen oder deren Scheinbild (Illusion oder Hallucination) erzeugen, lehrt die Erfahrung. Die Mutter, die z. B. ein theures Kind durch den Tod verloren hat, hat ein so lebhaftes Gefühl von demselben, daß sie es wirklich noch zu sehen und zu greifen glaubt. Das von Gewissensbissen gefolterte Gemüth führt dem Mörder die Gestalt seines unglücklichen Opfers so lebendig vor die Sinne, daß er sich davor entsetzt. (So glaubt Macbeth beim Königsmahle, Banquos, des gemordeten Freundes, Gestalt zu sehen; seine Frau sieht die Blutflecken an ihren Händen 2c.) Der Grund ist schon oben angedeutet. Alle psychische Thätigkeit, also auch das Gefühl, zieht mehr oder minder die Gehirnnerven in Mitleidenschaft, welche sofort den von der Seele empfangenen Reiz auf die gewöhnlichen Erregungsstellen der Empfindung

übertragen, von wo dieser Reiz wieder rückwärts zum Sitze der Empfindung, dem Gehirn, geleitet wird und alsdann eine wirkliche oder vermeintliche Empfindung (Scheinempfindung) bewirkt.

3. Gefühle hängen ferner mit Reproductionen innig zusammen, und zwar sowohl mit unveränderten (Gedächtnisvorstellungen), als auch mit veränderten (Einbildungsvorstellungen); doch werden die Gefühle nur insofern reproduciert (und reproducieren auch andere Gefühle nur insofern), als die Vorstellungen oder Vorstellungsmassen reproduciert werden, worin die Gefühle ihren Sitz haben. So genießt der Liebhaber der Tafelfreuden den leckeren Schmaus, der Kunstfreund seine Gemälde, der Naturfreund seine Landschaften und Bergpartien in der Erinnerung noch einmal, so wie der Genesene durch die Erinnerung an eine schmerzhafte Krankheit, die er überstanden, in schwächerem Grade die Pein noch einmal leidet. — Es versteht sich übrigens von selbst, dass die reproducierten Gefühle abgeschwächter und verblaßter sein werden als die ursprünglichen, schon darum, weil die reproducierte Vorstellung hinter der Lebhaftigkeit der ursprünglichen Empfindung weit zurückbleibt.

4. Denken und Fühlen scheinen einander feindlich gegenüberzustehen, und bekannt ist der alte Satz: "Wo viel Kopf, da ist wenig Herz", und umgekehrt. Gleichwohl ist dieser Satz falsch, und es finden sich scharfer logischer Verstand und tiefes Gefühl sehr häufig in einem und demselben Individuum beisammen. Zwar lassen sich die formellen Gefühle (d. h. diejenigen, die nicht von der Qualität des Vorgestellten abhängen) in Begriffe gar nicht zerlegen, ohne vollständig und für immer zerstört zu werden; allein die qualitativen Gefühle lassen eine solche Zerlegung zu und diese ist ihnen sogar ersprießlich. Das Wahre, Gute und Schöne kann ebensowohl gefühlt als denkend erkannt werden, wenngleich nicht zu derselben Zeit. Ja es zeigt sich bei diesen Gefühlen, dass sie durch das Denken nur momentan geschwächt und zurückgedrängt, alsdann geläutert und gereinigt, die Objecte aber, auf die sie sich beziehen, nie durch das Denken zerstört oder selbst nur angegriffen werden können. Jede erkannte Wahrheit, die begrifflich analysiert worden ist, wirkt sogleich wieder, wie Th. Waitz treffend bemerkt, "als gemüthliche Macht in Form des Gefühls", sobald die Zergliederung selbst geschlossen ist, oder sobald nur von derselben abgesehen wird. Dasselbe gilt von dem Guten und Schönen. Die echte Ausbildung des Denkens schadet daher dem Gefühlsleben nicht im mindesten, sondern

sie zerstört an ihm nur das Wertlose und Unhaltbare, beseitigt das Unbestimmte und klärt ab, was trübe war.

Die Gefühle sind aber auch umgekehrt dem Denken zuträglich. Sie gehen dem Denken voran, geben immer erst den Antrieb zur Ausbildung desselben und folgen ihm wiederum nach, so dass auch beim gebildetsten Begriffsleben immer noch sehr viel Raum für die Gefühle bleiben muss. Es ist daher ein großer Fehler, das Fühlen vom Vorstellen zu trennen und beide einander als „Vorstellungs- und Gefühlsvermögen" zu coordinieren.

5. Gibt es herrschende Vorstellungsmassen (§§ 101—105), so gibt es auch herrschende Gefühle; denn da die Gefühle in den Vorstellungen ihren Grund haben, so werden sie auf einander appercipierend ebenso wirken, wie diese. Man nennt diese in gewissen Vorstellungsmassen liegende Disposition zu bestimmten Gefühlen die Stimmung unseres Gemüthes, die den wechselnden Gefühlen gegenüber den Charakter tieferer Innerlichkeit annimmt. Mit der Stimmung ist daher jedesmal durch das ähnliche Gefühlsverhältnis eine Empfänglichkeit für gewisse Gefühle und eine Unempfänglichkeit für andere verbunden. Alter, Geschlecht, Temperament, Maximen, Lebenserfahrungen, Vorurtheile und Überzeugungen bestimmen die Stimmung. Bezüglich ihres Tons ist sie entweder eine vorwiegend heitere (frohsinnige), oder eine vorwiegend trübe (trübsinnige); aber häufig wechselt bei einem und demselben Individuum die eine mit der andern ab.

Das Gefühlsleben im besonderen.

A. Die formellen Gefühle (Formalgefühle).

§ 110. Die Erwartung und Ungeduld.

Das Gefühl der Erwartung entsteht überall, wo wir das Eintreten einer bestimmten Begebenheit, einer Wirkung, eines Erfolges u. s. w., also das Eintreten einer bestimmten Wahrnehmung in unserem Denken anticipieren. Die Erwartung ist die Anticipation eines zukünftigen Erfolges durch die demselben vorauseilenden Reproductionen.

Das Gefühl der Erwartung lässt sich auf folgende Weise erklären: Gesetzt, es habe sich infolge der Wahrnehmung gewisser Ereignisse in

uns die Vorstellungsreihe a, b, c, d, e ... n gebildet, und die gegen=
wärtige Wahrnehmung a' enthalte in sich etwas, was mit a identisch ist,
so wird durch die Wahrnehmung a' die Vorstellung a, durch diese die
nächste Vorstellung b, durch diese wiederum c, u. s. f. jede folgende ins
Bewußtsein gebracht, bis die ganze Reihe vollständig abgelaufen ist.
Stellt nun diese Reihe den äußeren Verlauf eines Naturereignisses dar,
so werden, wenn dasselbe sich wirklich so zuträgt, daß die bereits fertige
Vorstellungsreihe ihm durchgängig entspricht, die einzelnen Glieder der
letzteren durchgängig von den eintretenden Wahrnehmungen bestätigt.
Wie nämlich die frühere Vorstellung a durch die jetzige Wahrnehmung a'
hervorgetrieben wird, erweist sich a als gleichartig mit a' und verschmilzt
mit ihm. Ebenso wird nun auch b durch b', c durch c' u. s. f. gehoben,
und es verschmilzt abermals b mit b', c mit c' u. s. f.

Die Folge davon ist, daß die vorderen Glieder der älteren (apper=
cipierenden) Reihe an Kraft und Energie gewinnen. Dadurch aber nimmt
die Evolution der älteren Reihe an Schnelligkeit zu, und die Spannung
(der Drang) ihrer einzelnen Glieder, mit den entsprechenden der neuen
(appercipierten) sich zu verbinden, wächst von Glied zu Glied. Die Repro=
duction, welche bisher durch das neu Dargebotene kräftige Hilfe und Be=
stätigung erhielt, eilt nun dem letzteren voraus und vergegenwärtigt
uns anticipativ schon das Endglied n', von dem vorausgesetzt wird,
es werde mit dem reproducierten n ebenso identisch sein, wie bisher a'
mit a, b' mit b, c' mit c u. s. w. sich als identisch dargestellt hat. Aber
die Reihe der Vorstellungen läuft ungleich schneller ab als die Reihe der
Ereignisse und ihrer Wahrnehmungen; wir sind mit unseren Gedanken
schon bei n und n' angelangt, dagegen mit der wirklichen Perception
vielleicht erst bei e'. Dies wirft uns auf e zurück. In der Zwischenzeit,
ehe sofort f' eintritt, sind wir neuerdings mit unseren Gedanken bei dem
anticipierten Endgliede n' angelangt und müssen abermals zu f zurück.

Das ist das erste Stadium der Erwartung — die **Spannung**;
das zweite, die **Auflösung**, läßt eine doppelte Form zu: die Erwartung
wird entweder bestätigt durch das Gegebene und hiemit **befriedigt**,
oder wird sie nicht bestätigt, **getäuscht**. — **Ersteres** findet statt, wenn
endlich nach manchen Hindernissen und Zögerungen das anticipierte letzte
Glied n' sich in der Wahrnehmung einstellt und mit n verschmilzt. Nun
hört mit einemmale die Spannung auf, und es regt sich in der Seele
das Lustgefühl der **Befriedigung**. Der Grund dieses Lustgefühles liegt
in dem plötzlichen Weichen der Hemmung, in dem Aufhören des Druckes,

der vorher auf dem Vorstellungsleben lastete. Je heftiger der Druck war, welchen die noch gespannte Erwartung ausübte, desto wohlthuender ist seine Lösung.

Stellt sich dagegen an irgend einer Stelle, z. B. bei n eine Wahrnehmung x' ein, welche nicht identisch ist mit dem Gliede n der Vorstellungsreihe, das zu gleicher Zeit ins Bewusstsein gehoben wird, so entsteht zwar wiederum der bisher gelungene Versuch zur Vereinigung des durch die Wahrnehmung gegebenen x' mit dem Gliede n, aber er **misslingt** und es entsteht dadurch das Gefühl der **Täuschung**. Es tritt die Vorstellung n mit voller Kraft ins Bewusstsein, aber sie ist unvereinbar mit dem durch die Wahrnehmung aufgedrungenen x'. Das Bestreben zur Identification und Verschmelzung beider hat keinen Erfolg; der Gegensatz des bloß reproducirten n gegen das percipierte x' bewirkt anfänglich ein wechselndes Verdrängen des einen durch das andere. Der Versuch zur Verschmelzung wird wiederholt, aber er führt nur eine vergebliche Bemühung herbei. Endlich aber siegt die größere Macht des x' und sofort trifft die Hemmung das n und zuletzt, rückwärtslaufend, alle die mit n verbundenen Glieder der früheren Reihe. Jedenfalls muss das Nichtidentische in der Wahrnehmung x' mit sehr überwiegender Energie auftreten, um die Vorwärtsbewegung des n, das an sich selbst stark ist und mit einer Vorstellungsmasse zusammenhängt, zu sperren. Dass dies ohne ein lästiges schmerzliches Gefühl nie vor sich gehen kann, ist klar, und wir erfahren dergleichen Gefühle bei jeder Zurückweisung und Widerlegung des Erwarteten vermittels entgegengesetzter Wahrnehmungen. Ist dagegen dasjenige, was gegen die Erwartung gegeben wird, leicht zu hemmen, so werden vermittels der beiderseits gleichen Elemente auch die übrigen erwarteten an die Stelle des Wahrgenommenen geschoben, und die **Wahrnehmung** ist durch die Erwartung **verfälscht**. Dies geschieht namentlich oft, wenn die Erwartung stark begehrt, die Wahrnehmung noch im Entstehen und noch schwach ist. So gleiten wir z. B. über manchen Druckfehler, über manchen Fehlschluss in einer Reihe von Schlüssen hinweg, ohne sie zu bemerken. Wenn **Don Quijote** hinter den aufgewirbelten Staubwolken statt der Schafherde ein Kriegsheer erwartet, so kommt dies daher, weil die sinnliche Wahrnehmung, die er macht, von den betreffenden Reproductionen aus seinen Ritterromanen, die sie zum Evolvieren gebracht hat, absorbiert wird und von ihnen ihre Deutung erhält.

Das Gefühl der Erwartung knüpft sich nicht selten an die anticipierende Vorstellung eines **solchen** Ereignisses (Begebenheit, Wirkung,

Erfolg), dessen Eintreten uns aus irgend einem Grunde interessiert. Interesse erweckt uns aber dasjenige, was uns nicht gleichgiltig ist, wofür wir Aufmerksamkeit besitzen und was wir uns mit Leichtigkeit und Lust aneignen. (§ 99 A.) So interessiert das Neue, das mit dem Alten fast völlig identisch, oder das ihm in jeder Hinsicht entgegengesetzt ist, fast gar nicht. Ebenso läßt das absolut Neue, das gar keine oder nur heterogene Apperception vorfindet, ganz gleichgiltig, so wie das absolut Alte, dessen Verschmelzung ohne Umformung vor sich geht. Eine glückliche Mischung und Mengung von Altem und Neuem interessiert am meisten. Je stärker nun das Interesse ist, das wir an dem Erwarteten nehmen, desto intensiver wird das die Erwartung begleitende Gefühl sein. Es wird sich bis zum Gefühl der Ungeduld steigern, wenn uns das Eintreten des Erwarteten besonders lebhaft interessiert und lange auf sich warten läßt. (Ein herrliches Beispiel hiezu liefert Shakespeare in „Romeo und Julie" II. Act, 5 Sc.)

§ 111. Die Hoffnung, Besorgnis, Überraschung, der Zweifel.

1. Hoffnung, Besorgnis und Zweifel hängen mehr oder minder mit der Erwartung zusammen. Hoffnung ist freudige, Besorgnis bange Erwartung. **Hoffnung ist nämlich eine Erwartung, wobei man sich von dem imvoraus angenommenen Erfolge eine Lust verspricht, welche der Hoffende (in der Einbildung) schon vorweg genießt.**

Die Hoffnung ist eines der angenehmsten Gefühle: sie richtet den Menschen auf und erhöht sein Selbstgefühl; sie belebt die Muskeln und richtet das Haupt empor. „Die Hoffnung macht mit flücht'gen Schwalbenschwingen aus Kön'gen Götter, Kön'ge aus Geringen." Shakespeare [Richard III.].) Die Hoffnung ist nur die nachgeborne Schwester der Freude, aber sie ist auch beständiger, ihr mildes Feuer erwärmt und ihr belebender Hauch erfrischt und kräftigt; von Krankheit Erschöpfte und von Kummer Gebeugte werden durch sie im eigentlichen Wortsinn wieder aufgerichtet; die Natur hat sie tief in unsere Brust gepflanzt, der Mensch hofft, so lange er lebt, und noch am Grabe pflanzt er die Hoffnung auf.

In der Hoffnung spielt die Phantasie eine nicht geringe Rolle; diese ist es, welche dem Hoffenden das Erhoffte in den glänzendsten und schmeichelndsten Farben darstellt, es verschönert und verklärt, so daß dann die wirkliche Erreichung des Erhofften nicht jenen Genuß zu bieten vermag, den die Phantasie davon vorspiegelte.

„Hoffnung auf Genuß ist fast so süß,
    Als schon erfüllte Hoffnung."   (Shakesp. „Rich. II.")

Tritt das erhoffte Ereignis nicht ein, oder hat es nicht die erwartete Wirkung, so verwandelt sich das Lustgefühl naturgemäß in ein Unlustgefühl, in das Gefühl getäuschter Hoffnung.

2. Das Gefühl der **Besorgnis ist die Anticipation eines zukünftigen Erfolges und zugleich der uns von ihm drohenden Unlustgefühle vermittels der Phantasie**. Wie die Phantasie in der Hoffnung uns das anticipierte Wohl verschönert, stellt sie in der Besorgnis das anticipierte Wehe meist übler dar, als es sich hinterher erweist.

Den Gegensatz zum Gefühl der Erwartung bildet das Gefühl der **Überraschung**. Es ist an und für sich ein **Unlustgefühl, welches durch den unvermittelten Eintritt von etwas Unerwartetem oder Anders-Erwartetem entsteht**. Das Überraschende kann seiner Natur und Bedeutung nach ein mehr oder minder günstiges, d. h. unseren Interessen, Wünschen, herrschenden Neigungen, Tendenzen, Maximen mehr oder minder entsprechendes sein, und demgemäß kann es geschehen, entweder, daß das dadurch hervorgerufene Lustgefühl das Unlustgefühl an Stärke überragt, oder daß es ihm das Gleichgewicht hält, oder endlich, daß es schwächer ist als jenes. In allen diesen Fällen wird das Gefühl der Überraschung seinem Ton nach zu einem Mischgefühle werden, in welches je nach den Umständen Lust und Unlust in verschiedenem Maße sich theilen. Ist dagegen das Überraschende ein uns Ungünstiges, Schmerzliches, Gefährliches, und hemmt es plötzlich den Lauf der Vorstellungen, so daß das Bewußtsein eine Zeitlang leer steht, dann ist nicht mehr Überraschung, sondern Schreck da. Dieser steigert sich zum Entsetzen und Grauen. (Letztere Zustände sind eigentlich Affecte.)

3. Der **Zweifel** ist ebenfalls eine Erwartung, aber eine Erwartung, die in zwei oder mehrere Endglieder zerfällt. Der Zweifel beruht im innersten Grunde auf der Vorstellung der möglichen Differenz zwischen unserem subjectiven Gedankenzusammenhang und dem objectiven Verlaufe der Naturbegebenheiten, oder der Handlungen anderer. Wessen Gedankengang dem objectiven Geschehen immer entspräche, bei dem könnte nicht der leiseste Zweifel aufkommen. Wessen Erwartungen niemals getäuscht wurden, wessen Hoffnungen nie fehlschlugen, wessen Wünsche und Begehrungen nicht ein einzigesmal vereitelt wurden, der kann nicht zweifeln.

Die Erfahrung aber, daß unsere Erwartungen, Hoffnungen und Wünsche nicht immer sich erfüllen, ist die Mutter des Zweifels. (Die unerfahrene Jugend zweifelt nicht; ihr fehlt die Grundlage des Zweifels — die Erfahrung, sie gibt sich sorglos den Eindrücken hin, ist für alles und jedes gleich empfänglich, ahnt nicht, daß es in der Welt Trug, Lüge und Verrath geben könne. Erst die Erfahrung, daß Dinge und Personen nicht so sind, wie sie scheinen, öffnet ihr die Augen und bringt den Zweifel hervor.) — (Ein schönes Beispiel in Shakespeares „König Johann" IV. Act, 1. Sc.)

Der Zweifel unterscheidet sich von der Erwartung besonders dadurch, dass diese einen bestimmten zukünftigen Erfolg anticipiert und festhält, während der Zweifel zwischen mehreren, gleich möglich erscheinenden Ausgängen einer Sache unbestimmt hin- und herschwankt. Dort ist das Endglied einer innerlich ablaufenden Vorstellungsreihe, deren Bestätigung durch die Wahrnehmung erwartet wird, eine bestimmte Vorstellung, die ungetheilt festgehalten wird; hier spaltet sich das Endglied der Vorstellungsreihe in zwei oder mehrere Fälle, die mit verschiedenen, unter sich wechselnden Graden der Wahrscheinlichkeit vorgestellt werden, je nachdem aus früheren Erfahrungen bald diejenigen hervortreten, welche das Eintreffen des einen Falles, bald andere, welche vielmehr den Eintritt eines anderen Falles erwarten lassen. Diese verschiedenen möglichen Fälle schließen sich aber (wie die Glieder in einem disjunctiven Urtheil) gegenseitig aus, d. h. den Grad der Wahrscheinlichkeit, welchen jeder für sich hat, hat zugleich jeder andere gegen sich. Nur einer der möglichen Fälle (Vorstellungen) kann wirklich werden. Es fragt sich aber welcher? Alle kommen abwechselnd und rasch hintereinander zum Steigen, je nachdem dem einen oder dem anderen Hilfsvorstellungen reichlicher zufließen, die ihn heben und wahrscheinlich machen. Bezeichnen wir diese Fälle durch P, Q, R ..., so wirkt die Hebung der Vorstellung des einen der möglichen Fälle, z. B. des P, zugleich als Unterdrückung der beiden anderen des Q, R ... Diese aber reagieren und streben ihrerseits, sich im Bewusstsein zu behaupten. Ist schon dieses abwechselnde Steigen des einen Gliedes, das Sinken der anderen Glieder ungemein beunruhigend, so ist vollends das Streben der mehreren entgegengesetzten Vorstellungen, trotz ihres Gegensatzes, zugleich ins Bewusstsein zu kommen, und sich darin neben und gegenüber der anderen zu behaupten, der Sitz quälender Unruhe.

Dieses Gefühl dauert so lange, bis durch die Wahrnehmung eine bestimmte unter den mehreren Vorstellungen P, Q, R ... wirklich bestätigt wird, worauf dann erst die anderen entschieden sinken, und sich in demselben Momente das Gefühl einer Erleichterung, einer Entlastung von schwerem Drucke kundgibt.

Ein sehr bedeutendes Gewicht erhält das Gefühl des Zweifels dann, wenn auf dem Gegenstande des Zweifels ein schon befestigtes Interesse ruht, wenn man z. B. die Handlungsweise eines Menschen unter gewissen Umständen, oder die Allgemeingiltigkeit eines theoretischen Satzes ergründen will. Das Gefühl des Zweifels wird um so größer und intensiver sein, je größer das Interesse ist, das wir an der Wahrheit, oder Unwahrheit, an dem Eintreten, oder Nichteintreten des Erfolges nehmen, und je mehr demgemäß das Gefühl der Erwartung zum Gefühl der Ungeduld sich steigert. Ist dies Interesse so stark und groß, daß es mit unserem Lebensinteresse, unserem ganzen Wohl und Wehe verschmilzt, und verspricht die Frage gar keine oder doch nur eine späte, ungünstige Lösung, so wird der Zweifel zur Verzweiflung, das Gefühl der Beunruhigung zum Gefühl der Unerträglichkeit sich steigern und damit zu einem mächtigen Impulse unseres Wollens und Handelns werden. — (Auch der Eifersucht liegt der Zweifel zugrunde, vgl. Shakesp. „Othello", III. Act, 3. Sc.)

§ 112. Langweile.

Unter der Langweile verstehen wir wörtlich „viele lange Zeit", und es ist der Ausdruck daher entnommen, daß wir gleichsam die **Minuten zählen** und den Übergang von einem Momente, einem Zustande zum anderen gleichsam beobachten. Wo sie sich einstellt, da scheint der Zeitverlauf unaufhörlich zu stocken, seine Geschwindigkeit eine ungemein träge zu sein; der Gedankenlauf kommt nicht von der Stelle, stockt, schwebt unentschieden hin und her, ohne eine feste Richtung annehmen zu können. In der Langweile wird uns gerade der Zeitverlauf im Mißverhältnisse zu dem, was die Zeit füllen könnte, vorzugsweise bemerkbar. —

Unter Langweile versteht man dasjenige Unlustgefühl, **welches seinen Sitz hat im Mangel an Beschäftigung, d. h. an einem hinlänglich beschleunigten Gedankenumlauf.** — Das Gefühl der Langweile setzt einen gewissen Grad der Cultur voraus. Ohne die Vorstellung der Zeit und ohne die Vorstellung einer die Zeit ausfüllenden, mehr oder minder geistigen Thätigkeit oder Beschäftigung fühlen wir die Langweile nicht, oder nur in einem sehr geringen Grade. Die Langweile setzt also feste Vorstellungsmassen voraus. Das Kind, so lange es noch gar keine consolidierten und einigermaßen geordneten Vorstellungsmassen besitzt, kann keine Langweile haben. Auch bei dem uncivilisierten Menschen, wie bei dem rohen Wilden, der durch sinnliche Bedürfnisse zur Thätigkeit gespornt wird, demnächst aber sich gerne der Ruhe überläſst, findet ſich dieſes unangenehme Gefühl nicht; vielmehr entſteht, ſtatt der Langweile, eine Art von Stupor oder bloß vegetierendem Leben, das ihm als ein Anempfinden der Leibesruhe und Behaglichkeit nichts weniger als unangenehm iſt.

Der Zuſtand der Langweile ſelbſt läſst ſich beſſer fühlen als beſchreiben; ſie iſt gewöhnlich eine niederſchlagende Beunruhigung, eine unerklärliche Abſpannung und Erſchlaffung geiſtigen und körperlichen Lebens, welche alle Vorſtellungen, alle Glieder feſſelt und lähmt, Unfähigkeit des Denkens und Handelns erzeugt. Sie gibt ſich äußerlich gewöhnlich durch G ä h n e n kund und hat nicht ſelten Ü b e l k e i t, S c h w i n d e l, A u s z e h r u n g und Tod zur Folge.

Die Langweile entſpringt aus zwei Quellen: 1. entweder wird uns des Neuen zu viel, oder 2. zu wenig geboten.

A. Wird des Neuen, das keine Anknüpfungspunkte an appercipierenden Vorſtellungsmaſſen findet, zu viel geboten, iſt ſeine Folge zu raſch, als daſs es vollſtändig aufgefaſst werden und feſte Verbindungen eingehen könnte, ſo entſteht ein Gefühl, welches in der organiſchen Sphäre ſein Analogon am S c h w i n d e l hat. Es verwirrt ſich das Frühere mit dem Späteren, ein fortlaufendes Verſtändnis wird unmöglich, und an alles zu ſchnell Vorübergehende, das ſich der Auffaſſung ſchon wieder entzieht, während wir uns noch mit demſelben beſchäftigten, muſs ſich ein unangenehmes Gefühl knüpfen, welches durch den Zwang entſteht, der unſerem Vorſtellungsverlaufe angethan wird, indem dieſer genöthigt wird, alles wieder fallen zu laſſen, bevor es gelingen konnte, es aufzufaſſen und zu verſtehen. Dieſes Gefühl des erzwungenen Abreißens des Gedankenlaufes braucht ſich nur zu wiederholen und anzuhäufen, und es entſteht die Langweile, welche es gar nicht mehr unternimmt, ſich das Neue anzueignen, weil ſie die unangenehmen Gefühle des Miſslingens, die ihr durch neue Verſuche entſtehen würden, anticipiert. Das unfaſsliche Neue hört nicht auf, ſich herbeizudrängen, es nöthigt zwar nicht mehr zu neuen Verſuchen, aber es läſst auch keinen anderweitigen Gedankenlauf aufkommen, es ſtört jede Beſchäftigung. Fremde Gedanken, die auftauchen wollen, werden zurückgehalten, zu neuen Gedankenbildungen kann es nicht kommen; es bleibt daher nichts übrig, als das Gefühl innerer Anſtrengung ohne Befriedigung, das Gefühl der i n n e r e n L e e r e, der Betäubung, des S c h w i n d e l s. Einen ſolchen pſychiſchen Schwindel wird z. B. mancher nach einer erſten Eiſenbahnreiſe gefühlt haben; die ſchnelle Verſetzung in eine entfernte Gegend, die Erinnerung, eine Menge von Orten durchlaufen zu haben, bringt eine

Flucht, eine Desorientierung der Vorstellungen hervor, in denen die Menge der gehabten Eindrücke gegen die Kürze der gebrauchten Zeit streitet. Dasselbe Gefühl erzeugt ein Vortrag, von dem wir nichts als die Worte verstehen; er regt zwar die Bedeutungen der Worte auf, aber diese fügen sich zu keinem Zusammenhang, bleiben unverständlich und verworren. Daher die Worte des Schülers in Faust:

„Mir wird von alledem so dumm,
Als gieng' mir ein Mühlrad im Kopfe herum."

B. Das Gefühl der Langweile der anderen Art entsteht, wenn zur Verarbeitung zu wenig geboten wird, z. B. wenn wir uns von einem Gegenstande (sei es ein Ereignis, eine Erzählung, eine Gesellschaft u. s. w.) im voraus mehr Unterhaltung versprochen haben, als derselbe hintennach wirklich gewährt; wenn wir eine triviale Rede anhören müssen, deren Sinn wir nur zu wohl verstehen, die aber nichts weiter als die alten längst bekannten Gemeinplätze in der verbrauchtesten Form, selbst bis auf die üblichen Phrasen wiederholt, und daher nicht die mindeste Erwartung dessen, was kommen soll, anzuregen vermag. — Das Quälende dieser Art der Langweile besteht in der unserem Vorstellungsablauf aufgedrungenen, langsameren Bewegung, sowie in der für das Dargebotene bereits abgestumpften Receptivität. Unser Denken wird alsdann gezwungen, länger bei Bekanntem, und uns deshalb wenig Interessierendem zu verweilen, als es Stoff zur Verarbeitung an demselben findet. Der natürliche Rhythmus des Vorstellungsablaufes wird fortwährend zerrissen; das Vorstellen eilt fort zu dem Folgenden, anticipiert die ganze noch übrige Reihe in kürzester Zeit, findet sich aber durch die langsamer sich bewegende Rede immer wieder auf das Alte zurückgeworfen und dabei festgehalten. Die Summe dieser Hemmungen wächst mit jedem Momente, daher das allmählich sich steigernde Gefühl des Überdrusses, Ekels und der Ermüdung. Unter den vielen traurigen Beispielen der Langweile aus Überdruß, Übersättigung (Ekel) an Genuß weist uns die Geschichte den aus dem Weisesten zum größten Thoren gewordenen, seines Lebens überdrüssigen Salomo auf.

§ 113. Unterhaltung, Erholung, Arbeit.

Das Gegentheil der Langweile nennt man Unterhaltung. Jene bringt unseren Gedankenlauf ins Stocken, diese in Fluß. Jene ist dasjenige Unlustgefühl, welches entsteht durch Stockung, Unterbrechung und Verwirrung des Gedankenlaufes, indem entweder zu viel oder zu wenig des Neuen der Apperception dargeboten wird, diese dagegen dasjenige Lustgefühl, welches entsteht, indem das Neueingetretene die appercipierenden Vorstellungen auf leichte Weise und in relativ kürzester Zeit anregt, so daß sie frei fortan sich entwickeln können, ohne daß jedoch vollständige Vorwegnahme des Nachfolgenden stattfände. Unfaßlichkeit von der einen, Stillstand des Vorstellungslaufes und vollständige Anticipation des Nachfolgenden sind daher die negativen Bedingungen der Unterhaltung.

1. Soll eine Beschäftigung unterhaltend sein, so dürfen keine durchaus neuen und fremden Wahrnehmungen der Apperception geboten werden; denn diese lassen sich nicht ohne Mühe und Zeitverlust den älteren Vorstellungen hinzufügen; auch dürfen 2. keine neuen Begriffsbildungen vorgenommen werden, denn diese sind immer mit Anstrengung verbunden (während die Mühelosigkeit das Hauptmerkmal der Unterhaltung ist); sondern nur alte, schon geläufige Vorstellungen müssen veranlaßt werden, neue, wo möglich, überraschende Verbindungen einzugehen, ohne jedoch die älteren bedeutend zu stören und umzuformen; diese neuen Verbindungen müssen ferner 3. ebenso leicht wieder löslich sein, als sie sich bildeten (d. h. sie dürfen keine wesentlichen, auf innern Inhaltsbeziehungen der Vorstellung beruhenden sein) — Verbindungen, wie sie die leichthinschwebende, immer geschäftige Phantasie erzeugt (Witze und Wortspiele, Rebus, pikante Anekdoten, Bonmots, Räthsel, Charaden u. dgl.). Der Wechsel des Dargebotenen muß 4. ununterbrochen sein, daß uns keine Zeit gelassen wird, zwischen die einzelnen Glieder desselben fremde Vorstellungen einzuschieben, die unsere Aufmerksamkeit unwillkürlich in einem höheren Grade in Anspruch nehmen und daher von demselben ablenken. (Stellen wir z. B. bei Erzählungen moralische Betrachtungen über das Erzählte an, oder beziehen wir dieselben auf uns selbst, so hat die Unterhaltung ein Ende.) Endlich muß 5. das Neueingetretene uns in steter (wenn auch keineswegs beruhigender) Spannung auf das, was noch nachkommen soll, erhalten, d. h. es darf nicht vollständig von uns anticipiert werden. Wir finden uns daher am besten unterhalten, wenn in dem uns zuströmenden Vorstellungsverlauf kurze Spannungen der Aufmerksamkeit und rasche Lösungen, leichte Erwartungen und kleine Überraschungen miteinander wechseln. Sie müssen leicht, klein sein, weil lange Spannungen, schwerwiegende Erwartungen, große Überraschungen ein zu starkes Gefühl der Unlust erzeugen würden. So unterhalten uns

z. B. Gespräche von mäßiger Abwechslung, während übermäßige Ab=
wechslung den Faden der Unterhaltung zerreißt. So unterhält ein Roman
oder Drama (Lustspiel, Schauspiel oder Trauerspiel) nur, wenn der
Knoten der Handlung so geschickt geschürzt ist, daß wir den Ausgang
des Stückes nicht vollständig vorauszusehen imstande sind; Aristoteles'
tragischer Held, wenn er uns in Mitleid und Furcht versetzen soll, darf
nicht ohne jegliche Schuld dastehen. Die kurzweilige Erzählung muß so
beschaffen sein, daß eines aus dem andern fließt; und das Gespinst der
Reihen so von Knoten zu Knoten zu verweben, macht die Kunst des Er=
zählens aus; die Odyssee erscheint als wahres Muster der Erzählung. —
Alles Contrastierende, Halberrathene, Geheimnisvolle, Abenteuerliche und
Verbotene wirkt besonders unterhaltend.

Die Wirkung der Unterhaltung auf verschiedene Individuen ist
entweder eine belebende und erhebende, oder eine abspannende,
je nachdem die Stimmung, welche nach der Unterhaltung als ihr Resultat
uns zurückbleibt, entweder mehr oder minder günstig ist für die Fort=
setzung unserer gewohnten geistigen Beschäftigung. Die Wirkung der
Unterhaltung heißt Erholung. Und wie die Unterhaltung der Lang=
weile gegenübersteht, so stellen wir wiederum die Erholung, als eine
mehr spielende Vorstellungsthätigkeit, der Arbeit, als einer ernsten,
planvollen Beschäftigung gegenüber. Die Arbeit ist ein Mittel zur
Erreichung eines Zweckes, der positiven Wert hat; Unter=
haltung und Erholung haben den Zeitvertreib zum Zweck; ihr Wert
ist negativ. Jene ist vorzugsweise schaffend, productiv; diese mehr
oder minder unproductiv.

Die erhebende Erholung wirkt auch nebenbei noch positiv,
indem sie den Geist nicht bloß, wie die abspannende Erholung (z. B.
das Kartenspiel u. s. f.), von den drückenden Vorstellungen befreit,
sondern indem sie ihn zugleich emporrichtet, dadurch den Centralorganen
neue Spannkraft ertheilt und sie zu neuer Anstrengung disponiert.

Arbeit und Erholung müssen mit einander abwechseln.
— Glücklich zu preisen ist, wer durch sittliche Selbstbe=
herrschung es dahin gebracht hat, die Arbeit in Erholung
und umgekehrt diese in jene zu verwandeln.

B. Die qualitativen Gefühle.

§ 114. Begriff und Eintheilung der qualitativen Gefühle.

Die qualitativen Gefühle sind solche, die an der Beschaffenheit des Vorgestellten haften. Sie unterscheiden sich von den Formalgefühlen dadurch, daß sie einen bestimmten Vorstellungsinhalt zu ihrer Entstehung nöthig haben, der zwar nicht unmittelbar selbst Gegenstand des Gefühles ist, auf welchen aber dieses stets bezogen werden muß. Die formellen Gefühle sind nur Gefühle besonderer Arten der Spannung und Hemmung des Vorstellungsverlaufes, und sie lassen sich, ohne vollständig und für immer zerstört zu werden, gar nicht in Vorstellungen auflösen; denn es würde dadurch das Gefühlte selbst (die Spannung der widereinanderwirkenden Vorstellungen oder die Auflösung derselben) aufgehoben werden. Die qualitativen Gefühle dagegen können und sollen stets aufgelöst und in bestimmten Begriffszusammenhang umgewandelt werden, ohne daß dadurch ihre Gegenstände (die Wahrheit, Schönheit und Sittlichkeit) vernichtet würden. (Daß beide Vorgänge [z. B. das Fühlen und Denken der Wahrheit 2c.] nicht zugleich, wohl aber nacheinander stattfinden können, wurde schon im § 109 hervorgehoben.) — Ihrem Inhalte nach zerfallen die qualitativen Gefühle, je nachdem sie sich auf Wahrheit, Schönheit, Sittlichkeit oder Religion beziehen, in intellectuelle, ästhetische, moralische und religiöse.

§ 115. Die intellectuellen Gefühle (das Wahrheits- und Wahrscheinlichkeitsgefühl).

Das Wahrheitsgefühl ist dasjenige Gefühl, welches dem Erkennen der Wahrheit immer vorangeht und gewissermaßen als Antrieb dient zur Auffindung derselben, aber auch der erkannten regelmäßig nachfolgt. Das Wahrheitsgefühl tritt immer als eine Art anticipativen Erkennens auf, welches seinen Gegenstand nicht mit dem klaren Bewußtsein aller ihm wesentlich zukommenden Merkmale und Beziehungen, sondern bloß nach einem allgemeinen Totaleindrucke erfaßt. Darum tritt dieses Gefühl überall da hervor, wo das Denken unvermögend ist, die Erkenntnis der Wahrheit vollständig zu erreichen. Daher haftet auch dem Wahrheitsgefühl, im Vergleich zu dem reinen Erkennen der Wahrheit, immer eine gewisse Unklarheit an. Wo es uns für eine Ansicht, Behauptung, Entschließung überhaupt, an zureichenden Gründen fehlt, oder wo wir zwar der Gründe im allgemeinen (summarisch) uns bewußt sind, ohne dieselben jedoch insbesondere in consequenter (logischer) Entwicklung produciren zu können, da berufen wir uns auf das Wahrheitsgefühl. (Daher heißt es bei Schiller: „Was kein Verstand der Verständigen sieht, das übet in Einfalt ein kindlich Gemüth.") Man denke hier beispielsweise an die durchgängige Entscheidung der Frauen nach Gefühlen und nicht nach Gründen, weshalb dieselben auch von dem, was ihrem Gefühle widerstrebt, so schwer zu überzeugen sind.

Wir können demnach das Wahrheitsgefühl definieren als dasjenige Gefühl, welches auf der unklaren Vorstellung der Übereinstimmung oder des Widerstreites gleichzeitig hervorgetriebener Vorstellungsverknüpfungen (Sätze) mit unseren anderweitigen bereits consolidierten Ansichten und Überzeugungen beruht.

Sind die neu auftretenden Vorstellungen (Sätze) mit gewissen alten bereits früher von uns erworbenen Ansichten und Überzeugungen einstimmig, so bringen sie das Gefühl der Richtigkeit hervor; sind die neuen mit den alten im Widerspruche, verbieten sie durch den Gegensatz ihres Inhaltes die Zusammenfassung, so rufen sie in uns das Gefühl der Unrichtigkeit hervor. So wird z. B. ein Charakter in einem Drama als psychologisch wahr gefühlt; es wird die Richtigkeit eines Ausdruckes in einer fremden Sprache durch das Gefühl erkannt, wenn im ersten Falle die einzelnen Züge des dargestellten Charakters in ihrer Totalität mit dem Gemeinbilde, das wir aus unserer Erfahrung von einem möglichen menschlichen Charakter haben, nicht im Widerspruch stehen, oder wenn im anderen Falle die angewendete Redeweise dem Bilde nahezu entspricht, das wir von dem Idiom der betreffenden Sprache besitzen. — Grammatische Unterschiede und Begriffsnuancen, Trug- und Fehlschlüsse werden häufiger gefühlt, als deutlich gedacht.

Ähnlich verhält es sich mit der Wahrscheinlichkeit und Unwahrscheinlichkeit. Man hat mathematische und philosophische Wahrscheinlichkeit unterschieden. Jene besteht in einem bloßen Zahlenverhältnis möglicher Fälle, durch das ein Fühlen gar nicht entstehen kann; diese dagegen wird nur nach dem Gefühle geschätzt. Die nur summarische Zusammenfassung (Zusammenfassung nach dem Hauptinhalte) der Gründe, die für den Eintritt des einen der möglichen Fälle sprechen, wirkt als

Totalkraft gegen die Zusammenfassung derjenigen, welche den entgegengesetzten Fall unterstützen, und das Übergewicht der einen über die anderen macht sich dann auf der einen Seite positiv als Gefühl der Wahrscheinlichkeit, auf der anderen negativ als Gefühl der Unwahrscheinlichkeit geltend. — Nihil est menti veritatis luce dulcius — sagt Cicero, der bekanntlich alle menschlichen Pflichten von der Wahrheit ableitete. — (Vgl. Max und Thekla in Schillers „Wallenstein", Act III.)

§ 116. Die ästhetischen Gefühle (das Gefühl des Schönen und des Häßlichen insbesondere).

Viele Gegenstände der Natur: Thiere, Pflanzen, Steine, Landschaften ꝛc. und manche künstliche Erzeugnisse des Geistes, wie Erzählungen, Schauspiele, Gedichte, Gemälde, Statuen, Bauwerke, mimische und musikalische Darstellungen sind so beschaffen, daß sie uns unwillkürlich und unbedingt gefallen oder mißfallen, wenn wir sie rein und ungetrübt, d. h. klar vorstellen. Der Beifall oder das Mißfallen, das sie uns abnöthigen, gibt sich in Gefühlen kund, die wir ästhetische nennen. Mit diesem Namen bezeichnen wir daher alle Gefühle des unbedingten (absoluten), von jedem fremdartigen Nebeninteresse freien Gefallens oder Mißfallens. — Im allgemeinen nennen wir denjenigen Gegenstand, der uns unwillkürlich und unbedingt gefällt, schön; denjenigen aber, der (ohne alle Nebenrücksicht) unwillkürlich und absolut unser Mißfallen erregt, häßlich. So wird z. B. Jeder consonierende Intervalle schön, dissonierende häßlich finden; gewisse Farbenzusammenstellungen, z. B. roth, gelb und blau, oder orange, grün und violett, oder grün und violett, gelb und blau, werden allgemein gefallen, andere dagegen, wie z. B. gelb, grün und blau, violett, roth und orange; gelb und roth, sowie roth und blau ꝛc. unbedingt mißfallen. Daher nennt das Sprichwort: blau und roth „Bauernmod". (Vgl. Zimmermann, Ästhetik. II. Th. §. 485.) Symmetrische Anordnung gefällt, Verletzung der Symmetrie dagegen mißfällt.

Um nun das ästhetische Gefühl richtig zu erfassen, ist es nothwendig, seine Eigenthümlichkeiten genauer zu betrachten: Man darf 1. das ästhetische Gefallen oder Mißfallen nicht mit der sinnlichen Lust oder Unlust, oder was auf dasselbe hinausgeht: man darf nicht Schönes und Häßliches mit dem Angenehmen und Unangenehmen verwechseln. Das Angenehme haftet an der Materie des Empfundenen; das

Schöne dagegen resultiert aus der Form, d. h. aus der Zusammenfassung eines mehrfachen Gleichartigen. Jenes wirkt durch seine (einfache) Materie auf uns, dieses durch seine Form. Das Angenehme des Rosendustes z. B. läßt sich nicht von demselben abgesondert vorstellen, so dass wir einerseits den Rosenduft allein als abgesonderte Empfindung hätten, und ihm andererseits die Annehmlichkeit, als ein von der Empfindung Verschiedenes, beilegen könnten, wie etwa dem Silber seinen Klang, sondern in einer ungetheilten Empfindung fließt der Rosenduft mit seiner Annehmlichkeit zusammen; es läßt sich also nicht Gleichgiltiges und Gefälliges von einander sondern. Dies aber ist der wesentliche Unterschied des Angenehmen vom Schönen, dass bei letzterem sich stets das Gleichgiltige (die einzelnen Inhaltselemente) abgesondert vorstellen läßt von dem Wohlgefälligen, das aus der Zusammenfassung jener Elemente (im Bewusstsein) entspringt.

Daher kann 2. nie das völlig Einfache Object des ästhetischen Wohlgefallens oder Missfallens werden, sondern immer nur Zusammengesetztes. Immer sind es Verhältnisse zwischen zwei oder mehreren unterschiedenen Gliedern, die, mit vollendeter Klarheit vorgestellt, das Prädicat schön oder häßlich erhalten. Die einfache Ton- und Farbenempfindung kann kein ästhetisches Vorziehen oder Verwerfen zur Folge haben, sondern es sind stets nur Zusammenstellungen von Farben, Tönen, Linien, Flächen, Bewegungen, Handlungen u. s. f., welche unbedingt gebilligt, oder missbilligt werden. Jedes Musikstück ist aus einer Menge von Tönen zusammengesetzt; Harmonie und Melodie finden nur zwischen mehreren Tönen statt und beruhen nur auf ihrem Verhältnis. Jedes Gemälde besteht aus einer Mannigfaltigkeit von Farben, von Beleuchtungsgraden, von Linien; die Verhältnisse der Farben, die der Beleuchtungsgrade, die der Linien im Umrisse machen, anderes bei Seite gesetzt, seine Schönheit aus.

3. Aber nicht bloß zusammengesetzt muss das Object des ästhetischen Wohlgefallens oder Missfallens sein, sondern es können nur gleichartige (contrastierende) Vorstellungen als Glieder eines ästhetischen Verhältnisses auftreten. Eine sorgfältige Analyse der einschlägigen Thatsachen zeigt, dass nur Töne mit Tönen, Farben mit Farben, Raum- mit Raumreihen (Gestalten mit Gestalten), Zeit- mit Zeitreihen, articulierte Laute mit ebensolchen, Wollen mit Wollen, Handlungen mit Handlungen rc... zusammengestellt und verglichen werden dürfen, um einen ästhetischen Eindruck zu erzeugen, welcher bei Zusammenfassung von Tönen mit Farben, von Gestalten mit Gesinnungen u. s. w. völlig ausbleiben würde. — Nach

dem Gesagten bedarf es kaum der Bemerkung, daß bloße Wiederholungen (Identitäten) derselben Töne, oder derselben Gestalten und Gesinnungen nichts Ästhetisches bilden: d e m n a c h e i n b e s t i m m t e r G r a d d e s G e g e n s a t z e s u n t e r i h n e n s t a t t f i n d e n m u ß. Daß nicht jeder Gegensatz Gefallen hervorbringe, bedarf nur weniger Beispiele. Wem gefällt die falsche Quinte in der Musik, wem die Zusammenstellung von blau und roth u. s. f.?

S o l l d e r C o n t r a s t g e f a l l e n, so dürfen 1. die contrastierenden Glieder nicht r e i n e n G e g e n s a t z bilden, neben welchem gar keine Wirksamkeit ihrer Ä h n l i c h k e i t besteht; 2. dürfen dieselben nicht gar zu nahe stehen, damit nicht ihre Identität jede Wirkung des Contrastes unmerklich mache; 3. dürfen die contrastierenden Glieder nicht gerade solchen Contrast bilden, daß ihr Gegensatz und ihre Gleichheit sich das Gleichgewicht halten.

Hieraus folgt, d a ß n u r d e r j e n i g e C o n t r a s t s c h ö n, d. h. unb e d i n g t g e f ä l l i g s e i, i n w e l c h e m e n t w e d e r d e r G e g e n s a t z d e r c o n t r a s t i e r e n d e n G l i e d e r g e r a d e d a s a n i h n e n v o rh a n d e n e G l e i c h e ü b e r w i e g t, o d e r d a s l e t z t e r e g e r a d e d a s a n i h n e n E n t g e g e n g e s e t z t e u n m e r k b a r m a c h t, o h n e s i e d e sh a l b a l s E i n e s e r s c h e i n e n z u m a c h e n.

Endlich ist 4. das Schöne und Häßliche nicht mit dem Nützlichen und S c h ä d l i c h e n zu verwechseln. Zwar stellen wir das Nützliche auch mit Beifall vor, und geben ihm einen Vorzug und Wert, aber immer nur einen b e d i n g t e n, der abhängig ist von dem außerhalb des Nützlichen liegenden Zwecke, zu dessen Verwirklichung es dienlich und brauchbar ist. Fällt dieser Zweck fort, so verliert auch das Nützliche seinen, ihm nur vorübergehend zukommenden, gleichsam nur geliehenen Wert. Dagegen ist der Beifall, den das Schöne erregt, unabhängig von allem anderen außer ihm liegenden Zweck, er ist unbedingt; sein Wert liegt in ihm selbst beschlossen. Das Schöne ist an sich wertvoll (ist Selbstzweck), das Nützliche erhält seinen Wert erst durch ein anderes. Das Wohlgefallen am Schönen tritt erst dann in seiner Eigenthümlichkeit recht hervor, wenn sein Gegenstand ohne alle Nebengedanken und ohne jede darauf gerichtete Begehrung nur möglichst klar und ungehemmt vorgestellt wird. Wer immer diese Bedingung erfüllt, der fühlt in sich den ästhetischen Beifall, und dieser bleibt ihm solange unverändert, als jene Vorstellungen klar bleiben. Darin besteht die Allgemeingiltigkeit des Schönen und sein unveränderlicher Wert im Gegensatz zu der vorübergehenden und individuellen Wertschätzung des Nützlichen und des Begehrten.

Das Gegentheil des Schönen ist das **Hässliche**. Es ist eine solche Vereinigung contrastierender Theile, welche dem Auffassenden ebensoviel Gegensatz als Vereinbarkeit dieser Theile zugleich darstellt und sein Gemüth dadurch in die disharmonische Schwankung und in das aus ihr hervorgehende Gefühl versetzt. So ist z. B. bei der falschen Quinte das Identische und das Nichtidentische gleich groß, wodurch ein Streit ohne Entscheidung hervorgerufen wird mit dem Gefühle des Missfallens. — Zeigt sich in einem und demselben Gemüthe eine deutliche Einsicht in das Bessere und Würdigere, und demgegenüber ein dem Schlechteren und Unwürdigen zustrebender Wille, so stellt sich dieser innere Unfriede auch dem Beobachter eines solchen Gemüthes mit dem ganzen Eindruck der **Disharmonie** dar; das **Zusammensein** beider Glieder in der einen Person treibt zur Zusammenfassung, die **Unvereinbarkeit** von Wille und Einsicht hält sie fortdauernd auseinander. Je mannigfaltiger in einer Totalerscheinung die verschiedenen Arten von Elementen sind, und je mehr sich zwischen ihnen dieses widerstrebende Zusammensein fühlbar macht, desto mehr wird das Missfallen an der ganzen Erscheinung überwiegend werden.

Die ästh. Gefühle kommen ausschließlich durch Gesichts- und Gehörsvorstellungen zustande: die übrigen Sinne haben an ihnen entweder gar keinen oder nur geringen Antheil. — Über ästhetische Wirkung der Gestalten vgl. Waitz, Ps. § 37; — über Wirkung des Rhythmus, der Harmonie und Melodie ebendas. § 38.

§ 117. Unterschied des Sittlichen vom Schönen.

Die **sittlichen** (moralischen, ethischen) Gefühle sind den ästhetischen am nächsten verwandt. Das **Gemeinsame** beider besteht darin, dass 1. sowohl das Schöne als das Sittliche **unbedingt** gefällt, während deren Gegentheile unbedingt missfallen; 2. beide beruhen auf **Verhältnissen homogener Glieder**; nur mit dem Unterschiede, dass das Sittliche sich ausschließlich auf Willensverhältnisse, Gesinnungen und Handlungen bezieht, indes das Schöne ebensogut Dinge und unpersönliches Geschehen zu seinem Gegenstande haben kann; 3. beide führen auf **Musterbegriffe**, auf **Ideen und Ideale**, d. h. auf solche unwandelbare Begriffe, welche, wenn sie rein gedacht werden, ungetrübten und unwillkürlichen Beifall erzeugen. (Die Idee ist die Vorstellung, nicht wie sie eben ist, sondern wie sie wissenschaftlich sein soll.) Das Schöne und Gute soll sein und geschehen, Häßliches und Böses soll nicht sein und geschehen. Deshalb gehen von der Ästhetik, wie von der Ethik, Vorschriften, Normen und praktische Weisungen aus.

Der Unterschied des Schönen vom Sittlichen beruht in Folgendem: 1. das Schöne als solches hat einen größeren Umfang als das Sittliche; denn es erstreckt sich nicht bloß auf persönliches Geschehen, sondern auch auf unpersönliches Geschehen des äußeren Naturlaufes. Schön können Dinge und Verhältnisse, sittlich kann nur der Wille sein; 2. das Schöne, sei es nun ein Natur- oder Kunstproduct, läßt sich isoliert von der Person seines Urhebers betrachten, ja es soll sogar, namentlich beim Kunstschönen, von der Individualität des Künstlers gänzlich abgesehen werden; das Sittliche dagegen gestattet die Abstraction nicht, denn es ist mit der Person, ihrem Dichten und Trachten unzertrennlich verbunden und entscheidet unmittelbar über ihren Wert; 3. die Vorschriften der Ethik lauten kategorisch; die Hervorbringung des Guten soll gewollt, die des Bösen unterlassen werden. Beides ist einfach ein Pflichtgebot. Die Normen der Ästhetik aber sind bloß hypothetischer Art. Die Production des Schönen soll zwar geschehen und die des Häßlichen unterbleiben; es kann dieselbe jedoch nicht allen ohne Ausnahme zugemuthet werden, sondern nur denjenigen, die den wahren Beruf dazu besitzen. Zum Guten sind alle verpflichtet, zum Schönen haben nur wenige die volle Mission empfangen. „Das Sollen, wo es anerkannt ist, involviert auch das Können; aber wo das Nichtkönnen anerkannt ist, da gibt es auch kein Sollen."

§ 118. Entstehung des sittlichen Gefühles.

Sollen sittliche Gefühle in uns entstehen, so ist vor allem erforderlich: 1. daß sich in uns, angeregt durch Erziehung (insbesondere Religionsunterricht), Umgang, Lectüre, Reflexion über eigene und fremde Handlungen, eine gewisse Welt- und Lebensansicht ausgebildet hat. Wir müssen uns wenigstens einigermaßen darüber klar geworden sein, was als der Zweck und die Aufgabe des menschlichen Lebens zu betrachten sei. Wir müssen uns ferner wenigstens in allgemeinen Umrissen Musterbilder für unser Verhalten entworfen haben. 2. Der fortschreitende Gang der Cultur klärt und vervollständigt nach und nach diese Bilder des Wollens und bildet aus ihnen allmählich einen Allgemeinwillen hervor, d. h.

den allgemeinen Vorsatz, dem, was man als gut und recht anerkannt hat, fortan sein Einzelwollen in jeglicher Lage des Lebens zu unterordnen. 3. Ist aber einmal die innere Bildung soweit vorgeschritten, dann bedarf es nur der Vorführung des Bildes eigenen Wollens oder des Bildes eines fremden Einzelwillens, und es wird sich unaufhaltsam und unwillkürlich ein sittliches Gefühl einstellen. 4. Es erfolgt nun ein Zusammenstoß zweier Vorstellungsmassen, der appercipierenden, in welcher der Allgemeinwille begründet ist, und der zu appercipierenden, aus welcher jener Einzelwille hervorgieng. 5. Ist der Einzelwille so beschaffen, dass er mit dem aus den Idealbildern entsprungenen Allgemeinwillen übereinstimmt, so unterstützen und kräftigen sich die beiden Vorstellungsmassen, indem sie miteinander verschmelzen, und es macht sich in dem Momente ihrer Vereinigung eine Förderung der Vorstellungsthätigkeit, mithin ein Wohlgefühl geltend. Dieses ist das Wohlgefühl des sittlichen Beifalls, der sittlichen Billigung. — Wo hingegen der Einzelwille mit dem Allgemeinwillen im Widerstreite sich befindet, da werden die beiden Vorstellungsmassen (wenngleich in verschiedenem Grade) gehemmt, und dieses hat eine Herabstimmung der psychischen Lebensthätigkeit zur Folge, welche sich als Unlustgefühl äußert. Das ist das Unlustgefühl des sittlichen Tadels, der absoluten Missbilligung und Verurtheilung (gleichviel ob seiner selbst oder eines anderen).

Die moralischen Gefühle sind demnach nichts anderes als die Wohl- oder Wehegefühle, die aus der Übereinstimmung oder dem Widerstreite der Willenserscheinungen mit den sittlichen Ideen entstehen; sie sind diejenigen Gefühle, durch welche die ewigen unabweisbaren Gebote oder Verbote des Gewissens zu unserem Bewusstsein reden.

Indem durch die ethischen Gefühle und Urtheile der unbedingte Wert oder Unwert des Wollens, mithin der Person selbst, welche diesen Willen hat, bestimmt wird, erhalten die ethischen Musterbegriffe (Grundformen) eine höhere Wichtigkeit, ein allgemeines und tieferes Interesse als die ästhetischen. Während bei letzteren die Grundlagen des Ich, der Persönlichkeit, des Charakters bloß mittelbar berührt werden, trifft das Sittliche jene Grundlagen (Vorstellungsmassen) auf unmittelbare Weise. Es erhebt entweder das Ich, enthüllt seinen Vollwert, oder erniedrigt es und zeigt es in seiner Nichtswürdigkeit. Es rührt und bewegt mithin das Seelenleben in seinem innersten Kerne — im Ichbewusstsein.

§ 119. **Arten der sittlichen Gefühle.**

Das moralische Gefühl, das sich ursprünglich auf die einfachen Billigungen des Löblichen und Guten und Mißbilligungen des Schändlichen und Bösen bezieht, kann bei verschiedenen Anlässen verschiedene Formen annehmen. Von diesen mannigfaltigen Formen sollen hier nur einige der ursprünglichsten berührt werden.

Zu den Gefühlen, die sich am frühesten im Menschen entwickeln und große Intensität besitzen, gehören das Selbstgefühl, Ehrgefühl, Rechtsgefühl und Mitgefühl (das sympathetische Gefühl).

A. Das Selbstgefühl ist kurzweg Gefühl des eigenen Ich. Es beruht auf der Förderung des Ichbewußtseins. — Die Ichvorstellung ist bekanntlich die stärkste Vorstellungsmasse des Menschen; denn ihre Basis ist die breiteste und tiefste zugleich — der gesammte Vorstellungskreis (§§ 103 und 104). Allein das Ich — als endliches — stößt nach außen hin auf eine Menge von Hindernissen. Diese bilden seine Grenze, über die es sich nicht hinaussetzen kann. Äußere Naturgewalten oder die innere und äußere Thätigkeit anderer beseelter Wesen machen sich als Schranken des Ich ununterbrochen geltend. Gelingt es nun dem Ich, diese Hindernisse, die ihm Lebendes und Lebloses setzt, zu überwinden (wenngleich nur momentan), so fühlt es sich selbst gefördert, gehoben und gekräftigt, es erscheint sich freier, stärker, größer und begabter. **Das Selbstgefühl ist demnach die Förderung der Ichvorstellung durch Überwindung der sich ihr von außen entgegenstellenden Hindernisse.** Je vollständiger diese Überwindung ist, desto stärker wird auch das Selbstgefühl sein. (Das Selbstgefühl äußert sich schon im Kinde; denn es hat Freude an solchen Beschäftigungen, durch welche es das Übergewicht seines Ich über die es umgebenden Dinge bethätigen kann.)

Das Selbstgefühl ist entweder ein **wahres** oder **falsches**. Letzteres ist dann vorhanden, wenn der Mensch sich entweder **gar nicht fühlt** (was im absoluten Sinne wohl niemals der Fall ist), oder wenn er sich selbst und seine Kräfte entweder **zu hoch** oder **zu niedrig** anschlägt; ersteres dagegen dann, wenn der Mensch sich als das fühlt und anerkennt, was er **wirklich** ist. Das zu **schwache** Selbstgefühl gibt sich zu erkennen: a) durch Mangel an Thätigkeit überhaupt, indem das Gefühl der Schwäche, der Ohnmacht und Furcht die reine Erkenntnis stört und verwirrt, die klare Anschauung und Auffassung der Dinge und ihrer Verhältnisse, insbesondere bestimmte Erinnerungen, unmöglich macht; b) durch Mangel an der gehörigen Aufmerksamkeit und an Willenskraft. Das zu starke Selbstgefühl äußert sich schon frühe durch Verachtung und Geringschätzung alles dessen, wovon menschliche Bildung naturgemäß ausgehen muss, der Belehrung, Ermahnung, des Beispiels, der Autorität; durch geistige Trägheit, Unbeständigkeit, Flatterhaftigkeit, durch übertriebene, schlecht geleitete, planlos umherschweifende Wißbegierde, die überall und nirgends ist, die alles besser weiß und an jedem etwas zu mäkeln hat; durch Unduldsamkeit des Gemüthes, Eigensinn, muthwillige Übertretung der Gesetze, Trotz und Anmaßung, Härte und Bitterkeit, Herrschsucht und übermüthige Behandlung des Schwächeren. Das zu starke Selbstgefühl steigert sich, wo ihm Hindernisse in den Weg treten, oft eher zum Menschenhasse und zur schrankenlosen Grausamkeit, als dass es sich bricht. Dagegen gibt sich das **richtige** Selbstgefühl durch eine richtige Schätzung seiner selbst, durch klares Selbstbewußtsein, durch richtige Beurtheilung der Dinge, durch Anspruchslosigkeit und Bescheidenheit zwar, jedoch auch durch regen Sinn für Recht und Ehre, durch einen festen und bestimmten Willen sowie durch ein kräftiges und nachdrückliches Handeln zu erkennen. Das richtige Selbstgefühl ist ein sittliches Gefühl; denn es bewahrt den Menschen vor Erniedrigung.

In dem Selbstgefühl sind **zweierlei** Momente zu unterscheiden: zuerst das Fühlen, Innewerden und Erfassen seines Selbstinhaltes (der Vorstellungen, Pläne, Gesinnungen, Gefühle u. s. w.) und sodann die Schätzung dieses inneren Gehaltes. Diese Selbstschätzung ist eine doppelte; das Ich unterscheidet sich 1. als Subject und Object, als das Ich, welches sich anschaut, und als das, welches eben angeschaut wird. Ich, der ich mein gestriges Thun beurtheile, unterscheide mich von meinem gestrigen Ich, bin damit zufrieden oder nicht, billige oder missbillige es (es freut oder reut mich); ich als Subject urtheile über mich als Object. Ich fühle mich gehoben, wenn mich meine gestrige That freut, — niedergedrückt, wenn sie mich reut.

B. Allein der innere Gehalt meines Selbst wird mir 2. erst dann **völlig klar und objectiv**, wenn er auch in dem Vorstellungskreise anderer und nicht bloß in meiner eigenen Existenz gewinnt, von demselben vorgestellt und anerkannt wird. Alsdann erhält **mein Selbstgefühl eine Erweiterung in anderen und durch sie**; ich habe mir eine Geltung in ihrem Vorstellungskreise errungen, und es zeigt sich diese Geltung in ihrem Benehmen gegen mich. Diese Erweiterung des Selbstgefühls in anderen und durch sie heißt Ehre und Ehrgefühl.

Die Ehre ist nach der vorher bezeichneten Scheidung entweder subjective oder objective Ehre. Erstere ist das im Selbstgefühl keimende Streben, auch in anderen als ein Selbst gedacht und von ihnen gerade so beachtet und geachtet zu werden, wie wir uns selbst denken und schätzen. Letztere ist nicht bloß das Streben nach Anerkennung des eigenen Wertes in anderen, sondern der Wunsch, dass unsere Gedanken und Thaten von den anderen nachgedacht und nachgethan, von ihnen angeeignet und wiederholt, zu deren objectiver Persönlichkeit werden, wie sie vorher die unserige ausmachen. (Hieher gehört die Familien-, Stamm-, National- und Standesehre 2c.)

Das Streben nach Ehre hat seine moralische Berechtigung; doch darf es nicht übertrieben werden. Der Erwerb der Ehre ist ein Recht und zugleich eine Pflicht des Menschen, er darf nicht bloß, sondern er soll darnach streben; denn das Urtheil anderer Wesen seinesgleichen über ihn soll ihm nicht gleichgiltig sein. Der innere Wert, den jeder einzelne besitzt, wird ihm erst dadurch recht zum Bewusstsein gebracht, dass er sich in den anderen anschaut und wiedererkennt. Die richtige Erkenntnis und Würdigung unserer selbst wird nicht allein durch das eigene, sondern auch durch das fremde Urtheil vermittelt, welches letztere wir offenbar nur aus der Anerkennung und den Äußerungen anderer über unser Denken und Thun erschließen können. Dabei liegt stillschweigend die Vermuthung zugrunde, dass das Urtheil anderer über uns selbst ein richtigeres sein könne als unser eigenes, und dass dem übereinstimmenden Urtheile anderer über uns wohl Wahrheit zugrunde liegen müsse. Ebendeshalb, weil der Mensch erst in anderen die bestimmte Abspiegelung seiner selbst und das vollendete Bild seiner eigenen Persönlichkeit gewinnt, muss auch naturgemäß sein Streben dahin gehen, den Kreis seiner Persönlichkeit in anderen zu erweitern. Der Wert, den der Mensch auf das ehrende Urtheil anderer legt, wächst in dem Maße, in welchem er bloß nach außen lebt und demzufolge er sich selbst nur in dem Urtheile anderer offenbar wird, wogegen derjenige, der sich nicht in anderen, sondern bloß in sich selbst objectiv wird, von dem ehrenden Urtheile anderer unabhängig ist; aber es kann diese Unabhängigkeit sich ebensowohl in der schamlosen Menschenverachtung des Verbrechers als in der charaktervollen Selbständigkeit des Weisen äußern. Wen das Ehrgefühl durchgängig im Handeln bestimmt, der muß sich überall den Ansichten und Vorurtheilen des **Gesellschaftskreises** fügen, dessen Meinung über ihn selbst ein **Lebenselement und die einzige Art der Existenz ist**, welche er für sich selbst als wesentlich betrachtet (Esprit de corps). So wichtig daher dieses Gefühl auch für die sittliche Bildung des Menschen ist und so richtig in demselben ausgesprochen liegt, daß der einzelne nur in seiner Beziehung auf die Gesammtheit und durch seine Wechselwirkung mit ihr einen Wert erhält, so kann doch gerade aus der **fügsamen Nachgiebigkeit gegen die allgemeine Meinung oder gegen „den Geist des Standes"**, durch welche erstere und durch welchen letzteren der einzelne seine Selbständigkeit einbüßt, das **Unsittlichste** entspringen.

<small>Über den Wert der Ehre vgl. Shakespeare im „Wintermärchen", in „Richard II.", „Othello", „Antonius und Kleopatra", Falstaff'scher Ehrbegriff bei Shakespeare („Heinrich IV.").</small>

§ 120. Ruhm; Bescheidenheit und Anmaßung; Hochmuth und Demuth; Eitelkeit und Stolz.

Der **Ruhm** ist die potenzierte Ehre. Ehre und Ruhm unterscheiden sich voneinander sowohl **äußerlich als innerlich**. Der **Ruhm** will nicht bloß den Kreis des Umganges und der Bekanntschaft, sondern auch die Grenzen der Zeit übersteigen; Ehre leitet unsere Handlungen nur vor denen und wird verlangt nur von denen, die uns kennen und uns bekannt sind. Der Ruhm aber ist das Andenken und die Anerkennung auch unter denen, welche uns nicht bekannt sind, in den weitesten Grenzen oder auch ohne alle Grenzen des Raumes und der Zeit.

Aber auch innerlich sind beide verschieden. Die Ehre versetzt sich in das Urtheil des anderen und will ganz die Forderungen desselben erfüllen; der Ruhm will die Forderungen des anderen übertreffen. Darin liegt auch der Grund, daß er die Forderungen nicht bloß seiner Genossen, sondern aller Mitlebenden und selbst der Nachwelt erfüllen, ja übertreffen will. Die Ehre will dem Urtheil und der Erfahrung genügen, der Ruhm über beide hinausgehen; daher verlangt die Ehre nur Anerkennung, der Ruhm aber Bewunderung und Staunen.

Der Ruhm ist wie die Ehre entweder ein **subjectiver** oder **objectiver**; bei jenem geht die Absicht der Großthaten dahin, nur für sich „ein Monument aufzurichten, dauernder als Erz" monumentum aere perennius), nur seinen Namen auf die Nachwelt zu bringen, während das Werk selber weit entfernt ist, in der Nachwelt als ein würdiges fortzuleben, so daß man sagen könnte, sein Schöpfer lebe in ihm und denen, die es anschauen, objectiv weiter (Herostratus); dieses dagegen zielt darauf, seine objective Persönlichkeit ungemessen zu erweitern, d. i. solche Thaten und Werke auf die Nachwelt zu bringen, daß sie lebend und belebend in ihr fortdauern und fortwirken, daß ihr Erfolg ein unaufhörlicher ist, daß, so oft diese Gedanken wieder gedacht werden, jene Persönlichkeit, von der sie stammen, neu auf- und weiterlebt. (Große Denker, Dichter und Künstler.) Ehre kann man mit vielen anderen zugleich erstreben und genießen; Ruhm schließt diese Gemeinschaft aus; er beruht und bringt auf Ausschließlichkeit, Alleinheit und Einzigkeit in seiner Zeit und seiner Art. Ehre gründet die Republik im Reiche des Gemüthes und der Sittlichkeit, Ruhm die Despotie. Ehre verlangt jeder tapfere Kämpfer in dem Siege für das Vaterland, Ruhm nur der Feldherr und Führer der Schlachten; Ehre jeder Arbeiter am Bau des Staates und der Wissenschaft, Ruhm nur der Baumeister und Gründer; Ehre der Jünger, Ruhm der Meister.

Das Gefühl des eigenen Wertes oder das Selbstgefühl kann bescheiden oder anmaßend, hochmüthig oder demüthig auftreten und in Eitelkeit und Stolz übergehen. **Bescheidenheit und Anmaßung** sind Gegensätze; sie bezeichnen das **entgegengesetzte Maß der eigenen Schätzung**. Der Anmaßende nimmt nicht bloß das Maß und Gewicht seiner Leistung höher an, als es wirklich ist, sondern er verlangt auch eine größere Anerkennung, einen höheren Lohn für seine Leistung als schuldigen Tribut, und zwar ohne ein Recht darauf zu haben. — Hochmuth ist das Ansinnen an andere, sich selbst in Vergleichung mit uns geringzuschätzen; Demuth dagegen die innere Gewährung, daß der andere sich in Vergleichung mit uns höher und uns selbst niedriger schätze. Leicht ist der Hochmüthige zu erkennen; sein Gang, sein Blick, seine Haltung und Sprache sind steif, abgemessen, erkünstelt, erzwungen und nur darauf berechnet, anderen Huldigung und Furcht abzugewinnen oder ihnen durch einen verachtenden Seitenblick seine Geringschätzung zu erkennen zu geben; sein Benehmen gegen andere ist abstoßend und kränkend, ehrabschneiderisch und verleumberisch; seine ganze Handlungsweise trägt das Gepräge des Blödsinnes oder der Narrheit an sich, wie sich denn Verwandtschaft des Hochmuthes und der Narrheit dadurch am deutlichsten ausspricht, daß Hochmüthige, wie Irrsinnige, sich gegenseitig hassen und verfolgen. — Die

Eitelkeit ist ebenfalls eine Überschätzung des eigenen Selbst. Der Eitle legt sich wegen verhältnismäßig nichtiger und wertloser Dinge einen Wert bei. Seltener aber gründet er darauf, wie der Anmaßende, einen ungebürlichen Anspruch an andere, vielmehr pflegt er selbstgefällig und genügsam in diesem vermeintlichen Werte auch Selbstzufriedenheit zu finden. (Hieher gehört das Wort Petrarcas: Foecunda frondium est vanitas, sed inanis fructuum.) Die Selbstzufriedenheit gehört auch zu den Eigenheiten des Stolzes, der dadurch leicht zu der leidigen Gemeinschaft mit der Eitelkeit gelangt. Er unterscheidet sich aber von der Eitelkeit dadurch: 1. dass der Stolz sich der Anerkennung erfreut, ohne auf deren Äußerung gerade viel zu geben, wogegen es der Eitelkeit mehr um das Symbol, um die Ehrenbezeugung, als um die wirkliche Achtung zu thun ist, und sie, mit jedem Lobe, es mag kommen, woher es wolle, zufrieden, sogar den Spott und die Ironie als Lobspruch hinnimmt; 2. dass der Stolz (sofern er nicht der sogenannte Bettelstolz ist) auf wirkliche, die Eitelkeit auf eingebildete Vorzüge gerichtet ist. Darum ist der Stolz edel; die Eitelkeit nicht. Darum lässt der Mensch auch wohl den Vorwurf des Stolzes, aber nicht den der Eitelkeit an sich kommen. Stolz und Eitelkeit vertragen sich nicht in einem und demselben Individuum; der Eitle ist zu eitel, um stolz zu sein.

§ 121. Das Rechtsgefühl.

C. Das Rechtsgefühl pflegt sich am entschiedensten und sogar durch Affecte zu äußern bei grober Verletzung des Rechts. (§ 125.) Das Recht entsteht aus dem Missfallen am Streite. Im Streite nämlich treten zwei wirkliche Wollen, gleichviel ob absichtlich oder unabsichtlich, einander so entgegen, dass sie auf einen und denselben Gegenstand gerichtet sind, welcher unmöglich beiden Wollen zugleich folgen, unmöglich beide zugleich befriedigen kann. Jeder Einzelwille stößt den andern mittelbar durch das, was er will, zurück. Ein solches Verhältnis der streitenden Willen wider einander aber ist ein absolut missfälliges. Der Streit soll beseitigt oder vermieden werden. Die Vermeidung des Streites führt auf die Nothwendigkeit des Rechtes.

Man unterscheidet Rechte im objectiven und Rechte im subjectiven Sinne. Unter Recht im objectiven Sinne versteht man dasjenige, was entweder durch stillschweigende oder durch ausdrückliche Übereinkunft der betheiligten Willen (Personen) über irgend einen Gegenstand zur Beseitigung eines wirklich entstandenen oder möglicherweise entstehenden Streites festgesetzt ist. Unter Recht im subjectiven Sinne versteht man die unter Voraussetzung objectiver Rechtssatzungen sich ergebende Befugnis, Leistungen von einem anderen zu fordern, oder etwas dem etwa sich erhebenden Willen eines anderen zuwider zu thun, ohne dabei den Vorwurf der Streiterhebung auf sich zu ziehen. Das Respectieren dieser Befugnis des einen ist dann pflichtgemäßes Verhalten des anderen.

Wo nun wohlbegründete Ansprüche nicht respectiert, eingeräumte Befugnisse missbraucht oder gar wieder einseitig zurückgenommen werden, wo jemand uns widerrechtlich Zwang anthut, unsere Ehre schändet u. s. w., da äußert sich das Rechtsgefühl vorherrschend als Unlustgefühl. Die absichtliche Verletzung unseres Rechtes ist zugleich Verletzung unserer Existenz in dem Rechtsverletzer, und darum ist das Missfallen an der Rechtsverletzung ein so intensives und um so lebhafter, je näher der Angriff unsere Person trifft, d. i. je mehr wir als vernünftig freie Wesen durch den Angriff verachtet werden. Eine absichtliche Verleumdung und Ehrabschneidung erregt unter gleichen Umständen ein größeres Missfallen, als z. B. ein Diebstahl; denn der Ehrabschneider trifft unsere Person unmittelbar; der Dieb trifft sie nur mittelbar. Dagegen erscheint das Rechtsgefühl in der Form eines sittlichen Lustgefühles, wo ein lange missachtetes und unterdrücktes Recht endlich doch zur Anerkennung, zur Geltung gelangt, wo ein langer und immer lauter drohender Streit oder sogar der wirkliche Kampf, zumal jener der Massen, endlich auf friedliche Weise ausgeglichen wird. Aus der Stärke des Rechtsgefühles begreift sich: 1. wie selbst die besten Absichten, Pläne und Zwecke vereitelt werden, wenn die Mittel ungerecht sind, womit man jene durchsetzen will, wie dieses z. B. der edle Tiberius Sempronius Gracchus erfuhr; 2. warum zugefügtes Unrecht uns leicht andere Fehler und Mängel dessen übersehen oder sogar in Tugenden umschaffen lässt, welcher das Unrecht erleidet. So würden z. B. die Karthager ganz anders beurtheilt werden, wenn sie nicht von den Römern auf eine offenbar so ungerechte Weise behandelt worden wären.

§ 122. Die sympathetischen Gefühle oder das Mitgefühl (Mitfreude, Mitleid, Wohlwollen).

I). Während das Selbstgefühl ein Gefühl ist, das sich zunächst auf uns und auf unsere eigenen Zustände bezieht, bezieht sich das sym-

235

pathetische Gefühl oder Mitgefühl auf andere und auf fremde Zustände. Selbst- und Mitgefühl stehen in dem Verhältnisse zueinander, daß dieses ohne jenes nicht möglich ist, das Mitgefühl aber durch das Selbstgefühl bedeutend unterstützt und befördert wird. Wenn das Selbstgefühl den Menschen zu isolieren droht, so führt ihn das Mitgefühl zu Wesen hin, die seines Geschlechtes, seinesgleichen sind. (Für das Zusammenleben der Menschen sind die sympathetischen Gefühle von der größten Bedeutung.)

Das Eigenthümliche des sympathetischen Gefühles besteht darin, daß wir unwillkürlich bei Wahrnehmung fremder Gemüthszustände dieselben nachbilden, sie in uns aufnehmen, zu unseren eigenen Gefühlen machen, so zwar, daß wir annäherungsweise dieselbe Lust oder Unlust fühlen, wie der, in dessen Seele das Gefühl zunächst vorgeht. In dem sympathetischen Gefühle sind demnach zwei Stücke zu unterscheiden: 1. die lebhafte Reproduction dessen, was in dem Ich des anderen vorgeht, und 2. das Entstehen eines gleichen oder ähnlichen Zustandes. Seine Grundformen sind die Mitfreude, d. i. das freudige Gefühl, das in uns entsteht bei Wahrnehmung fremden Wohles, und das Mitleid, d. i. das schmerzhafte Gefühl, das in uns erregt wird bei Wahrnehmung fremder Leiden oder auch durch lebhafte Schilderung derselben von Seite dritter Personen. Das Mitleid ist insofern Beileid, als sich das schmerzhafte Gefühl über fremdes Leid durch äußere Zeichen zu erkennen gibt. Das Mitleid wird gefühlt, das Beileid wird bezeugt. Zum Mitleid sind die Menschen aufgelegter als zur Mitfreude. Das Leid, den Schmerz, das Unglück des anderen begehren sie nicht für sich, sie vermissen also nichts und finden sich folglich imstande, den fremden Zustand ganz auf sich wirken zu lassen.

Zur Entstehung des Mitgefühls ist erforderlich: 1. daß der mitzufühlende Gegenstand (fremde Gefühlszustand) sich durch ein äußeres Zeichen, durch Worte, Mienen, Geberden oder durch andere äußere Erscheinungen, die auf einen inneren Zustand schließen lassen, offenbare; 2. daß dieses Zeichen auch bemerkt und verstanden, d. h. daß seine Bedeutung hinsichtlich des dadurch bezeichneten Gefühls erkannt werde; 3. daß in uns die fremde Gefühlsäußerung die Reproduction ähnlicher Zustände und Erlebnisse veranlasse, damit wir die Lage des andern Individuums zu begreifen imstande seien; 4. daß die in uns durch die Wahrnehmung des fremden Gegenstandes angeregten Vorstellungen

unter sich in ein ähnliches Hemmungs- oder Förderungs-
verhältnis gerathen wie in dem anderen Individuum, damit unser
und sein Gefühl dem Tone nach harmonisch seien.

Wenn die Vorstellungen, die wir uns von dem Gefühlszustande
des anderen machen, unrichtig sind, so dass wir denselben nicht verstehen;
oder wenn sich in uns gar der Wahrnehmung völlig entgegengesetzte
Reproductionen einfinden, so entsteht in uns entweder gar kein Mitgefühl, oder dessen Gegentheil, die sog. antipathetischen Gefühle des
Neides und der Schadenfreude. Der Neid ist jenes Unlustgefühl,
welches in uns hervorgerufen wird durch die Vorstellung fremder Lust; die
Schadenfreude jenes Lustgefühl, welches erzeugt wird durch die Vorstellung
fremden Wehes. Der Neid ist der Mitfreude, die Schadenfreude dem
Mitleid entgegengesetzt. Die antipathetischen Gefühle haben einen Zug
von Energie, die sympathetischen (Mitfreude und Mitleid) von Schwäche
an sich. Fremder Schmerz wird (wie Volkmann vortrefflich bemerkt,
a. a. O. § 126) von dem Naturmenschen mit einem Gemische von Mitleid und Schadenfreude, fremde Lust weit öfter mit Neid als mit Mitfreude
betrachtet (denn der Mangel des eigenen Genusses wird leicht zur Vermehrung des Druckes). Überhaupt ist Neid als anhaltende Beklemmung
das stärkste der genannten Gefühle. Im sympathetischen Gefühle harmoniert das eigene mit dem fremden Gefühle, die zwischen beiden auf-
und abgehende Vergleichung bestätigt den einen Zustand durch den anderen,
und diese Bestätigung führt zu dem Zuge leiser Lust, der dem Mitleid
so eigenthümlich ist, wobei noch das Bewusstwerden hinzukommt, sich von
dem bloß vorgestellten, nicht wirklichen, also nachgiebigen Druck leicht
befreien zu können. Im antipathetischen Gefühle hingegen stören sich die
Gefühlswahrnehmungen gegenseitig und erhöhen die Spannung, weshalb
im natürlichen Zustande auch die Schadenfreude keine reine Freude ist.
Das Mitleiden kommt häufiger vor als die Mitfreude, die gewöhnlich
nur befreundeten Herzen gilt, indes im entgegengesetzten Falle sich vielmehr an ihrerstatt häufig Missgunst und Neid einfinden. Nur rohe Ge-
müther vermögen den Leiden ihrer Feinde Mitleid zu versagen, und nur
die größte Verworfenheit weidet sich an dem Schmerze anderer (Gladiatoren-
spiele, Thierkämpfe der Römer). Mangel an Mitgefühl — das sicherste
Kennzeichen der Rohheit — wird dem Menschen oft schwerer verziehen
als Grausamkeit, die meistens einen vorübergehenden Grund hat. Der
Mitfühlende und Theilnehmende ist allgemein geliebt, der Theilnahmslose
ist allgemein gehasst. Erkünsteltes Mitgefühl wirkt beleidigend, natür-

liches wohlthuend. Die Jugend ist leichter als das Alter, das weibliche Geschlecht mehr als das männliche zum Mitgefühl gestimmt.

Das Mitgefühl wird um so **größer und stärker** sein: 1. je **gefühlvoller** überhaupt ein gewisser Mensch von Natur aus ist, und je mehr sein Gefühlsleben durch Erziehung und Umgang entwickelt und ausgebildet ist; 2. je **vollkommener** sich derselbe in die Gemüthslage des anderen zu versetzen und hineinzudenken imstande ist, je **besser** er die Zeichen seiner Lust oder seines Schmerzes versteht; daher wird unser Mitgefühl Individuen unseres eigenen Geschlechtes am stärksten zutheil und unter diesen wieder, unter übrigens gleichen Verhältnissen, am meisten denjenigen, die uns am nächsten stehen entweder durch körperliche oder geistige Verwandtschaft, ferner denjenigen, die durchaus hilf- und schuldlos uns erscheinen, endlich auch denjenigen, die sich durch körperliche Schönheit, überhaupt durch eine wohlgefällige äußere Erscheinung auszeichnen; 3. je **ähnlichere Zustände**, d. h. je **ähnlichere Leiden und Freuden** man bereits selbst erlebt hat; denn nun reproducieren sich durch die Wahrnehmung die Erinnerungen an diese, indes, wo solche Erinnerungen fehlen, es bei unbestimmten Vorstellungen bleibt (wer z. B. ein Unglück bereits erfahren, wird den Schmerz, den ein anderer über ein ähnliches Unglück fühlt, mehr zu würdigen wissen und ein regeres Mitleid fühlen als jeder andere); 4. je **lebhafter die Phantasie** ist, die jemand hat; denn eine lebhafte Phantasie vermag den Zustand, in dem sich der andere befindet, leichter nachzubilden. (Der Phantasievolle denkt in die duftenden Blumen eine Seele hinein, klagt ihnen sein Leid und sieht nicht ohne eine Art von Mitgefühl ihrem Verblühen und Welken zu. Das Kind läßt seine hölzerne Puppe nicht häßlich schelten; denn es glaubt, dieselbe fühle den Schimpf.)

Hingegen ist zuweilen a) der Mangel an **Phantasie** Grund der Theilnahmslosigkeit; denn Menschen dieser Art denken sich nicht leicht in die Gemüthszustände anderer hinein, bleiben völlig gleichgiltig beim Anblicke fremden Wohles und Wehes; b) dass der verstockte Egoist kein Mitgefühl hat, ist leicht einzusehen, weil seine Aufmerksamkeit sich immer nur auf das eigene Wohl und Wehe richtet und fremdes Glück oder Unglück in seinem engherzigen Gemüthe keinen Wiederhall findet; c) ferner hebt große Verschiedenheit der Vorstellungskreise und der Bildungsstufe zweier Individuen, Stammes- und Familiengenossen 2c. leicht das Mitgefühl auf. (Der Sclavenhändler und der Neger, der Einheimische und der Fremde, der Patrizier und der Plebejer, der Reiche und der Arme u. s. f.);

d) endlich ist die Antipathie, die man gegen ein anderes Individuum unwillkürlich in sich aufkommen läßt, dem Entstehen des Mitgefühls hinderlich; noch mehr aber der Haß. (So haben manche, namentlich rohe Menschen und Kinder eine Antipathie gegen gewisse Thiere, z. B. Frösche, Eidechsen, Schlangen, Spinnen ꝛc., tödten dieselben, wo sie sie finden, und sehen sogar mit Vergnügen den Zuckungen des sterbenden Thieres zu.)

In der Regel bemitleidet der Mensch (nach Aristoteles' classischem Ausdrucke) an anderen dasjenige, was er für sich selbst befürchtet. [Aristoteles, Poetik § 7.] Hierauf beruht das Tragische. (S. Lessings Hamburg. Dramaturgie VII. Bd. 74. Stück und in folg.; Bobrik, Ästh. S. 355 f.) Der Mensch sympathisiert mit dem Thiere, so weit er dessen Vorstellungskreis sich zu assimilieren vermag (z. B. der Reiter mit seinem Pferde, der Jäger mit seinem Hunde ꝛc.), und Lessing (Abhandl. über die Fabel V. Bd. S. 437 f. [Maltzahn'sche Ausgabe 1854]) erklärte aus diesem geringen Mitgefühl zum Theil den Nutzen der Thiercharaktere in der Fabel. Auch die Thiere sympathisieren unter einander; wenigstens haben sie Gefühle, die den sympathetischen sehr ähnlich sind. (So z. B. nehmen sich die großen Affen der kleinen an; auch hat man gesehen, daß, wenn ein Affe angeschossen war, ein größerer hinzulief und den Verwundeten forttrug. Manche Vögel, z. B. Kibitze, kommen einander zu Hilfe, wenn sie von größeren Vögeln angegriffen werden. Ist eine Gemse erschossen, so nimmt sich eine andere ihres Jungen an. Der Hahn sucht den Streit zu schlichten, indem er den Kopf zwischen die sich bekämpfenden Hühner steckt, u. s. f.)

Das Mitgefühl ist zwar nicht unmittelbar ein sittliches Gefühl, es darf auch nicht mit dem Wohlwollen identificiert werden; aber so viel ist gewiß, daß es der natürliche Antrieb zum Wohlwollen ist und demselben als Vorläufer und Wegweiser dient. Aus dem Fühlen mit dem anderen muß sich immer erst noch das Fühlen für den anderen herausarbeiten, um in die eigentliche Stimmung des reinen Wohlwollens überzugehen. Solange also noch der fremde Zustand unwillkürlich und unbemerkt zugleich als der unsere von uns gefühlt wird, solange ist von einem Gesinnungsverhältnis, wie ein solches das Wohlwollen fordert, noch keine Rede. Wenn aber der Mitfühlende zu dem Bewusstsein gelangt, ein fremder Wille sei der leidende, und in dieser Sonderung des eigenen und fremden Zustandes sich allmählich zu einer dem fremden Willen sich widmenden Gesinnung erhebt, erst dann ist das eigentliche Wohlwollen vorhanden; denn es ist jetzt erst ein sich dem

Wohle eines anderen widmender Wille da. Hier erst findet eine Harmonie zwischen dem: Willen des Wohlwollenden und dem Willen der Person, der er wohlwill, wie er ihn nämlich in seinen Gedanken sich vorstellt, statt, und diese Harmonie gefällt unbedingt. **Unter Wohlwollen verstehen wir daher jene uninteressierte, hilfbereite Theilnahme, die nicht nur nicht des Lohnes wartet, sondern nicht einmal Dank begehrt, und wo sie nicht helfen kann, den Hilfsbedürftigen, zu dem sie nicht durch bloße Sympathie hingezogen wird, da er selbst ihr Feind oder der Wohlthat unwürdig sein kann, wenigstens mit ihren Wünschen begleitet.** Daß aber das Wohlwollen, das die reine Liebe ist, nicht allein als erstes Gebot des Christenthums aufgestellt, sondern auch als die Frucht des Glaubens, der die Verheißung hat, bezeichnet wird, beweisen folgende Stellen der heil. Schrift:

„Wenn ich mit Menschen- und mit Engelzungen redete und hätte der Liebe nicht, so wäre ich ein tönendes Erz und eine klingende Schelle. Und wenn ich weissagen könnte und wüßte alle Geheimnisse und alle Erkenntnis und hätte allen Glauben, also, daß ich Berge versetzte, und hätte der Liebe nicht, so wäre ich nichts. Und wenn ich alle meine Habe den Armen gäbe und ließe meinen Leib brennen, und hätte der Liebe nicht, so wäre es mir nichts nütze. Die Liebe ist langmüthig und freundlich, die Liebe eifert nicht, die Liebe treibt nicht Unwillen, sie blähet sich nicht. Sie stellt sich nicht ungeberdig, sie suchet nicht das ihre, sie läßt sich nicht erbittern, sie trachtet nicht nach Schaden. Sie verträgt alles, sie glaubt alles, sie hoffet alles, sie duldet alles." (1. Cor. 13, 1 f.) „Die Liebe ist von Gott, und Gott ist die Liebe." (1. Joh. 4., 7., 8.) „Sehet, welch eine Liebe hat uns der Vater erzeuget, daß wir Gottes Kinder sollen heißen." (1. Joh. 3, 1 f.) „Und sage euch nun: Ein neu Gebot gebe ich euch, daß ihr euch einander liebet, wie ich euch geliebet habe, auf daß auch ihr einander lieb habet. Dabei wird jedermann erkennen, daß ihr meine Jünger seid, so ihr Liebe untereinander habet." (Joh. 13, 34, 35.) „So ihr aber nur liebet, die euch lieben, was werdet ihr für Lohn haben? Thun dasselbe nicht auch die Zöllner? Ich aber sage euch: Liebet eure Feinde, segnet, die euch fluchen, thut wohl denen, die euch hassen, bittet für die, so euch beleidigen und verfolgen; auf daß ihr Kinder seid eures Vaters im Himmel. Denn er läßt seine Sonne aufgehen über die Bösen und über die Guten und läßt regnen über Gerechte und Ungerechte." (Matth. 5, 44—46.)

Ebensowenig wie mit den sympathetischen Gefühlen, ist das Wohlwollen, die reine Liebe, mit dem Gefühle der Liebe zu verwechseln. Wenn man den Begriff der Liebe in dem Sinne auffaßt, in welchem ihn die heil. Schrift nimmt, nämlich: daß „Gott die Liebe sei", so läuft dabei die Reinheit der Idee keine Gefahr. Denken wir aber bei dem Worte Liebe an die Liebe zu irgendwelchen Sachen oder nur an die Liebe zu Personen, ja denken wir die möglichste Hingebung dabei, so verbindet sich doch immer bei dieser Hingebung das Verlangen einer Aneignung, und bei gegenseitiger Liebe findet weit mehr eine Verschmelzung der beiderseitigen Willen als ein deutliches Verhältnis des Wohlwollens statt. (Hartenstein, Grundbegr. d. Ethik 1884. S. 188 f., und Allihn, Ethik, S. 162 f.)

Von den sympathetischen Gefühlen sind die Gefühle der Sympathie und Antipathie wohl zu unterscheiden. Nahlowsky definiert die Sympathie als ein dunkles Gefühl des Angemuthetseins von und Hingezogenwerdens zu einer fremden Persönlichkeit vermöge des ersten flüchtigen Totaleindruckes, den deren gesammte Erscheinung auf uns macht (so fühlen wir uns sympathisch hingezogen zu oder abgestoßen von Menschen, deren erster Anblick uns lehrt, daß unser ganzes Innere mit dem ihrigen harmoniert oder disharmoniert), die Antipathie hingegen als ein dunkles Gefühl des Angewidert- und Abgestoßenwerdens von einer fremden Persönlichkeit schon vermöge ihrer äußeren Erscheinung. Doch besteht Sympathie oder Antipathie in vielen Fällen darin, daß ein Gegenstand lebhafte oder dunkle Vorstellungen solcher Art in uns erregt, welche früher mit Gefühlen der Lust oder Unlust in uns verschmolzen waren. Oft aber ist die Sympathie oder Antipathie in einer nicht näher erforschten physischen und psychischen Idiosynkrasie begründet. So gibt es z. B. Menschen, die eine natürliche Scheu vor Katzen oder anderen Thieren haben; ihr Anblick verursacht ihnen Krämpfe oder Ekel 2c. Andere bekommen auf ein paar Stunden das Nesselfieber, wenn sie Erdbeeren genießen 2c.

§ 123. Religiöse Gefühle.

Die religiösen Gefühle wurzeln in der Vorstellung des Menschen von einer übersinnlichen Welt, deren Mittelpunkt die Gottheit bildet. **Das religiöse Gefühl ist ein Bewußtwerden unserer Beziehung zur Gottheit, dem Urgrunde und Endziele unseres Seins und Lebens.** Dieses Gefühl geht der bestimmten Gotteserkenntnis voraus, sodann folgt es derselben nach. In ersterer Beziehung hat es mehr die unklare Form des Unbefriedigtseins mit dem Vergänglichen, Hinfälligen und Endlichen und das dunkle Ahnen des Unvergänglichen, Unbedingten und Unendlichen. In dieser Gestalt gehört es zum

Wesen der menschlichen Natur, welcher ein unbestimmtes Suchen und Sehnen nach dem Wahren, Ewigen und Unendlichen eignet, das allein unseren Glückseligkeitstrieb befriedigen kann.

Ist das religiöse Gefühl in der genannten Form eine dunkle Vorwegnahme des Gottesbewußtseins, so zeigt es sich in der zweiten Gestalt auf Grundlage des Gottesbewußtseins in den bestimmten Gestalten der Ehrfurcht, Bewunderung und Anbetung der unendlichen Macht und Größe Gottes, der Liebe zu seiner unerfaßlichen Vollkommenheit und Güte, der Dankbarkeit für seine Wohlthaten, des ungetheilten Hingegebenseins an seine Liebenswürdigkeit in der Andacht, des vollkommenen Befriedigtseins endlich durch die Hingabe an Gott in der Gottseligkeit.

Das religiöse Gefühl ist einer mehr oder minder vollkommenen Entwickelung sowie einer wahren und falschen Ausbildung fähig. Dadurch ist der Wert oder Unwert unserer religiösen Gefühle bedingt. Dieser Wert hängt erstens von der Richtigkeit und Vollkommenheit unserer Gotteserkenntnis sowie des durch diese bedingten religiösen Glaubens ab. Dem Aberglauben können nur falsche religiöse Gefühle entspringen, welche nur allzuhäufig zum Fanatismus führen. Sodann kommt es auf die Seelendisposition an, ob die religiösen Gefühle echt oder unecht sind. Gefühlsverweichlichung und Überspanntheit der Phantasie disponieren zur religiösen Schwärmerei. Geschlechtliche Verirrungen, das Gefühl des Verlassen- und Getäuschtseins, führen nicht selten zur Frömmelei und Andächtelei.

§ 124. Das Gemüth und seine Formen.

Das Gemüth, dessen wichtigste Formen hier nicht unbeachtet gelassen werden dürfen, wurde definirt (§ 36) als das innere Sonderleben des Individuums, wie sich dasselbe in der Verfassung seiner Gefühle sowohl als in der Grundrichtung seiner Strebungen offenbart. Im engeren Sinne ist Gemüth die Neigung zu schönen, besonders wohlwollenden Anstrebungen, welche die entsprechenden Gefühle und ihre Innigkeit voraussetzen. Daher werden dem Gemüthe in diesem Sinne nicht bloß die Äußerungen, sondern auch die tiefen Eindrücke gehören, welche jene Neigung empfängt. Gemüth im engeren Sinne wird also vorzüglich durch persönliche Liebe und durch die Beziehung geweckt, die diese dem Schönen und Guten zu sich giebt. — Durch nichts unterscheiden sich die Menschen mehr als durch ihr Gemüth. — Dem Gemüthe gehört die Gemüthlichkeit an. Wir nennen „gemüthlich" den, dessen Ich nicht allzuschwer in Bewegung geräth, so dass in ihm angenehme und unangenehme Gefühle, Theilnahme, Mitleid, Wohlwollen, Abneigung ꝛc. leicht entstehen. So erfreulich diese Eigenschaft ist, so bringt sie doch die Gefahr mit, dass es gerne bei diesen dunklen Regungen, den Gefühlen, bleibt, dass diese nicht in ein klares Denken auseinandergehen, ja, dass dieses sogar verlernt wird, und der Mensch nach bloßen Gefühlen, aus denen er nicht mehr herauswill, sein Handeln einrichtet und sein Leben gestaltet. Dies ist das im schlimmen Sinne Gemüthliche. — Gemüthlos wird der genannt, dessen Ich sehr schwer in der Weise der Lust- oder Unlustgefühle afficiert wird, entweder wegen großer Schwäche und Stumpfheit aller psychischen Processe (stumpfsinnige, sehr phlegmatische Menschen), oder weil sich beim Zusammenstoße des Ich mit dem jeweiligen Vorstellen sogleich deutliche Urtheile in hellen Vorstellungen statt der dunklen Gefühle ergeben (Verstandesmenschen). — Gemüths=kräftig ist der Mensch, bei dem sich ein haltbarer psychischer Tonus gebildet hat, der durch jede psychische Erregung nicht alsbald modificiert wird; angenehme und unangenehme Erlebnisse fühlt ein solcher wohl, er begleitet sie mit dunklen Urtheilen über Förderung und Hemmung seines Ich, aber dieses selbst wird nicht so leicht erschüttert, es kommt nicht gleich zu allgemeiner psychischer Unruhe, zu Ärger und Verstimmung, und in Freude und Schmerz wird Maß gehalten. — Gemüthsschwäche dagegen ist da vorhanden, wo ausgebreitete, aber energische Reactionen des Ich leicht hervorzurufen sind; fast jede Vorstellung erregt hier ein Gefühl; Freude und Trauer wechseln ungemein leicht und Gemüthsbewegungen werden zum Bedürfnis; die abnehmende Empfänglichkeit fordert dann oft neue, starke Reize (Lust am Schauerlichen, Pikant=Schrecklichen), und das Ich kommt fast nur in Perioden der Erschöpfung und Erschlaffung zur Ruhe. — Eine andere Form des Gemüthes ist das „freie Gemüth". Ein freies Gemüth ist ein argloses; die Erfahrung hat einem solchen noch nicht ihre Lehren aufgedrungen und die Bedenklichkeiten noch nicht so groß gemacht, dass dadurch Zurückhaltung und eine kältere Fassung entstehen müsste. Es gibt aber auch solche, welche oft betrogen, doch so voll Liebe sind, dass sie nicht widerstehen können, und indem sie alles gerne erwägen, der Bedenklichkeit keinen Raum gönnen. — Dem Gemüthe schreibt man auch die „Weichheit" zu, die nicht widerstreben oder gewohnte Bande und Verhältnisse nicht zerreißen mag, um andere nicht zu betrüben. — Ferner muss ihm die „Kindlichkeit" zugesprochen werden, die nicht allein ohne Stolz, sondern beinahe unpersönlich, wie, wenn es weder Erfahrungen, noch irgendwelche egoistische Strebungen in der Welt gäbe, der reinen, natürlichen und kindlichen Freude am Gegenstande und am Menschen hingegeben ist. Sie findet sich zuweilen mit einer bewunderungswürdigen Größe in solchen geistigen Richtungen vereint, die von der Betrachtung der Welt ferne liegen, wie sie selbst auch voraussetzt, daß man nicht sehr in der Welt verschlungen sei. — Zur Kindlichkeit gehört aber nicht die einigen Menschen eigene, totale Ignoranz in allem menschlichen Wissen und die Unbefangenheit in ihr, welche die seltsamsten Fragen thut. — Dem Gemüthe kommt schließlich noch die „Gutmüthigkeit" zu, welche gleichsam keinen Willen zu haben scheint, sondern sich leicht und gern dem fremden Wunsche hingibt, und sich als Bereitwilligkeit und Dienstfertigkeit zeigt. — Aus dem Wesen des Gemüthes geht hervor, daß dasselbe vorzugsweise den Frauen ziemt, die im Schatten stiller Häuslichkeit geringere Veranlassung haben, allgemeine Rücksichten und Verstandsbeziehungen geltend zu machen und gegen das einzelne zu erkalten. Charakter dagegen gehört mehr den Männern. Aber selbst bei Frauen wird es gefallen, wenn etwas mehr Klarheit und Umsicht eine völlig unverständige Übergemüthlichkeit verhindert.

Über Gemüthsstimmung wurde schon das Nöthigste gesagt (s. § 109), Gemüthsbewegungen (Affecte) kommen gleich daran; von der Gemüthsart — als bleibendem Zustande unserer Gefühle und Strebungen — wofür das Lehnwort: „Temperament" im Umlauf ist — wird im dritten Abschnitte gehandelt werden.

§ 125. Begriff der Affecte; Eintheilung derselben.

Mit dem Namen der „Affecte" bezeichnen wir im allgemeinen jene Zustände, welche der Gemüthsruhe (dem Gleichgewichte der Vorstellungen) gerade entgegengesetzt sind. Zwar gibt es in der Wirklichkeit keine absolute Ruhe, keinen absoluten Stillstand der Vorstellungen, folglich auch keine absolute Gemüthsruhe; denn immer befinden sich die Vorstellungen (außer im tiefen Schlafe, in der Ohnmacht u. s. w.) in einer gelinden Schwebe und Bewegung; es ist aber gar nicht zu leugnen, daß es eine relative Gemüthsruhe, einen relativen Stillstand der Vorstellungen gibt (wie z. B. in der Zufriedenheit; denn diese ist eine gelinde, affectlose Freude, welche bei dem Hinblick auf die Möglichkeit, daß die Verhältnisse auch anders, d. h. schlimmer sein könnten, in dem Vorhandenen ruht).

Unter „Gemüthsruhe" versteht man also das ungefähre Mittelmaß der Bewegungen unter den Vorstellungen und der sie begleitenden

Gefühle und Begehrungen, den mittleren (normalen) Grad der Spannung der gegenwärtigen Vorstellungen, der von den Extremen der Überfülle und der Leere, der Überspannung und der Abspannung gleichweit entfernt ist und daher dem Gedankenlauf, dem reproductiven und dem productiven, dem Reflectieren und Phantasieren, das freieste Spiel verstattet. „Die Gemüthsruhe (sagt Drobisch geistvoll a. a. O. S. 209) gleicht dem Wasserstande eines Stromes, der zwischen Seichtigkeit und Überschwellung die Mitte hält, oder der mittleren Höhe des Meeres zwischen Ebbe und Flut. Der Seichtigkeit und der Ebbe, wie der Überschwellung und Flut entsprechen Affecte." Die Gemüthsruhe ist daher das den Gemüths= zuständen angemessene, stabile Verhältnis, zu dem sie immer wieder, und zwar mit um so größerer Energie zurückstreben, je weiter sie von ihm entfernt sind, je mehr sie von ihm abweichen. Jede Abweichung von dem= selben ist etwas Gewaltsames und gibt sich dem Bewußtsein als Störung (Unterbrechung) der vorhandenen gleichmäßigen Stimmung und Gemüths= ruhe kund. Die Störung trifft nicht bloß die normale Bewegung der Vor= stellungen, sondern sie wirkt auch hemmend auf die Functionen des Or= ganismus und spiegelt sich in demselben in unverkennbaren Symptomen ab. (Dem Zornigen z. B. wallt das Blut, schwellen die Muskeln und Adern; er runzelt die Stirn, zuckt die Brauen, ballt die Fäuste, schnaubt, stammelt, stampft mit dem Fuße; der Beschämte erröthet; der Erschrockene erblaßt und erstarrt; dem Ärgerlichen läuft die Galle über; der Furcht= same zittert oder es sträubt sich ihm gar das Haar; der Freudige jauchzt und lacht, oder er weint auch wie der Betrübte u. dgl. m.)

Obwohl alle Affecte aus Gefühlen hervorgehen, so sind dieselben doch von den Gefühlen nicht bloß quantitativ, sondern vielmehr quali= tativ verschieden, d. h. die Affecte sind nicht bloß eine Steigerung der Gefühle oder gesteigerte Gefühle, wie man behauptet hat, sondern eine Gemüthsstörung (Alienation), eine Anomalie, die eine gewalt= same Störung jener Vorstellungskreise zur Voraussetzung hat, worin die betreffenden Gefühle ihren Sitz haben. Es gibt in der That Gefühle, und zwar sehr intensive Gefühle, die den Gleichmuth der Seele nicht im geringsten stören, solange sie nämlich rein und unvermischt bleiben, wie z. B. die intellectuellen, moralischen, religiösen und ästhetischen Gefühle. (S. die schöne Stelle bei Herbart, Lehrb. d. Pf. § 104, und Pf. als Wiss. § 106.) Sie verlieren aber sogleich ihren wahren Charakter, sobald sie (wie bei Affecten stets geschieht) von einer Mitleidenschaft des Körpers begleitet werden. (Das Rechts= und Wahrheitsgefühl z. B. gehen für sich allein nie in Affect über; dagegen geschieht dies äußerst leicht, sobald sie verletzt werden durch Thaten und durch hartnäckigen Widerspruch u. s. f.) (§ 121.) Überhaupt gehen die Gefühle umsoweniger in Affect über, je klarer der ganze Gefühlskreis wird. Der Übergang vom Gefühl zum Affect geschieht nicht allmählich, sondern er ist streng genommen ein Sprung; sein Eintritt hat immer etwas Unvermitteltes, Plötzliches und Überraschendes.

1. Die Ursache des Affects ist immer eine Wahrnehmung, welche plötzlich mit dem Reize der Neuheit in das Bewußtsein tritt und den Fluß der eben im Ablauf begriffenen Vorstellungen stört. Alles Neue (Ungewohnte, Contrastierende) wirkt bekanntlich durch den Gegensatz seines Inhalts auf die eben im Bewußtsein vorhandenen Vorstellungen überwältigend, es drängt sie im ersten Momente zurück und erreicht dadurch im Bewußtsein einen ungewöhnlichen Klarheitsgrad (§ 98). Diese Wirkung ist ähnlich der des Stoßes materieller Elemente, und es können demnach wenige und nicht eben besonders starke Vorstellungen vermöge des Reizes der Neuheit eine Menge an und für sich stärkerer Vorstellungen ebenso zurückdrängen, wie ein Körper von geringer Masse, aber großer Geschwindigkeit durch einen Stoß eine weit größere, ruhende Masse von ihrem Orte wegzudrängen imstande ist. (Drobisch a. a. O. § 30.) Vermöge dieses Stoßes der neuen Wahrnehmung auf die vorhandenen älteren (consolidierten) Vorstellungen und Vorstellungsmassen erhält der Affect im allererften Momente den Charakter der Überraschung.

2. Die (afficierende) neue Wahrnehmung kann eine äußere (wie z. B. beim Zorn, Schreck, bei der Freude u. s. f.) oder eine innere sein (wie etwa ein aufsteigender Zweifel oder Vorwurf, der uns ängstigt, ein gewahr gewordener Mißgriff, der uns ärgert, oder ein trübes Bild von der Zukunft, das uns besorgt und bekümmert macht).

3. Die Gemüthsruhe (der Gleichmuth) der Seele wird dadurch zeitweilig aufgehoben, daß, zufolge der neuen Wahrnehmung, entweder ungleich mehr Vorstellungen aus dem Bewußtsein verdrängt werden, als der bloße Gegensatz, der unter ihnen stattfindet, nöthig macht, oder ungleich mehr Vorstellungen in dasselbe gebracht werden, als sich darin für die Dauer zu behaupten vermögen.

Die neue Wahrnehmung treibt nämlich, wie in der Furcht und dem Schreck, alle eben im Bewußtsein vorhandenen Vorstellungen gewaltsam zurück, zwingt sie (unter Beihilfe organischer Einwirkung) noch unter ihre Gleichgewichtslinie hinabzusinken und setzt sich an deren Stelle; oder die neue Wahrnehmung drückt nur einen Theil der vorgefundenen (älteren) Vorstellungen herab und regt ebenfalls (unter Beihilfe körperlicher Einflüsse) eine ungewöhnliche Menge von Vorstellungen zur Wirksamkeit auf, welche während ihres Emporsteigens selbst wieder als Reproductionshilfen andere mit ihnen associirte Vorstellungen hervorlocken und so auf kurze Zeit das Bewußtsein überfluten, wie im Zorne, im Entzücken, in der Begeisterung u. s. f. In dem einen wie in dem andern Falle wird die Spannung der Vorstellungen ungemein erhöht.

Die Affecte sind entweder angenehme, oder unangenehme, oder gemischte, und zwar in einer größeren Mannigfaltigkeit von Schattierungen und Vermischungen, als daß eine erschöpfende Aufzählung derselben möglich wäre. Alle Affecte sind (ihrem Begriffe nach) vorübergehende Zustände. (Bildung z. B. verhütet Affecte, weil sie die Verschmelzungsbande fester knüpft.) Die Dauer und selbst die Heftigkeit der Affecte hängt sehr wesentlich von der Aufregung ab, in welche der Organismus durch die simultanen körperlichen Zustände versetzt ist. Einmal aufgeregt wirkt der Organismus auf die Seele zurück und versetzt sie in eine längere Unruhe, die nicht eher endet, als bis die Erschütterung des Organismus nachgelassen hat. (Vgl. hiezu die classischen Bemerkungen Kants, Anthrop. § 72, und Herbarts Lehrb. d. Pf. § 106 und dess. „Briefe über die Anwendung d. Pf. auf Pädagogik", kl. Schr. von Hartenstein II. Bd.) Darum ist die durch Constitution, Temperament und Gesundheitszustand bedingte Reizbarkeit und Nachgiebigkeit des Körpers für die Stärke und Beschaffenheit der Affecte maßgebend. (Die gewöhnliche Eintheilung der Temperamente [in das sanguinische, melancholische, cholerische] hat keinen anderen Eintheilungsgrund als die Arten der Affecte, zu denen sie vorzugsweise das Gemüth disponieren: Freude, Traurigkeit, Zorn, denen allen das Phlegma, als die gemüthliche Stumpfheit für Affecte überhaupt, gegenübersteht.)

Jeder Affect hat seine (höhere, obere oder tiefere, untere) Culmination. In diesem Culminationspunkt findet ein momentaner Stillstand, und nach diesem eine retrograde Bewegung statt. Diese letztere pflegt man als den Ausbruch des Affectes zu bezeichnen, der also erst dann eintritt, wenn der verursachende Zustand (der Culminationspunkt) schon vorüber ist. (Die Erfahrung bestätigt dies. Bei Furcht und Schrecken z. B. „vergehen uns die Gedanken", wir „verlieren den Kopf", „kommen nicht von der Stelle", „oder rennen gar der Gefahr, der wir entrinnen wollen, oft selber entgegen", „unternehmen entweder nichts, oder gerade das Verkehrteste zu ihrer Abwehr"; beim Staunen „steht uns der Verstand stille"; der Zornige „steht wie vom Donner gerührt", „seine Gedanken stocken", oder „er kennt sich nicht vor Zorn", „ist außer sich", „vergißt sich selbst und seine gesellschaftliche Stellung", „spricht und thut mancherlei, was er nachher, wenn er zu sich selbst, zur Besinnung, gekommen ist, bitter bereut" u. s. w.)

Dem „Außersichsein" folgt der Assimilationsproceß des Neuen durch das Alte — die Apperception. Durch sie sammelt sich der Furchtsame (d. h. es sammeln sich seine auseinandergestobenen Gedanken), kommt wieder zu sich der Erschrockene, mäßigt und beruhigt sich der Erzürnte, alles nur verschiedene Ausdrucksweisen für die Wiederherstellung des Gleichgewichtes, „für die Wiedereinsetzung des vertriebenen oder in seiner Integrität verletzten Subjectes" (wie Drobisch a. a. O. § 82 treffend bemerkt).

Man theilt die Affecte, je nachdem die Reproduction oder die Hemmung vorherrscht, die Intensität des Vorstellens erhöht oder herabgemindert, der Horizont des Bewußtseins erweitert oder verengert, der Rhythmus des Vorstellungslaufes beschleunigt oder verzögert wird, mit Kant in zwei Hauptkategorien: in sthenische und asthenische, oder mit Carus: in rüstige (entbindende) und schmelzende (beschränkende) Affecte ein. Charakteristisch nannte Drobisch die ersteren: Affecte der Überfüllung, die letzteren: Affecte der Entleerung.

Zu jenen rechnet man: Heiterkeit, Lustigkeit, Ausgelassenheit, Freudenrausch, Entzücken, Muth, Zorn, Groll, Ärger, Ingrimm, Bewunderung, Begeisterung, selige Schwärmerei; zu letzteren gehören: Traurigkeit, Betrübnis, Bangigkeit, Niedergeschlagenheit, Kleinmuth, Scham, Furcht, Angst, Schreck, Grauen, Entsetzen, Verzweiflung. (Eine meisterhafte kurze Charakteristik der genannten Affecte findet sich bei Drobisch a. a. O. §§ 83—86; vgl. auch Waitz Pf. § 44; über die organischen Äußerungen der Affecte vgl. Lotzes Med. Pf. 441—450; Domrich, die psych. Zustände, ihre organ. Vermittlung ꝛc. Jena, 1849. IV. Cap.)

In den Affecten der ersten Ordnung ist die Activität, Anspannung, Exaltation, Expansion vorherrschend, in den Affecten der zweiten Art prävaliert Passivität, Abspannung, Depression, Contraction. In der ersten Reihe zeigt sich eine vorwiegende Aufwärtsbewegung (Steigen), ein massenhaftes Zuströmen, zumeist auch ein rascheres Tempo der Evolution der Vorstellungen, vorwiegendes Kraftgefühl, größere Muskelelasticität und Thatkraft, endlich physiologische Resonanz und hiemit gesteigertes Lebensgefühl. Innerhalb der zweiten Reihe ist die Abwärtsbewegung (Sinkung), Armut, leere und verlangsamte Abwicklung der Vorstellungen vorherrschend; prävalierendes Schwächegefühl, verminderte Spannkraft der Muskeln, Erschlaffung des Willens oft bis zur temporären Willenlosigkeit, endlich physiologischer Druck und somit herabgestimmte Vitalempfindung.

Aus dem Gesagten ergibt sich die **Definition der Affecte** von selbst: **Sie sind nämlich die durch eine überraschende Wahrnehmung bewirkten vorübergehenden Abweichungen oder Störungen der Gemüthsruhe, des normalen Gleichgewichtes**, durch welche der Organismus in Mitleidenschaft gezogen und demgemäß **die besonnene Überlegung und freie Selbstbestimmung entweder vermindert oder sogar momentan aufgehoben wird**. Man kann auch sagen: Affecte sind beträchtliche (weil durch eine überraschende Wahrnehmung bewirkte), obwohl nur **vorübergehende Abweichungen** vom Gleichmuthe, mit denen sich merkliche Aufregungen im Organismus verbinden.

1. Am besten malen den Ausdruck der Affecte die großen Dichter, besonders Homer „Ilias" V. 343, 589 u. f. f. und Sophokles (z. B. im „Philoktet", „sterbenden Herkules"); vgl. hierüber Scheiblers Abhandl. in Ersch und Grubers Allg. Encyclop. sub „Herz" (2. Sect. Th. VII). Unter den neueren Dichtern besonders Shakespeare (z. B. im „Hamlet" die Schwermuth; der Königin Constanze Gram über den Verlust ihres Sohnes in „König Johann III." 4. Sc.; die Ausbrüche des Zornes in „König Heinrich VI." Th. III. Act. III. Sc. 4; des Kummers in „König Richard III." Act. IV., Sc. 4.; der Hoffnung ebendas. V. Act, 2. Sc.; des Freudenrausches in Perikles, Fürst von Tyrus", Act V., 2. Sc.); ferner Goethe, Schiller und Jean Paul u. a.

2. Die ersten Versuche der Eintheilung der Affecte haben wohl die Stoiker gemacht, ohne jedoch davon die Leidenschaften zu trennen. Kants und Carus' berühmte Eintheilungen sind schon erwähnt worden; allein oft haben die entgegengesetzten Affecte ganz gleiche Wirkung (z. B. die höchste Freude und Trauer machen stumm, beide erregen Thränen [Shakespeares „Sturm III."]), oder derselbe Affect hat die entgegengesetzte Wirkung (z. B. Gram und Schmerz regt zum Trotz auf, „König Johann" III. Act. Sc. 1; Schillers „Braut von Messina", V; höchster Gram bricht in Thränen aus, „König Joh." V. 2; auch nicht, „Heinrich VI." Th. III. Act II. Sc. 1). Es zeigt sich also, daß hiebei alles von Individualität und Umständen abhängt. — Wie sich der Zorn auch an leblosen Dingen ausläßt, zeigt treffend Goethe, „Mitschuldige" III. Act. 4. Sc.; Jean Paul, „Siebenkäs", I. Cap. 4., III. Cap. 10.

Die sogenannte Affectlosigkeit (d. h. die Erhabenheit der Seele über die Affecte) ist immer nur eine relative, oft nur eine scheinbare, und kann schon deshalb keine absolute sein, weil der Geist an den Körper gebunden ist, und viele Affecte, z. B.

Schrecken, Niedergeschlagenheit und Angst vermittels des Organismus auf uns eindringen. Die „stoische Apathie" (die Cicero Tusc. II. mit vielen Worten anpreist), ist meist unnatürliche Affection, vgl. Shakespeares „Viel Lärmen um Nichts". V. Act, 1. Sc. — Dass die Affecte meist schädlich auf den Körper wirken (namentlich der Schreck, der sogar tödlich wirken kann), ferner dass das eigentlich Humane oder Vernünftige, die Selbstbeherrschung und die Besonnenheit, im Affecte verloren geht und der Mensch dadurch alle Bildung zu verleugnen (z. B. Capulets Schimpfreden gegen Julia, III. 5. Sc.), gänzlich seinem wahren Interesse entgegenzuhandeln (vgl. Maria Stuarts Gespräch mit Elisabeth), ja bis zu thierischer Wuth herabzusinken veranlasst wird (Goethes „Clavigo", s. W. IX. S. 230 f.): alles dieses ist gar nicht in Abrede zu stellen. — Die Beherrschung der Affecte, so schwierig sie auch ist, ist daher jedermanns Pflicht.

Zweites Capitel.

Von dem Begehren und der Freiheit.

§ 126. Begriff und Bedingungen des Begehrens. (Vergleichung des Begehrens und Verabscheuens.)

Um den psychologischen Hergang des Begehrens erklären zu können, müssen wir zuerst zwei Bemerkungen vorausschicken:

1. Die Begehrungen sind, sowie die Gefühle, keine ursprünglichen, sondern nur abgeleitete Zustände des Bewusstseins; denn sie beruhen auf der Wechselwirkung der Vorstellungen, sind demnach Zustände der Vorstellungen, wie die Gefühle. Das Object der Begehrungen sind nicht äußere Gegenstände, sondern nur Vorstellungen. Zwar scheint nach der gewöhnlichen (irrthümlichen) Meinung das Begehren zunächst auf einen äußeren Gegenstand gerichtet zu sein und sich nur an ihm selbst zu befriedigen (der Hungernde z. B. begehrt Brot, der Durstende Wasser und nicht die bloße Vorstellung des Brotes oder Wassers, von welcher man gemeiniglich behauptet, dass sie weder Hunger, noch Durst zu stillen vermöge); allein bei näherer Untersuchung zeigt sich, dass nicht das Brot von dem Hungernden, der Trank von dem Durstenden begehrt wird, sondern nur die Empfindung der Sättigung durch das Brot, resp. der Stillung des Durstes durch das Wasser. Der äußere Gegenstand des Begehrens (das Brot, das Wasser) wird nur als Mittel zur Herbeiführung eines inneren Zustandes begehrt, der also der eigentliche (wahre) Gegenstand ist, auf den das Begehren geht. Denn die äußeren Gegenstände des Begehrens bleiben der

Seele stets äußerlich; sie können nicht in sie übergehen und auch nicht von ihr anders ergriffen werden als durch die Vorstellungen, die sie von ihnen sich gebildet hat. Es sind also nicht reale Dinge, an denen das Begehren seine Befriedigung fände, sondern, wie gesagt, Vorstellungen von den äußeren Dingen. Hieraus ergibt sich, daß keine Begierde mehr erreichen kann als eine Vorstellung ihres Gegenstandes, daß jede Begierde befriedigt wird durch neues Gegebenwerden der Vorstellung ihres Objectes, was aber doch in der Regel nur durch sinnliche Gegenwart desselben vollständig erreicht werden kann. Nur die Gegenwart des Begehrten befriedigt die Begehrung.

2. Jede Begehrung geht auf ein Künftiges, d. h. jede Begehrung strebt etwas herbeizuführen, was noch nicht da ist. Der Hungernde, der den Genuß der Speise begehrt, will die nicht vorhandene Empfindung der Sättigung herbeiführen. In jeder Begehrung liegt eine Unzufriedenheit mit dem vorhandenen Zustande der Vorstellungen, ein Streben, ein Drang, über diesen Zustand hinauszukommen.

Begehrungen entstehen demnach, wenn durch irgendwelche Veranlassung (a) die Vorstellung irgend eines Gegenstandes (α) im Bewußtsein sich zu heben, emporzusteigen sucht, aber der Rückkehr aus der Verdunkelung zum vollen Bewußtsein sich Hindernisse (β) entgegenstellen. Demnach besteht das Wesentliche der Begehrung darin, daß im Bewußtsein eine Vorstellung (oder Vorstellungsmasse) β als Hindernis gegen die volle Klarheit einer entgegengesetzten Vorstellung (oder Vorstellungsmasse) α auftritt, daß aber gleichwohl diese letztere entweder durch Beihilfe organischer Zustände oder einer anderen mit ihr associierten Vorstellung a verstärkt, wider die Hemmung aufstrebt (der Vorstellung β widerstrebt) und sie überwindet. Von dem Momente an, wo das Sinken der Vorstellung β und das Steigen der Vorstellung α beginnt, ist die Vorstellung α im Zustande der Begehrung; und dieser tritt ein, wenn die hemmende Kraft des β auf α geringer ist als die emportreibende Kraft, womit die Vorstellung α dem Drucke des β widersteht und sich höher im Bewußtsein erhebt. Eine Verstärkung der emportreibenden Kraft kann theils durch höher steigende Klarheit von a bei längerer oder wiederholter Wahrnehmung herbeigeführt werden, theils, und zwar ganz besonders dadurch, daß mit der Vorstellung (oder Vorstellungsmasse) α auch noch andere Vorstellungen, sei es unmittelbar, sei es mittelbar (durch Reihen) in Verbindung stehen und anfangen, ihre Wirksamkeit auf α zu entfalten, so daß eine Mehrheit von reproducierenden Kräften auf α zusammentrifft.

Es versteht sich von selbst, dass auch α selbst nicht rein passiv ist im Gegensatze zu β. Aber auch andererseits geschieht es häufig, dass sich die Hindernisse der Begehrung mehren. Beim Eintritt eines neuen Hindernisses β' erfährt dann das Vorwärtsdrängen, das Aufsteigen der begehrten Vorstellung eine Stockung, d. h. das α befindet sich in einer Klemme, in einem bedrängten Zustande, in welchem es der gemeinschaftliche Angriffspunkt entgegengesetzt wirkender Kräfte ist, jedoch nur momentan, falls β' in Verbindung mit den übrigen hemmenden Kräften schwächer ist als die fördernden, die Bewegung des α begünstigenden Kräfte. Das Begehren nimmt einen neuen Anlauf, indem es vor den Hindernissen wie ein Strom vor dem Damme anschwillt. Alsdann treten auch die Folgen ein, zu welchen die Ansammlung vieler Intensitäten im Bewusstsein Gelegenheit geben kann. Die Hindernisse β', β'' ... werden gänzlich überwältigt, und das α gelangt zu voller, ungehemmter Klarheit, und die Lösung der Spannung, die **Befriedigung**, in der die Begehrung endigt, ist erreicht.

Man kann demnach das **Begehren** — als die positive Form der Begehrung überhaupt — **definieren als das Bewusstwerden des Anstrebens einer Vorstellung oder Vorstellungsmasse gegen ihre widerstrebenden Gegensätze**. Demzufolge kann das **Verabscheuen** — als die negative Form der Begehrung überhaupt — **nichts anderes sein als das Innewerden des Widerstrebens einer Vorstellung oder Vorstellungsmasse gegen das Anstreben ihrer Gegensätze**.

Beide sind idem per aliud. Das Begehren will herbeiführen, was noch nicht da ist, das Verabscheuen will hinwegschaffen, hinwegräumen (abhalten, abwenden, vernichten), was da ist und sich geltend macht; im ersten ist der Gegenstand des Begehrens etwas Mangelndes, das einer Ergänzung, einer Vervollständigung bedarf; im zweiten etwas Aufgenöthigtes, Aufgedrungenes, gegen welches ein anderer Theil unserer Vorstellungen mit mehr oder weniger Erfolg reagiert; das erste geht unmittelbar auf Zukünftiges, es anticipiert dasselbe durch die der wirklichen Wahrnehmung seines Gegenstandes voraneilenden Reproductionen; das andere ist unmittelbar gegen Gegenwärtiges gerichtet, um es gänzlich zu verdrängen und vergessen zu machen, gleichsam zu exstirpieren; das erste hat die Tendenz, das Erstrebte zu erreichen, es zu verwirklichen und es (wo möglich) zu erhalten; das andere strebt den Zustand der Unruhe oder Unlust, der Beklemmung, der bei dem unbefriedigten Begehren sich einstellt, zu überwinden, d. h. (wo möglich) zu vernichten und abzuhalten.

In der Begierde ist die Vorstellung des begehrten Gegenstandes zugleich die lebhafteste und herrschende; in der Verabscheuung ist die einzelne Vorstellung des verabscheuten Gegenstandes klarer als jede einzelne der gegenwirkenden Vorstellungen; aber alle opponierenden zusammengenommen ergeben ein herrschendes Totalgefühl und bilden eine Gesammtkraft, durch deren Thätigkeit die Gemüthslage auf ähnliche Art in einen continuierlichen Übergang versetzt wird, wie beim Begehren. Beide kommen darin überein, dass in ihnen gewisse Vorstellungen gegeneinander drängen. Beide haben Befriedigung zum Ziel, nur jedes auf andere Weise: Was wir begehren, soll sofort unser Bewusstsein erfüllen, und das: „Her damit!" ist so recht der eigentliche Ausdruck jener inneren Attraction, die zuwinkende Hand das einfachste Symbol; was wir verabscheuen, soll fortan kein Element unseres Bewusstseins ausmachen, und das: „Fort damit!" „Hinweg mir aus den Augen!" ist so recht der adäquate Ausdruck jener inneren Repulsion, die abwinkende Hand das einfachste Symbol. Streng genommen ist jede Begehrung beides zugleich. Denn wer α begehrt, verabscheut dessen Gegensätze $\beta, \beta' \ldots$; damit α anstrebe, müssen die $\beta, \beta' \ldots$ widerstreben, und umgekehrt. (Wer z. B. Licht, Luft und Ventilation in einem Schulzimmer begehrt, verabscheut in Einem Dunkelheit, Dunst und Schwüle und wird sich des Verabscheuens sogleich bewusst, sobald er in dem Schulzimmer sich befindet. Wer die Lüge verabscheut, begehrt die Wahrheit u. s. f.) Das Begehren ist befriedigt, wenn die begehrte Vorstellung zu voller, ungehemmter (unangefochtener) Klarheit gelangt ist und alle ihre Hindernisse (Gegensätze) überwunden sind; die Verabscheuung (der Abscheu) ist befriedigt, wenn die verabscheute Vorstellung verdrängt und somit auch das von ihr erzeugte Unlustgefühl behoben ist. Für den Erfahrenen verwandelt sich das Verabscheuen mehr und mehr in positives Begehren der Mittel, die er als wirksame Gegenkräfte gegen das Verabscheuen kennen gelernt hat. „Verbrannt' Kind fürchtet's Feuer", d. h. es hütet sich, dem Feuer (dem verhassten Gegenstand) nahe zu kommen.

Die beiden Hauptstadien der Begehrung sind die Spannung und Auflösung derselben. (§ 110.) Die Spannung ist in dem erhöhten Evolutionsvermögen der begehrten Vorstellung (oder Vorstellungsmasse) und in der Hemmung begründet, welche dieselbe gleichzeitig durch ihre Gegensätze erfährt; die Auflösung der Begehrung wird in positiver und negativer Weise herbeigeführt, indem entweder die begehrte Vorstellung durch die Wahrnehmung bestätigt wird, so dass sie zu voller, ungehinderter Klarheit gelangt, oder die verabscheute Vorstellung durch mächtige Hilfen aus dem Bewusstsein verdrängt wird und eben dadurch die Herstellung der ursprünglichen Gemüthslage, den status quo ante, die restitutio in integrum, nahezu bewirkt. Bei dem Begehren beruhigt die Bestätigung der begehrten Vorstellung (oder Vorstellungsmasse) durch die neuerdings gemachte Wahrnehmung, bei dem Verabscheuen beruhigt schon die Hinwegschaffung der hindernden Vorstellung (oder Vorstellungsmasse). Bei dem Begehren findet volle Hingabe statt an die durch Erfahrung bestätigte Vorstellung (oder Vorstellungsmasse), bei dem Verabscheuen ist man schon zufrieden, wenn man, wie das Sprichwort sagt, „mit heiler Haut" davongekommen ist. (Hieher gehört, was Drobisch a. a. O. S. 230 über sinnliche Begierde sagt.)

Über den Unterschied des Begehrens vom Fühlen und Vorstellen vgl. Herbart, Pf. II. § 104; Volkmann § 123, besonders S. 337; Nahlowsky a. a. O. S. 77. — Über die Frage, ob das Angenehme oder die Lust als Grund des Begehrens, das Unangenehme oder der Schmerz als Grund des Verabscheuens anzusehen sei (oder ob Lust oder Schmerz überhaupt die eigentliche letzte Triebfeder des Begehrens und Wollens sei), vgl. die vortreffliche Auseinandersetzung bei Volkmann § 133 S. 355; Herbart, Pf. II. §§ 108, 150, und Lehrb. d. Pf. § 96. Anm.

§ 127. Folgerungen aus dem Begriffe der Begehrung.

Aus dem aufgestellten Begriffe der Begehrung ergeben sich einige Folgerungen, die ziemlich allgemein aus der Erfahrung bekannt sind.

1. Im allgemeinen wird alles begehrt, was uns wenigstens einigermaßen bekannt ist, wovon also eine Vorstellung in uns schon vorhanden ist. Niemand begehrt etwas, wovon er noch gar keine Vorstellung hat (nach dem richtigen Sprichworte: ignoti nulla cupido); denn die Begehrungen sind nicht etwas außerhalb der Vorstellungen Existierendes (§§ 36 und 126). Tritt nämlich eine Vorstellung so mit anderen zusammen, dass einige als ihre Bundesgenossen ihr helfen, während andere als ihre Nebenbuhler oder Gegner ihr entgegenwirken, so ist sie zu einem Begehrten geworden. Demnach kann jede Vorstellung, ganz abgesehen von jenen aus leiblichen Zuständen (wie z. B. Hunger, Durst ꝛc.) entspringenden Empfindungen, in den Zustand des Begehrens gerathen, sobald sie sich im Bewusstsein gegen Hindernisse emporzuarbeiten hat, obgleich zugegeben werden muss, dass einige leichter, andere schwieriger

sich mit reproducierenden Vorstellungen, die als Antriebe (als antreibende Hilfen) wirken, vergesellschaften. Am leichtesten wird begehrt, was am meisten anregt, d. h. was in uns am schnellsten mit appercipierenden Vorstellungen (§§ 98 und 99) in Verbindung tritt. Worauf unsere Aufmerksamkeit gerichtet ist, das begehren wir, und umgekehrt, und so mannigfaltig die Aufmerksamkeit ist, so verschieden sind unsere Begehrungen. (Das Kind, der Wilde begehren am schnellsten, was sie sinnlich anregt, das Glänzende, Schimmernde, volle Töne, grelle Farben; der Gebildetere begehrt, was in ihm appercipierende Vorstellungen vorfindet; die niederen Stände begehren den höheren, der Knabe dem Manne nachzuahmen.) Das Neue wird nur insofern begehrt, als es nicht absolut neu ist. Das Bewegte wird ohne Vergleich mehr begehrt, als das Ruhende. Denn die Beobachtung eines Bewegten ist ein unaufhörlicher Wechsel aufgeregter und befriedigter Begierde. Schon die bloße Bewegung eines Punktes im Raume macht, dass er an jeder Stelle, wo er war, vermisst, und dort, wohin er gieng, wiedergefunden wird; denn die Umgebung reproduciert in jedem Augenblicke sein Bild, so dass man seinen ganzen Weg anzuschauen glaubt, obgleich er in jedem Momente nur an einer einzelnen Stelle gesehen wird. Das Vermissen und Wiederfinden ist Begierde und Befriedigung, deren unaufhörlicher Wechsel ist aber Unterhaltung. So spielen Kinder mit dem Balle und dem Kreisel; die junge Katze spielt mit dem hängenden Bande und dem Knäuel, der Hund läuft dem Rade und dem Wagen nach. Aus eben dem Grunde regt die krumme Linie mehr an als die gerade, weil bei ihrer Wahrnehmung Begierde und Befriedigung fortwährend wechseln.

2. Die Begehrungen sind vorübergehende, wechselnde Zustände des Bewusstseins; mit der Befriedigung geht die Begehrung zu Ende. Die Befriedigung bricht jedesmal aus der höchsten Steigerung, gleichsam aus dem Culminationspunkte der Begierde, hervor. Naht die Begierde diesem ihrem Ziel, so gibt sie einen Vorgenuß der Befriedigung. (Der Dürstende begehrt am heftigsten in dem Augenblicke, da seine Lippen das Glas berühren, und wo ihm die Einbildung die schon nahe Befriedigung vorgaukelt.) Ob die Begierde auch über die Befriedigung hinaus beendigt sei, hängt davon ab, ob die Begierde das Erstrebte vollkommen erreicht hat oder nicht. Die vollkommene Befriedigung aber ist nur ein bloßes Ideal, dem sich die wirklichen Befriedigungen nur annähern; denn diese sind umsoweniger ganz, je zusammengesetzter die Vorstellung der Begierde, und umsoweniger voll, je reicher die übrige Vorstellungswelt ist.

Aus beiden Gründen mag die Befriedigung des Thiers am vollkommensten sein und das Kind sich vollkommener Befriedigungen erfreuen als der Erwachsene. Bei manchen Begierden wächst aus der Unvollkommenheit der Befriedigung sogleich die alte Begierde wieder heraus.

3. Das Leben der Begierde ist Bewegung. Zwar gibt es allerdings Stillstände im Begehren (sobald die hemmenden Kräfte Spannung genug erlangen) und nach demselben neue Ausbrüche (durch neu gegebene oder reproducierte Vorstellungen); aber die Stillstände sind intensive Unlustgefühle, und die neuen Ausbrüche sind neues Begehren. Jene sind Pausen im Begehren, und nur dann, wenn sie von kurzer Dauer sind, werden sie so wenig bemerkt, dass man die Begierde als fortdauernd ansieht. Die Begierde führt Krieg auf Leben und Tod, sie kennt Waffenstillstände, aber keinen Frieden. — Freisteigende Vorstellungen nehmen die Form des Begehrens an; sinkende als solche werden nur scheinbar begehrt, nämlich nur insofern, als ihrem Sinken Einhalt gethan und an dessen Stelle ein Steigen gesetzt werden soll (z. B. wenn man eine Vorstellung gegen eine stärkere Gedankenmasse, die das ganze Bewusstsein zu überfluten droht, zu heben versucht). Steigende Vorstellungen werden nur dann verabscheut, wenn mit ihrer Evolution das Widerstreben der Gegensätze in potenziertem Grade steigt, z. B. die Vorstellung einer verabscheuten lasterhaften Handlung gewinnt umsomehr an Stärke, je mehr man sich bemüht, uns zu der bösen Handlung zu verführen.

4. Die Begehrungen sind nicht bloß bei verschiedenen Personen auf sehr verschiedene Gegenstände gerichtet, sondern sie ändern sich auch im Leben eines jeden Individuums je nach den Veränderungen seines Gedankenkreises. Oft genug hat der Mensch kaum das erreicht, worauf sein brennendes Verlangen gerichtet war, als er auch schon gleichgiltig und kalt dagegen wird, bis er es endlich verwünscht. (So ist z. B. der Speisegeruch dem Hungrigen angenehm; unmittelbar darauf, nach erfolgter Sättigung, ekelerregend.) Die Verschiedenartigkeit und der Wechsel der Begehrungen ist im allgemeinen um so größer, je reicher ein Gedankenkreis ist, und je lebhafter er bewegt wird.

5. Darnach lässt sich auch einsehen, wie das Begehren und die Nothwendigkeit seiner Befriedigung zur Entwicklung und Stärkung aller geistigen Kräfte führt. Die Bedürfnisse werden befriedigt, der Noth wird abgeholfen, indem sich andere Vorstellungen als Hilfe und Mittel dazu darbieten, folglich mit dem Begehrten in Verbindung treten. Je schwieriger und umständlicher eine Begehrung zu erledigen ist, um so größer ist die

Menge der Vorstellungen, die mit dem Begehrten in Verbindung gesetzt werden. Zufällige Erfahrungen, absichtliches Suchen und Umherspähen, halbwegs phantasierendes Versuchen läßt uns die Wege erkennen, die zum Ziele führen. In dieser Weise stiftet die Begehrung neue Verbindungen unter den Vorstellungen, also neue Totalkräfte. Sie wird zum Princip der Anordnung und Concentration in einer gewissen Vorstellungssphäre. Von einer einzigen Begehrung erstrecken sich oft genug viele und immer neue Reihen wie Arme heraus, so daß sie als Einheitspunkt um sich her eine gewisse Verfassung verbreitet.

§ 128. Eintheilung der Begehrungen.

Die Eintheilung der Begehrungen läßt sich am zweckmäßigsten aus dem Gesichtspunkte der **Begehrungsimpulse** vornehmen. Diese letzteren sind nämlich entweder **sinnliche Empfindungen und Wahrnehmungen** oder bloß **reproducierte Vorstellungen**. Darnach zerfallen die Begehrungen in **sinnliche** und **geistige oder intellectuelle**. Doch lassen sich diese beiden Abtheilungen nicht scharf scheiden, ohne mehrere Erscheinungen, die in beide Classen zugleich fallen, willkürlich auseinander zu reißen. Denn es geschieht häufig genug, daß eine **sinnliche Begierde** durch Reproductionen (Erinnerungen oder Einbildungsvorstellungen) und umgekehrt eine **geistige Begierde** durch **sinnliche Empfindungen** befriedigt wird.

A. Sinnliche Begehrungen.

§ 129. Der Trieb. (Unterschied des Triebes von der Begierde.)

In dem gewöhnlichen Sprachgebrauch und nach der Theorie der Seelenvermögen wird der **Trieb** als das **Ursprüngliche** der Empfindung zur Seite gestellt, daher noch vor der Begierde, als einem abgeleiteten Seelenzustande abgehandelt. Eine solche Ansicht und Anordnung aber ist ganz verkehrt. (Vgl. §§ 15 und 36.) Will man sich über den Trieb verständigen, so muß man zunächst über das Wesen des Begehrens überhaupt im reinen sein.

Man definiert den **Trieb** gewöhnlich als einen inneren (in der Natur des Menschen gelegenen) bleibenden Grund zu bestimmten Begehrungen und Verabscheuungen. (So begründet z. B. der von Zeit zu Zeit dem Menschen fühlbar werdende Mangel an Nahrung die Begierde nach derselben und erzeugt den Nahrungstrieb, Mangel an Bewegung die Begierde nach derselben und erzeugt den Bewegungstrieb.)

Aus dem Begriffe des Triebes folgt, daß er 1. ein **bleibender, mehr oder weniger nöthigender** ist; letzteres, weil ihm ein Mangel, ein Bedürfnis zugrunde liegt, das sich nicht ohneweiters abweisen läßt, das vom Organismus kommt und Befriedigung verlangt. Doch ist in der Natur des Triebes keineswegs schon der Gegenstand, sondern nur die Art des Begehrens voraus bestimmt. (So ist z. B. der Nahrungstrieb auf Nahrung überhaupt, der Bewegungstrieb auf Bewegung überhaupt, keineswegs aber auf den Genuß dieses oder jenes Nahrungsmittels, auf Herbeiführung dieser oder jener bestimmten Bewegung, z. B. Gehen oder Reiten u. s. w. gerichtet.) 2. Der Trieb ist jedenfalls als solcher **dunkel**, selbst wenn das, wovon er ausgeht, an sich nicht dunkel ist (z. B. der Trieb, irgend einem mathematischen Beweise nachzugehen). 3. Das Vorhandensein des Triebes äußert sich als Spannung, Beklemmung und führt daher (unangenehme) diesem Zustande entsprechende Gefühle bei sich. 4. Der Trieb geht in die Begierde dadurch über, daß die Spannung in bestimmte Bewegung übergeht, und derselbe Trieb spricht sich nach Umständen als Begehren oder Verabscheuen aus, da er beides zu werden gleich bereit ist. 5. Der Trieb erhält daher seine Bedeutung und seinen Namen erst durch die Begierde, in der er sich manifestiert, und in welche er übergeht. (Der Trieb wird über der Begierde vergessen.)

Der Unterschied des Triebes von der Begierde ist darnach leicht zu fassen. Der Trieb beruht auf dunklen (zumeist betonten) Empfindungen und Vorstellungen, die Begierde auf klaren Vorstellungen und Vorstellungsmassen. Die Begierde weiß, was sie will, wenngleich dieses Wissen oft ein sehr irriges ist; der Trieb nicht. In dem Kinde herrscht vorwiegend der Trieb, es begehrt noch, ohne Befriedigung zu erwarten; denn die Erwartung setzt schon die erworbene Vorstellung des Zustandes der Befriedigung voraus. In dem Erwachsenen herrscht vorwiegend die Begierde; denn er erwartet, gestützt auf frühere Erfahrungen, die bestimmte Befriedigung der Begierde, auf bestimmte Weise herbeigeführt. Die Begierde des Kindes hat noch das Unbestimmte des Triebes an sich, der zwischen dem Begehren des Gegenstandes und dem Verabscheuen seiner Gegensätze auf- und abschwankt und je nach Umständen bald als das eine, bald als das andere sich entpuppt; denn die vage Aufmerksamkeit irrt noch zwischen diesem oder jenem herum. Das Kind weiß wohl, woher die Spannung kommt, weiß aber nicht, woher die Lösung der Spannung, die Befriedigung, kommen soll. Der Erwachsene findet bereits durch seine Erinnerung an den Gang früherer Befriedigungen die Vorstellung bezeichnet, von der die Lösung, die Beendigung der Spannung ausgeht, er weiß, was von beiden schneller und sicherer aus dem Gedränge der Begierde heraushilft; das unmittelbare Steigen des Begehrten oder das Sinken des Verabscheuten. Darum ist seine Begierde fast immer entweder Begehren oder Verabscheuen. In der Begierde liegt daher die Doppelheit der Formen rein ausgesprochen, im Triebe waltet eine Bereitschaft für beide ob. Der Trieb ist das Wirksame, das Treibende der Begehrung, das zur Vollendung, zur Entfaltung strebt, die Begierde der vollendete Trieb. Die Begierde concentrirt ihre Aufmerksamkeit auf das Begehrte, erhöht die Klarheit des Begehrten und erhellt die Vorstellungen, obgleich diese Erhellung nur einseitig ist, weshalb man von ihr sagt: sie mache scharfsichtig und blind zugleich. Im Triebe springt die Aufmerksamkeit von einem auf das andere.

1. Nach Ulrici sind die Triebe (als treibende Kräfte) bestimmte Äußerungen der Spontaneität (?!) des Organismus, einzelne, durch die Beschaffenheit bedingte, vom Bedürfnis erregte Impulse. Er betrachtet Bedürfnis und Trieb, wie Empfindung und Gefühl, als psychologische Grenzbegriffe (Elementarbegriffe); das ganze Leben der Seele ist (nach seiner Auffassung) ein Triebleben; es gibt daher ebensoviele Triebe, als es Kräfte und Vermögen im lebendigen Wesen gibt. (S. 574.) Der Trieb erscheint ihm als das Medium der Wechselwirkung zwischen Leib und Seele. — Der Trieb ist in seiner zweckmäßigen Wirksamkeit Instinct (S. 255), der nicht ausschließlich dem Organismus angehört, sondern der auch die Seele afficiert und erregt. — Triebe gehen aus Empfindungen hervor und sind daher keineswegs, wie Ulrici behauptet, so ursprünglicher Art, wie die Empfindung oder Bewegung (§ 15). Sie scheinen aus Anhäufungen von zahlreichen, an sich schwachen und daher dunklen Empfindungen oder reproducierten Vorstellungen sich zu entwickeln, die zu Befriedigungen drängen oder dieselben geradezu herbeiführen, denen aber gleichwohl keine Kenntnis der Gegenstände, die ihnen zur Befriedigung dienen, vorausgeht. Daher sagt Lotze a. a. O. mit vollem Rechte: — — „Nirgends gibt die Natur ihren Geschöpfen Triebe mit, welche sie unmittelbar in Beziehung zu Objecten setzen, deren Bewusstsein sie nicht durch die gewöhnlichen Mittel der Erkenntnis erlangten. Hunger und Durst sind ursprünglich nicht identisch mit Nahrungstrieben; sie sind nichts als unangenehme Gefühle (Schmerzempfindungen) der Veränderung, die in den Nerven der Eingeweide durch den Mangel der Nahrung eingetreten ist und in fortwährendem Wachsthum die Nerven in beständiger Aufregung erhält. Worauf aber die Gefühle (Empfindungen) deuten, durch welches Heilmittel sie zu endigen, in welchen anderen Zustand überzuführen sind, das offenbaren sie an sich gar nicht, und ein Thier, das nur diese Gefühle (Empfindungen) besäße, würde ohne Zweifel verhungern, ohne Rath und Abhilfe zu wissen. Aber die Natur richtet es

so ein, daß mit dem Auftreten dieser Gemeingefühle von selbst sich allgemeine Unruhe und mancherlei einzelne Bewegungen des Thierkörpers verbinden. Gedankenlos und automatisch erfolgen Versuche des Beißens, Kauens, Schlingens, und nachdem diese Bewegungen vielleicht oft an Ungeeignetes verschwendet worden sind, begegnet das Thier doch zuletzt fast unvermeidlich im Kreise seiner Lebensumgebungen den Substanzen, die verzehrbar sind, und von jenen unwillkürlichen Bewegungen aufgefaßt, Hunger und Durst tilgen. Von dieser ersten Erfahrung an erscheinen Hunger und Durst als Triebe nach Nahrung; vorher waren sie nur Schmerzgefühle (Schmerzempfindungen). Auf gleiche Art haben wir uns alle sinnlichen Triebe zu denken, auch jene namentlich, welche die Thiere drängen, mit ungewöhnlich construierten Gliedern, die ihnen die Natur gab, auch ungewöhnliche Werke auszuführen. Sie besitzen alle in dem Triebe keine innere Erleuchtung über den möglichen Gebrauch dieser Glieder; aber sie besitzen in den Gliedern selbst die Möglichkeit des Gebrauchs und in nie fehlenden inneren und äußeren Reizen Anstöße, welche durch die automatischen Bewegungen, die sie zuerst ordnungslos hervorrufen, ihnen die Nutzbarkeit ihrer Organisation interpretieren." Und nicht anders geschieht es mit den intellectuellen Trieben, z. B. mit dem Erkenntnistrieb, dem Trieb zur Poesie.

2. Man unterscheidet gewöhnlich sinnliche und geistige (intellectuelle) Grundtriebe, denen man wiederum eine Reihe von specielleren Trieben unterordnet. Zu den sinnlichen Grundtrieben gehören: A. Der Selbsterhaltungstrieb überhaupt, d. i. derjenige Trieb, wodurch das Individuum bestrebt ist, sich seine Integrität zu erhalten. Der Selbsterhaltungstrieb äußert sich wiederum: 1. als Nahrungstrieb, 2. als Erwerbungstrieb, und 3. als Vertheidigungstrieb. — B. Der Geselligkeitstrieb, d. i. derjenige Trieb, vermöge dessen das Individuum nach einer dauerhaften Verbindung mit anderen Wesen seinesgleichen strebt, zunächst um dieser Verbindung selbst willen, abgesehen von anderen Zwecken. — C. Der Geschlechtstrieb, d. i. derjenige Trieb, wodurch das Individuum bestrebt ist, neue Wesen seiner Art zu erzeugen und dadurch sein Geschlecht fortzupflanzen. — Zu den geistigen Grundtrieben gehören: 1. der Trieb nach geistiger Thätigkeit und Beschäftigung überhaupt, besonders der Nachahmungs- und Spieltrieb; 2. der Trieb nach dem Nützlichen, der Arbeit und dem Geschäftsleben, zur Wissenschaft, zu Künsten und Gewerben, zum Handel und Verkehr, zu Reisen, Unternehmungen aller Art, insofern dies theils Mittel zum Sinnengenuß und zur Verschönerung des Daseins, theils Kraftgefühl, Verstandesübung u. s. w. gewährt. Ebenso 3. der Trieb nach Reichthum, Ansehen, äußerer Ehre und Ruhm; ferner 4. der Trieb zu Erfindungen, namentlich der technische Kunsttrieb, überhaupt der Trieb, alles zu vervollkommnen, was zu dem äußeren Leben in der Sinnenwelt gehört (z. B. zum äußeren Staatsleben, zu den Freuden der reinen Geselligkeit u. dgl. m.); 5. der reine Wissenstrieb nach Erkenntnis der Wahrheit um ihrer selbst willen; 6. der ästhetische Trieb nach Auffassung und Darstellung des Schönen, als der Quelle aller schönen Kunst; endlich 7. der moralische Trieb nach der unmittelbaren Realisierung der Idee des an sich oder absolut Guten (der ethischen Idee). Die Triebe bewirken aber für sich noch nicht die Handlungen, sondern sind bloße Motive oder Anregungsgründe dazu, welche zu eigentlichen Bestimmungsgründen erst durch den Willen erhoben werden (der zwischen den verschiedenen, oft in Widerspruch untereinander stehenden Trieben und ihren Anforderungen entscheidet)

Wie mit der Ursprünglichkeit, so ist es auch mit der Allgemeinheit und Vielheit der aufgezählten Triebe nicht weit her, wie die Erfahrung lehrt. (Diese Attribute sind vielmehr lediglich psychologische Abstractionen.) Nicht einmal der allgemeine Selbsterhaltungstrieb ist allen animalischen Wesen eigen, wenigstens scheint er dem Menschen zuweilen abhanden zu kommen, da er sonst in der Beurtheilung des ihm Nützlichen und Schädlichen von Natur sicherer, auf die Erhaltung seiner Gesundheit bedachter und in der Rettung seines Lebens aus Gefahren, z. B. aus Wasser- oder Feuersgefahr, sich geschickter zeigen müßte. So sehen wir den Ertrinkenden gerade das Allerunpassendste thun, indem er, statt die Arme an den Körper anzuschmiegen, wodurch der Kopf sich über das Wasser erheben und athmen könnte, vielmehr dieselben nach oben ausstreckt, wodurch eben das Untersinken des Kopfes bewirkt und das Athmen verhindert wird. Ebenso scheint der Nachahmungstrieb denjenigen zu fehlen oder geschwunden zu sein, die überall auf Originalität ausgehen und jeden Schein der Anlehnung an das Gewöhnliche beharrlich meiden; der Erwerbungstrieb beugt sich nicht selten unter dem Streben nach größerer Beschränkung und nach Ruhe und Genügsamkeit; der Geselligkeitstrieb verhinderte nicht, daß Menschen sich in die tiefste Einsamkeit begaben u. s. f. — Außerdem setzen Triebe körperliche Organisation voraus. Nun hat aber nur der Leib eine ursprüngliche Organisation, nur er ist ursprünglich ein Organisches, weil nur er ein Zusammengesetztes ist; in der Seele kann dagegen die Organisation, d. i. der „psychische Organismus" (von dem Herbart, Lehrb. z. Pf. § 238 und a. a. O. eine ebenso schöne, als wahre Darstellung gibt), erst allmählich durch innere Bildung und Festigung des Vorstellungslebens entstehen. Folglich kann es keine ursprünglichen Seelentriebe geben. Was ist also von dem Triebe zu halten? Fassen wir zunächst das Organische ins Auge. Organische Zustände verlangen eine Befriedigung; dieses Verlangen kündigt sich an in einer unangenehmen Empfindung, wie Hunger, Durst, Verlangen nach Bewegung, zuweilen, wenn die Zustände erst später erwachen, in einer gemischten Empfindung. Die besondere Modification und Örtlichkeit des Gemeingefühls führt zugleich zu seiner Abhilfe (das Wie ist schon in Anm. 1 geschildert). Der Trieb ist also hier eine regelmäßig wiederkehrende, unangenehme oder gemischte Empfindung, welche Abhilfe (Befriedigung) verlangt, und sobald die Abhilfe schon bekannt ist, die entsprechende Begierde erzeugt. Betrachtet man ferner das Geistige, so liegt z. B. der sog. Erkenntnistrieb schon in dem unangenehmen, wahrhaft peinlichen Gefühl des Zweifels und wird daher auch nur da wahrhaft sich geltend machen, wo in der lebendigen Wirksamkeit der Vorstellungen ein Zweifel häufiger aufstößt, während die im Nächsten liegende Beschränktheit nicht viel davon spüren kann.

3. Über Instinct ist schon § 33 das Nöthige gesagt worden. Hier nur weniges. Dort wurde gesagt, daß alles, was wir Instinct nennen, auf einer solchen Einrichtung des Organismus (nicht etwa der Seele) beruht, vermöge deren auf gewisse Reize, die von der Seele empfunden (percipiert) werden, solche Bewegungsreactionen erfolgen, welche der Erhaltung oder Fortbildung des organischen Lebens unmittelbar dienlich sind. Die Seele percipiert dabei lediglich den gegebenen Empfindungsreiz, sie begehrt nicht, noch viel weniger wählt sie, sondern dieser Schein entsteht bloß für den Beobachter, der geneigt ist, fremde Zustände voreilig nach eigenen Zuständen zu interpretieren. Alles Übrige, was sonst bei den Instincterscheinungen vorgeht (außer jener Perception des Reizes seitens der Seele), ist ein bloß organischer Proceß und kommt auf Rechnung des Organismus zu stehen. — Trieb und Instinct verhalten sich zu

einander wie das allgemeine zu dem besonderen. Der Instinct scheint ein speciellerer, näher bestimmter und begrenzter sinnlicher Trieb zu sein. — Über den Selbsterhaltungstrieb insbesondere vgl. Cicero fin. III. 5; V. 9; Seneca ep. 121; Diogenes Laert. V. 85; Biunde II. 355; Esser § 129; — Shakespeares „Hamlet" III. Act, 3. Sc. und Heinrich Kleists „Prinz von Homburg" III. Act, 5. Sc. — Über Geschlechtstrieb, Alibert, Physiologie der Leidenschaften, S. 247; Burdach, Physiologie III. 321. Über den ästhetischen Kunsttrieb s. besonders Schillers Briefe über die ästhetische Erziehung des Menschen.

§ 130. Neigung, Naturanlage, Gewohnheit und Hang.

Wie der Trieb, so ist auch die Neigung eine Grundlage für Begehrungen. Was die Neigung dem Begriffe nach ist, wird schon durch das Wort selbst gegeben, nämlich eine (subjective) Disposition, welche der leichten Entstehung gewisser Begierden und der mit diesen verbundenen Handlungen besonders günstig ist. Ihr Gegentheil ist die Abneigung, d. i. die Disposition zu gewissen Verabscheuungen und diesen entsprechenden Handlungen.

Die Neigungen und Abneigungen entstehen theils infolge einer Naturanlage, theils sind sie Ergebnisse der Gewohnheit.

1. Man versteht unter Naturanlage nicht irgend etwas Angeborenes, sondern nur gewisse organische Bedingungen, welche dieser oder jener geistigen Thätigkeit nützlich sind (§§ 33 und 65). Hier läßt sich darüber im allgemeinen nur soviel sagen.

Wo die Natur des Leibes einzelne Organe so geformt hat, daß ihr Gebrauch in einer gewissen Richtung leicht vonstatten geht und über Erwartung große Erfolge hat, da entsteht ein Lust= und Kraftgefühl, und infolge dieser Gemüthslage die Neigung zu dieser Thätigkeit oder Beschäftigung sowie andererseits Abneigung gegen solche Arten der Thätigkeit, deren Gelingen die körperliche Disposition scheinbar unüberwindliche Hindernisse entgegenstellt. (So ist z. B. der eine mehr für Gehörsvorstellungen [Musik, Redekunst], der andere für Gesichtsvorstellungen [Malerei, Geometrie], ein dritter für Tastvorstellungen [manuelle Fertigkeiten, feine Handarbeiten u. dgl. m.] organisirt.) So gibt es also manche, die von Geburt aus, wie Goethe treffend sagt, „eine glückliche Sinnlichkeit" haben; sie nehmen äußere Eindrücke leicht und lebhaft auf, eine Gabe, die von unschätzbarem Werte für gewisse Beschäftigungen und Berufsarten ist, während hingegen andere in eben diesem Verhältnisse stumpf sind und nichts bemerken. Daher hat man von jeher den Satz als gemeine Maxime aufgestellt, dass der Staatsmann, der Feldherr, der Dichter, der Künstler u. s. f. nicht **gemacht**, sondern **geboren** wird (poëta nascitur). Man muss sich aber sehr hüten, diesem Erfahrungssatz allzuweite Ausdehnung zu geben und denselben auch im kleinsten Detail geltend machen zu wollen. Denn daraus, dass ein Mensch in irgend einer Wissenschaft oder Kunst Hervorragendes, Ausgezeichnetes geleistet hat, darf man nicht immer folgern, dass er sich in keiner anderen menschlichen Bethätigungsweise ebenso vorzüglich hervorgethan haben würde. Es ist daher ganz und gar ein vergebliches und eitles, weil anmaßendes Unternehmen, die Anlagen in der Weise zu vervielfältigen, dass man dem einzelnen (nach beschränktem Maßstabe) ganz bestimmte, specielle Fähigkeiten oder gar Hirnorgane (wie es bekanntlich Gall that) für solche Beschäftigungen zuschreibt, die in dieser ihrer besonderen Specialität sich nur infolge des socialen Lebens und der Civilisation entwickelt haben. (Mancher große Maler z. B. konnte unter anderen Verhältnissen ebenso leicht ein großer Mathematiker [Albrecht Dürer war beides], Architekt und Plastiker [Michel Angelo war alles drei in einer Person], mancher große Philosoph ein großer Theologe, Jurist, Geschichtsforscher und Mathematiker [Leibniz] und der Kaufmann ein Staatsmann [Cavour] werden. Ob daher diese Verschiedenheiten ihren Grund in der besonderen Organisation (in besonderen Organen) haben, muss (nach dem heutigen Standpunkt anatomisch-physiologischer Forschung) unbestimmt gelassen werden. Warum manche Thiere Musik lieben, andere nicht, ob im Gehirn der Singvögel ein besonderes Tonorgan ist, das andern Vögeln fehlt, und warum doch die Singvögel die Worte des Menschen viel schwerer unterscheiden als der nicht musikalische Hund, alles das liegt im tiefen Dunkel. (Hagen a. a. O. 11. Lief. S. 738.)

Die Gewohnheit beruht auf einer durch öftere Wiederholung entstandenen festen Verbindung zwischen gewissen Vorstellungen (und Vorstellungsreihen) und damit im Zusammenhange stehenden Begehrungen und von diesen ausgehenden Handlungen. Zur Gewohnheit gehört also: 1. eine Vorstellung oder Vorstellungsreihe, die durch mehr oder minder regelmäßig wiederkehrende (meistentheils) äußere Wahrnehmungen angeregt und zum Steigen gebracht wird; 2. eine durch die Vorstellung oder Vorstellungsreihe veranlaßte Begehrung und Handlung; 3. eine feste Verbindung zwischen den Wahrnehmungen und Vorstellungen einer- und der aus diesen hervorgehenden Begehrungen und Handlungen andererseits, so daß jedesmal, wenn jene (nach den Gesetzen der Reproduction) in das Bewußtsein treten, auch diese reproduciert werden. Das allgemeine Phänomen der Gewohnheit kann man ausdrücken in folgender Weise: **Wenn eine Begehrung sammt ihrer Befriedigung öfter hintereinander wiederholt wird, so enthalten diese Wiederholungen einen Grund, weshalb die folgenden gleichen oder ähnlichen Begehrungen desto leichter vonstatten gehen**, d. h. es entsteht eine Gewohnheit in dieser Art des Begehrens oder Verabscheuens.

Damit eine Begehrung und die mit ihr verknüpfte Handlung zur Gewohnheit werden könne, müssen alle entgegengesetzten Hindernisse, welche der Erhebung der bezüglichen Vorstellungen (oder Vorstellungsreihen) im Wege stehen, beseitigt sein, d. h. der Vorstellungskreis, in welchem die Gewohnheit begründet ist, muß habituell geworden sein. Er muß so viele Hilfen besitzen, und diese müssen ihm auf den ersten Wink von allen Seiten so rasch zuströmen, daß er mittels ihrer nach leichtem Kampfe sich im Bewußtsein behauptet. In diesem Sinne nennt Aristoteles (Eth. VII. 11) die Gewohnheit der Natur ähnlich, in diesem Sinne heißt es: die Gewohnheit sei eine andere Natur (consuetudo est altera natura). Die häufige Wiederholung einer Begehrung und Handlung überwindet endlich alle Hindernisse und führt zur Fertigkeit, deren Ausübung mit behaglichen Gefühlen verbunden ist (§ 65). Wer gewohnt ist, früh aufzustehen, eine gewisse Verrichtung, sei es Arbeit oder Erholung, zu treiben, alles dazu Erforderliche an einer gewissen Stelle zu finden, der hat an dieser Tagesordnung bald Behagen und erträgt eine Störung derselben nur mit Ungeduld und mit Widerwillen.

Eine Gewohnheit entsteht leichter, wenn eine andere ihr ähnliche schon vorhanden ist. (Wer z. B. gewohnt ist, viele hitzige Getränke zu sich zu nehmen, wird sich auch von selbst an reizende, salzige, sauere Speisen gewöhnen; wer gewohnt ist, viel in dem Gewirre der großen Welt und ihrem verschwenderischen Aufwande zu leben, wird sich an eine stille, nüchterne, sparsame Haushaltung nicht leicht gewöhnen können.)

Je länger die Gewohnheit gedauert hat, d. h. je bleibender infolge wiederholter Befriedigung eine Begierde geworden ist, desto fester haftet sie. (Dieses finden wir ganz auffallend bei Gewohnheitssündern, die sich am Ende kaum mehr von ihrer Sünde losmachen können, wenn sie auch noch so deutlich einsehen, wie unaufhaltsam sie dem Abgrunde ihres Verderbens entgegeneilen.)

Die Gewohnheit hat das Charakteristische, dass sie n a ch und n a ch entsteht und auch n a ch und n a ch durch Verdrängung und Umbildung jener Vorstellungen, in denen sie ihren zeitlichen Sitz aufgeschlagen hat, wieder a b g e l e g t und sogar G e w o h n h e i t des Entgegengesetzten werden kann. (So hat man in der Jugend oft eine Gewohnheit angenommen, die man später nicht hat.) Darum fängt die Erziehung oft damit an, dass sie der Jugend das wieder abgewöhnt, was durch falsche Angewöhnung in sie gerathen war. Gewisse Sitten und Gebräuche haben lediglich in der Gewohnheit ihren Grund, und es kommt dabei nicht darauf an, ob diese zweckmäßig oder unzweckmäßig ist. (So nehmen wir z. B. die Kopfbedeckung ab, wenn wir in das Zimmer eines andern treten, der Araber setzt sie bei dieser Gelegenheit auf. Dass wir unsern Namen nicht an das Ende eines von uns geschriebenen Buches, wohl aber eines Briefes setzen, hat in der Gewohnheit seinen Grund. Der Römer setzte seinen Namen in die erste Zeile des Briefes, und hier wusste man auf der Stelle, wer diesen Brief geschrieben hat.)

Was wir unser B e s i tz t h u m nennen, das müssen wir uns nach und nach erwerben, t h e i l s d u r c h G e w ö h n u n g u n t e r d e r A n l e i t u n g d e r E r w a c h s e n e n („denn die Gewohnheit nennt er seine Amme"), t h e i l s d u r c h u n s e r e i g e n e s Z u t h u n. Manche uns durch die Verhältnisse aufgenöthigte Gewohnheit wird uns lästig, und doch geben wir sie nicht auf; denn in dem Gewohnten, Althergebrachten liegt eine Menge von Banden, die zu zerreißen ein fester Entschluss nöthig wäre, den oft Nachgiebigkeit und Bequemlichkeitsliebe, oft Furcht vor der Veränderung verhindert. (So unterläßt es z. B. mancher, sich in eine vortheilhaftere Lage zu versetzen, obgleich er es könnte; er scheut die Anstrengung, die er hätte, um einen bestimmten Entschluss zu fassen, und begnügt sich lieber mit einer seinen Bedürfnissen nicht mehr entsprechenden Wohnung, mit alten, nur halb tauglichen Geräthschaften und Kleidern, mit anmaßend und faul gewordenen alten Dienern u. dgl. m.) So begreift auch mancher, der die gleiche Gewohnheit nicht hat, sondern statt ihrer eine andere, die f r e m d e nicht. (Dem Fleißigen, Arbeitsamen z. B. ist es schlechthin unbegreiflich, wie jemand seine Zeit mit Nichtsthun — dem holden Müßiggange fröhnend — zubringen könne, und umgekehrt begreift der Müßiggänger nicht, wie jemand zeitlebens nur in der Arbeit Zeitvertreib zu finden vermöge.)

Die Gewohnheit schafft k ü n s t l i c h e Bedürfnisse, die nicht minder k a t e g o r i s c h Befriedigung heischen, als die n a t ü r l i c h e n. Doch sind

die letzteren von der Gewohnheit dadurch verschieden, daß sie unüber-
windlich sind; und wenn wir Gewohnheiten Bedürfnisse nennen, so
geschieht dies nur, um die große Stärke der zur Gewohnheit gewordenen
Begierde auszudrücken, wobei es jedoch selbstverständlich an uns liegt,
ob wir der Begierde nachgeben wollen oder nicht. G o e t h e sagt:
>   Viel Gewohnheiten darfst du haben,
>   Aber keine Gewohnheit.

Wo die Neigung durch Naturanlage und durch Gewohnheit so stark ist, daß die Wahrnehmung oder die Reproduction des begehrten Gegenstandes die Begierde fast
unausbleiblich hervortreibt und in That übergehen läßt,
da wird sie zum Hange, der nach der gewöhnlichen Anschauung nichts
anderes ist als eine allzu starke, schlimme Neigung. (So hat der Mensch
einen Hang zum Trunke, zum Vergnügen, zum Spiel, zur Schwermuth c.,
wenn er fortwährend nur durch ganz außerordentliche Gegengewichte
davon zurückgehalten werden kann.) Der Lateiner bezeichnet passend den
Hang als propensio, proclivitas (der Franzose als penchant), die Neigung
aber als inclinatio (der Franzose inclination). Der H a n g ist nicht zu
v e r w e c h s e l n mit der herrschenden Begierde selbst als Leidenschaft
oder als S u c h t. Denn N e i g u n g und H a n g sind noch nicht wirkliche
Begehrungen und Verabscheuungen, sondern nur Dispositionen dazu, die
erst dann wirklich werden, wenn ihnen Hindernisse in den Weg treten,
die den Vorstellungskreis, worin sie ihren Sitz haben, zu zerreißen drohen;
die L e i d e n s c h a f t e n sind dagegen w i r k l i c h e und a n h a l t e n d e
B e g i e r d e n. Neigung und H a n g werden eher zu beseitigen sein,
sie lassen sich eher bändigen oder beherrschen, wenn es höhere Rücksichten
(z. B. die Forderung des Sittengesetzes) erheischen; denn sie sind ver-
änderliche Zustände, die mit der Änderung des Organismus und der
Umgebung, der Ansichten und Interessen sich ändern; die w i r k l i c h e n
L e i d e n s c h a f t e n dagegen lassen sich s c h w e r a u f l ö s e n und b e s e i -
t i g e n; denn sie herrschen nicht allein, sondern sind in sich selbst so stark,
daß sie die freie Überlegung stören und verhindern.

Gewöhnlich wird der Hang durch häufige Befriedigung der Begierde
selbst entstehen. Der gegensätzliche Vorstellungskreis, in welchem das Gegengewicht läge, wird alsdann zu weit zurückgetrieben, während der Vorstellungskreis, in welchem der Hang sich begründet, durch die Befriedigungen
mehr und mehr ausgebildet und verstärkt wird, so daß sich in ihm das
Gebiet des Genusses und der Hingebung findet. Physiologische Stimmungen

unterſtützen und fördern ihn. — Neigung und Hang ſtehen der Begehrung um etwas näher als die Gewohnheit, da beide theils aus der Naturanlage, theils aus der Gewohnheit ſich erſt hervorbilden. Alle drei haben in der Regel miteinander gemein, daſs ſie die Wahrnehmungen eines zukünftigen Erfolges und den Genuſs, der mit dem Eintritt der wirklichen Wahrnehmung verknüpft iſt, durch die demſelben voraneilenden Reproductionen wenigſtens einigermaßen ſchon anticipieren. (§ 110.)

§ 131. Die Leidenſchaft im allgemeinen; ihr Unterſchied vom Affecte.

Der allgemeine Charakter der Leidenſchaften beſteht darin, daſs ſie **herrſchend gewordene Begierden ſind, die wenigſtens periodiſch wiederkehren, die ſich allmählich des ganzen Gemüthes bemächtigen, die alle übrigen Intereſſen ſich wenigſtens zeitweiſe dienſtbar machen und alle Mächte des Gemüthes in Bewegung zu bringen wiſſen, um die ihnen in den Weg tretenden Hinderniſſe zu beſeitigen.** Wo die Vorſtellung des begehrten Gegenſtandes nicht ſelbſt die herrſchende iſt, wo vielmehr ihr Hervorſtreben größtentheils durch andere, mit ihr verbundene beſtimmt wird, da iſt keine Leidenſchaft. Was durch die Leidenſchaft zunächſt leidet, iſt die Fähigkeit, ſich nach vernünftigen Gründen, nach ſittlichen Motiven zu beſtimmen, ſich nach den Umſtänden zu richten, inwiefern dieſe ein ſolches Handeln widerrathen, wozu die Leidenſchaft antreibt. Darin liegt das Weſentliche der Leidenſchaft, daſs ſie **ungebunden**, ſchranken- und zügellos waltet, d. h. der Gründe und Gegengründe, der Gebote und Verbote, die ihr nicht unbekannt ſind, ſich entſchlägt. Darum iſt die Leidenſchaft mit Recht **einſeitig und blind** genannt worden, weil ſie weder einer ruhigen Überlegung hinſichtlich der Löblichkeit oder Schändlichkeit ihrer Mittel, noch einer richtigen Würdigung der aus der Anwendung dieſer Mittel hervorgehenden Folgen fähig iſt; es wird von ihr der gähnende Abgrund oft gar nicht geſehen, der in ſeiner ganzen Unermeſslichkeit vor ihren Füßen liegt. Die Leidenſchaft iſt gleichwohl nur in gewiſſem Sinne blind zu nennen. Sie iſt blind in Bezug auf den ganzen Vorſtellungscomplex, der als Reſultat der Lebensgeſchichte das Ich ausmacht, aber ſie iſt ohne Zweifel **ſcharfſichtig in Beziehung auf ihren Gegenſtand**, d. h. auf denjenigen Vorſtellungskreis des Ich, worin ſie herrſchend iſt. Sie ſpaltet das Ich nachdem ſie ein=

mal über die ihrer Befriedigung entgegenstehenden Hindernisse gesiegt hat, in zwei Kreise: in das Ich, worin die allgemeinen Grundsätze ihren Sitz haben, und in das Ich, worin sie speciell begründet ist, und unterjocht jenes durch dieses, indem sie als schlechteres Ich an die Stelle des besseren sich setzt. Sie opfert das wahrhafte Ich dem falschen und läßt jenes neben diesem nicht aufkommen, vielmehr wird es von ihr nach und nach untergeordnet und von ihr mehr oder minder umgeformt (appercipiert). „Wodurch die Leidenschaften b e s o n d e r s g e f ä h r l i c h werden (sagt Waitz a. a. O. S. 488), ist der Umstand, daß sie sich a l l m ä h l i c h m i t d e n i h n e n e n t g e g e n s t e h e n d e n K r ä f t e n vertragen lernen, so daß sie den sicheren Besitz eines ganzen Gebietes im Gemüthe er= kämpfen, aus welchem sie sich nicht mehr vertreiben lassen, außer durch ganz ungewöhnliche und neue Veranlassungen, die auf das Ganze des Gemüthslebens erschütternd wirken. So verhält es sich beim Erwachsenen, dessen Leidenschaften (wenn bloß auf die psychologische Seite derselben gesehen wird) umso schwerer zu beseitigen sind, je ausgearbeiteter der Vorstellungskreis selbst ist, den sie nach und nach um sich her zu ihrer Unterstützung gebildet haben, und je fester geordnet die Verhältnisse sind, die sie zu allen übrigen Interessen besitzen. Haben sie auf diese Weise einmal platzgenommen im Gemüthe und sind in einen gewissen syste= matischen Zusammenhang getreten mit dem ganzen Gedankenkreise und der Lebensansicht des Menschen, dann ist der Charakter fast ohne Rettung verdorben."

Von den L e i d e n s c h a f t e n sind die A f f e c t e wesentlich verschieden. Ihre Divergenz und Verschiedenheit hat zuerst K a n t in einer classischen Stelle seiner Anthropologie (§§ 72, 78 und 80) festgestellt. — Die Leiden= schaft ist eine herrschend gewordene Begierde, der Affect dagegen eine vorübergehende Unterbrechung der gleichmäßigen Stimmung und Gemüths= ruhe. Wir sprechen daher von „A u s b r ü c h e n" der Leidenschaft, die von dieser selbst verschieden, sich stets in Affecten äußern. Affecte als solche können nicht h a b i t u e l l werden, obwohl einem jeden Menschen durch Temperament und erworbenen Charakter immer einige derselben näher liegen als andere. (Dem Choleriker z. B. mehr der Zorn, dem San= guiniker mehr die Lustigkeit und Ausgelassenheit, dem Melancholiker mehr die Grämlichkeit und Niedergeschlagenheit; der Leidenschaft dagegen ist es wesentlich, daß ihre Äußerungen periodisch wiederkehren.) Der Affect entsteht plötzlich und erreicht sehr bald seinen Culminationspunkt, die Leiden= schaft hat ihre Weile, entwickelt sich l a n g s a m u n d g l e i c h s a m v e r =

stohlen, in stetigem, kaum merklichem Grade. Der Affect überlegt nicht, ist unbesonnen und handelt übereilt; die Leidenschaft lässt Überlegung zu und ist nicht selten überlegend, natürlich jene Momente ausgenommen, in denen sie als Affect losbricht. Der Affect lähmt temporär den Verstand und plättet das Gefühl ab, doch ohne es zu verfälschen; die Leidenschaft schärft den Verstand, macht ihn jedoch zugleich einseitig und sophistisch; sie weckt auch das Gefühl und vertieft es zum Theil, aber sie macht zugleich engherzig und verfälscht das Gemüthsleben, insofern als sie das Lieblingsinteresse zum ausschließlichen erhebt. Die Leidenschaft raubt dem Menschen seine Willensfreiheit auf die Dauer, der Affect nur vorübergehend. Erstere führt darum, weil zur Unfreiheit, zugleich zur Unsittlichkeit, während umgekehrt der Affect bisweilen geradezu sittlichen Ursprungs sein kann. (Man denke an Entrüstung aus moralischen Gründen.)

Affecte und Leidenschaften stehen in einem solchen Verhältnisse zu einander, dass in der Regel da, wo viel Affect, oft wenig Leidenschaft ist (wie bei gewissen Völkern, welche durch ihre Lebhaftigkeit veränderlich sind, im Vergleich zu anderen, die in ihrem Grolle über Rache brüten oder in ihrer Liebe bis zum Wahnsinn beharrlich sind). Doch hängt auch die Leidenschaft mit dem Affecte nahe zusammen, indem die Leidenschaft für den Affect prädisponierend ist und besonders im Zustande des Affectes gegen dasjenige losbricht, das ihrer Befriedigung hemmend entgegentritt. Alsdann concentrieren sich alle Gemüthskräfte auf den einen Punkt, die Hindernisse hinwegzuräumen, und es ist der Leidenschaft jedes Mittel gerecht, das zu diesem Ziele führt. Die tobende Leidenschaft und die kalt berechnende führen auf gleiche Weise Affecte mit sich; nur stürmen diese bei jener hervor, bei dieser durchwühlen sie im stillen das Gemüth. Das unheimliche Fortgraben der berechnenden Leidenschaft pflegt mit großer innerer Beklemmung verbunden zu sein, welche plötzlich in die wildeste Freude umschlagen kann, sobald die Erreichung des Zieles völlig gewiss ist. [Z. B. die kalt berechnende Rache des Jago im „Othello", die nur innerlich unheimlich fortgräbt, ist mit großer innerer Beklemmung verbunden, deren Ausbrüche nach außen mit großer Beherrschung zurückgehalten werden, welche jedoch plötzlich in die wildeste Freude umschlägt, wie bei Edmund in „Lear" und selbst bei Jago, sobald die Erreichung des Zieles winkt, oder schon als völlig gewiss vorgestellt wird. — Die tobende Leidenschaft anbelangend, denke man beispielsweise an das Rasen Ferdinands in „Cabale und Liebe" bei dem drohenden Verluste Louisens.]

Kant a. a. O. vergleicht den Affect mit einem Rausche, die Leidenschaft
mit dem Wahnsinne; jenen mit einem Schlagfluß, diese mit einem schlei-
chenden Fieber; jener wirkt wie ein Wasser, das den Damm durchbricht;
die Leidenschaft wie ein Strom, der sich in seinem Bette immer tiefer
eingräbt; jener ist offen, übereilt, aufbrausend, unbesonnen und ehrlich,
diese ist meistens kalt, hinterlistig und versteckt.

§ 132. Ursprung der Leidenschaften.

Die **Hauptrolle** der Leidenschaften ist in nichts anderem als in
dem Übergewichte des Vorstellungskreises, worin die Leidenschaft ihren Sitz
hat, über jenen, worin die Gebote und Verbote begründet sind, und der
das wahre Ich ausmacht, zu suchen. Dieses Misverhältnis zwischen dem
wahren und falschen Ich, welches sich bei den meisten Menschen findet
(weshalb es auch wohl kaum einen Menschen ohne alle Leidenschaft gibt), hat
noch **besondere körperliche und geistige Ursachen**, welche diesem
Misverhältnisse noch ein besonderes Gepräge geben. In **körperlicher**
Rücksicht wird die Leidenschaft besonders gefördert: 1. durch **organische
Dispositionen**, wie dieses insbesondere bei der Freß-, Trunksucht und
der Wollust der Fall ist; 2. durch die **körperliche Constitution**,
zufolge der sich bei rüstigen und kräftigeren Naturen mehr unbändige
Wildheit, bei schwächlicheren mehr schleichende List zu erkennen gibt (die
Geschichte liefert hiezu eine Menge von Beispielen, z. B. Alexander
d. Gr., Napoleon I., und Philipp II., Ludwig XI. von Frankreich);
3. durch das **Lebensalter**; Genußsucht und leidenschaftliche Liebe
gehören vorzüglich der Jugend, Ehrsucht und Herrschsucht dem Manne,
Geiz und Argwohn dem Greise an. In **psychischer** Rücksicht
werden die Leidenschaften besonders befördert: 1. durch **Mangel an
Ausbildung der Intelligenz und des sittlichen Willens**.
Darum finden wir bei wilden Völkern die Leidenschaften, an denen die
Menschen am häufigsten erkranken, gerade in der schreckendsten und wider-
natürlichsten, oft in einer solchen Gestalt, daß der bloße Anblick derselben
dazu dienen könnte, das unverdorbene Gemüth gegen die Leidenschaft für
das ganze Leben sicherzustellen. Doch kann die falsche Aufklärung und
die **vermeintliche** Bildung für die Entstehung der Leidenschaften aus
dem **doppelten Grunde** höchst förderlich sein, weil sie sowohl dazu
dienen können, die wahre Natur der Leidenschaften zu verdecken und ihr den
Schein des Erlaubten und sogar des Sittlichen zu geben, als auch weil sie

nicht weniger es vermögen, allerlei Mittel zu ersinnen, durch welche der Leidenschaft am schnellsten und am sichersten Befriedigung verschafft werden kann. (Den Geiz, die Lesewuth, die Processucht, die Bibliomanie, Sammelwuth, welche letzteren zu Verbrechen, z. B. Diebstahl von Manuscripten, Gemälden, Büchern, Münzen oder sonstigen Merkwürdigkeiten führen, kannten weder M o s e s und H o m e r, noch die alten Deutschen ec.)

2. Sehr großen Einfluß auf die Entstehung und Ausbildung der Leidenschaften hat die **P h a n t a s i e**; denn sie hebt oft die Begierde erst auf ihre Höhe durch die Vorspiegelung künftiger Genüsse, oder durch die Ausbildung der begehrten Vorstellungslage überhaupt. (So z. B. kann der Geiz erregt werden durch Phantasievorstellungen, entweder durch die Vorstellung vom Ansehen des Reichthums und dem, was sich mit Geld anfangen läßt, oder durch das allmähliche Herausgehen aus der Armut, durch die Mühseligkeit eines anfangs geringen, aber continuirlichen Erwerbes, oder durch eine fast kindische Furcht vor künftiger Hilfs- und Erwerblosigkeit. Auch die Wollust wird angefacht durch die Vorstellung künftiger überschwänglicher Genüsse.)

3. Schwierigkeiten und Hindernisse (Gebote und Verbote, conventionelle oder auch physische Hemmungen), welche der Begierde entgegentreten und ihre Befriedigung hindern, können die Leidenschaft großziehen oder verstärken und den ehemaligen Genuß ihres Objectes erhöhen. Wo die Neigung zu irgend einem Dinge durch vorläufig unübersteigliche Hindernisse in ihrer Äußerung sich gehemmt sieht, da tritt eine Beklommenheit des Gemüthes ein, die wohl in eine stille Sehnsucht verhauchen, aber auch zur Gewalt einer Leidenschaft anschwellen kann. (Hieher gehören die zwei berühmten Sentenzen Ovids: Nitimur in vetitum semper, cupimusque negata — und: Video meliora, proboque: deteriora sequor.) Aufgezwungene Verbote, denen nichts Abäquates in dem Gemüth dessen, an den sie gerichtet sind, entgegenkommt, sind nach jenen Sprichwörtern nur ein Antrieb zum Begehren, wie nicht minder gestörte Gewohnheiten, gehinderte Neigungen, Einsamkeit (z. B. im Zellengefängnis), Trennung, Verlust u. dgl. m.

§ 133. Die Hauptphänomene der Leidenschaften.

Die Hauptphänomene der Leidenschaften sind: 1. Jede Leidenschaft concentrirt die Aufmerksamkeit auf sich selbst, auf ihren Vorstellungskreis und auf alles hin, was damit in Verbindung steht, und spannt alle diese

Kräfte an, zu ihrer Befriedigung wirksam zu sein. (Dieses finden wir z. B. beim leidenschaftlichen Hazardspiele oder bei der Rachsucht.)

2. Jede Leidenschaft strebt nach dem, was zur Vermehrung und Erhaltung derselben dient. (So strebt die Hoffart nach Verkleinerung des fremden Verdienstes, und der Hoffärtige wird um so hoffärtiger, je mehr ihm geschmeichelt wird. Wenn wir jemand leidenschaftlich lieben oder hassen, so werden uns, wenn wir an ihn denken, im ersten Falle selbst die Fehler und Mängel als Vollkommenheiten und Tugenden, im zweiten selbst die edelsten Handlungen als gemein, selbstsüchtig und böse erscheinen. Lessing sagt, man solle keinen auf sich warten lassen; denn dadurch könnte man ihn unwillig machen und so veranlassen, alle unsere Fehler sich ins Gedächtnis zu rufen.)

3. Alle Leidenschaften sind in Wechselwirkung mit Vorstellungen, Gefühlen und Begehrungen, aber auch diese haben Einfluss auf die Leidenschaft; auch sind alle Leidenschaften in Wechselwirkung unter sich. (So hat z. B. die Trunksucht den entschiedensten Einfluß auf unsere Vorstellungen von dem Gegenstande des Trunkes und durch diese auch auf unsere Gefühle und Begehrungen; aber auch umgekehrt hat die Wahrnehmung des Trunkes Einfluss auf die Leidenschaft, indem sie dieselbe entweder fördern und begünstigen oder hemmen und beeinträchtigen kann.) Ebenso gewiss ist aber auch, dass die Leidenschaften unter sich in Wechselwirkung stehen, sich gegenseitig fördern, wenn sie gleichartig, oder sich gegenseitig hemmen, wenn sie ungleichartig sind. (So wird z. B. der Habsüchtige leicht ein leidenschaftlicher Spieler, wenn er einigemale im Spiele gewonnen hat; denn alsdann dient das Spiel zugleich zur Befriedigung seiner Habsucht. Umgekehrt kann der Stolz eines Menschen leicht seinen Geiz unterdrücken, wenn dieser den Aufwand verweigert, den der Stolz zu seiner Befriedigung fordert.) Die Leidenschaften stehen sogar in Wechselwirkung mit solchen Gegenständen, die an sich durchaus gleichgiltig sind, aber mit dem Objecte der Leidenschaft in einer wirklichen oder auch nur vermutheten Beziehung stehen und so mit ihr zusammenstimmen. (Wer z. B. seinen Freund recht vom Herzen liebt, der wird auch dessen Eltern und Geschwister leichter liebgewinnen, als es sonst geschehen würde.) Diese Projicierung einer Leidenschaft von ihrem eigentlichen Objecte auf andere, die mit ihm in Verbindung stehen, geht umso weiter, je mehr die Leidenschaft die Intelligenz und vernünftige Überlegung unterdrückt hat, oder je ungebildeter die Intelligenz selbst ist, dergestalt, dass alsdann eine Leidenschaft von ihrem Gegenstande auf einen andern auch übergeht, ohne dass irgend ein wirk=

licher Zusammenhang zwischen diesen Gegenständen besteht. (Der rohe Mensch z. B., der mit seinem Nachbar gezankt hat, trägt seinen Haß nicht allein auf seine Angehörigen, sondern auch auf sein Vieh über; er schlägt und stößt den Hund desselben, wo er ihm nur beikommen kann.)

4. Begierden und Verabscheuungen, öfter befriedigt, gehen leicht in Leidenschaft über. Je öfter nämlich eine Begierde oder Verabscheuung befriedigt wird, eine desto größere Disposition für dieselbe läßt sie zurück, und kann somit umso eher zur Leidenschaft werden, bis sie endlich sogar so stark wird, daß sie kaum mehr beherrscht werden kann. Es ist daher durchaus unerlaubt, unsittlichen Begierden, z. B. nach sinnlicher Wollust, ihre Befriedigung auch nur einmal zu gestatten; denn ist dieses auch nur einmal geschehen, so widersteht man ihnen nachher schwerer und immer schwerer, bis sie einem endlich gleichsam über den Kopf wachsen und ihn, selbst bei der klarsten Erkenntnis seiner Verworfenheit und seines Elendes, in tyrannischer Sclaverei gefangen halten. Sehr richtig sagt daher Ovid:

„Principiis obsta! sero medicina paratur,
Cum mala per longas invaluere moras";

und Calderon sagt:

Jeder Schritt — furchtbares Mahnen!
Ist zum Vorwärtsgehen; wo dann
Gott selbst nicht mehr machen kann
Diesen Schritt zum ungethanen.

5. Je näher Leidenschaften einander verwandt sind, desto leichter gehen sie ineinander über, desto leichter wird die eine von der anderen appercipiert. (So wird aus einem Trunkenbold nach und nach ein Wollüstling; der Stolze wird leicht nach und nach argwöhnisch. Hingegen wird z. B. der Geizhals nicht leicht stolz, der Argwöhnische nicht leicht plauderhaft.)

§ 134. **Schädliche Wirkungen der Leidenschaften und Beherrschung derselben.**

Die Leidenschaften sind, wenn sie auch noch so unschuldig scheinen und für die Herbeiführung wichtiger Ereignisse (die ohne sie nicht statt= gefunden hätten) noch soviel genützt haben, immerhin vor der unbefan= genen Betrachtung verwerflich, da sie sowohl den sittlichen Principien als der Freiheit des Geistes entgegen sind. Die gefährliche Macht der Leidenschaften besteht eben darin, daß sie sich allmählich mit den ihnen ent=

gegenstehenden Geboten und Verboten vertragen lernen, das wahre Ich unterdrücken und so die Rolle desselben übernehmen. Je öfter nämlich das Ich durch Befriedigung der Leidenschaft zum Schweigen gebracht worden ist, umsomehr passt es sich der Leidenschaft an; seine Verbote erklingen immer leiser, die Leidenschaft wird immer mächtiger, bis sie endlich anstatt der Vernunft die Zügel der Regierung übernimmt, als fertige Leidenschaft gebietet und verbietet und die ganze Lebensansicht sowie den Charakter des Menschen nach sich bestimmt.

Auf dieser Stufe usurpiert die Leidenschaft den Charakter der Freiheit, Kraft und Einheit. Allein die Freiheit der Leidenschaft ist eigentlich Unfreiheit und bloße Selbstsucht, da sie über ihrer Befriedigung nur zu sehr alle höheren Rücksichten und Forderungen beseitigt. Daher ist ihr für sich selbst das „Vernünfteln" eigen. Sie beginnt sich zu entschuldigen, ja sich zu rechtfertigen, als ob ihr Gebaren und Thun durch den unbefangenen Verstand selbst gebilligt würde oder als ob eine edle Richtung in ihr läge, die nur vom Unglück heimgesucht würde, oder als ob alles, was sie thut, nicht für sie, sondern nur aus Rücksicht für andere geschähe, deren Wohl sie nicht schädigen wolle. (So gründet der Geizhals die Erlaubtheit seiner Handlungen auf den Satz, dass man Gottes Gaben nie missbrauchen dürfe; dass man nicht wisse, welches Unglück uns noch im Leben begegnen könne. So glaubt der Freiheitssüchtige, dessen Bestrebungen der öffentlichen Wohlfahrt gefährlich sind, und der deshalb mit den Sicherheits-Behörden in Conflicte gekommen ist, nur wegen seines edlen Strebens verfolgt zu sein, und er wirft den Gedanken weit von sich, dass er seine an sich gute Sache durch eine ungebürliche Überschätzung und dann infolgedessen durch eine unrichtige Beurtheilung ihres Verhältnisses zu der wirklichen Lage der Dinge eigentlich selber verderbe. So will der Trunkenbold gar kein Trinker sein und ist nur aus Rücksicht für die gute Gesellschaft, in welcher er sich befand, und die er nicht stören wollte, immer zum Trinken verleitet worden.)

Ebenso ist die Kraft der Leidenschaft keine wirkliche Kraft; denn wo die Leidenschaft herrscht, da herrscht ein falsches Ich, das seine ästhetische Scheingröße nur dem Umstande verdankt, dass es durch Unterdrückung des wahren Ich sich von der früheren Beschränkung losgemacht hat. Das Kraftgefühl, welches die herrschende Leidenschaft gewährt, ist also nur eine Folge des Entbundenseins von dem Drucke, den früher das wahre Ich noch ausgeübt hat, eine Folge der Befreiung von dem früheren

Zwiespalt. Die ästhetische Scheingröße gilt daher nur in Beziehung auf die vorhergegangene Zerfahrenheit.

Die **Einheit** der Leidenschaft endlich ist nur **Einseitigkeit**: denn indem die Leidenschaft die Aufmerksamkeit auf ihren Gegenstand ausschließlich fixiert, verengt sie die Empfänglichkeit und das Interesse für anderes, das eine vorherrschende Aufmerksamkeit in der That verdiente, ja es entsteht nicht selten geradezu **Stumpfsinn** und **Gleichgiltigkeit** gegen alles andere, das nicht Befriedigung der Leidenschaft gewährt, sogar die einseitigste Betrachtung und Behandlung des Gegenstandes selbst, worauf die Leidenschaft gerichtet ist. (Letzteres findet sich vorzüglich beim Geizhalse und Wollüstlinge.)

Mit Recht nannte Kant (Anthrop. § 80) die Leidenschaften „**moralische Krebsschäden**" und Spinoza „**Irrthümer und Verworrenheiten**" im Denken. Auf jeden Fall ist es verderblich, die Leidenschaften zu preisen, als seien sie das wahre Vehikel menschlicher Größe (Diderot). Es ist zwar nicht zu leugnen, dass sie zu den mächtigsten Triebfedern der Weltgeschichte gehören (obwohl es der Sittlichkeit Hohn sprechen heißt, wenn man behauptet hat, „die Vorsehung habe sie weislich als Springfedern in die menschliche Natur gepflanzt"), dass sie im einzelnen allerdings oft vieles Gute bewirkt haben und bewirken können (z. B. Ruhmbegierde, Ehrgeiz, Rechts- und Freiheitssucht, Liebe u. s. w.), dass durch den Kampf mit ihnen die sittliche Kraft des Menschen erstarke und in ihrer Hoheit sich zeigen könne; allein nicht minder gewiss ist, dass ihnen im ganzen fast alle Greuel zuzuschreiben sind, welche die Geschichte der Menschheit beflecken; ferner ist es klar, dass sie den Grundcharakter der Humanität, Freiheit des Willens und Besonnenheit aufheben oder doch schwächen, und dass sie die **größten Sophisten für die Erkenntnis und die größten Tyrannen für den Willen sind**. [Hieher gehört die classische Stelle bei Herbart II. § 108, S. 111.] Jean Paul sagt: „Eubulides erfand 7 Trugschlüsse, jede Leidenschaft erfindet deren 7 mal 7"; — und an einer anderen Stelle heißt es: „durch Leidenschaften **glücklich** sein wollen, heißt sich wärmen durch ein Brennglas".

1. Sehr anschaulich stellt diese Sophisterei der Leidenschaft Wieland im „Agathon", bes. Buch III, Cap. 7, und Schiller in „Wallensteins Tod" in dem bekannten herrlichen Monolog dar. — Dass die niedrigen Leidenschaften der sinnlichen Genusssucht (z. B. Trunksucht, Schwelgerei und Wollust) den Menschen noch unter das Vieh erniedrigen, ist bekannt genug. Dasselbe thut oft der Geiz (Beispiele bei Maaß, „Lehre von den Leidenschaften" II. 435 f.), welcher auch die natürlichsten Gefühle ertödtet (z. B. die väterliche Liebe, vgl. Shakespeares „Kaufmann von Venedig" III, 1).

Alle Menschlichkeit und Ehrliebe zerstört der zur Leidenschaft gewordene Selbst=
erhaltungstrieb (vgl. des Thukydides und Macchiavelli Schilderungen von
den moralischen Wirkungen der Pest in Athen und Florenz). — Die ausschweifende
Liebe zum Leben macht höchst niederträchtig (vgl. Plutarch im „Aemil. Paulus"
über den Perseus und Shakespeare in „Maß für Maß" III, 3). — Stolz und
Hochmuth machen oft völlig verrückt („Don Carlos" V, 9. Sc.) — Die Leidenschaft
der Geschlechtsliebe tritt oft alle göttlichen und menschlichen Gebote mit Füßen
(„Maria Stuart" III, 6. Sc.), führt zu Selbstmord, Wahnsinn, Raserei, macht zum
Narren; verschmähte Liebe (besonders weibliche) reizt zur grausamsten Rache (Euri=
pides' „Medea", Racines „Phädra"); Eifersucht macht blind, taub, wüthend und
unsinnig (vgl. Börnes „Fastenpredigt über die Eifersucht"; vorzugsweise Shake=
speares „Othello und Cymbeline", Schillers „Cabale und Liebe" u. s. w.). —
Spielsucht, Eroberungs= und Herrschsucht erlaubt sich alles (vgl. die Welt=
geschichte und Shakespeares historische Stücke, außerdem „Lear" und „Macbeth"). —
Freiheitssucht, Parteihaß, Rachsucht, religiöser Fanatismus kennen in
den Äußerungen ihrer Wuth keine Grenzen (vgl. die Geschichte aller Revolutionen).

2. Gute Regeln, den entstehenden Leidenschaften vorzubeugen und die entstandenen
allmählich zu schwächen, finden sich bei Volkmann, Ps. S. 392 Anm., Herbart
§ 108; Stiedenroth II. S. 198; vgl. auch Maaß, a. a. O. I. 253, 266, 343,
460; Biunde, Emp. Ps. II. S. 266.

3. Kant (Anthrop. § 80) theilt die Leidenschaften in die natürlichen (an=
geborenen) und die aus der Cultur der Menschen hervorgehenden (erworbenen) ein. Zu
den ersteren rechnet er die Freiheits= und Geschlechtsneigung (beide mit Affect
verbunden), zu diesen Ehr=, Herrsch= und Habsucht (die nicht mit dem Ungestüm
eines Affectes, sondern mit der Beharrlichkeit einer auf gewisse Zwecke angelegten
Maxime verbunden sind). Jene nennt er auch erhitzte (passiones ardentes), diese
kalte Leidenschaften (pass. frigidae). Abgesehen davon, daß diese Eintheilung unvoll=
ständig ist, so ist auch die Freiheitsneigung, aus der die Freiheitssucht entstehen
kann, so gut eine cultivierte Neigung als die übrigen. Es gibt überhaupt keine
angeborene Leidenschaft. Auch der Unterschied der brennenden (mit Affect verbundenen)
und der kalten (nicht mit Affect verbundenen) widerstreitet durchaus der Erfahrung; denn
jede Leidenschaft ohne Unterschied prädisponiert das Gemüth zu Affecten, zu allgemeinen
Störungen der Gleichgewichtslage. Wer wird die Habsucht als Gewinnsucht im Spieler
kalt finden? Maaß a. a. O. II. 20 theilt die Leidenschaften in subjective (Lustsucht,
Unlust und Leerheitsscheu) und objective (Selbstsucht [!], Stolz, Freiheitssucht, Ehrsucht,
Liebe, Haß, Genußsucht und Abscheu [?]) ein. Schulze (psych. Anthrop. 415) theilt
die Leidenschaften in solche ein, die sich auf die Bedürfnisse der sinnlichen Selbstliebe
des Einzelnen beziehen (Genuß=, Vergnügungs=, Habsucht), und in solche, welche auf
die geselligen Verhältnisse zu anderen Menschen, und namentlich auf die Gesinnungen
dieser letzteren Bezug haben (Stolz, Hochmuth, Ehr=, Herrsch=, Freiheitssucht, Liebe
und Haß).

Am zweckmäßigsten unterscheidet man die Leidenschaften, ihren letzten Quellen
nach, in sinnliche, intellectuelle und gemischte, je nachdem sie sich auf orga=
nische Dispositionen oder auf geistige Interessen oder auf beides gründen. Zu den
sinnlichen Leidenschaften gehören: Freß=, Trunksucht (Völlerei), Leckerhaftigkeit, Wol=

luſt und Faulheit. Zu den geiſtigen: Stolz, Hochmuth, Ehrſucht, Herrſchſucht, Freiheits- und Verſchwendungsſucht, Geiz mit ſeinen Modificationen, der Knickerei, Kargheit, Knauſerei, Filzigkeit und der Habſucht, ferner Eroberungsſucht, Despotismus und Fanatismus. Zu den gemiſchten rechnet man: die Leidenſchaften der Liebe (mit ihren mannigfaltigſten Modificationen, insbeſondere die Geſchlechtsliebe, Verwandten- und Vaterlandsliebe, Freundſchaft) und des Haſſes (mit deſſen Modificationen, des Neides, der Mißgunſt, Parteiſucht u. ſ. w.). Aus der Liebe entwickeln ſich die Leidenſchaften der Gefall- und Eiferſucht, aus dem Haſſe die Schmähſucht und Rachſucht.

B. Geiſtige Begehrungen.
§ 135. Begriff und Entſtehung des Wollens.

Das Wollen fällt mit allen den geiſtigen Phänomenen, welche die Sprache durch die zum Theil ineinander übergehenden Ausdrücke: Sehnſucht, Wunſch, Verlangen, Trieb, Neigung, Hang, Vorſatz, Entſchluß, Handlung u. ſ. w. bezeichnet, unter den allgemeinen Begriff des Begehrens. Das Wollen iſt ſomit eine **Art des Begehrens**; aber nicht **jedes Begehren iſt ein Wollen**. (Das Thier begehrt zwar, aber es hat keinen Willen.) Eine Begierde, über deren Befriedigung man keine Gewalt hat, die alſo zwar aufſtrebt, aber ihre Beſtätigung durch die Wahrnehmung nicht erreichen kann, oder es doch noch ungewiß läßt, ob ſie ihre Verwirklichung (Vollendung, Ergänzung) erreichen wird, iſt inſofern ein Wunſch. (Je lebhafter der Wunſch, deſto mehr kann er im erſten Falle darauf ſinnen, ſich freizumachen von den Hinderniſſen, die ihn niederdrücken; aber auch im anderen Fall die Mittel für die Ergänzung übereilen, unbeſonnen dem erſten Einfall huldigen und ſo das Ziel verfehlen.) Von dem wirklichen Wunſch wird aber der nur ausgeſprochene zu unterſcheiden ſein, der Theilnahme verrathen ſoll, weil dieſe wohlthut und auf die Anſicht ihres Beſitzers zurückwirkt. Stellt man die Unmöglichkeit vor, daß ein Wunſch nach der gegenwärtigen Lage der Dinge oder jemals realiſiert werde, ſo iſt er ein frommer Wunſch. Was man **verlangt**, das wünſcht man nicht bloß, ſondern man glaubt es, aus irgend einem Grunde, **erreichen zu können; was man will, deſſen Erreichung ſetzt man beſtimmt voraus.**

Das Wollen unterſcheidet ſich von dem Begehren 1. dadurch, daß es ein **dauerndes, von mehreren anderen Vorſtellungen unterſtütztes Begehren** iſt, und 2. dadurch, daß es die Erreichbarkeit des Begehrens unbedingt voraussetzt. Das Begehren setzt bloß Kenntnis des begehrten Gegenstandes, das Wollen überdies Einsicht in die Erreichbarkeit des begehrten Objectes voraus. Beim Wollen haben wir daher nicht ein bloßes Sichhingeben an den Gedankenlauf, sondern eine absichtliche Lenkung desselben; keine bloß unwillkürliche Aufmerksamkeit auf die mit einer Begehrung in unmittelbarer oder mittelbarer Verbindung stehenden Gedanken, sondern eine willkürliche Aufmerksamkeit oder eine Beobachtung; kein passives Sichgehenlassen, sondern ein thätiges Eingreifen in das innere und äußere Getriebe, ein Vergleichen und Anordnen, Vorziehen und Verwerfen der einzelnen Gedanken und Begehrungen als Mittel zum Zweck*).

Die Innigkeit und Heftigkeit des Begehrens macht dasselbe noch nicht zum Wollen; aber es kann jedes seines Zieles sich bewusste Begehren zum Wollen werden, dann nämlich, wenn eine wiederholte Begehrung eines und desselben Gegenstandes immer Befriedigung gefunden, und sich daraus eine Gewohnheit (§ 130), das Begehrte zu erlangen, gebildet hat, die für alle ähnlichen Fälle eine Erwartung des Erfolges nach sich zieht. Der Wille kann als die vollendetste Art der Begehrung angesehen werden.

Das Wollen bringt meist ganze Reihen von Vorstellungen, jedenfalls aber wenigstens eine ins Bewusstsein, deren Glieder so zusammenhängen, dass jedes folgende mit Bestimmtheit erwartet wird, sobald das vorhergehende eingetreten ist. Dieses erscheint als Ursache, jenes als Wirkung; die Reihe selbst als Causalreihe. Das Gewollte erscheint demnach als Endpunkt einer oder mehrerer Reihen von Mittelgliedern, die zu der Erreichung des Begehrten (oder Ergänzung desselben durch die Wahrnehmung) hinführen. Dies gibt die Unterscheidung von Mittel und Zweck (von Ursache und Wirkung). Wird nun eine Vorstellung oder

---

*) Hieher gehören die classischen Worte Herbarts: „Wer da spricht: Ich will, der hat sich des Künftigen im Gedanken schon bemächtigt, er sieht sich vollbringend, besitzend, genießend. Zeigt ihm, dass er nicht könne; er will schon nicht mehr, indem er euch versteht. Die Begierde wird vielleicht bleiben und mit allem Ungestüm toben oder sich mit aller Schlauheit versuchen. In diesen Versuchen liegt wieder ein neues Wollen, nicht mehr des Gegenstandes, sondern der Bewegungen, die man macht, mit dem Wissen, man sei ihrer mächtig und werde vermittels ihrer seinen Zweck erreichen. Der Feldherr begehrt zu siegen, darum will er die Manöver seiner Truppen. Er würde auch diese nicht wollen, wäre ihm nicht die Kraft seines Befehles bekannt. Aber man wolle einmal so tanzen, wie ein Vestris kann tanzen wollen." (Allgemeine Pädagogik S. 127, vgl. auch: Praktische Philosophie S. 68.)

Vorstellungsmasse als das Endglied der Reihe (deren Anfangsglied vom Ich des Wollenden ausgeht) [als Wirkung] begehrt, so durchläuft das Begehren die ganze Reihe und bringt sämmtliche Glieder (als Theilursachen, die zusammen die vollständige Ursache ausmachen) trotz etwaiger Hindernisse, die sich der Verwirklichung des Begehrten entgegenstellen, zum vollendeten Vorstellen. Die begehrte Wirkung wird zum Zwecke, die begehrten Ursachen zu den Mitteln. Der Zweck wird unmittelbar, die Mittel werden um des Zweckes willen begehrt.

Die Construierung einer solchen Causalreihe (in welcher die vermittelnden Glieder die Ursache, das oder die Endglieder die Wirkung repräsentieren) ist eine Folge fester, unabänderlich wiedergekehrter Verschmelzungen. Die Reproduction führt eine oder mehrere Reihen von Vorstellungen herbei, die im Verhältnis der Succession stehen (§ 55); das Denken verwandelt die Succession in Causalität, indem es die Reihen der Zufälligkeit zu entkleiden und auf innere, qualitative Verhältnisse zu gründen sucht. (So erwartet der Erfahrene in seiner Begierde einen, und zwar den bestimmten Genuß, und je sicherer und bestimmter die Weise des Eintretens dieses Genusses vorgestellt [anticipiert] wird, umsomehr nimmt die Erwartung die Form einer Causalreihe an, die an ihrem Ende den Genuß stehen hat, zu welchem die Glieder in fester, unabänderlicher Succession hinführen. So bildet sich auch frühzeitig in dem Kinde aus dem Begehren ein Wollen heraus, das durch „Unwillen" seine Energie verräth, wenn ihm z. B. die gewohnte Näscherei versagt wird, und das zum „Eigenwillen" ausartet, wenn der Unverstand der Erzieher jene Gewohnheit, das Begehrte zu erlangen, immer mehr ausbildet und es verabsäumt, jene Voraussetzung der unbedingten Erreichbarkeit alles Begehrten durch ein unerbittliches Versagen zu brechen. — Das Kind, das durch Geschrei, welches zuerst instinctmäßig eingetreten ist, ein seinem Verlangen entgegenstehendes Hindernis einigemal überwunden hat, merkt bald, daß auf einen gewissen Gebrauch, den es von seinen Stimmmitteln macht, gewöhnlich äußere Ereignisse von einer bestimmten Art folgen. Ist dieses nur einigemal auf gleiche Weise geschehen, so wird es von dem Kinde jedesmal und für alle ähnlichen Fälle bestimmt erwartet.) Je häufiger überhaupt das Wollen eines Individuums vom Erfolge begleitet gewesen ist, desto mehr bildet sich bei ihm die Gewohnheit aus, die Erfüllung des Begehrten unbedingt vorauszusetzen, desto leichter werden die Begehrungen zu „Wollungen", die sich endlich an jede, auch noch so vorübergehende, launenhafte Begierde anschmiegen, zum leidenschaftlichen Wollen, zur Tyrannei des

Willens führen (§§ 131 und 134), die durch ihre Verstocktheit und Blindheit geradezu häßlich wird. Faßt man nun alles zusammen, so zeigt sich, daß **das Wollen das bewußte, mit der Voraussetzung der Erreichung des Begehrten verbundene Begehren ist.**

Das echte Wollen ist das unbedingte Begehren; es kennt kein „Wenn" und „Aber", erscheint als Befehl. „Ich will", heißt so viel, als „ich werde". (Drobisch § 99.) Das Wollen ist nichts als ein „Wissen vom Können". (Volkmann § 136.) In dem Wissen um die Mittel besteht das „Bewußtwerden des Könnens". Der Mensch weiß ursprünglich nichts von seinem Können; erst indem er sieht, was er gethan, erkennt er, was er gekonnt, und der Überblick über alle seine Thaten gibt ihm die volle Kenntnis seines Könnens. Der Wollende, sagt Volkmann, fügt seinem Begehren das Wissen um sein Können hinzu, und zu diesem Wissen kam er nur durch die That. Die **That** also erzeugt den „Willen aus der Begierde". (Herbart, Allg. Pädag. H. A. S. 128.) Weil dieses Wissen um sein Können dem Kinde und in ungleich höherem Grade dem Thiere fehlt, selbst wenn seine Begierden zu großer Heftigkeit und Energie gelangt sind, so sprechen wir ihm das Wollen ab. — Wer weiß, daß er kann, was er möchte; der will es auch. Die meisten wissen aber weder recht, was sie wollen, noch was sie können. Man kann, was man will, wenn man will, was man kann, sagt das Sprichwort. Hieher gehört auch: mancher weiß nicht, daß er's kann, wenn er's übet, geht es an.

Wer will, der begehrt somit einen Erfolg, dessen Erreichung er als gewiß voraussieht oder vorauszusehen glaubt, sei es infolge bereits gemachter Erfahrungen oder sonstwie, etwa auf Grund innerer Zuversicht. Die Voraussicht, die Befriedigung zu erreichen, ist zunächst nur eine subjective Überzeugung und läuft deshalb gar manchmal auf Täuschung hinaus, wenn die Causalreihe zur Ergänzung des Gewollten in der That nicht hinführt. Darum genügt der Glaube an die Möglichkeit und Ausführbarkeit. So will das unverständige Kind dort, wo der Erwachsene bloß **begehrt** (es will z. B. den Mond vom Himmel herunter haben, weil es das Unmögliche, Unerreichbare noch nicht vom Möglichen, Erreichbaren zu unterscheiden vermag); der Unerfahrene will weit mehr als der Erfahrenere, der Jüngling mehr als der Mann, der seine Kräfte an der Erreichbarkeit oder Unerreichbarkeit des Gewollten schon oftmals gemessen hat. Je deutlicher und tiefer die Einsicht in die Erreichbarkeit des Begehrten, je klarer und reicher das Wissen und Können ist, desto stärker, sicherer und dauerhafter ist das Wollen. Kann man jemanden, der etwas Bestimmtes will, überzeugen, daß sein Können dazu nicht ausreichen werde, so wird sein Wollen zu einem bloßen Begehren oder zu einem bloßen „frommen Wunsche" herabsinken, falls nicht die gewonnene bessere Überzeugung auch diesen unterdrückt.

Wie nun der Mensch mittelbar, um eines anderweitigen Interesses willen, ein an sich Unangenehmes begehren kann, so kann er auch mittelbar etwas ihm Widriges wollen. Er entschließt sich zu diesem oder jenem, was ihm zuwider ist, weil es als Mittel zur Erreichung eines begehrenswerten Zweckes nicht zu umgehen ist. Von dem letzteren, der unmittelbar gewollt wird, überträgt sich das Wollen auf jenes. „Die Menschen sind meistens", bemerkt Herbart treffend, „in der unangenehmen Nothwendigkeit, etwas zu wollen, was sie eigentlich **nicht** wollen." „Aber wenn ich es nicht wollte, so würde das oder jenes Übel erfolgen." (So kann das Princip des Wollens ein Verabscheuen z. B. des Reichthums, der Ehe, der Selbständigkeit und Unabhängigkeit, oder der Armut, der Ehelosigkeit, der Knechtschaft ꝛc. sein.) Oft geschieht es wiederum, daß man einen bestimmten Zweck anstrebt, die Mittel aber scheut, die zu jenem ergriffen werden müssen, obwohl sie im Bereiche unseres Könnens liegen. So begehrt der in Dürftigkeit Lebende die Wohlhabenheit, aber er will sie nicht, weil er die Arbeit und Sparsamkeit scheut, welche zur Erlangung des Wohlstandes unumgänglich nothwendig ist. Ebenso begehrt der Feige, es dem Muthigen gleichzuthun; allein er zittert aus unmännlicher Scheu vor den Gefahren oder aus weibischer Weiblichkeit, um seine Haut zu schonen, d. h. er will nicht muthig sein, weil er weiß, daß er es nicht kann. — Der Wille hat seine Phantasie und sein Gedächtnis, und er ist desto entschiedener, je mehr er dessen besitzt; er stärkt sich auch durch Bekanntschaft mit Gefahren und durch Entsagungen. Der stärkste Wille ist der sittliche. — Umstände des äußeren Lebens hindern oft den Menschen, seines ganzen Wollens innezuwerden, seinen Charakter zu entwickeln. Ein andermal ist ihre Gunst zu groß für die Kleinheit seines Gedankenkreises. Der erste Fall ist bei weitem der häufigste. Daher besonders unter drückender Staatsregierung eine gefährliche Verschlossenheit unbekannter Kräfte. Daher die politische Nothwendigkeit, der menschlichen Thätigkeit eine geordnete Freiheit zu gewähren.

§ 136. Wirkung des Wollens nach außen. Handlung und That.

Das Wollen als vollendete Form des Begehrten, als „Wissen vom Können", bethätigt sich nach zwei einander entgegengesetzten Richtungen: nach außen durch Eingreifen in den Gang der Ereignisse mittels Handlungen und Thaten und nach innen durch Leitung und willkürliche Lenkung des Gedankenlaufes.

Es gibt keinen Willen ohne That oder mindestens ohne Versuch zur That. Auf den Willen folgt also die That. („Die That erzeugt das Wollen aus der Begierde.") Die That ist der einzig mögliche Beweis für das Vorhandensein des Wollens. Ihr Ausbleiben beweist daher entweder, daß die Ausführung subjectiv (psychischer Hindernisse wegen) oder objectiv (physischer oder anderer äußerer Hindernisse wegen) unmöglich war, oder daß ein wirkliches Wollen gar nicht stattfand. Im ersteren Falle bleibt die That bei dem bloßen Versuche stehen.

Wie das Wollen zur That werde? — Diese Frage ist gleichbedeutend mit folgender: wie können überhaupt durch Seelenzustände (Empfindungen, Begehrungen und Gefühle) Bewegungen der Leibesglieder erzeugt werden? Sie ist keine andere als die nach der Art und Weise, wie die Wechselwirkung zwischen Leib und Seele in ihren letzten Elementen vor sich geht (§§ 15 und 19). In dieser

Fassung ist die Frage eine von unserem Standpunkte aus unbeantwortliche, indem wir nicht anzugeben wissen, auf welche Weise die Empfindung in Bewegungen und umgekehrt diese in jene übergehen.

Alles, was sich hierüber sagen läßt, besteht in dem Folgenden. — Bewegungen der Gliedmaßen des Leibes geschehen nicht allein, sondern sie sind während des Geschehens zugleich Gegenstände einer mehrfachen Wahrnehmung, durch welche wir ihre Richtung und Geschwindigkeit sowie die Größe der aufgewandten Kraft zu schätzen vermögen. (§§ 33 und 27.) Wir sind nämlich imstande, sie, wie äußere Processe, durch die Sinne (durch Gesichts- und Gefühlssinn) wahrzunehmen, sodann aber auch als Vorgänge unseres Leibes mittels der sie begleitenden Muskelempfindung aufzufassen. Die Muskelempfindungen bilden nicht nur zur Unterwerfung der mechanisch präformierten Bewegungen unter die Herrschaft des Willens, sondern auch zur feineren Ausbildung aller sinnlichen Auffassungen ein unentbehrliches Hilfsmittel. Sie sind das Mittelglied zwischen Empfindung und Bewegung (§ 27).

Sei nun a die Sinneswahrnehmung einer Bewegung und α die ihr entsprechende Muskelempfindung, so verschmelzen diese beiden umso fester miteinander, je öfter sie im Bewußtsein zusammen waren, d. h. je öfter die Bewegung eines gewissen Leibesgliedes bereits geschah. Mit der Muskelempfindung ist wieder die Contraction des Muskels und die durch diese (Contraction) wirklich vollzogene Bewegung associiert. Wird nun später die Vorstellung (eines bewegten Gliedes) a reproduciert, so erstreckt sich die Reproduction auch auf die mit der Vorstellung verbundene Muskelempfindung α, die nun ihrerseits in den betreffenden Nerven und Muskeln all die inneren und äußeren Zustände hervorruft, aus welchen sie selbst ehedem hervorgieng. Indem dann infolge dieser Zustände die Bewegung erfolgt und wahrgenommen wird, verstärkt sich die bereits vorhandene Complexion zwischen der Muskelempfindung α und der Vorstellung a, so daß dadurch die nachfolgende Handlung derselben Art erleichtert wird. Lassen wir nun mehrere Muskelempfindungen α, α', α'', ... sich mit einem Wollen oder genauer mit denjenigen Vorstellungen, welche im Wollen das Thätige sind, complicieren, so werden mit dem begehrten Gegenstande die verschiedenen Muskelempfindungen und mit diesen die Bewegungen eines bestimmten Leibesgliedes reproduciert. Insofern das Wollen Bewegungen des Leibes hervorbringt, wird dasselbe Handlung genannt. (Handlung deshalb, weil durch die Hand die meisten und erfolgreichsten Bewegungen ausgeführt werden.) Die Summe derjenigen (gewollten) Veränderungen, welche die Handlung in der Außenwelt hervorbringt, heißt That. Die Handlung steht somit zwischen Wille und That.

Findet die Bewegung ein Hindernis in der Außenwelt, so hemmt dasselbe die zu der Bewegung (oder Handlung) gehörigen Muskelempfindungen und vermittels dieser die Vorstellungen (oder Vorstellungsmassen), worin das Wollen seinen Sitz hat. Wie lange das Hindernis dauert, so lange befinden sich sämmtliche Muskelempfindungen bis auf die Vorstellung a im Zustande des Widerstrebens gegen das Anstreben ihrer Gegensätze; in dem Momente aber, wo die ganze Kraft sämmtlicher α, α', α'' ... angespannt ist, geht die Begierde, wofern die Gegensätze noch immer nicht gewichen sind, in ein unangenehmes Gefühl über (§ 106). Eine uns geläufige Handlung, z. B. die Eröffnung einer Thür, das Zuschieben einer Lade, geschieht, wenn kein Hindernis sich entgegenstellt, fast unbemerkt und ohne unseren Gedankenlauf zu stören. Widersetzt sich aber irgend eine Reibung, so strengen wir allmählich mehr Kraft an, wir begehren immer stärker, dass die Thür sich öffne, die Lade von der Stelle rücke, bis dies wirklich geschieht; ist aber die Bemühung vergeblich, so entsteht das Gefühl der Unlust.

Die Stelle eines Hindernisses vertritt oft ein bloßer Mangel in einer gewohnten Umgebung, wenn z. B. in einem Zimmer an einer bestimmten Stelle der Wand eine Uhr gehangen hat, nun aber die leere Stelle wahrgenommen wird. Die erneuerte Wahrnehmung treibt zugleich die Vorstellung der Uhr und die ihr entgegengesetzte der Wandstelle hervor und erzeugt die wachsende Begierde nach dem gewohnten Anblick. Dies ist es, was man Vermissen nennt (§ 127). Hat das Vermißte eine größere Wichtigkeit theils durch eigene Stärke, theils durch seine Mannigfaltigkeit und mehrfache Verknüpfung mit anderen Theilen des Vorstellungskreises, so ist die Unlust vervielfacht und die Begehrung mächtiger — das Vermissen ist zum Sehnen geworden. Ein bekanntes Beispiel ist die Sehnsucht nach der Heimat nebst der Pein des Heimwehs. Mahlmanns und Goethes bekannte Gedichte von der „Sehnsucht".

Die Lenkung der Bewegungen des Lebens durch den Willen bildet sich bei dem Menschen erst nach unzähligen, anfangs misslingenden, allmählich mehr und mehr gelingenden Versuchen aus, dem der natürliche Trieb nach Bewegung fördernd entgegenkommt. Die willkürlichen (absichtlichen) Bewegungen des Kindes sind anfangs sehr ungeschickt. Erst allmählich erlernt das Kind durch fortgesetzte Übung den sicheren und feineren Gebrauch der einzelnen Glieder, indem aus der Gesammtheit der Muskelempfindungen die sich auf die Bewegung zusammengesetzterer Gliedmaßen,

z. B. des Armes mit der Hand, beziehen, die den Bewegungen einzelner Theile entsprechenden Muskelempfindungen sich heraussondern. Der bezeichnete Vorgang ist also im Anfange unabsichtlich. Es ist dabei nicht einmal erforderlich, daß sich die Vorstellung des bewegten Gliedes im Zustande des Begehrens befindet, sondern sie wird ohneweiters vom Handeln begleitet, da mit ihrem Aufsteigen ins Bewußtsein gleichzeitig eine Reproduction der betreffenden Muskelempfindung und weiterhin die zugehörige Bewegung verknüpft ist. (So bei Kindern; erst der Erwachsene lernt seine Bewegungen willkürlich regeln, seine Kraft schonen, schweigen, mit einem Worte sich zurückhalten.) Es kann aber nicht ausbleiben, daß solche Vorstellungen sich auch in der Form der Begierde und des Wollens geltend machen, sobald jene Complexion sich gehörig befestigt und das Kind einen gewissen Erfolg, z. B. das Ergreifen eines Gegenstandes, herbeizuführen beabsichtigt. Unvollkommene (mehr oder minder mißlungene) Resultate verursachen neue Versuche und zugleich ein schärferes Aufmerken auf die Empfindungen, die aus der Bewegung bestimmter Glieder des Leibes hervorgehen.

Durch Versuche und Übungen wächst der willkürliche Gebrauch der Gliedmaßen bis zur Fertigkeit und Geschicklichkeit (§ 65). Ist aber dies einmal geschehen, so reicht, wie der Erwachsene aus Erfahrung weiß, ein einziger Willensact hin, um eine lange Reihe von Bewegungen in Vollzug zu bringen. Und so werden wiederum aus den willkürlichen Bewegungen — Instinctbewegungen (§ 33). (So verhält es sich z. B. beim gewöhnlichen Gehen des Erwachsenen, das ohne alles willkürliche Aufmerken auf die einzelnen Schritte vollzogen wird. Man ist sich dabei nur des Effectes der ganzen Bewegungsreihe und des Zieles, zu dem man hinstrebt, im allgemeinen bewußt, während die einzelnen Bewegungsacte ohne besonderen Willensimpuls vonstatten gehen. Ebenso verhält es sich zum großen Theil mit der Bewegung der Sprachorgane, mit der Bewegung der Finger beim Fortepianospielen und einer Menge anderer gewohnter Thätigkeiten. Sie laufen mechanisch ab und werden in ihrem Verlaufe nur durch eine plötzliche Unterbrechung oder durch eine eintretende Störung bemerkbar, welche einen neuen Willensact nöthig macht. So wird der Gedankenlauf des Gehenden durch das Anstoßen an einen Stein gestört, das augenblicklich einen neuen Willensact hervortreibt, um die Reihe der Bewegungen wieder in die nöthige Ordnung zu bringen.)

Andererseits vermag der Erwachsene, ungeachtet der innigen Complexion zwischen den Vorstellungen der bewegten Glieder und den entsprechenden Muskelempfindungen, doch durch seinen Willen der Wirksamkeit dieser Complexion Einhalt zu thun, selbst wenn die Vorstellung von der Bewegung eines Gliedes mit einiger Lebhaftigkeit ins Bewußtsein tritt, er vermag es durch den Einfluß anderer herrschender Vorstellungsmassen, die jene dergestalt hemmen, daß ihre Wirkung nach außen unterbleibt. Hingegen findet man bei Kindern, und zum Theil bei sehr ungebildeten Erwachsenen, daß sie in Ermangelung höherer appercipierender Vorstellungsmassen in jedem Augenblicke alles, was in ihnen als Begierde aufstrebt, sofort nach dem Gesetze jener Complexion in äußere Handlung übergehen lassen.

Sogar auf die sog. Reflexbewegungen (§ 32) vermag der Wille innerhalb gewisser Grenzen einen beherrschenden Einfluß auszuüben (z. B. willkürliche Unterdrückung des Gähnens, des Lachens u. s. w.), so daß bei geisteskräftigen, vollkommen selbstbewußten Personen derartige Bewegungen nur an solchen Theilen bemerkt werden, die dem Einflusse des Willens mehr oder minder entzogen sind.

§ 137. **Wirkung des Wollens nach innen; willkürliche Aufmerksamkeit und Reflexion.**

Die Wirkung des Willens nach innen zeigt sich in der Lenkung und Beherrschung des Gedankenlaufes, d. h. in der willkürlichen Aufmerksamkeit (§ 99) und Reflexion.

Die willkürliche Aufmerksamkeit geht darauf aus, den sich entwickelnden Vorstellungs- und Begriffsreihen einen Zuwachs an Klarheit zu geben. Sie kann auf Herbeiführung und Entfernung von Wahrnehmungen oder Reproductionen gerichtet sein.

Die Herbeiführung einer Wahrnehmung oder Empfindung kann nicht unmittelbar, sondern nur mittelbar durch den Willen geschehen, insofern dieser durch das Centralorgan des Nervensystems als centrifugaler Reiz auf den motorischen Nerven wirkt, die Contraction des betreffenden Muskels, damit zusammenhängend die Bewegung des Leibesgliedes herbeiführt und so, auf dem Umwege von innen nach außen die begehrte Empfindung oder Wahrnehmung erzeugt. Eine unmerkliche Wendung des Kopfes, eine Verrückung des Augapfels ꝛc. kann oft die Empfindung veranlassen.

Ist der Wille auf Herbeiführung von Reproductionen gerichtet, so sucht er die Mittel (die Hilfen) auf, die zur Erneuerung der gesuchten Vorstellungen dienen. Doch müssen ihm diese Mittel aus vielfacher Erfahrung schon bekannt sein. So kann man z. B. durch Willkür das Weinen hervorbringen, indem man jene eigenthümliche Empfindung zu reproducieren sucht, welche in dem Gebiete des Trigeminus dieser Secretion voranzugehen pflegt. Selbst willkürlich zu schwitzen, gelingt manchen Personen durch lebhafte Erinnerung an die eigenthümlichen Hautempfindungen und die willkürliche Reproduction einer nicht wohl zu beschreibenden Abspannung, die dem Schweiß gewöhnlich vorausgeht und ihn einleitet (§ 34). Bekannt ist es auch (§ 28), wie leicht durch Erinnerung an Geschmacksreize die Secretion der Speicheldrüsen erregt wird. — Die Reproduction solcher Erinnerungsbilder ist, wie Fechner (Psychophysik II. Bd. Leipzig 1860, S. 469 f.) richtig bemerkt, mit einer gewissen Localempfindung ("Localgefühl"), mit einem leisen, schwachen Mithallucinieren im centralen Sinnesorgane verknüpft, das alles Vorstellen (Reproduciren von Vorstellungen) begleitet, von dem es eben jenen, für seine Klarheit und Lebendigkeit so unentbehrlichen, dem einen Menschen karger, dem andern reichlicher zugemessenen sinnlichen Schatz von Farbe, Bild und Klang (kurz: jenen „Körper von Sinnlichkeit") zur Mitgift erhält. „Beim Beschauen geläufiger Erinnerungsbilder ist es mir" (Cornelius: Über die Wechselwirkung zwischen Leib und Seele, a. a. O.). „als ob ich die Augen (nicht den Kopf) dahinter gebrauchte; ebenso habe ich beim Erinnern an geläufige Gehöreindrücke ein Gefühl, wie vom Gebrauche der Ohren, beim Erinnern von Geschmacks- und Geruchsempfindungen wie vom Gebrauche der Zunge und Nase. Nur wenn es sich um nicht geläufige Erinnerungsbilder handelt: wenn ich mich mit einiger Anstrengung besinnen muss, um ein deutliches Bild hervorzurufen, scheint das bezeichnete Localgefühl mehr auf das Innere des Kopfes selbst als auf das betreffende Organ hinzudeuten, jedoch nur solange, als das Besinnen andauert" u. s. w.

Die nach innen gekehrte willkürliche Aufmerksamkeit äußert sich vorzugsweise in der Reflexion, d. h. in der absichtlichen Zurückbeugung des Vorstellungslaufes auf einen bestimmten Punkt oder Gegenstand des Denkens. Dies setzt voraus, dass der gedachte Gegenstand, welcher der Reflexion stillhalten soll, nicht bloß dauernd festgehalten wird, sondern die Reproduction muss zugleich auch eine solche Leitung erhalten, dass nur eben etwas solches im Bewusstsein sich hervorthun kann, was zu ihm in irgend eine Beziehung gesetzt werden kann. [Bekanntlich wird durch die Reflexion die Isolierung einzelner Vorstellungsmassen von ihren zufälligen Verbindungen und die Umgestaltung derselben zu Begriffen wesentlich erleichtert (§ 94).] Das reflectierende Denken gelingt bei verschiedenen mehr oder minder leicht vollständig und richtig, je nach ihrem Bildungszustande und nach dem Grade der erworbenen Fähigkeit, die Störungen von Seite fremdartiger Vorstellungen und sich einstellender Gefühle und Begehrungen abzuhalten. Die von einer appercipierenden Vorstellungsmasse ausgehende Reflexion muss sich zur Selbstbeherrschung steigern, wenn das Reflectieren gut gelingen soll (§ 139). Daher erfordert das dauernde Fixieren des bloß gedachten Gegenstandes, der die Betrachtung stillhalten soll, und die Zurückdrängung fremdartiger Nebenvorstellungen eine nicht geringe Anspannung des Willens und führt leicht zur Ermüdung.

§ 138. Allgemeines Wollen, Maximen und praktische Vorsätze.

Aus einer Mehrheit homogener Willensacte entstehen allgemeine Wollungen auf ähnliche Weise, wie aus einer Mehrheit gleichartiger Einzelvorstellungen oder Artbegriffe allgemeine Begriffe oder Gattungsbegriffe hervorgehen, nämlich durch Verschmelzung des Gleichartigen und Verdunkelung des Ungleichartigen. (§ 94.)

Wenn viele ähnliche Vorstellungen oder Vorstellungsreihen, die sich im Zustande des Begehrens oder Wollens befinden, miteinander verschmelzen, so muss das in ihnen Gleiche über das Ungleiche ein Übergewicht erhalten. Die Folge davon ist die Vereinigung der vielen gleichen Begehrungen oder Vorstellungen zu einer einzigen **Gesammtbegehrung** oder **Gesammtwollung**. Durch hinzutretende Urtheile werden diese Gesammtwollungen auf analoge Weise wie die rohen Gesammtvorstellungen von nebensächlichen Zuthaten gereinigt, bestimmt und begrenzt, ohne dass sich das Ungleiche der verschmolzenen individuellen Wollungen in Wirklichkeit loslösen liesse. Durch immer fortgehende Aneignung der einzelnen Begehrungen und Wollungen von den entsprechenden älteren entsteht in den appercipierenden Vorstellungskreisen **allmählich eine Anzahl allgemeiner Begehrungen und Wollungen**, die unter dem Einflusse von Denkprocessen die verschiedensten Grade der begrifflichen Ausbildung annehmen werden. Diese allgemeinen Wollungen sind nun, gleich den allgemeinen Begriffen, die **appercipierenden** für die kommenden Einzelbegehrungen und Willensregungen und werden für diese das **Bestimmende und Regelnde**.

Dergleichen (allgemeinere) Wollungen, welche als appercipierende Vorstellungsmassen die künftigen Wollungen dieser Art nach sich bestimmen und leiten (wie von den allgemeineren Begriffen die untergeordneten, besonderen, appercipiert werden), **hat man im Sinne**, wenn man von **Grundsätzen, Maximen** (Grundsätze mit Rücksicht auf das Handeln), **Vorsätzen, Plänen, Absichten** (Motiven des Handels) u. s. w. spricht. Diese Wollungen haben einen sehr verschiedenen Inhalt, je nach der Qualität der Vorstellungskreise und der Mannigfaltigkeit der veranlassenden Begehrungen und Wollungen. Daher spricht sich in den Grundsätzen (theoretischen und praktischen) der jedesmalige Bildungsgrad des Menschen aus.

Anfangs pflegen aus den sinnlichen Begehrungen des Angenehmen und den Verabscheuungen des Unangenehmen Maximen hervorzugehen mit dem Bestreben, die Lust zu ergreifen und sich ihr hinzugeben, die Unlust zu verwerfen und von ihr sich abzuwenden. Es sind dies Maximen des sinnlichen Genusses um des Genusses willen. (Das ist der Standpunkt des Kindes und des rohen Naturmenschen.) In dem zweiten Stadium machen sich die Maximen der Klugheit geltend. Der Mensch bemerkt bei fortschreitender verständiger Bildung bald, dass manches Angenehme schädlich und manches Unangenehme nützlich ist. Sofort verschwindet die Harmlosigkeit des sinnlichen Genusses. Er gibt sich der Lust nicht unbedingt hin, weil ihre Nachfolgerin nicht selten Unlust ist; er beurtheilt nun die Lust nicht an sich, um ihrer selbst willen, sondern in ihrer Beziehung auf die Förderung oder Hemmung seines Lebens. Dadurch bilden sich bei ihm Maximen der Klugheit. [Das ist der Standpunkt des verständigen Menschen (Alltagsmenschen). In der griechischen Cultur die Zeit der Odysseus-Sagen.]

Auf einer noch höheren Stufe der Bildung entkleidet sich der Mensch immer mehr des nackten Egoismus; es regen sich in ihm Mitleid und Mitfreude; die Selbstbeobachtung beginnt und schärft sich. Er beginnt sein eigenes Wollen zu fixieren und es mit den Bildern eines anderen Wollens zu vergleichen. Aus dieser Vergleichung entspringt ein reines (unbedingtes) Wohlgefallen oder Missfallen an den Verhältnissen des Wollens. „Den Gast ehren", „im Glücke Maß halten", gefällt; „den Schwur brechen", missfällt. Je deutlicher endlich und bestimmter bei der Wahrnehmung und Vergleichung des Wollens sich der reine, durch keine Nebenrücksichten getrübte Beifall oder dessen Gegentheil, das sittliche Missfallen, regt und vernehmen läfst, und je öfter nach geschehener Nichtbeachtung desselben die Qual der Reue durchlebt ist, um so gewisser bilden sich auch Maximen der Sittlichkeit. (Das ist der Standpunkt des vernünftigen, des gewissenhaften Menschen.) Doch sind die mannigfachen Maximen, die auf diese Weise nach und nach im Menschen entstehen, nicht immer miteinander in Einstimmung, sondern sie stehen zuweilen im Widerspruche untereinander, schließen sich gegenseitig aus, und es kommt zum Streite unter ihnen. Erfahrung und Denken führen zu höheren, den Streit ausschließenden Maximen über die niederen, und bei weiterem Fortgange dieses Processes, der vorwiegend ein Denkprocefs ist, zu einigen oder einem höchsten Grundsatz über allen. Diese sittlichen Grundsätze über das Wollen sind recht eigentlich als das letzte Ergebnis des Fortschrittes im Leben ein inneres und innerstes Wissen, und darum nennen wir ihren Inbegriff das Gewissen („die innere Stimme").

Die Entstehung der theoretischen Grundsätze ist der Bildung der praktischen so ähnlich, dafs es keiner weiteren Auseinandersetzung derselben bedarf; denn es tritt dabei an die Stelle eines Wollens oder einer Handlung ein rein theoretisches Urtheil.

§ 139. Überlegung, Besonnenheit und Selbstbeherrschung.

Dem Wollen und Handeln geht Überlegung (Erwägung) voran. Unter Überlegung ist die Reflexion über die verschiedenen, unter gegebenen Umständen möglichen Arten zu wollen, verbunden mit der Beurtheilung des Wertes einer jeden, zu verstehen. Die Überlegung oder Erwägung ist eine verständige (kluge), sofern sie vorzugsweise auf die Beurtheilung der Mittel zum Zwecke nach Tauglichkeit oder Untauglichkeit gerichtet ist; sie ist dagegen eine vernünftige (sittliche), sofern sie die Wahl des Zweckes selbst betrifft. Sowohl bei einer verständigen als auch bei einer vernünftigen Überlegung wird angenommen, daß nicht das Ich selbst nach seinen Interessen und Neigungen den Ausschlag gibt, sondern daß es sich zunächst als objectiver Zuschauer einem inneren Thun gegenüber verhält, bei welchem die verschiedenen Arten eines Wollens nebst deren Motiven und Beurtheilungen ins Bewußtsein treten, und in demselben sich theils miteinander verbinden, theils bekämpfen, bis dasjenige Gleichgewicht der Vorstellungen hergestellt ist, welches durch die Qualität des Vorgestellten selbst bedingt wird. Hergestellt ist das Gleichgewicht noch nicht, solange die Überlegung noch zwischen entgegengesetzten Vorstellungen und Wollungen hin- und herschwankt. Die Überlegung bleibt noch unbefriedigend, wenn zwei oder mehrere Vorstellungen oder Vorstellungsmassen (Sitze der entgegengesetzten Begierden) sich so im Bewußtsein einander gegenüber verhalten, daß keine ein merkliches Übergewicht über die andere hat. Die Überlegung gelangt endlich zu Ende, sobald eine der im Gleichgewichte schwebenden Vorstellungen oder Vorstellungsmassen oder eine der möglichen, vorgestellten Wollungen, durch von außen oder von innen hinzukommende Hilfen verstärkt, das Übergewicht über die anderen (entgegengesetzten) erlangt, so daß sie diese aus dem Bewußtsein vertreibt und sich selbst dagegen im Bewußtsein geltend macht und auf diese Weise die Entscheidung oder den Entschluß herbeiführt.

Zum vollständigen Gelingen der Überlegung gehört Besonnenheit und Selbstbeherrschung. Das normale Aufeinanderwirken der Vorstellungen, wobei Denken und Reflexion und damit ein Übersehen von Gründen und Gegengründen (von Vergangenheit und Zukunft) möglich wird, bezeichnet man am besten als den Zustand der Besonnenheit. Wird dieselbe zur Gewohnheit, so erweitert sie die Überlegung fortdauernd; sie sucht endlich alles mögliche Begehren (und Wollen) in eine Erwägung zusammenzufassen; immer mehrere Wünsche werden beschränkt und untergeordnet, es wird nach dem letzten Ziel alles menschlichen Thuns und Treibens, nach dem höchsten Gute gefragt. Dabei bedient sie sich der allgemeinen Begriffe, es entstehen Maximen und Grundsätze und aus deren Zusammenstellung eine Sittenlehre.

Unter Selbstbeherrschung versteht man eine planmäßige Regierung des Vorstellungs- und Gedankenlaufes (Lenkung des phantasierenden Laufes der Vorstellungen, des Begehrens und Wollens) aus bestimmten leitenden Gesichtspunkten (Maximen und Principien), durch deren consequentes Festhalten die Ausstoßung und Unterdrückung alles Heterogenen (mittelbar oder unmittelbar Entgegenwirkenden) möglich wird, das sich einzudrängen strebt. (§ 126.) Die Möglichkeit einer solchen planmäßigen Herrschaft über sich selbst ist zunächst in der Ausbildung eines immer umfassender sich gestaltenden Zusammenhanges der Vorstellungen und Wollungen nach ihrem Inhalte zu suchen. (§ 138.) [Hieher gehören außer den Begriffen und Interessen des Menschen die Principien und Maximen.]

§ 140. Freiheit des Willens.

Jede Annahme einer absoluten Freiheit und jedes darauf gegründete Resultat ist irrig. Die menschliche Freiheit ist stets eine relative, und verschiedene Menschen sind in verschiedenem Grade frei. Ursprünglich ist der Mensch gar nicht frei. Denn wäre in seinem Bewußtsein nur ein Wille vorhanden, so folgte er unfehlbar diesem; bei gleichzeitigem Vorhandensein mehrerer Willen entscheiden die Gesetze der Wechselwirkung der Vorstellungen allein über das Resultat. Die Willkür ist keine außerhalb der zumal gegebenen Vorstellungen liegende Kraft, welche dieselben — wie hinter einem Vorhange hervor — beliebig lenkte, sondern auch sie ist, wo sie auftritt, ein Ergebnis aus den gegenseitigen Beziehungen der Vorstellungen selbst. Da aber der Mensch nicht nur Willen hat, sondern auch sein Wollen als solches vorstellt, somit auch die einzelnen Wollungen unter sich und mit anderen (rein theoretischen) Vorstellungen vergleicht, so entstehen Urtheile über Verhältnisse des Wollens, aus denen sich Gesetze über das Wollen bilden.

Zur Verdeutlichung dieses Processes bleibt nichts anderes übrig, als einiges bereits früher Gesagte hier kurz zusammenzufassen.

Unter Mitwirkung des Gefühles bildet sich aus der Vergleichung verschiedener Begehrungen und Willensacte allmählich und unwillkürlich das Bewußtsein eines Wertes und Unwertes des Wollens. Der Ursprung desselben kann zunächst auf Empfindungen oder auf formellen Gefühlen beruhen. Das Begehren, hervorgetrieben durch neue, gegebene Wahrnehmungen, wird durch Apperception von Seite der älteren, bereits vorhandenen Vorstellungen entweder gefördert oder gehemmt und damit die Quelle entweder eines Lust- oder Unlustgefühles. Wenn nun die verschiedenen Begehrungen als solche vorgestellt und verglichen werden, so entsteht vermöge des Gefühls des mit ihnen verbundenen Angenehmen oder Unangenehmen zunächst eine unwillkürliche Wertschätzung des einen von dem andern. Die Vorstellung des Wertes, die ursprünglich nur mit dem begehrten Gegenstande selbst für uns verknüpft war, überträgt sich somit auf die Vorstellung des Begehrens, beziehungsweise des Wollens selbst. Jedes Wollen, auf das wir reflectieren, erweckt in uns das Bewusstsein eines Wertes. Denn selbst, wenn nicht ein zweites positives Wollen so neben dem einen bestimmten Wollen steht, dass aus der Vergleichung mit demselben sich die Wertvorstellung erst ergibt, so stellt sich doch die Vorstellung von der Möglichkeit des Nichtwollens (des Unterlassens), das ja auch ein Willensact wäre, zur Vergleichung daneben. Geht diese Wertschätzung aus der Richtung des Begehrens auf ein äußeres Object um sinnlicher Annehmlichkeit willen hervor, so ist sie nur eine untergeordnete, relative. Aber wie diese, so erzeugt die Wechselwirkung von Vorstellen, Gefühl und Wollen auch mit Nothwendigkeit das Bewusstsein des Vorhandenseins **absoluter Werte** bestimmter Willensverhältnisse. Es kann nämlich nicht ausbleiben, dass wir veranlasst werden, **unser Wollen** nicht lediglich im Verhältnisse zu seinem Objecte, sondern auch als Glied eines Verhältnisses, in welchem es zu einem **anderen Wollen** ohne unmittelbare Rücksicht auf die Objecte dieser Willensacte steht, zu betrachten. [So bildet sich z. B. bei demjenigen, der bisher unbefangen und ohne Reflexion unter der Autorität eines fremden Willens (etwa der Eltern) stand, bei hervortretender Begierde, etwas zu thun, was diesem Willen widerstreitet, die Vorstellung eines Verhältnisses von Willen, das als solches, ohne Rücksicht auf die im einzelnen Falle dadurch erstrebten Objecte von dem Bewusstsein des Wertes begleitet ist, d. h. welches als solches gefällt, und dessen absichtliche Verletzung Missfallen oder Reue hervorruft, beruhend auf dem Gefühle des Widerspruchs, in den unser Inneres mit sich selbst dadurch versetzt ist.] — Aus dem innerlichen Erfahren und Erleben derartiger Willensverhältnisse entspringen durch das Urtheil, dass für solche und solche Fälle nur ein solches und solches Wollen einen in sich selbst liegenden Wert habe, die **sittlichen Ideen**, die nun selbst wieder bei der Apperception jedes neu auftretenden concreten Begehrens als bestimmende Factoren mitwirken. Durch ihre klare Vorstellung wird das Bewusstsein des unbedingten Wertes, welches das sittliche Handeln begleitet, aus einem dunklen Gefühle zur bewussten Einsicht.

Mit dem Auftreten des Bewußtseins von dem Vorhandensein verschiedener Werte des Wollens zeigt sich nun die Möglichkeit der Freiheit im Sinne der Selbstbestimmung, als Autonomie zwar nicht des Willens als solchen (der vielmehr stets durch ein Object determinirt erscheint), wohl aber der Persönlichkeit. Das innere Leben erzeugt aus seinen einfachsten Elementen in fortschreitender Entwicklung inhaltlich bestimmte Normen für den Willen (die sittlichen Ideen), welche als willenlose Urtheile nicht nur über das vollbrachte, sondern auch über das mögliche Wollen höchste, von dem sinnlichen Begehren unbeeinflußte Gesetze darstellen.

Wessen Wollen ihnen gemäß ist, der handelt nach den in eigener Brust erzeugten Gesetzen, d. h. autonom. Je nachdem ihr Urtheil über das im concreten Falle vorliegende Wollen zustimmend oder ablehnend ausfällt, wird in der Apperception des Wollens dieses selbst von innen aus, wieder begehrt oder verabscheut. Diese von dem Innern ausgehende, in die Richtung der einzelnen Begierden eingreifende Apperception durch die herrschenden Vorstellungsmassen erscheint als Gebot und Verbot, und dieses Gebot und Verbot ist ein sittliches, soferne unter diesen appercipierenden Vorstellungen die sittlichen Ideen sich geltend machen. Diese Apperception durch die sittlichen Ideen spricht sich als Urtheil aus, dessen Subject das einzelne Wollen, dessen Prädicat das Bewußtsein der inneren Reaction für oder gegen das Begehrte abgibt. In diesem Prädicate liegt (wie in dem Subjecte das Können) das Bewußtseins des Sollens oder Nichtsollens, und das Resultat ist der Satz: „Dieses bestimmte Wollen soll sein oder nicht sein." Soferne nun in den jede neue Wahrnehmung appercipierenden, älteren Massen das (empirische) Ich des Menschen begründet ist, enthält der bezeichnete Vorgang eben die Apperception des Wollens durch das Ich: „Ich finde mich während dieser Apperception gleichzeitig als den das Können, wie das Sollen Aussprechenden: ich befehle und ich gehorche, letzteres, weil ich muß." In dem: „Ich will A", das als der Endwille aus der gelungenen Apperception hervorspringt, liegt ein: „Ich konnte ein B, sollte es aber nicht."

Hat nun der mit der sittlichen Idee gegebene Vorstellungscomplex Stärke genug, um das reine Wollen in der Apperception sich conform zu machen, so liegt hierin das Wesen der sittlichen Selbstbeherrschung, der im entgegengesetzten Falle Selbstentzweiung gegenübersteht. Diese Selbstbeherrschung ist kein freies Stehen und unwillkürliches Wählen des Willens zwischen Können und Sollen. Wo die Begehrungen durch die vom Ich ausgehenden, in den praktischen Ideen ausgesprochenen Gebote und Verbote appercipiert werden, da ist die Selbstbeherrschung und mit ihr die innere Freiheit vorhanden; wo dies aber nicht geschieht, ist der Mensch unfrei.

In gewissem Sinne ist allerdings der Mensch auch dann psychologisch frei, wenn die appercipierenden Maximen, die das Wesentliche seines Charakters ausmachen, nicht sittliche Ideen sind, vorausgesetzt, daß sie eben als das Sollen jedes neuauftretende Können nach sich bestimmen. Aber ein Sollen im eigentlichen Sinne begründen nur die sittlichen praktischen Maximen, deren Erzeugung in jeder Menschenbrust eben unausbleiblich mit der Thatsache des Wollens gegeben ist; jeder Mensch hat (resp. entwickelt in sich) ein Gewissen, und er hat dieses, weil er einen Willen hat.

Es ist nun leicht einzusehen, und die Erfahrung bestätigt es, daß die Vollkommenheit der Apperception durch die sittlichen Ideen ihre Grade hat, und daß somit die innere Freiheit, als psychologisches Factum, wie nichts Ursprüngliches, so auch nichts Absolutes ist. Absolut ist nur das aus dem sittlichen Urtheile fließende Sollen, dem der Mensch in jedem gegebenen Falle mit einem bestimmten Quantum von Können entspricht. Aber eben in dem Bewußtsein der Mangelhaftigkeit gegenüber dem Sollen liegt der fortgehende Antrieb zu beständiger Verstärkung und Consolidierung der sittlichen Grundsätze. Denn das ethische Urtheil über das Wollen, welches recht eigentlich das letzte Ergebnis des Fortschreitens im inneren Leben ist, dessen Inhalt wir als die Stimme des Gewissens bezeichnen, ist jedem Wollen gegenüber evident. Es kann vorübergehend unwirksam gemacht werden durch Überwiegen des entgegengesetzten Begehrens, das ihm gegenüber sich selbst andere Urtheile mit scheinbarem Werte durch sophistisches Raisonnement bilden kann, aber sein Vorhandensein kann nicht weggeleugnet oder bezweifelt werden.

Die Gesammtheit des in den ethischen Urtheilen liegenden Erkenntnisgehaltes, als höchstes Ergebnis des psychischen Processes, macht den Inhalt dessen aus, was wir zusammenfassend die praktische Vernunft nennen, und in diesem Sinne besteht die sittliche Freiheit in der Bestimmung des Handelns durch die Vernunft.

Die absolute Übereinstimmung des Wollens mit dem Inhalte der Vernunft, resp. des Gewissens, wäre die absolute moralische Freiheit, die für die Menschen nur als Ideal, deshalb aber eben als beständig wirksamer Hebel zur Fortentwicklung und Vervollkommnung seines inneren Lebens besteht.

Die psychologische Freiheit ist weder **absoluter Determinismus** — denn der freie Mensch wird durch nichts Äußeres, Objectives, beherrscht — noch **absoluter Indeterminismus** — denn sie ist nicht Losgebundenheit von den psychologischen Gesetzen, sondern eine auf Apperception gegründete Wirksamkeit der Vorstellungen. Vielmehr ist die psychologische Freiheit jener **relative Determinismus**, der zugleich **relativer Indeterminismus** ist; denn er läßt zwar Vorstellungen von Vorstellungen abhängen, findet aber in den herrschenden Vorstellungen das herrschende Ich. Endlich fällt die psychologische Freiheit mit der **äußeren Freiheit** nur unvollständig, und zwar nur soweit zusammen, als die Handlung sich mit dem Wollen deckt; die Handlung greift in die Außenwelt über und kann von dorther beschränkt werden; das Wollen aber bleibt in dieser Beziehung immer indeterminiert (Volkmann a. a. O. S. 381.)

§ 141. Begriff der Zurechnung.

Freiheit und Zurechnung sind voneinander nicht zu trennen. Wo keine Freiheit des Willens ist, da kann auch die Entäußerung des Willens — die That — nicht zugerechnet werden. Die Zurechnung (imputatio) ist das Urtheil, durch welches ausgesagt wird, dass eine bestimmte That aus dem Ich eines bestimmten Menschen hervorgegangen ist.

Die Zurechnung geht nicht bloß auf das Individuum, sondern auf das Ich, da der Mensch nicht bloß Individuum, sondern Person ist. — Zwischen die That und das Ich tritt das Wollen als Mittelglied; denn die That kann sich auf das Ich nur durch das Wollen beziehen. Die Zurechnung hat also zwei Instanzen: a) sie führt die That auf das Wollen und b) das Wollen in das Ich zurück und betont in der Frage: „habe ich das gewollt?" — bald das „Das", bald das „Ich". Die Zurechnung ist also Zurechnung der That in das Wollen, und des Wollens in das Ich.

Die Bedingungen der vollen Zurechnung sind: a) klares Selbstbewußtsein, b) eine richtige und verstandesmäßige Auffassung der eigenen Persönlichkeit in ihrer bürgerlichen Stellung, und c) was damit innig zusammenhängt, eine hinreichend klare Einsicht in die Folgen ihrer Handlungen in Bezug auf sich selbst und auf andere. Die Zurechnung ist **aufgehoben**, wenn bei gewissen Krankheiten (Geisteskrankheiten) durch prävalierende, körperliche Einflüsse die Wechselwirkung der verschiedenen höheren und niederen Vorstellungsmassen (besonders zwischen Einsicht und Begehren), auf welcher das normale, den wirklichen Verhältnissen entsprechende Selbstbewußtsein und die Überlegung in ihrem (normalen) Verlaufe beruht, suspendiert ist. Auch große Roheit in intellectueller und moralischer Hinsicht, wie sie bei von der Kindheit auf sehr verwahrlosten Individuen zuweilen vorkommt, kann die Imputation sehr vermindern und in einzelnen Fällen total aufheben, falls diese Individuen v o r der That, nach dem Grade ihrer intellectuellen und moralischen Ausbildung, einer verständigen (beziehungsweise vernünftigen und sittlichen) Überlegung gar nicht fähig waren.

Überhaupt aber ist die Zurechnung eine v e r ä n d e r l i c h e Größe, d. h. sie hat verschiedene Grade, die in erfahrungsmäßig gegebenen Fällen nur durch eine besondere Analyse der betreffenden Individuen wissenschaftlich festgestellt werden können.

> Die Frage: kann der Wille selbst wieder zugerechnet werden, steht dein eigenes Wollen in deinem Willen und willst du wieder dieses Wollen deines Willens u. s. f. —? ist eine leere, nutzlose Sophisterei. Die Zurechnung steht still, sobald sie die Handlung auf den Willen zurückgeführt hat; denn dieser wird hiemit sogleich einem praktischen Urtheile unterworfen, welches sich vollkommen gleich bleibt, was man auch für Ursachen und Anlässe des Willens möchte angeben können. Es kann aber begegnen, daß die Zurechnung noch einmal von neuem anfängt, wenn sich findet, daß jener Wille einen früheren Willen zur Ursache hatte. Dem Verführten werden, nachdem er schon vollständig bösartig geworden ist, seine Verbrechen g a n z zugerechnet, dieselben aber fallen noch einmal dem Verführer zur Last, und so rückwärts fort, wie lange sich noch irgendwo ein Wille als Urheber jener Verbrechen nachweisen läßt. (Herbart, Lehrb. d. Pf. § 118 f.)

§ 142. Der Charakter.

Der Charakter hat in dem Wollen seinen Sitz, doch nicht in den wandelbaren Wünschen und Launen, sondern in dem Gleichförmigen, übereinstimmenden und Festen des gesammten Wollens; er ist, wie Herbart sagt (Allg. Pädagog. III. Bd. 1. Cap. S. 117), die Art der Entschiedenheit und Entschlossenheit.

Dem Charakter ist Beharrlichkeit des Wollens wesentlich; er darf nicht heute so, morgen anders wollen (gleichsam wie ein schwaches Rohr schwanken). Der Mann von Grundsätzen, von dem man sicher weiß, wessen man sich von seinem Willen zu versehen hat, hat einen Charakter. (Kant, Anthrop. § 88.) Hingegen nennt man denjenigen charakterlos, dessen Wille sich nicht gleich bleibt, dessen Handeln in einem bestimmten Falle sich nicht voraussehen läßt, der vielmehr beständig einem umständlichen Wechsel ganz entgegengesetzter Gemüthslagen unterliegt, wie wenn er ein doppelter oder gar vielfacher Mensch wäre. Ein solcher erscheint charakterlos, nicht, weil er keine fest ausgeprägten Vorstellungsmassen (Begriffe, Principien, Maximen ꝛc.), sondern weil er deren mehrere besitzt, die in keine fest bestimmte Rangordnung gebracht sind. Die Folge davon ist Unentschiedenheit, Unschlüssigkeit, Zerfahrenheit seines Wollens, (innere) Zerrissenheit seines Gemüthes, die, wenn sie dauernd wird, es nicht mehr dazu kommen läßt, daß er mit einiger Festigkeit eine bestimmte Bahn betrete und verfolge; daher auch die große Menge unangenehmer, bis zum Unerträglichen sich steigernden Gefühle, von denen ein solcher unsteter, innerlich Zerrissener so vielfach geplagt ist. (Als classische Beispiele von Unschlüssigkeit, innerer Zerrissenheit gelten Shakespeares „Hamlet" und Goethes „Clavigo".)

Diese Unentschiedenheit, Zerrissenheit kann nicht anders hinweggetilgt und beseitigt werden als dadurch, daß sich die verschiedenen miteinander streitenden Vorstellungsmassen wechselseitig ausgleichen. Dies geschieht, indem die Vorstellungsmassen und die auf ihnen ruhenden Principien und Maximen eine möglichst festbestimmte Rangordnung eingehen, an deren Spitze eine oder mehrere widerspruchslose, innig verflochtene, allgemeine (theoretische oder praktische) Grundsätze stehen, die für das Denken und Wollen des Menschen die Geltung der höchsten gesetzgebenden Instanz besitzen. Diesen höchsten Grundsätzen kommt die Entscheidung und Entschließung in letzter Instanz zu, wenn es sich um Widersprüche des Denkens oder um Collisionsfälle des Wollens und Thuns handelt. Sie bilden das vermittelnde nnd ausgleichende Element, das Bleibende, Dauernde und Feste im Wechsel der Denk- und Lebensweisen, die Grenz- und Marksteine, an welchen sich die Springflut des Vorstellungslebens bricht.

Durch diese Grenz- und Marksteine wird in das gesammte Denken und Wollen des Menschen diejenige Harmonie gebracht, welche das Wesentliche des Charakters ausmacht ($\chi\alpha\rho\acute{\alpha}\sigma\sigma\omega$, $\chi\alpha\rho\alpha\kappa\tau\acute{\eta}\rho$, wörtlich „prägen", das Werkzeug zum Eingraben, Einschneiden, Einprägen; auch das Eingegrabene, Eingeprägte, Geprägte ꝛc.). Der Charakter besteht somit in der Unterordnung des gesammten Wollens und Handelns unter die durch das Leben gewonnenen und durch Nachdenken gereinigten und geläuterten obersten praktischen Grundsätze*).

Der Charakter ist verschieden nach der Verschiedenheit der Maximen oder praktischen Grundsätze, durch welche das vorherrschende Handeln des Menschen bestimmt wird. Die Maximen und Grundsätze, nach welchen das Wollen und Handeln sich richtet, stimmen entweder mit den höchsten ethischen Ideen überein oder nicht. Im ersten Falle ist der Charakter ein **sittlicher, guter** (uneigennütziger), im andern Falle ein **unsittlicher, böser** (egoistischer). Das beständige Handeln nach sittlichen Grundsätzen macht den **Tugendhaften**, das beständige Handeln aus unsittlichen Motiven den **Lasterhaften** oder **Bösewicht** aus.

Die **Festigkeit** des Charakters hängt zwar nur von der Energie ab, mit der seine praktischen Grundsätze, wie beschaffen sie auch immerhin rücksichtlich ihres Wertes sein mögen, gewollt und ausgeführt werden; aber nur der **sittliche** Charakter trägt die volle Garantie der Sicherheit und Consequenz in sich selbst; denn der Inhalt seiner Maximen, nach denen sich sein Wollen richtet, hat die schärfste und unparteiischste Prüfung bestanden und sich als das bewahrheitet und legitimiert, was einzig und allein und vor allem wert ist, gewollt und vollbracht zu werden. Nur der sittliche Charakter ist im wahrsten Sinne des Wortes Charakter; denn er allein ist in seinen höchsten Grundsätzen von Widersprüchen frei, also in seinen appercipierenden Vorstellungsmassen vor Zerrissenheit, Zerfahrenheit und Unschlüssigkeit völlig bewahrt. Er allein verleiht völlige **Freiheit, Kraft und Einheit**. Zwar kann auch der unsittliche Charakter durch gewaltige Energie, Festigkeit und Folgerichtigkeit bestechen und für sich einnehmen, insofern kann er (wegen der Seltenheit der zum Charakter erforderlichen Energie des Willens), wie der sittliche Charakter, ein **ästhetisches** Wohlgefallen veranlassen (Napoleon I.)**); aber diese Festigkeit ist eine mehr scheinbare, erkünstelte, gewaltsam zu-

---

*) **Goethe** spricht eingehend über den Begriff **Charakter** in der Geschichte der Farbenlehre in dem Abschnitt „Newtons Persönlichkeit". Das Hauptfundament des Charakters — sagt er dort unter anderm — ist das entschiedene Wollen ohne Rücksicht auf Recht und Unrecht, auf Gut und Böse, auf Wahrheit und Irrthum. — Diese Erklärung passt nur auf den Unsittlichen.

) **Novalis bemerkt in seinen „Gedanken über Moral", dass das Ideal schöner Gemüthsart mit keinem gefährlicheren Nebenbuhler zu kämpfen habe als mit dem Ideal der höchsten Kraft und des thatenvollsten Lebens, diesem Traum des Barbaren, der blos die richtige Beimischung von Stolz, Ehrgeiz und Selbstsucht zu erhalten braucht, um zum vollkommenen Ideal des Bösewichtes zu werden.

sammengehaltene; denn es fehlt ihr die **Stabilität** des geistigen Lebens, d. h. die sichere Gewissensruhe, die keine Umwandlung, keinen Umsturz zu befürchten hat. Der unsittliche Charakter befindet sich nämlich im Widerspruche mit den höchsten moralischen Ideen, deren Ausbildung und Vervollkommnung er zwar zu retardieren und theilweise zu vermeiden, nie aber völlig hintanzuhalten vermag. Er hat sie, da das einzige Metier seines Daseins Egoismus ist, wohl nur zurückgedrängt, aber nicht vernichtet. Die Stimme des Gewissens, des edleren Selbst, ist zum Schweigen gebracht, aber nicht für immer, sie regt sich und wartet nur auf die Gelegenheit, um aufs neue laut und vernehmlich zu sprechen. Kommt diese Gelegenheit irgendwann einmal, wo sich die sittlichen Mächte (Principien) im Bewußtsein des unsittlichen Menschen trotz allen Widerstrebens dennoch geltend machen, dann ist die Basis des Unsittlichen durch die **Reue**, die sich an seine Handlungsweise knüpft, dergestalt erschüttert, daß er in sich zusammenbricht. (Räuber Moor.)

Der sittliche Charakter ist nur das Resultat der angestrengtesten und schwersten Arbeit an sich selbst. Er setzt vollendete Selbstbeherrschung (§ 139), vollständige Unterordnung des Willens unter die Einsicht (§ 140) und ein dem Wollen, folglich auch der Einsicht entsprechendes Thun voraus. Der sittliche Charakter ist also schlechthin Übereinstimmung des Wollens und Thuns mit den ethischen Ideen, Widerspruchlosigkeit zwischen Wissen und Wollen in praktischer, und zwischen Erfahrung und Denken in theoretischer Hinsicht. Der sittliche Charakter ist selbsterworbene Herrschaft der Einsicht über den Willen (über Neigungen und Abneigungen, Gewohnheiten, Vorurtheile u. s. f.), d. h. Selbstbeherrschung und **persönliche Freiheit** zugleich; denn diese Einsicht so gut als der Wille ist seine eigene. Ästhetisch betrachtet ruft der sittliche Charakter, als vollkommene Harmonie des Wollens mit der Einsicht, unbedingtes Wohlgefallen hervor; und was unbedingt gefällt, ist schön; er ist folglich die **wahrhaft schöne Gemüthsart**, ein wahrhaftes Kunstwerk. Deshalb ist er aber auch ein Ideal, dem sich der Mensch in seinem „Erdenwallen" nur auf Distanz nähern, das er aber nie vollkommen erreichen kann.

1. Der sittlich große Charakter zeichnet sich nicht allein durch die Quantität und Stärke, sondern auch durch die Unerschütterlichkeit des Willens aus, mit der er denselben behauptet und aufrechthält. Keine Lenkung ist so groß, ihn von dem als richtig und sittlich Erkannten abzubringen, keine Drohung und Gefahr ist so überwältigend, ihn sich untreu zu machen. Je mehr man ihn zwingen will, etwas ihm Widerstrebendes zu thun, je mehr er in den Gegensatz seines Wollens hineingetrieben wird, desto fester und

ruhiger wird er in sich. Er kennt nicht die Furcht, welche Feigheit und Abfall bewirkt, und gibt lieber sein Leben als seine Grundsätze hin.

„Si fractus illabatur orbis,
Impavidum ferient ruinae."   (Horat.)

Der Leidenschaftliche kann darum nie Charakter sein; denn er ist vernünftiger (sittlicher) Überlegung unzugänglich; er „vernünftelt" zwar, d. h. er versucht Einsicht und Begehrung auf sophistische Weise in Einklang zu bringen, aber es gelingt ihm nicht; er ist „taub" für das Vernünftige, aber nicht „blind" für das Verständige, d. h. er wählt klug und vorsichtig die tauglichsten Mittel, die zur Realisierung seines sündhaften Zweckes führen. Die Leidenschaft ist daher, weil sie einseitig bloß dem Verstande (und nicht der Vernunft) folgt, bloß Charakterzug und nicht Charakter (§§ 131 bis 134). Der Leidenschaftliche ist der von einem bösen Dämon Besessene: er kennt nicht die milde, gleichschwebende Herrschaft des Ich und seiner Grundsätze, er folgt nicht der inneren untrüglichen Stimme der Vernunft und des Gewissens, er sagt sich vielmehr von ihr los und hält sie selbst gefangen. Wo die Leidenschaft herrscht, da ist die Selbstbeherrschung nur eine scheinbare, äußerliche, die Einheit des Vorstellungslebens eine wohl maskierte Uneinheit, die sich dadurch verräth, daß aus ihr (wie aus einem thätigen Vulcane) erneuerte Begierden (gleich) Flammen hervorbrechen und das Gemüth in Unruhe setzen.

2. Es gibt Anlagen für den Charakter. Eine gewisse organische Ruhe ist ihm günstig, während eine allzugroße Beweglichkeit und eine zu lebendige organische Resonanz ihm hinderlich wird. Sie erzeugt ein rasches Sichhingeben an den jedesmaligen Gegenstand, während die geringere Lebhaftigkeit der Bewegungen die größere organische Ruhe, die Apperception von Vorstellungen befördert. Sanguinische und Cholerische werden daher weniger Charakter zeigen als Melancholische und Phlegmatische (Confucius, Antoninus Pius, Sokrates, Kant, Beethoven, Schiller, Shakespeare ꝛc.), und auch das weibliche Geschlecht ist durch die Lebhaftigkeit der organischen Begleitung weniger für Charakter angelegt. Reiche Dichter zeigen weniger Charakter. — Zu den Anlagen für Charakter muß auch körperliche Gesundheit und Rüstigkeit gerechnet werden. Sie wirkt auf Selbstgefühl und Muth, und der Wille findet in ihr eine ganz andere Resonanz als in der körperlichen Schwäche und Kränklichkeit. „Kränkliche Naturen fühlen sich abhängig; robuste wagen es zu wollen." (Herbart, Allg. Pädag. S. 134.) Aber auch andere Umstände: Erziehung, Beispiel, Umgang und Schicksale haben auf die Charakterbildung großen Einfluß. Namentlich hat Armut, besonders in der Jugend, auf die Bildung des Charakters eine nachtheilige Wirkung. (Paupertas meretrix.) Darum haben auch solche Bildungsanstalten, in welchen die Armut gar zusehr geschützt wurde, auf Charakterbildung niemals einen sehr vortheilhaften Einfluß gehabt, wie sich dieses schon längst in der Geschichte jener Institute, in welchen die Jugend auf Staatskosten verpflegt und unterrichtet wird, bewährt hat. Ist es doch der menschlichen Natur eigen, dasjenige für gering und bedeutungslos zu halten, zu dessen Erreichung es keiner Anstrengung, keiner Mühe, keiner Opfer bedarf. Dazu kommt die fortwährende, geradezu peinliche Aufsicht in solchen Anstalten. Sie erzeugt, wenn sie ins Kleinliche geht, Unaufrichtigkeit, List, Verschlagenheit, passiven Gehorsam, Verstocktheit und Unselbständigkeit im Denken und Wollen. Kommen endlich solche Zöglinge aus der Anstalt heraus, so gehen sie häufig zugrunde, da niemand mehr Gewalt über sie hat, und sie das Selbstregieren nicht gelernt haben. Die höheren Stände besitzen für die Ausbildung des

Charakters dadurch ein Erleichterungsmittel, daß ihnen ein höheres Selbstgefühl von Kindheit auf anerzogen wird, welches, wie schon gesagt, zur Charakterbildung nothwendig ist, und daß hier sehr viele von den Einwirkungen fehlen, wodurch der Charakter sehr häufig verdorben wird; doch stellen sich auch hier von der andern Seite oft die größten Hindernisse ein, wozu vorzüglich die Verzärtelung und Schmeichelei gehört.

3. Goethe nannte treffend die Geschichte des Menschen den Charakter des Menschen. — Der Charakter eines Menschen, sagte Herbart, ist das, was er will, verglichen mit dem, was er nicht will. (Allg. Päd. S. 299.) — Kinder haben noch keinen Charakter, weil sie noch keine Bildung und keine Kenntnisse besitzen. — Es gibt Individualitäten, besonders kommen sie im weiblichen Geschlechte vor, in denen das Ganze der sittlichen Gesinnung oder auch nur besonders hervorstechende Züge derselben, getragen von der Gunst der inneren Anlage und der äußeren Umstände, sich in harmonischer Regsamkeit von selbst entwickeln, Individualitäten, die frei von heftigen, durch äußere Gegenstände mannigfach umhergetriebenen Begierden, ohne Kampf sich in einem ruhigen Gleichmaße ihres Verlangens halten, und ohne bestimmte Reflexion auf das sittliche Urtheil, ohne umschauenden Blick auf die Verwickelungen des Lebens, von dem sittlich Mißfälligen sich abwenden, die in jedem gerade jetzt vorliegenden Falle das Rechte ergreifen und, instinctmäßig abgestoßen von dem Gemeinen und Schlechten, in der Reinheit und Arglosigkeit ihres Herzens die sittliche Güte in der Form der Unschuld darstellen. Liebe und Wohlwollen, Demuth, Hingebung und Vertrauen, Duldung und Nachsicht mögen sich so bisweilen in ihrer reinsten Gestalt zusammenfinden, das gute Herz sich so zur „schönen Seele" verklären; und wer möchte einer solchen Individualität den Beifall versagen, der ihr gebührt? Aber das harmonische Gleichmaß aller Neigungen und die ruhige Sicherheit der Entschließungen, die den sittlichen Beifall an eine solche Individualität fesseln könnte, sind fast eine ideale Voraussetzung; das gute Herz, das nicht mehr ist als bloß dieses, ist denen verdächtig, die die Welt und den Menschen kennen, und wirklich bleibt ihm, wo es nicht wahrhaft und durchaus gut ist, oft nur die bloße Gefühls- und Temperamentstugend übrig, d. h. es zeigt sich in vereinzelten, zufälligen und vorübergehenden Erregungen, zu welchen die Individualität gerade geneigt ist. Wenigstens kann da, wo der Wollende sich bloß seiner Individualität überläßt, nicht von eigentlicher Selbstbildung die Rede sein, deren Begriff auf der Unterscheidung zwischen dem beruht, was der Mensch in sich finde (dem Objectiven, was ohne sein Zuthun in ihm entstanden ist und sich fortwährend regt), und dem, was er über dieses Objective urtheilt, ihm zugesteht oder versagt (dem Subjectiven, in welchem er sein wahres Ich zu finden und zu halten sucht). In dem Verhältnis zwischen beiden wurzelt der Charakter. (Hartenstein a. a. O. S. 444.)

Dritter Abschnitt.
Von den natürlichen Anlagen des Menschen.

§ 143. Naturell, Temperamente, Geschlechter, Lebensalter.

Unter Naturell versteht man den habituellen Gesammtzustand des Leibes, insofern er einen Einfluss auf die Zustände der Seele hat. Das Naturell wird bedingt durch die Constitution des Leibes [kräftige, schwächliche, reizbare, träge, nervöse, arteriöse, venöse, lymphatische (skrophulose)], die Gesundheit oder Kränklichkeit seiner Organe, die Beschaffenheit des Blutes (ob nämlich lymphatisch, venös, arteriös, capillär), ja selbst durch den Knochenbau und die Muskulatur, endlich durch die Einflüsse, welche Boden, Klima, Abstammung, Geschlecht und Lebensalter auf den Menschen üben. Es haben daher nicht bloß die Individuen ihnen eigenthümlich zukommende Naturelle, sondern diese kommen auch Familien, Stämmen, Nationen, Menschenracen, Lebensaltern und Geschlechtern zu. (So wird südlichen Völkern im allgemeinen ein feuriges, nordischen Stämmen ein kälteres Naturell beigelegt.) Es wäre jedoch unrichtig zu meinen, als ob das Menschenindividuum durch das Naturell vollständig determiniert wäre, wie dies allerdings das Thierindividuum zu sein scheint: im Gegentheil zeigt sich bei dem psychisch gehobenen Menschen die Macht des Geistes über seinen Leib dadurch, dass er sich im Gegensatz zu seinem Naturell entwickelt, als Greis z. B. noch jugendlich munter ist und große Unternehmungen vollbringt.

Die Temperamente sind natürliche Anlagen für Gefühle und Affecte. Kant hat sie richtig eingetheilt in Temperamente des Gefühles und der Thätigkeit; die letzteren werden aber schicklicher Temperamente der Erregbarkeit genannt. Auf das Gefühl beziehen sich das sanguinische und melancholische (das heitere und das trübsinnige), auf die Erregbarkeit das phlegmatische und cholerische (das schwer bewegliche oder ruhige und das reizbare). Ihre Gründe können nur in dem Leibe und seinem Einflusse auf die Seele gesucht werden. Was nun die Gefühlstemperamente betrifft, so sind sie, von der Seele aus betrachtet, nichts anders als der vorherrschende Ton des Gemeingefühles selbst, der entweder angenehm oder unangenehm ist. Wechselt aber in dieser Beziehung die Beschaffenheit und Einwirkung des Körpers öfter und bedeutend, so hat dies die Folge, daß der Mensch abwechselnd mehr für Fröhlichkeit oder für Trübsinn disponiert ist, so daß der Sanguinische für eine Zeit trüb, der Melancholische für eine Zeit heiter werden kann. Ja letzterer kann ausgelassen lustig werden; denn der angenehme Gefühlston wird umso stärker und führt ein desto größeres Bewußtsein der Freiheit mit sich, je größer gewöhnlich der Gegensatz war und je bedeutender die Erleichterung erscheinen muß.

Der Grad der Erregbarkeit durch Gemüthsbewegungen hängt davon ab, mit welcher Schnelligkeit und in welchem Grade die entsprechenden Zustände im Leibe auftreten; aus der größeren Nachgiebigkeit des Körpers folgt eine größere Rückwirkung und längere Störung des Gleichgewichtes im Gemüthe. Bei den Gefühlstemperamenten liegt der Nullpunkt in der Mitte, während von da aus sich ein jedes der beiden Temperamente nach entgegengesetzten Seiten hebt, so daß die angegebenen Temperamente die Endpunkte bilden. Anders ist dies bei den Temperamenten der Erregbarkeit. Der Nullpunkt liegt hier nicht in der Mitte, er ist auf dem einen Ende zu finden, und von da an muß in Abstufungen das cholerische Temperament ausgehen. Phlegmatisch wäre also das Temperament insoferne, als der Affect gar nicht eintreten könnte; der Eintritt des Affectes und seine Verstärkung bildete dagegen das Gebiet des Cholerischen. Allein ein so reines Phlegma wird man schwerlich finden; es müßte denn im Zustande halben Blödsinns sein. Folglich kann man die Temperamente nicht als das nicht reizbare und das reizbare, sondern nur als das schwer und leicht zu reizende bezeichnen.

Man hat die Temperamente häufig geschildert; in allen diesen Schilderungen, so geistreich sie mitunter lauten, bemerkt man aber, daß man die Extreme vorzugsweise vor Augen gehabt, und dabei noch eine Verwahrlosung hinzugedacht hat.

Vom Sanguinischen sagt man, er sei sorglos, guter Hoffnung, aufgeräumt, ein Freund aller, gutmüthig, verspreche viel, halte wenig, nehme alles augenblicklich wichtig, doch im heiteren Sinne, sei immer beschäftigt, aber ermüde leicht unter bestimmten Geschäften, bereue leicht, aber vergesse die Reue bald, sei deshalb schwer zu bekehren, wie auch aus Vergeßlichkeit und Leichtsinn ein schlimmer Schuldner u. s. w.

Der Melancholische dagegen sei voll Sorge, nehme alles wichtig, was ihn betreffe, richte seine Aufmerksamkeit auf die Schwierigkeiten, sei mißtrauisch und deshalb dem Frohsinn nicht zugänglich.

Der Cholerische sei hitzig, lodre auf wie Strohfeuer, lasse sich aber durch Nachgeben leicht besänftigen, zürne, ohne zu hassen, seine Thätigkeit sei rasch, aber nicht anhaltend, auch dirigiere er lieber, als daß er selbst Hand anlege; Ehrsucht sei seine herrschende Leidenschaft, er liebe daher den Glanz, den Pomp und die Formalität, mache den Protector und habe gern Schmeichler.

Der Phlegmatische, der begreiflicherweise am übelsten fährt, habe dagegen einen Hang zur Unthätigkeit, sei selbst durch starke Triebfedern nicht zu Geschäften zu bewegen, seine Neigungen gehen nur auf Sättigung und Schlaf. — Es springt in die Augen, daß der Phlegmatische mit dem Faulen verwechselt ist, während er doch sehr gleichmäßig arbeitsam sein kann, und daß man den Cholerischen von den herrischen, ernsthaften und stolzen Seiten genommen hat.

Die Eigenthümlichkeit des weiblichen und jene des männlichen Geschlechtes ist nicht allein in den Geschlechtsorganen zu suchen, sondern der gesammte Organismus ist der Geschlechtscharakter und das Geschlechtssystem bloß der Vertreter desselben. In allen Verhältnissen des Lebens spricht sich der Geschlechtsunterschied aus; das gesunde Leben sowohl in körperlicher als in geistiger Hinsicht ist ein anderes beim Weibe als beim Manne, und auch beim Erkranken ist dieser Unterschied in auffallender Weise bemerkbar. Das Weib ist körperlich eher ausgebildet als der Mann, es ist zarter und schwächer. In jener Hinsicht wird die Zeit für seinen Eintritt in das gesellschaftliche Leben abgekürzt, also auch seine geistige Bildungsperiode; ein großer Theil dieser Bildung geht noch obendrein auf seinen künftigen häuslichen Beruf, der ihm naturgemäß nach seiner größeren Schwäche, Verletzbarkeit und den übrigen Verhältnissen angewiesen ist. Schon durch seinen Bau, der dem stürmischen Gefühl und der Gefühllosigkeit nicht so günstig ist, ist es für seines Gefühl organisiert. Nimmt man dieses mit der abgekürzten Bildungsperiode zusammen, so wird das Weib vorzugsweise an seinem Gefühl hängen und zugleich einen scharfen Blick für diejenigen Verhältnisse zeigen, die in seine Sphäre fallen. Der Mann wird hingegen in seinen erweiterten Verhältnissen mehr umgetrieben, verliert oft das Nächste am meisten aus seinen Augen, hat weniger Sinn für Anstand und Schicklichkeit und verkürzt das Gefühl durch allerlei Ansichten. Er ist für den Charakter bestimmt, wie das Weib für das Gemüth. Beide gehören zusammen und bilden erst so ein Ganzes.

In Beziehung auf die Lebensalter lassen sich zwei Hauptperioden unterscheiden, die der geistigen Unmündigkeit und die der Mündigkeit. Die erste Periode ist die Zeit des vorherrschenden Sammelns und Anwachsens, die zweite die Zeit des vorherrschenden Verbrauches.

Die Kindheit gibt sich mehr dem Vorhandenen hin; sie genießt gerne, ist neugierig und liebt das Spiel, wenn es unterhaltend oder bewegend ist. Was Höheres erklingen mag, nimmt sie gerne auf. Überhaupt ist sie aufnehmend und hört und sieht mehr als man glaubt. In der Jugend wirkt die Phantasie; sie ist die Zeit der Ideale; denn aus dem gesammelten Stoffe, dem Unterrichte, der unbestimmten Vorstellung der Lebensverhältnisse und der Sehnsucht entspringt das lebendige, innere Bilden. Alles wird rein, hoch und aufs beste genommen; alles wird angesehen, wie es sein sollte. Dazu bedarf es der Mittheilung, des Mitgefühls, der Freundschaft und später der Liebe.

Das männliche Alter steigt allmählich von der Höhe des (vorgestellten) Ideales herab und kommt zu Verstande; soferne unter diesem Nüchternheit verstanden wird, erreicht es ihn oft nur zu sehr. Es läßt das Reale hervortreten, nimmt die Verhältnisse, wie sie sind, und sucht daraus zu machen, was daraus werden kann. Da die Möglichkeiten hier bestimmter vorschweben und auch ohnehin durch Erfahrung und Nachdenken vermindert sind, da ferner das Neue großentheils alt geworden ist, die Gewöhnung mächtiger und der Organismus ruhiger geworden ist, so zeigt sich die Richtung gleichmäßiger und weniger schwankend als früher. Die Verflechtung in das Interesse, das Erwägen des Nützlichen oder irgend eine Begierde, die nach Herrschaft strebt, kann jene größere Gleichmäßigkeit für sich benützen und das Schlimme fixieren. Der Mann handelt mehr, darum dichtet er weniger als der Jüngling.

Das spätere Alter (Greisenalter) behält soviel Männlichkeit als der Körper gestattet, mit großen individuellen Verschiedenheiten. Im besten Falle tritt hier das Denken an die Stelle des Dichtens und des Handelns. Loben Greise die vergangene Zeit, so geschieht es, weil ihr Blick damals noch nicht geschärft war, und ihre lieben Gewöhnungen anfangen, aus der Mode zu kommen. Daß bei der Mehrzahl der Greise das begehrende Leben gemindert ist, versteht sich von selbst; daß Ruhe erwünscht ist, gleichfalls. Doch gibt es auch solche, die selbst im höchsten Alter nicht von ihren eingewurzelten Thorheiten lassen können. Übrigens „büßt jedes Alter die Schulden und leidet an dem Unglück aller vorhergegangenen".

Sachregister.

Abklingen, der Gerüche, 62.
Abneigung, 261.
Abstraction, 170.
Achromatopsia, Achrupsia, 44.
Ähnlichkeit, Gesetz der, 93.
Ästhetik, 226.
Ästhetische Gefühle, 222.
Affect, Ausbruch des, 246.
Affecte, Begriff der, 243.
„ Culmination der, ib.
„ Einfluß derselben, 249, 2.
„ Eintheilung derselben, 247.
„ der Entleerung, 247.
„ asthenische und sthenische, rüstige und schmelzende, 257.
„ Ursache der A., 245.
„ der Überfüllung, 247.
Affectlosigkeit, 248, 2.
Ahnung, 132, 2.
Allgemeinwille, 226.
Amnestik, 118.
Amputation, 55.
Analogieschluß, 179.
Anatomie, Begriff der, 2.
Anbetung, 241.
Andacht, ib.
Andächtelei, ib.
Angenehmes, 222.
Anlagen, 300, 261.
Anmaßung, 232.
Anschauung, Begriff der, 161.
Ansichten über den Begriff des Instinctes, 68.
Anthropologie, Begriff der, 1.
„ der Naturvölker, 10.
Antipathie, 240, Anm.
Antipathetische Gefühle, 236.
Apathie, stoische, 248, 2.
Apparate des menschlichen Leibes, 27.
Apperception, Begriff der, 181.
„ Verhältnis der A. zur Perception, 185, 1.

Apperception, Vorgang der, 183.
„ Wichtigkeit der, 185, 2.
Appercipierende Vorstellungskreise, 184.
Arbeit, 219.
Armut, ihr Einfluß auf Charakterbildung, 299, 2.
Aufmerksamkeit, Begriff der, unwillkürliche und willkürliche, 80.
„ aneignende o. appercipierende, 186.
„ willkürliche, 187.
Aufrechtsehen, 137.
Auge, ruhendes, ob es zu einem flächenartigen Sehen gelangt, 136, 2.
„ woher die Beweglichkeit desselben stammen mag, 136, 1.
Auswendiglernen, 105.

Beachtung fremder Seelenzustände, 7.
Bedingungen des Zustandekommens der Empfindungen, 39.
Begehren, Begriff und Bedingungen des, 249.
Begehren und Verabscheuen, miteinander verglichen, 251.
Begehrung, befriedigte, 251.
„ Bewegung der, 255, 3.
„ Definition der, 74.
„ Eintheilung derselben, 256.
„ Folgerungen aus dem Begriffe der, 253 f.
„ Hauptstadien der, 251.
„ Spannung und Auflösung der, 251.
„ vorübergehende, wechselnde Zustände, 254, 2.
Begriff und Wort, 173 f.
Begriff, Unterschied der psychischen und logischen, 172.
Begriffe, Bildung der, 170.

Begriffsbildung und Begriffsbearbeitung, 181.
Beileid, 235.
Benennungen der Geschmäcke, 57.
„ der Gerüche, 60.
Bescheidenheit, 232.
Besinnungen, 111.
Besonnenheit, 288.
Besorgnis, 213, 2.
Betäubung, 216.
Bettelstolz, 233.
Beurtheilung der Größe und Entfernung der Gegenstände durch das Gesicht, 143.
Bewahren, 119.
Bewegung der Gesichtsobjecte, 147.
„ der Vorstellung, 88.
Bewegungen, Arten, 64.
„ willkürliche und unwillkürliche, Reflexe, 65.
„ Instinctbewegungen, 66.
„ willkürliche, 69.
„ ausgleichende, 66.
„ schützende und erhaltende ib. Mitbewegungen, Associationsbewegungen, 67.
Bewegungsstreben, 91.
Bewunderung, 241.
Bewußtsein, Einheit des, 18, 78.
„ Einerleiheit, 15.
„ Enge, 79.
Blindgeborene, geheilte, 40.
Brust, 57.

Charakter, 294.
„ Anlagen für den, 298, 2.
„ sittlich große, 298.
Charakterfestigkeit, 296.
Charakterlos, 295.
Charakterzug, ib.
Choleriker, 302.
Coexistenz, Gesetz der, 94.
Complicationen, Bildung der, 84, 159.
Conträre Vorstellungen, 82.
Contrast, Begriff des, 93, 94.
„ der schöne, 224.
Cortische Fasern, 49.

Dankbarkeit, 241.
Demuth, 232.
Denken, Begriff des, 168.
Determinismus, 293.
Dinge mit vielen Merkmalen, 159.
Disparate Vorstellungen, 82.
Doppeltsehen, 138.
Druckempfindungen, 53.

Ebene, Vorstellungen der, 134.
Ehre und Ehrgefühl, 230.
„ subjective und objective, 230.
Ehrfurcht, 241.
Eifersucht, 215.
Eigenwillen, 278.
Einbildung, Arten der, 116 f.
Einbildungsvorstellungen, 114.
Einerleiheit der Seele, 15.
Einfachheit der Seele, 18.
Einfachsehen, 138.
Einheit des Bewußtseins und Enge desselben, 78.
Einschlafen, 120.
Einwürfe des Materialismus gegen die Einerleiheit, 16.
Einzelwille, 227.
Eitelkeit, 232.
Ekel, 217.
Empfindung, Begriff der, 31.
„ sie ist physiologisch nicht erklärbar, 31.
„ Inhalt, Ton und Stärke, 32.
„ Arten d. E., 36.
Enge des Bewußtseins, Erklärung der, 89.
Entsetzen, 213, 1.
Entsinnung, 111.
Erfahrung, überlieferte, anderer, 7.
Erinnerung, 111.
„ und Einbildung, Unterschied der, 115.
Erinnerungsbild, 77.
Erinnerungskunst, 106.
Erholung, 219.
Erkennen, Erkenntnis, 221.
Ermüdung, 217.
Erwachen, 120.
Erwartung, 132, 2.
„ 188, Anm.
„ Begriff und Erklärung der, 209 f.
„ befriedigte und getäuschte 210.
Erwerbungstrieb, 259, 2.
Esprit de corps, 231.
Ethik, 226.
Ethnographik, 10.
Evolution, Begriff der, 96.
Ewigkeit, 129.

Farben, 42.
Farbenblindheit, 44.
Feinheit des Geschmackes, 58.
„ des Geruches, 61.
Fertigkeit, 109.
Fläche, Vorstellung der, 134.

Freiheit des Willens, 289.
„ psychische, 292.
„ moralische, 293.
Frömmelei, 241.

Ganglien, 28.
Gedächtnis, 103.
„ Abhängigkeit desselben vom Nervensystem, 108, Anmerkung 3.
„ als Talent, 107, Anm.
„ Angriff auf das, 114.
„ Arten des, 104.
Gefühl, Begriff und Entstehung des, 200 f.
„ Entstehung des angenehmen, 201, 2.
„ Entstehung des unangenehmen, 201.
Gefühle, ästhetische, 222.
„ Bemerkbarkeit derselben, 203, Anm.
„ Beweglichkeit und Wandelbarkeit derselben, 16.
„ Definition der, 74.
„ Dauer derselben, 203, Anm.
„ dem Denken zuträgliche, 209, 4.
„ Eintheilung derselben, 205.
„ formale und qualitative Gefühle, 205; gemischte, 205 f.
„ herrschende, 209, 5.
„ intellectuelle, 220.
„ Entstehung der sittlichen, 226.
„ normaler Rhythmus derselben, 203, Anm.
„ qualitative, 220.
„ religiöse 240.
„ Stärke und Lebhaftigkeit derselben, 202, Anm.
„ Unterschied derselben von den Empfindungen, 203.
„ Verhältnis derselben zum Denken, 208, 4.
„ Verhältnis derselben zu den übrigen Phänomenen des Bewusstseins, 206.
„ über die Schwächung derselben durch Zergliederung, 203, Anm.; 208, 4.
Gefühlscontraste, 206.
Gefühlsmensch, 241.
Gehirn, 28.
„ und Seele, 12.
Gehörsinn, 47.
Geist, Definition des, 75.
Geistesabwesenheit, 114.

Gemeinbilder, 117.
Gemeingefühl, 36.
Gemüth, 75 u. 76.
„ Gemüthlichkeit, Gemüthlos, Gemüthskräftig, Gemüthsschwäche, Gemüth, ein freies, Gemüthsweichheit, Kindlichkeit, Gutmüthigkeit, 241 f.
„ Zerrissenheit des, 295.
Gemüthsruhe, 243.
Gemüthsstimmung, 209; phantastische, 114.
Gemüthsstörung, 244.
Genie, 185, Anm.
Geräusch, 47.
Gerüche, als Belebungsmittel, 62.
Geruchssinn, 60.
Gesammteindruck, dunkler, 97.
Geschicklichkeit, 68, 109.
Geschlechter, 302.
Geschlechtsliebe, 240.
Geschlechtstrieb, 259, 2.
Geschmacksempfindungen und die chemische Beschaffenheit des Schmeckbaren, 58.
Geschmackssinn, 57.
Geschmacksträume, 59.
Geschmacksurtheile, Gewissensurtheile, 309.
Geschmackswärzchen, 59.
Geselligkeitstrieb, 259, 2.
Gesetz, das Weber'sche, 34.
„ der Isolation, 30.
„ der Ähnlichkeit oder Gleichheit, ib.
„ der Coexistenz, 94.
„ der Succession, 95.
„ des Widerstreites, 93.
Gesetze, der mittelbaren Reproduction, 93.
Gesicht, Auffassung der Gestalten durch dasselbe, 139.
„ Beurtheilung der Größe und Entfernung der Gegenstände durch dasselbe, 143.
Gesichtserscheinungen, phantastische, 125.
Gesichtsobjecte, Bewegung und Ruhe der, 147.
Gesichtssinn, 40.
„ Auffassung der Tiefendimensionen durch denselben, 141.
Gesichtssinn, räumliche Auffassung durch denselben, 135.
Gestalten, Entstehung der, 139 f.
Gewichtsempfindungen, 53.
Gewissen, 287.
„ Stimme des, 292.
Gewohnheit, 263.

20*

Gleiche Vorstellungen, 82.
Gleichgewicht unter sich hemmenden Vorstellungen, 87.
Gleichgewichtspunkt, ib.
Gleichgiltigkeit, 188, Anm ; 274.
Gottheit, 240.
Gottseligkeit, 241.
Grauen, 213, 2.
Grenze des Gesichtes, 42.
„ des Gehörs, 49
„ des Getastes, 52 f.
Gruppe von Vorstellungen, 98, Anm.
Gruppenförmige Reproduction, 94.
Gutmüthigkeit, 243.

Hallucinationen, 162.
„ der Völker, 167, 3.
Handlung, Begriff der, 282.
Hang, 265.
„ Verhältnis des Hanges zur Leidenschaft, ib.
Häßlichkeit, 224.
Hemmung, Begriff der, 85.
„ Größe der, 86.
Hemmungssumme, 89.
Hemmungsverhältnis, ib.
Herz, 75.
Hilfe, Begriff der, 90, 92.
Hochmuth, 282.
Hoffnung, 212.
„ getäuschte, 213.
Höhe des Tones, 47.
Hören, ib.
Hüten, 119.
Hypothese des Helmholtz über Gesichtsempfindungen, 42; Gehörsempfindungen 49 f.

Ich, als vorstellendes Wesen und als thätiges Princip, 193; — als Ergebnis der Lebensgeschichte,194; empirisches und reines Ich, das Wir, 196; Doppelleben des Ich, 199, Anm. 2.
„ Theilungen im Ich, ib.
„ Vorstellungsgruppe des Ich, beruhend auf der Vorstellung des eigenen Leibes, 191 f.
Ideal, Begriff des, 225.
Idee, 308, 225.
Ideenassociation, 91.
Idiosynkrasie, 240.
Illusionen, 162.
Indeterminismus, 293.
Induction, 180.
Ingeniöses Gedächtnis, 106.

Instinct, 260, 3.
„ Definition des, 68.
Institute, ihr Einfluß auf Charakterbildung, 299.
Intelligenz, 75.
Interessant, 188, Anm.
Interesse, ib., 212.
Involution, 98.
Judiciöses Gedächtnis, 107.

Kindlichkeit, 242.
Klang, 47.
Klangfarbe, ib.
Kopf, 75.
„ der gute, 185, Anm.
Kunsttrieb, 259, 2.

Langweile, 131, 215.
Lasterhafter, 296.
Lebensalter, 303.
Lebensgefühl, allgemeines, 203, Anm.
Leibesempfindungen, 36.
Leidenschaft, Ausbruch der, 267.
„ Begriff der, 266.
„ Einheit der, 274.
„ Eintheilung der, 275, 3.
„ Freiheit der, 273, 274, 1.
„ Hauptphänomene d., 271.
„ Kraft der, 273
„ Ursprung der, 273.
„ Vehikel menschl. Größe, 274.
„ Verhältnis z. Affect, 267.
„ Wirkungen der, 272.
Leidenschaftlicher, 298, 1, 91.
Liebe, die reine, Begriff der, 239.
„ (unreine), 240.
Linie, gerade, Vorstellung derselben, 139.
„ Neigung, der, ib.
„ Richtung der, ib.
Localisation der Empfindungen, 152.
Lüge, 309.

Maß der Geschwindigkeit der Empfindung und Bewegung, 31.
Materialismus, Einwürfe, 16, 18, 20.
Maximen, 286.
Mechanik des Geistes, 89.
Mechanisches Gedächtnis, 104.
Melancholiker, 302.
Mensch, Begriff, 1, Menschen, civilisierte, 8.
Metapher, Begriff der, 93.
Methode, Begriff der, 3, genetische, ib. pädagogische und logische, analytische und synthetische, 4.
Mitfreude, 235.

309

Mitgefühl, Entstehung des, ib.
Mitleid, ib.
Mittelbare Reproduction, Begriff der, 91.
Mnemonik, 106 f.
Moralische Gefühle, 226 f.
Muskel, willkürliche und unwillkürliche, Beugung und Streckung der Muskeln, 71.
Muskelempfindungen, 53.
Musterbegriffe, Begriff der, 225.
Muth, 75.

Nachahmungstrieb, 259, 2.
Nachaußensetzen der Tastempfindungen, 56.
Nachempfindungen, 77.
Nachgeschmack, 59.
Nahrungstrieb, 259, 2.
Naturanlage, 261.
Naturell, 300.
Neid, 236.
Neigung, 261.
Nerven, sensible und motorische, 29.
Nervensystem, 26.
„ Eintheilung des, 27.
Netzhautstellen, identische, 138.
Nützliches, 224.

Objective Sinne, 38.
Organ des Sehens, 44.
„ des Gehörs, 49.
„ des Geschmacks, 59.
„ des Riechens, 63.
„ der Seele, 26.
Ortssinn, 51, Feinheit des Ortssinnes, 52, Täuschungen des Ortssinnes, 53.

Pedantismus, 99. Anm.
Person, 75.
Phantasie, Einseitigkeit der, 116.
„ Originalität der, 116, 1.
Phantasieren, 116, Anm. 2.
Phlegmatiker, 302.
Physiologie, Begriff der, 2, 9.
Principien der Psychologie, 4.
Projection der Empfindungen, 155.
Psychologie, 2, 3.
„ mathematische, 89.
Quellen der Psychologie, 4.
Quijote, 114, 185, 211.

Raum, 126.
„ keine angeborene Anschauungsform, 127.
Raumreihe, 133.

Räumliches, Vorstellen des, 132.
Recht im objectiven Sinne, 233.
„ im subjectiven Sinne, ib.
Rechtsgefühl, ib.
Reflexion, 285.
Reihen, kreuzende, 98.
Reihenförmige Reproduction, 95.
Reproduction, Begriff und Arten der, unmittelbare, mittelbare, 89.
„ freisteigende und gehobene, 90.
„ des mittleren Gliedes, 96.
„ des Anfangsgliedes, 95.
„ Hemmungen und Förderungen der Reproduction 99 f.
Reue, 297.
Richtung der Linien, 139.
Romanleserei, 114.
Rückenmark, 28.
Ruhe der Gesichtsobjecte, 147.
Ruhm, 231.
„ objectiver und subjectiver, ib.

Sanguiniker, 301.
Schadenfreude, 236.
Schädliches, 224.
Schallschwingungen, 47.
Schätzung der Zeit, 130.
Schemata, 117.
Schlaf, die leiblichen Processe während desselben, 121.
„ mit Träumen, 120.
„ vollkommener und unvollkommener, 119.
Schläfrigkeit, 120.
Schlafschlummer, 122.
Schlummerbilder, 125, 3.
Schluss, Entstehung des; Analogie. 179, Induction, 180.
Schmerz in amputierten Gliedern, 55.
Schmerzempfindungen, 55.
Schönes, Unterschied desselben vom Sittlichen, 225.
Schönheitsgefühl, 222.
Schreck, 213, 2.
Schwärmerei, religiöse, 241.
Schwierigkeiten der Selbstbeobachtung, 4.
Schwindel, 216.
Seele, 11, 12, 13, 14, 15, 198, 1.
Seele und Gehirn, 12.
Seelenkräfte, 86.
Seelenstörungen, 305.
Sehen der Gestalten, 139.

Sehnen, 282.
Selbstbeherrschung, 187, 285, 288, 289.
Selbstbeobachtung, 4, 190 f.
Selbstbewußtsein, 198.
Selbsterhaltungstrieb, 259, 2.
Selbstgefühl, 288 f.
Selbstschätzung, 229.
Sinken der Vorstellungen, 88.
Sinne, Zahl, Eintheilung und Verhältnis, 37.
„ Ordnung der Sinne, 39.
„ Innerer Sinn, 190, 191, Anm.; 197 f.
Sinnesempfindungen, 39.
Sinnesenergien, specifische, 50.
Sinnessurrogat, 64.
Sinnestäuschungen, 162.
Sinnesvicariat, 64.
Sittliches, 225.
Sitz der Schmerzempfindung, 55.
Somatologie, 1, 2.
Sonnengeflecht, 28.
Spieltrieb, 259, 2.
Standesgeist, 231.
Standhaftigkeitsprobe, 27.
Stärke des Tones, 47.
Statik des Geistes, 89.
Steifheit der Haltung, 68.
Steigen der Vorstellungen, 88.
Stimmung, 209, 5.
Stocken der Reproduction, 99.
Stolz, 233.
Streben, vorzustellen, 86.
Stumpfsinn, 274.
Subjective Sinne, 38.
Substanz, 11.
Succession, 95.
Syllogismus, 180.
Sympathie, 240, Anm.
Sympathetische Gefühle, 234.
Systeme des menschlichen Leibes, 27.

Takt, 68.
Tasthaare der Thiere, bewegliche, 56.
Tastsinn, 51.
„ Auffassung der Fläche durch den Tastsinn, 150.
„ Flächemessen durch T. ib.
„ räumliche Auffassung, 149.
„ Vorstellungen d. Blinden durch den Tastsinn, 56.
„ Vorstellung der Tiefendimension, 150.
Temperament, 300, Eintheilung ib.
Temperaturempfindungen, 54.

That, 282.
Ton, 47.
Tonintervalle, 48.
Tournure, 54, 68, 110, 2.
Traum, 122, Bestandtheile des T. 123, Charakter b. T., 122, Färbung, 124.
Trieb, 256.
„ Allgemeinheit und Vielheit der Triebe, 260.
„ Eintheilung, 259, 2.
„ Ob ursprünglich, 258, 1.
„ Verhältnis des Triebes zum Instincte, 261, 3.
„ Unterschied von der Begierde, 257.
Tugendhafter, 296.

Überblick, 97.
Überdruß, 217.
Übergemüthlichkeit, 243.
Überlegung, vernünftige, 170, 288.
Überraschung, 213.
Übersicht der hauptsächlichsten psychischen Erscheinungen, 73.
Unangenehmes, 222.
Unaufmerksamkeit, allgem., 188, Anm.
Ungeduld, 212.
Unterhaltung, 217.
Unvernunft, 169.
Unverstand, 169.
Unwillen, 278.
Urtheile, Begriff und Arten, 176, 178 f., Entstehung 175.

Verallgemeinerung der Induction, falsche, 180.
Verdunkelung der Vorstellungen, 84.
Vergangenheit, 132, 2.
Vergessen, 112.
Verhältnis des Vorstellens, Fühlens und Begehrens, 75.
Vermissen, 254, 282.
Vernunft, 169, 292.
Vernünfteln, 273.
Verschmelzungen, 85.
Verstand, 169.
Verstandesmensch, 242.
Vertheidigungstrieb, 259, 2.
Vertiefung, 188, Anm.
Verwirrung, 97.
Verzweiflung, 215.
Virtuosität, 110, Anm.
Vitalgefühl, 203, Anm.
Völkerpsychologie, 10.
Vorsätze, praktische, 286.
Vorstellungen, 77.
„ als Kräfte, 85.

Vorstellungen, gleiche oder ungleiche, conträre, disparate, 82.
„ contradictorische Empfindungen, 83.
„ einer Mehrheit von selbständigen Dingen, 159.
Vorstellungsvorrath als Maß der geistigen Cultur, 108.

Wachen, 118.
Wachschlummer, 122.
Wahnsinn, 199, Anm. 2.
Wahrheitsgefühle, 221.
Wahrnehmung, 16, innere, 188.
Wahrscheinlichkeitsgefühle, 221.
Wärme- und Kälteempfindungen, 54.
Wechsel der Empfindungen, 73.
Wechselwirkung von Leib und Seele, 22, 23, 24.
„ unter den Vorstellungen, 73.
Widerstreit, 94.
Wiedererkennung, 112.
Wiederfinden, 254, 1.
Wille, seine Phantasie und sein Gedächtniß, 280, 1.

Winkel, Entstehung des, 139.
Wissenstrieb, 259, 2.
Wohlwollen, 238.
Wollen, allgemeines, 286.
„ Begriff und Entstehung, 276.
„ leidenschaftliches, 279.
„ Tyrannei des Willens, ib.
„ Wirkung nach außen, 280.
„ nach innen, 284.
Wunsch, 276, frommer, ausgesprochener, wirklicher, ib.

Zeit, Begriff der, 126.
„ Beurtheilung der, 130.
„ keine angeborene Anschauungsform, 127.
„ leere, 129.
„ Schätzung, 130.
Zeitmaß, 131.
Zeitraum, 134.
Zeitreihe, 128.
Zerstreuung, 114, 188, Anm.
Zufriedenheit, 243.
Zukunft, 132.
Zurechnung, 293.
Zweifel, 213, 3.
Zwischenschlummer, 122.

K. k. Hofbuchdruckerei Carl Fromme in Wien.

www.ingramcontent.com/pod-product-compliance
Lightning Source LLC
Chambersburg PA
CBHW030017240426
43672CB00007B/990